Dannhauser

Kostenrechnung und Produktionsplanung und -steuerung

GABLER EDITION WISSENSCHAFT

Schriften zum Produktionsmanagement

Herausgegeben von Professor Dr. Herfried Schneider und Professor Dr. Reinhard Haupt

Die Reihe präsentiert Forschungsergebnisse aus dem Bereich des Produktionsmanagement.
Mit einem weitgefassten Verständnis von Produktion als Prozess der Erstellung von Sachgütern und Dienstleistungen, einschließlich der notwendigen Vorbereitungsprozesse, sollen die Beiträge die integrativen Aspekte des Produktionsmanagement hervorheben und sowohl theoriegeprägte wie praxisbezogene Dissertationen, Habilitationen und Forschungsberichte einbeziehen.

Michael Dannhauser

Kostenrechnung und Produktionsplanung und -steuerung

Ansatz für ein integriertes Fertigungscontrolling

Mit einem Geleitwort
von Prof. Dr. Reinhard Haupt

Springer Fachmedien Wiesbaden GmbH

Die Deutsche Bibliothek - CIP-Einheitsaufnahme

Dannhauser, Michael:
Kostenrechnung und Produktionsplanung und -steuerung : Ansatz für ein integriertes Fertigungscontrolling / Michael Dannhauser. Mit einem Geleitw. von Reinhard Haupt. - Wiesbaden : Dt. Univ.-Verl. ; Wiesbaden : Gabler, 2000
(Gabler Edition Wissenschaft : Schriften zum Produktionsmanagement)
Zugl.: Jena, Univ., Diss., 1999
ISBN 978-3-8244-7142-3 ISBN 978-3-663-07996-5 (eBook)
DOI 10.1007/978-3-663-07996-5

1. Auflage September 2000

Ursprünglich erschienen bei Betriebswirtschaftlicher Verlag Dr. Th. Gabler GmbH, Wiesbaden, und Deutscher Universitäts-Verlag GmbH, Wiesbaden, 2000

Lektorat: Ute Wrasmann / Annegret Eckert

www.gabler.de
www.duv.de

Höchste inhaltliche und technische Qualität unserer Produkte ist unser Ziel. Bei der Produktion und Verbreitung unserer Bücher wollen wir die Umwelt schonen. Dieses Buch ist deshalb auf säurefreiem und chlorfrei gebleichtem Papier gedruckt. Die Einschweißfolie besteht aus Polyäthylen und damit aus organischen Grundstoffen, die weder bei der Herstellung noch bei der Verbrennung Schadstoffe freisetzen.

ISBN 978-3-8244-7142-3

Geleitwort

Die Produktionsplanung und -steuerung (PPS) sowie die Kostenrechnung, zwei fertigungsnahe betriebliche Rechenkreise, weisen beide einen hohen Stand an EDV-technischer Bewältigung auf. Die Softwarekonzeptionen beider Systeme haben sich aber traditionell getrennt voneinander entwickelt, zumal auch die typischen Nutzer charakteristischerweise in verschiedenen unternehmerischen Abteilungen angesiedelt sind und noch dazu eine unterschiedliche Sprache sprechen – hier die technisch, ingenieurwissenschaftlich dominierte Welt der PPS, dort die betriebswirtschaftlich, kaufmännisch orientierte Welt des Controllings. Zwar sind seit langem die gegenseitigen Interdependenzen bekannt und für Detailfragen auch behandelt worden (z. B. Prozeßkostenrechnung als ablauforientiertes Kosteninformationssystem, Losgrößenoptimierung bzw. kostenorientierte Reihenfolgeplanung), dennoch denkt die PPS vorwiegend in physischen oder Mengengrößen (Zeiten, Kapazitäten, Stückzahlen usw.) und die Kostenrechnung vorwiegend in monetären oder Wertgrößen. Mit beiden Informationssystemen stehen sich also eine Sach- und eine Formalzielorientierung gegenüber.

Der Verfasser widmet sich nun der Aufgabe, Brücken zwischen beiden Welten zu schlagen und zu einer Weiterentwicklung eines integrierten Fertigungscontrollings beizutragen, nämlich Einflußgrößen des Ablaufmanagements (z. B. Terminierung oder Kapazitätsabstimmung) für die Kostenrechnung zu verfolgen und PPS-Entscheidungen auf fundierte Kosteninformationen zu gründen. Wenn auch eine derartige, anspruchsvolle Aufgabe nur in Ansätzen gelöst werden kann, darf doch jeder integrierende Baustein auf besondere betriebliche Akzeptanz hoffen, zumal wenn auch damit Schritte der Anwendungsunterstützung für eine PC-Umsetzung konkretisiert werden.

Ein solcher Brückenschlag zwischen Kostenrechnung und PPS gelingt dem Verfasser z. B. mit der Definition einer umfassenden Faktoreinsatzmatrix, in der sich verschiedene Aussagensysteme als Spezialfälle und Teilmatrizen wiederfinden, z. B. die „innerbetriebliche Leistungsverrechnung", die „Arbeitspläne" und die „Stücklisten". Eine Verzahnung zwischen Kostenrechnung und PPS auch auf der Theorieebene der Input-Output-Analyse, nicht nur auf der anschließenden Gestaltungsebene der PC-Umsetzung, nachzuweisen, verdient hohe Beachtung.

Die zentrale Themenfragestellung wird durch eine „what-if?"-Simulation im Sinne alternativer Überprüfungen von PPS-Freiheitsgraden verfolgt. Eine derartige simulative Untersuchung geht etwa der beispielhaften Frage nach: Verbessert der Einsatz von Überstunden im konkreten Fall das Betriebsergebnis? Diese Konzeption, Konsequenzen aus einem Profil möglicher Handlungsalternativen der PPS-Gestaltung abzuleiten, dürfte einem plausiblen, sinnvollen und praxisgerechten, umsetzbaren Weg des Einbezugs von PPS-Entscheidungen in die Kostenrechnung bzw. der Kostenfundierung für die PPS entsprechen. Ein solches Konzept trägt auch dem Entscheidungsunterstützungs-Charakter der PPS und dem Flexibilitätsbedarf von ad-hoc-Managemententscheidungen Rechnung – ein Grund, der für die betriebliche Akzeptanz derartiger Softwarelösungen sprechen wird.

Die vorliegende Arbeit gewinnt ihre Stärke aus der praktikablen, anwendungsorientierten Konzeption einer Verknüpfung aus Kostenrechnung sowie Produktionsplanung und -steuerung. Sie leistet einen exemplarischen Beitrag zu einem integrierten Fertigungscontrolling und weist damit der zukünftigen Forschung erfolgversprechende weitere Entwicklungsrichtungen.

Reinhard Haupt

Vorwort

Zwei wesentliche Einflüsse bestimmten die Entwicklung der vorliegenden Arbeit: die praktische Tätigkeit als Unternehmensberater in zahlreichen Unternehmen des Mittelstandes sowie die Assistenz- und Lehrtätigkeit an der Universität Bayreuth. Beide Arbeitsfelder haben zur Motivation für die Auseinandersetzung mit dem Thema beigetragen, und Theorie wie Praxis haben ihre Spuren hinterlassen und die Arbeit mit geprägt.

Diese beiden Pole, Theorie und Praxis, spiegeln sich auch im Aufbau der Arbeit wider: im zweiten Kapitel werden die produktions-und kostentheoretischen Grundlagen von PPS und Kosten- und Leistungsrechnung sowie ein Ansatz für einen integrierten Ansatz dargestellt. Diese Ausführungen sind wesentlich durch die Zusammenarbeit mit Prof. Dr. Reinhard Haupt gefördert worden - seine Bereitschaft zur kritischen Diskussion hat wichtige Impulse gegeben.

Die Auseinandersetzung mit Fragestellungen der Produktionsplanung und -steuerung sowie der Kosten- und Leistungsrechnung in Theorie und Praxis liegt den Kapiteln drei bis fünf (PPS, Kosten- und Leistungsrechnung sowie die Darstellung eines integrierten Fertigungscontrolling) zugrunde. In zahlreichen Projekten unter anderem in der Elektroindustrie, bei Unternehmen der Textilbranche, aber auch bei Dienstleistern wurden hinsichtlich der Integration von Systemen der Termin- und Mengenverwaltung („technisch" orientierte Anwendungen) und der wertorientierten („kaufmännischen") Systeme erhebliche Defizite festgestellt, die auch in der Theorie noch nicht ausreichend dargestellt wurden. Es wurde ein Integrationskonzept erarbeitet, das theoretische und praktische Aspekte gleichermaßen berücksichtigt.

Die Fallstudien im sechsten Kapitel schließlich erfolgten in Zusammenarbeit mit zwei mittelständischen Unternehmen und basieren auf der EDV-technischen Implementierung von in Kapitel 5 beschriebenen Ansätzen. Der entstandene Prototyp bildet auf Basis einer Datenbank wesentliche Komponenten des theoretischen Modells wider. Es wird damit gezeigt, daß der Spannungsbogen von Produktions- und Kostentheorie und betrieblicher Controlling-Praxis durchaus für beide Seiten befriedigend aufgelöst werden kann.

Die praktische Projektarbeit ist interessant und verschlingt regelmäßig mehr Zeit als geplant. Daß diese Arbeit dennoch parallel dazu erfolgreich abgeschlossen werden konnte, verdanke ich vor allem meinem akademischen Lehrer, Herrn Professor Dr. Reinhard Haupt, der zugleich fordernd und verständnisvoll auf mein beschränktes Zeitbudget und überzogene Termine reagierte.

Ebenfalls Dank schulde ich den Herren Ulrich Göllner und Dr. Rolof Kley für die Unterstützung und freundliche Zusammenarbeit im Rahmen der Vorbereitung der Fallstudien. Die praktische Umsetzung in Form eines Anwendungs-Prototypen wäre ohne die Hilfe von Herrn Dipl. Math. Ulrich Eidt in dieser Qualität (und mit so viel Spaß) sicher nicht möglich gewesen. Durch die Zusammenarbeit mit Herrn Professor Dr. Jörg Schlüchtermann, Universität Bayreuth, konnte im Rahmen von Lehraufträgen die Durchgängigkeit und Handhabbarkeit des Konzepts wie auch der Implementierung theoretisch wie praktisch gezeigt werden. Dafür gebührt ihm ebenso Dank wie für die bereitwillige Übernahme der Rolle des Gutachters.

Daß Wissenschaft auch und noch immer Entbehrungen mit sich bringt, mußte auch im Falle dieser Arbeit die Familie feststellen. Ich danke daher ganz herzlich Sonja und meiner Tochter Valerie für das Verständnis und die Bereitschaft, immer wieder hinter der Arbeit zurückzustehen, und gelobe Besserung.

Michael Dannhauser

Inhaltsverzeichnis

Abbildungsverzeichnis

Tabellenverzeichnis

Abkürzungsverzeichnis

Abb.	Abbildung
AHK	Anschaffungs-/Herstellkosten
BDE	Betriebsdatenerfassung
BFuP	Betriebswirtschaftliche Forschung und Praxis
BOA	Belastungsorientierte Auftragsfreigabe
bzw.	beziehungsweise
CIM	Computer Integrated Manufacturing
c.p.	ceteris paribus
d.h.	das heißt
etc.	et cetera
f.	folgende
FB/IE	Fortschrittliche Betriebsführung / Industrial Engineering
ff.	ferner folgende
ggf.	gegebenenfalls
Hrsg.	Herausgeber
IBL	Innerbetriebliche Leistungsverrechnung
i.d.R.	in der Regel
i.S.v.	im Sinne von
JIT	Just in Time
KIM	Kölner Integrationsmodell
KLR	Kosten- und Leistungsrechnung
KMU	Klein- und Mittelunternehmen
krp	Kostenrechnungspraxis
MTA	Medizinisch-Technische Assistentin
ND	Nutzungsdauer
OPT	Optimized Production Technology
PPS	Produktionsplanung und Steuerung
REFA	Verband für Arbeitsstudien und Betriebsorganisation e.V.
sog.	sogenannte
Tab.	Tabelle
usw.	und so weiter
u.E.	unseres Erachtens
u.U.	unter Umständen
WBW	Wiederbeschaffungswert
WiSt	Wirtschaftswissenschaftliches Studium
z.B.	zum Beispiel
z.Zt.	zur Zeit
ZfB	Zeitschrift für Betriebswirtschaft
ZfbF	Zeitschrift für betriebswirtschaftliche Forschung
ZfhF	Zeitschrift für handelswissenschaftliche Forschung

1 Problemstellung und Gang der Untersuchung

1.1 Problemstellung

Die Instrumente der Informationsversorgung im Unternehmen stehen seit vielen Jahren im Spannungsfeld von Euphorie und Technik- bzw. Systemgläubigkeit einerseits und Skepsis bezüglich Machbarkeit und Wirtschaftlichkeit andererseits. So wird der Kostenrechnung abwechselnd eine glänzende Zukunft[1] und ihr Untergang[2] vorhergesagt. Die Produktionsplanung und -steuerung wird seit Jahrzehnten sowohl in Theorie wie in der Praxis immer weiter verfeinert, zugleich wird immer stärker bezweifelt, daß ein solches System überhaupt die betriebliche Komplexität sinnvoll abbilden und steuern kann - Lean Production[3], fraktale Fabrik[4] und Fertigungssegmentierung[5] zielen letztlich auf eine Reduktion der Komplexität und eine verbesserte Steuerbarkeit.

Die noch vor wenigen Jahren verbreitete Euphorie[6] bezüglich einer computergestützten Unternehmenssteuerung in Form eines Computer Integrated Manufacturing[7] (CIM) bzw. der Factory of the Future[8] hat sich weitgehend verflüchtigt. Statt dessen versuchen die Unternehmen, die vorhandenen Systeme der Informationsversorgung zu konsolidieren und Machbarkeit vor Vision zu setzen.

In vielen Unternehmen herrscht darüber hinaus eine strikte Trennung zwischen mengenzentrierten, sachzielorientierten Rechenkreisen (im Zentrum PPS) und wertzentrierten, formalzielorientierten Rechnungen (im Zentrum Finanzbuchhaltung und Kosten- und Leistungsrechnung). Dies drückt sich auch in aufbau- und ablauforganisatorischen Strukturen aus - Techniker und Kaufmann mit nebeneinander statt miteinander arbeitenden Führungs- und Informationssystemen. Wie im Verlauf der Arbeit gezeigt werden soll, bietet eine Integration der beiden Rechenkreise Vorteile für die Informationsversorgung der Unternehmen. Verbindende Klammer soll die systembildende und systemkoppelnde Koordinationsfunktion eines Fertigungscontrolling sein. Produktionsplanung und -steuerung sowie Kosten- und Leistungsrechnung stellen in diesem Sinne Instrumente des Controlling als Subsystem der

---

[1] Vgl. die zahlreichen Veröffentlichungen zu Prozeßkostenrechnung, Logistikkostenrechnung etc.

[2] Vgl. Johnson, H. T., Kaplan, R. S., Relevance (1987).

[3] Vgl. Womack, J. P., Jones, D. T., Roos, D., Revolution (1994), S. 77 ff., Haupt, R., Lean Production (1994), S. 14 ff.

[4] Vgl. Warnecke, H. J., Fraktale Fabrik (1992), S. 142 ff.

[5] Vgl. Wildemann, H., Modulare Fabrik (1994), S. 1 ff.

[6] „The [CIM] euphoria was immense“, Singh, V., CIM debacle (1997), p. IX.

[7] Vgl. z.B. Scheer, A.-W., CIM (1990).

[8] Dies ist auch der Untertitel der englischen Ausgabe von Scheer, A.-W., CIM (1990), vgl. Scheer, A.-W., CIM (1994).

Führung dar, das die Ergebnisse dieser Instrumente für eine formalzielorientierte Steuerung verwendet.

Im Allgemeinen wird auch davon ausgegangen, daß die Kosten- und Leistungsrechnung sowie Produktionsplanung und -steuerung nur auf der operativen Ebene zur Entscheidungsvorbereitung und -unterstützung herangezogen werden können. In Kapitel 5.7 wird auf die Möglichkeiten eines Fertigungscontrolling für strategische Fragestellungen eingegangen.

Es soll damit letztlich gezeigt werden, daß durch die Integration von Funktionen der PPS und des innerbetrieblichen Rechnungswesens (insbesondere der Kosten- und Leistungsrechnung) ein leistungsfähiges Fertigungscontrolling entstehen kann und daß ein solcher Ansatz Unterstützung für die Informationsversorgung auch in dezentral organisierten Strukturen bieten kann. Zudem soll untersucht werden, inwieweit ein solches Konzept geeignet ist, auch Entscheidungen im taktischen und strategischen Bereich der Unternehmenssteuerung zu unterstützen.

Zielsetzung der vorliegenden Arbeit ist damit die Erarbeitung eines Konzepts für eine leistungsfähige Informationsversorgung, die hauptsächlich auf bewährte Bausteine zurückgreift und diese zu einem System zusammenfügt, das auch neuen Entwicklungen folgen kann. Besonderes Augenmerk wird dabei einerseits auf eine solide Fundierung in Produktions- und Kostentheorie sowie Kostenrechnungstheorie gelegt, zum anderen auf die Umsetzbarkeit auch unter Wirtschaftlichkeitsgesichtspunkten. Es wird auf dieser Basis ein Konzept für ein Simulationsmodell entworfen, das die Ergebniswirkungen von planerischen und dispositiven Maßnahmen abbildet und damit ihren Beitrag zur Zielerreichung transparent machen kann. Auf der Basis dieses Konzepts wurde vom Verfasser ein Computerprogramm entwickelt, das die neuen Aspekte dieser Arbeit berücksichtigt und als Werkzeug zur Ermittlung der Zahlenbeispiele in Kapitel 6 diente.

1.2 Gang der Untersuchung

Die vorliegende Arbeit gliedert sich in fünf Hauptteile. In Kapitel 2 werden die produktions- und kostentheoretischen Grundlagen von Kosten- und Leistungsrechnung (KLR) sowie Produktionsplanung und -steuerung (PPS) dargestellt und die Grundlagen für das später darzustellende Integrationsmodell geschaffen, indem eine gemeinsame Faktoreinsatzmatrix beschrieben wird. Kapitel 3 untersucht die vorhandenen Konzepte zur PPS auf ihre Eignung als Baustein der betrieblichen Informationsversorgung und ordnet die Funktionen und Daten der PPS in das Modell aus Kapitel 2 ein. Insbesondere werden Daten und Funktionen der PPS in diesem Kontext eingeordnet.

In Kapitel 4 wird die KLR analog zur PPS auf ihre Eignung zur Entscheidungsunterstützung untersucht. Wiederum wird der Bezug zu dem in Kapitel 2 beschriebenen Modell hergestellt.

Es wird gezeigt, daß sich auch Daten und Verfahren der KLR in der Faktoreinsatzmatrix und den darauf angewandten Verfahren widerspiegeln.

Gegenstand des Kapitels 5 ist der Versuch einer Integration von PPS und Kosten- und Leistungsrechnung in ein Gesamtmodell, das über die Beschreibungsfunktion hinaus auch für eine (deterministische) Simulation herangezogen wird. Es wird untersucht, ob und inwieweit dieses Modell auch finanzwirtschaftliche bzw. liquiditätsbezogene Aspekte sowie längerfristige Fragestellungen („strategische Kostenrechnung") berücksichtigen kann. Zwei Fallstudien (Sortenfertiger und Dienstleister) runden im Rahmen des Kapitels 6 die Arbeit ab.

Der Gang der Arbeit wird in der folgenden Abbildung illustriert. Die Kapitel werden dabei durch Ziffern repräsentiert.

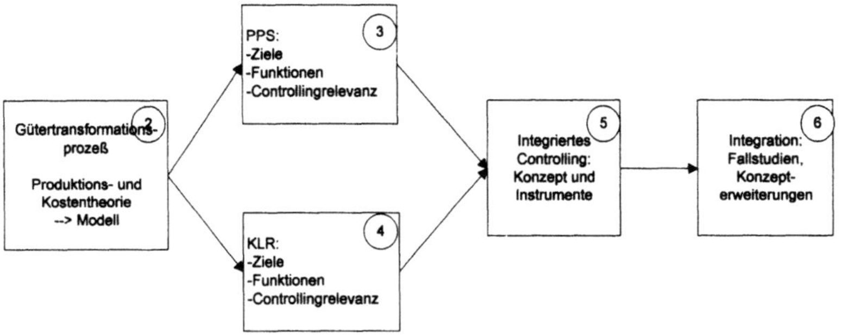

Abbildung 1-1: Gang der Untersuchung

2 Produktions- und kostentheoretische Grundlagen

„Der Sinn der betrieblichen Tätigkeit besteht in der Leistungserstellung, d.h. in der Produktion von Sachgütern oder der Bereitstellung von Dienstleistungen [...]. Hieraus leitet sich eine Reihe von Grundtatbeständen ab, die für jedes Unternehmen charakteristisch sind."[9] Zu diesen Grundtatbeständen gehört die Kombination von Einsatzfaktoren (Input[10]) zur Erstellung von betrieblichen Leistungen (Output) unter Berücksichtigung von Wirtschaftlichkeit und finanziellem Gleichgewicht. Unter der Prämisse, daß sich die Produktion als Kombination von Einsatzfaktoren im Rahmen eines Transformationsprozesses[11] (Throughput) „auf der Grundlage technologischer Regeln vollzieht"[12] und entsprechend produktionstheoretische Aussagen „das Vorliegen gesetz- oder regelmäßiger Beziehungen zwischen bestimmten Merkmalen" behaupten[13], können die Unternehmensprozesse als Güter- und Informationsflußmodell abgebildet werden.

2.1 *Produktions- und kostentheoretische Modellbildung*

In einer statischen Betrachtung[14] kann ein Unternehmen als „Tupel von Güterbeständen"[15] betrachtet werden, das alle nicht freien Güter (materielle und immaterielle) zum Zeitpunkt t beinhaltet. Diese Abbildung der Güter bezieht sich nicht auf alle Merkmale - bei entsprechender Merkmalsdifferenzierung wäre eine Individualisierung jedes Gutes möglich. „Für betriebliche Fragestellungen sind im allgemeinen aber nicht einzelne Objekte von Interesse, sondern immer Klassen von artgleichen oder ähnlichen Objekten"[16]. Durch eine solche Klassifizierung wird die Bestandsmessung für die betrieblichen Güter schwieriger: statt einem binären „vorhanden" oder „nicht vorhanden" bei vollkommener Individualisierung muß entweder die Anzahl der Einzelobjekte je Klasse gemessen werden, oder aber es ist eine geeignete Bezugsgröße zu finden, in der sich die zusammengefaßten Objekte einer Klasse messen lassen. Damit wird deutlich, daß Klassifizierung (Aggregationsvorschrift) und Meßbarkeit in enger Beziehung stehen und die Aggregationsvorschrift vom Zweck der Klassifizierung (und späteren Messung) abhängt. Abbildung 2-1 verdeutlicht den Prozeß der Modellbildung durch Klassifizierung und Quantifizierung.

---

[9] Fandel, G., Produktion (1994), S. 6.

[10] Vgl. zu den Begriffen Input, Output und Throughput Zäpfel, G., Produktionswirtschaft (1982), S. 2 ff.

[11] Als Prozeß wird hier die „eindeutige Kombination von Produktionsfaktoren zur Erstellung bestimmter Leistungen" verstanden, Zäpfel, G., Produktionswirtschaft (1982), S. 7.

[12] Fandel, G., Produktion (1994), S. 11. Fandel bezieht dies allerdings explizit auf industrielle Produktion.

[13] Küpper, H.-U., Interdependenzen (1980), S. 43.

[14] Vgl. zu den folgenden Ausführungen insbes. Lackes, R., Kosteninformationssystem (1989), S. 8 ff.

[15] Lackes, R., Kosteninformationssystem (1989), S. 8.

[16] Lackes, R., Kosteninformationssystem (1989), S. 8. Vgl. zum Aspekt der Merkmalsreduktion auch Kapitel 4.3. dieser Arbeit.

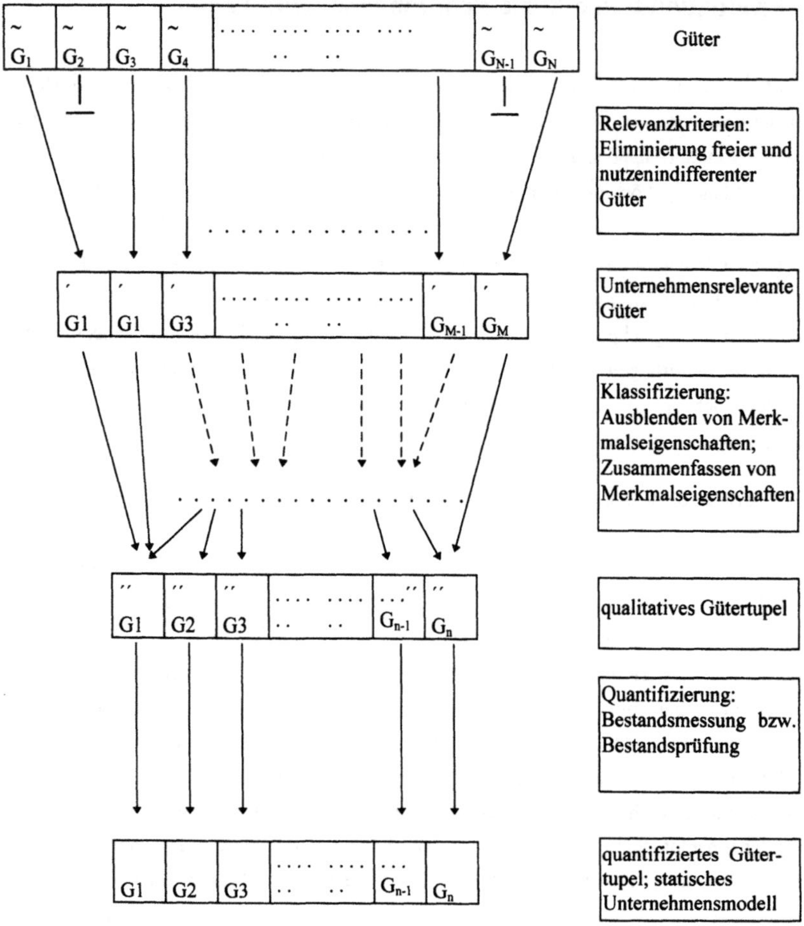

Abbildung 2-1: Die Entwicklung des statischen Unternehmensmodells[17]

Diese „Blitzlichtaufnahme" einer Struktur verzichtet völlig auf die Darstellung von Eigenschaften des Throughput, insbesondere auf die zeitliche Dimension der Faktorkombination.

In einer dynamischen Betrachtung muß ein Modell des Unternehmens zum einen die Bestände je Gut und ihre Veränderungen beschreiben, zum anderen rücken die dafür verantwortlichen Transformationsprozesse mit ihren Parametern in den Mittelpunkt der Betrachtung. Prozesse lassen sich in diesem Zusammenhang durch fünf Parameter eindeutig beschreiben: „Ein Prozeß P = (I,O,tB,tE,i,o) ist charakterisiert durch feste Prozeßbeginn- und -endzeitpunkte tB und tE (tE > tB), [die] Inputgüterarten $I \subseteq G''$ und Outputgüterarten $O \subseteq G''$, sowie [die]

[17] Lackes, R., Kosteninformationssystem (1989), S. 12.

Einsatzmengenfunktion i: I → R+ und [die] Ausbringungsfunktion o: O → R+"[18], wobei R+ die positiven reellen Zahlen und G'' die Menge der während des betrachteten Zeitraums T relevanten Güterarten darstellt - ein derartiger Transformationsprozeß ist in Abbildung 2-2 dargestellt.

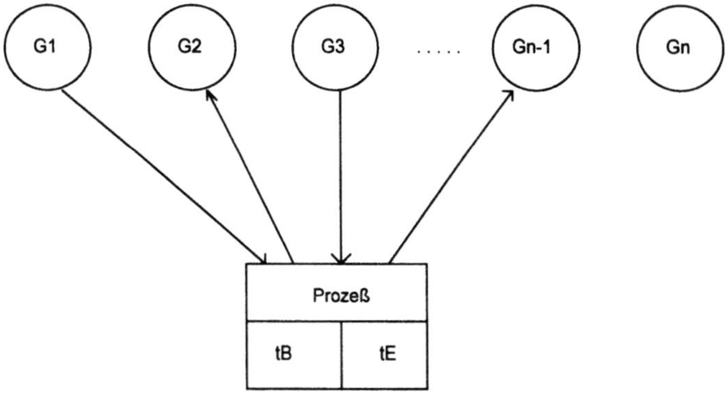

Abbildung 2-2: Schematische Darstellung eines Transformationsprozesses[19]

Zwei neue Aspekte treten neben der reinen Qualitäts- und Mengenbetrachtung[20] der Elemente durch diese Prozeßsicht in den Vordergrund: Die Dimension Zeit (in Form der Prozeßeigenschaften Beginn und Ende - und damit implizit auch der Dauer) sowie die Dimension Raum - jeder Prozeß kann auch in dieser Hinsicht charakterisiert werden. Darüber hinaus ergeben sich aus dem Prozeß Gliederungs-, Reihenfolge-, Arbeits- und Transportbeziehungen[21].

Durch Aggregation von elementaren Transformationsprozessen in Prozeßhierarchien entsteht ein kompaktes deskriptives Unternehmensmodell, das in Abbildung 2-3 dargestellt wird.

---

[18] Lackes, R., Kosteninformationssystem (1989), S. 15.

[19] Lackes, R., Kosteninformationssystem (1989), S. 15

[20] Ohne Betrachtung des Throughput sind nur Input- und Output sowie ihr Mengenverhältnis (Produktionskoeffizient) bekannt.

[21] Vgl. Küpper, H.-U., Interdependenzen (1980), S. 43.

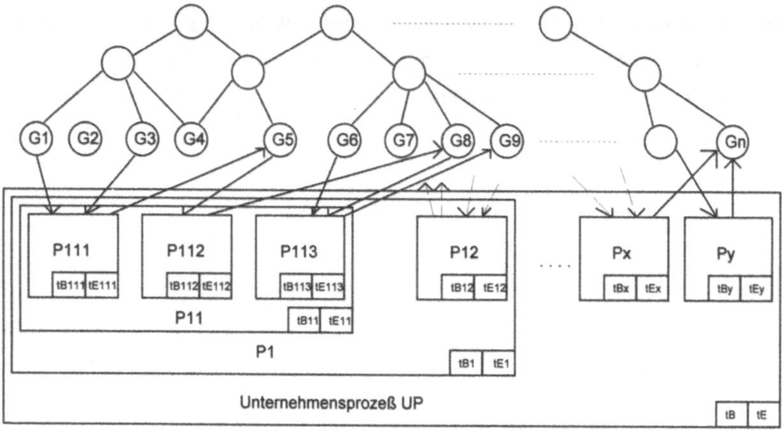

Abbildung 2-3: Aggregation von Transformationsprozessen[22]

Die „Aufgabe der Produktionstheorie ist es, die mengenmäßigen Beziehungen zwischen dem Einsatz von Produktionsfaktoren und der Menge ausgebrachter Leistungen zu erklären und die Einflußgrößen auf den Faktorverbrauch aufzuzeigen. Die Ableitung von Produktionsfunktionen ist somit als eigentliche Aufgabe der Produktionstheorie anzusprechen."[23]. In der Mehrzahl der Fälle stehen industrielle Produktionsprozesse im Mittelpunkt der Betrachtung. „Die Vernachlässigung anderer Funktionsbereiche resultiert möglicherweise aus der erheblich schwierigeren numerischen Quantifizierbarkeit dieser Transformationsprozesse"[24]. Lackes weist mit Recht darauf hin, daß der Ansatz einer produktions- und kostentheoretisch fundierten Kostenrechnungstheorie, wie er vielfach vertreten wird, eine umfassende produktionstheoretische Analyse auch solcher Funktionsbereiche und Branchen erfordert, die nicht unmittelbar mit der Produktion materieller Güter[25] Verbindung stehen[26].

2.2 Produktionsfunktionen und Input-Output-Modelle

In der Produktionsfunktion drücken sich die Einsatz-Ausbringungsbeziehungen realer Produktionssysteme aus[27]. Voraussetzung dafür ist die Quantifizierbarkeit und Meßbarkeit der Einsatz- und Ausbringungsgüter. Hinsichtlich der Ausbringungsgüter können hier Leistungsbündel (einschließlich immaterieller sowie unerwünschter Outputkomponenten) zu Meß-

---

[22] Lackes, R., Kosteninformationssystem (1989), S. 19.

[23] Adam, D., Produktions- und Kostentheorie (1977), S. 1 (im Original teilweise hervorgehoben).

[24] Lackes, R., Kosteninformationssystem (1989), S. 22.

[25] Vgl. Gutenberg, E., Produktion (1983), S. 1.

[26] Vgl. Lackes, R., Kosteninformationssystem (1989), S. 22, Kilger, W., Prozeßparameter (1982), S. 106 sowie Kapitel 6 dieser Arbeit.

[27] Vgl. Gutenberg, E., Produktion (1983), S. 302.

problemen führen[28]. Bei den Einsatzgütern erweist sich die Verbrauchsmessung von Hilfs- und Betriebsstoffen, vor allem aber die Erfassung der Einsatzleistungen von Gebrauchsgütern (Potentialfaktoren) als schwierig[29]. "Der Verbrauch eines Potentialgutes bzw. die Potentialminderung kann in der Regel nicht direkt festgestellt werden. Man beschreibt daher die Arbeitsgänge des Potentialguts und bestimmt die Dauer seines Einsatzes."[30] Im Falle unterschiedlicher Einsatzbedingungen (Intensitäten) muß genauer die Leistungsmenge je Zeiteinheit erfaßt werden. Es wird hierbei generell davon ausgegangen, daß der Faktorverzehr (die Potentialminderung) sich proportional zur Hilfsgröße (Einsatz-) Zeit verhält. Betriebsstoffe hängen in der Regel nicht von der Ausbringungsmenge, sondern von der Leistungsmenge der verbrauchenden Potentialgüter ab. Gutenberg entwickelte deshalb den Begriff der Verbrauchsfunktion[31], die als Mittler zwischen Einsatz- und Ausbringungsmenge fungiert. Damit hängen sowohl die Ermittlung der Betriebsstoff-Verbräuche als auch der Potentialminderungen von der Leistungsmenge (bei Vernachlässigung von Intensitätsschwankungen vereinfachend von der Leistungszeit) ab. Allerdings ergeben sich sowohl bezüglich des Verbrauchs von Betriebsstoffen je Leistungseinheit des Potentialfaktors als auch bezüglich des Einsatzes von Potentialleistung je Output-Einheit Schwankungen, es handelt sich hierbei nämlich in der Regel um stochastische Prozesse (z.B. Kühlmittel und Elektrische Energie je Zeiteinheit 'Welle fräsen', Fräsminuten je Welle). Darüber hinaus kann auch Potentialleistung eingesetzt werden, ohne daß ein direkter Bezug zur Ausbringung besteht. Diese Situation findet sich vor allem in Anlauf- und Auslauf-Phasen von Aggregaten, aber auch im Falle von Stillständen bzw. Leerlauf-Phasen[32].

Neben Hilfs- und Betriebsstoffen sowie Potentialfaktoren führt im Rahmen von betrieblichen Faktorkombinationen auch der Einsatz dispositiver Faktoren, nämlich Planungs- und Entscheidungs-, Verwaltungs- und Kontroll-Leistungen[33], zu Quantifizierungs- und Meßproblemen. Wie bereits oben im Rahmen der Kategorisierung der Einsatz- und Ausbringungsgüter dargestellt, gehen neben den materiellen auch immaterielle Faktoren in den Leistungserstellungsprozeß ein. Da diese nach heutigen Erkenntnissen nicht befriedigend quantifizierbar sind[34], wird im allgemeinen auf eine Berücksichtigung in Produktionsfunktionen verzichtet. Neben diesen immateriellen Faktoren (vor allem geistige menschliche Einsatzleistung) finden sich allerdings auch Prozesse, die überwiegend oder vollständig durch immaterielle Faktoreinsätze bzw. Leistungen bestimmt sind. So wird im Verwaltungsbereich

---

[28] Vgl. Zäpfel, G., Produktionswirtschaft (1982), S. 2.

[29] „Tatsache und Ausmaß des Verzehrs von Potentialfaktoren sind sinnlich selten wahrnehmbar und daher nur schwer zu bestimmen", Heinen, E., Kostentheorie (1983), S. 215.

[30] Schweitzer, M., Produktionsfunktion (1979), Sp. 1496.

[31] Vgl. Gutenberg, E., Produktion (1983), S. 327.

[32] Vgl. zur Abbildung solcher Betriebsphasen Heinen, E., Kostentheorie (1983), S. 254 f., Haupt, R., Ablaufmanagement (1987), S. 74 ff.

[33] Vgl. Schweitzer, M., Produktionsfunktion (1979), Sp. 1497.

[34] Vgl. Fandel, G., Produktion (1994), S: 200.

eines Unternehmens unter Einsatz der Faktoren 'menschliche Arbeit' und den Potentialfaktoren Gebäude und Büroausstattung ein Output in Form von Entscheidungen, Verwaltungs- und Kontroll-Leistungen geschaffen, wobei im Allgemeinen Verbrauchsfunktionen nicht eindeutig quantifiziert werden können. Hinzu kommt, daß es sich bei diesem Output um Wiedereinsatzgüter im Sinne der oben genannten Ausbringungsgüter-Kategorisierung handelt, das heißt, die Entscheidungs-, Verwaltungs- und Kontroll-Leistungen stellen wiederum Input für Leistungserstellungsprozesse dar. Um Realgüter in ein- oder mehrstufiger Fertigung herzustellen und zu vermarkten, ist für jede Prozeßstufe die Bereitstellung dieser immateriellen Leistungen Voraussetzung.

„Betrachtet man die Entwicklung der industriellen Produktions- und Kostentheorie von den ersten Ansätzen [...] bis zur Gegenwart, so erkennt man [...] , daß die entscheidenden Phasen dieser Entwicklung durch abnehmende Abstraktionsgrade und eine zunehmende Konkretisierung des Technologiebezugs gekennzeichnet waren"[35]. Aus landwirtschaftlichen Produktionsstrukturen abgeleitet, hat die neoklassische Produktions- und Kostentheorie (Produktionsfunktion vom Typ A, Ertragsgesetz) seit der Kritik Gutenbergs[36] ihre Bedeutung für die Erklärung und Analyse industrieller Produktionsprozesse verloren - „die Produktionsfunktion vom Typ A entspricht [...] in vielen Fällen nicht den produktionstechnischen Möglichkeiten der Empirie"[37], weil sie auf substitutionale Produktionsprozesse beschränkt ist, die im industriellen Umfeld eher geringe Bedeutung haben.

Die Leontief-Produktionsfunktion geht im Gegensatz zum Ertragsgesetz davon aus, daß Einsatzfaktoren r_i und Output x stets in einem festen Verhältnis zueinander stehen. „Derartige Produktionszusammenhänge werden als limitational bezeichnet und können durch feste Produktionskoeffizienten charakterisiert werden"[38]. Lineare Limitationalität liegt vor, wenn diese Produktionskoeffizienten a_i auch bei einer Niveauerhöhung der Produktion konstant bleiben. In diesem Falle sind die Produktionsverfahren durch Prozeßgeraden abbildbar. Formal kann dieser Fall durch eine lineare Transformationsfunktion abgebildet werden:

(1) $r_i = a_i x \qquad \text{mit } i = 1,\dots,I$

Prozeßeigenschaften oder Kostenstellen sind in diesem Konzept nicht explizit berücksichtigt.

Die Produktionsfunktion Gutenbergs (Typ B) "soll die theoretische Erfassung und Erklärung derjenigen empirischen Produktionsprozesse ermöglichen, die im Rahmen der Produktionsfunktion vom Typ A ex definitione keine Berücksichtigung finden können: die limitationalen Produktionsprozesse"[39]. Ein wesentliches Merkmal der Gutenberg-Produktionsfunktion ist der

---

[35] Kilger, W., Prozeßparameter (1982), S. 99.

[36] Vgl. Gutenberg, E., Produktion (1983), S. 318 ff..

[37] Heinen, E., Kostenlehre (1983), S. 211 (im Original teilweise gesperrt).

[38] Fandel, G., Produktion (1994), S. 194.

[39] Heinen, E., Kostenlehre (1983), S. 213.

Tatbestand, daß nicht mehr das Unternehmen als Ganzes betrachtet wird, vielmehr wird für jedes Aggregat bzw. jede 'Prozeßstätte' der jeweilige Faktorkombinationsprozeß untersucht. Die Produktionsfunktion des Gesamtunternehmens, sofern sie überhaupt noch als sinnvoll erachtet wird, ergibt sich dann aus der Aggregation der Einzelfunktionen[40]. Desweiteren ist sie limitational, d.h., von (auch peripherer) Substitutionalität wird abgesehen[41]. Ein erhöhter Einsatz eines Produktionsfaktors bewirkt also einen Grenzertrag von 0, (teilweiser) Austausch von Produktionsfaktoren verringert den Output.

Bei Produktionsfunktionen vom Typ A ebenso wie bei Leontief-Produktionsfunktionen ist für alle Produktionsfaktoren die Einsatzmenge unmittelbar von der Ausbringungsmenge abhängig, bei Typ B gilt dies nur für einen Teil der Produktionsfaktoren, während andere nur mittelbar von der Ausbringungsmenge abhängig sind, nämlich "über die 'zwischengeschalteten' Produktionsstätten (Betriebsmittel, Arbeitsplätze, Anlageteile)"[42]. Diese mittelbare Beziehung wird für jeden Einsatzfaktor r durch sogenannte Verbrauchsfunktionen beschrieben:

(2) r_{il} = f (Aggregateigenschaften Aggregat l) für Einsatzfaktor i = 1,..,I,

Aggregat l = 1,..,L.

Im Rahmen der Aggregateigenschaften wird zwischen den konstruktiv bedingten (und damit im Allgemeinen längerfristig gültigen und vor allem von kurzfristigen Einflüssen unabhängigen) Eigenschaften, der sogenannten z-Situation[43], und den kurzfristig gestaltbaren Einflußgrößen unterschieden. Dabei wird in der Literatur als einzige variable Größe die Leistung bei gegebener z-Situation betrachtet.

Die Produktionsfunktion vom Typ B schließt die Leontief-Produktionsfunktion insofern mit ein, als für einen Teil der Einsatzfaktoren lineare Transformationsfunktionen (lineare Beziehungen zur Outputmenge) unterstellt werden (Einzelmaterial, Potentialfaktoren), während für andere Einsatzfaktoren (Betriebsstoffe, Energie) auf ggf. nichtlineare Verbrauchsfunktionen verwiesen wird. Damit werden Prozeßeigenschaften und Kostenstellen (in Form der Aggregate) explizit berücksichtigt.

Als Zwischengröße (zwischen Output und Input) zur Erklärung des Faktorverbrauches wird dabei zur Abbildung der mittelbaren Beziehung die technisch-physikalische Leistung des jeweiligen Aggregats herangezogen:

(3) $$d_l = \frac{b_l}{t_l},$$

[40] Vgl. hierzu oben Abbildung 2-3.

[41] Dennoch können mit Hilfe der Produktionsfunktion vom Typ B S-förmige Ertragsverläufe abgebildet werden, vgl. hierzu Ellinger, Th., Haupt, R., Produktionstheorie (1996), S. 121.

[42] Gutenberg, E., Produktion (1983), S. 328.

[43] Vgl. Gutenberg, E., Produktion (1983), S. 329 f.

wobei b_l die Zahl der physikalischen Arbeitseinheiten bezeichnet, die Aggregat l während der Laufzeit t_l hervorbringt. Die Größe d_l wird als Intensität[44] bezeichnet. Es gilt damit, daß der Verbrauch je Arbeitseinheit eine Funktion der Aggregateigenschaften $\bar{z}$ und der Intensität d_l darstellt:

(4) $$\frac{r_{il}}{b_l} = f_{il}(\bar{z}, d_l)$$

Dies gilt prinzipiell für alle Einsatzfaktoren. Mit dieser Darstellung kann der Verbrauch der Einsatzfaktoren in Abhängigkeit von der technisch-physikalischen Leistung einer Fertigungsstelle dargestellt werden. "Das Problem der Umrechnung physikalischer in ökonomische Leistungsgrößen hat bisher in der Produktionstheorie noch keine erschöpfende Untersuchung erfahren", deshalb muß für weitere Untersuchungen "unterstellt werden, daß technische und ökonomische Arbeits- bzw. Leistungsmaßgrößen gegeneinander austauschbar sind"[45].

Unter der Prämisse, daß Rummels Gesetz von der Austauschbarkeit der Maßgrößen[46] auch für physikalische und ökonomische Leistungsmaßgrößen gilt, kann damit ein System von Verbrauchsfunktionen aufgebaut werden, das über die Umrechnung der physikalischen Leistung in ökonomische Leistung zugleich die Produktionsfunktion vom Typ B darstellt und für eine gegebene z-Situation die folgende Form hat:

(5) $$r_{il} = b_l \cdot f_{il}(d_l)$$

Diese Darstellung wird auch als Faktoreinsatzfunktion[47] bezeichnet, da die Faktoreinsatzmenge damit direkt ermittelt werden kann. Für ein gegebenes d_l verhält sich hier der Verbrauch an Einsatzfaktoren proportional zur physikalischen Leistung b_l. Zudem wird deutlich, daß es für jeden Einsatzfaktor, dessen Verbrauch von d_l abhängig ist, soviele Faktoreinsatzfunktionen gibt, wie unterschiedliche Leistungsgrade mit anderem Mengenverbrauch pro (physikalischer) Leistungseinheit realisiert werden können[48].

Geht man darüber hinaus vereinfachend von einer konstanten Intensität $d = const.$ aus[49], so ergibt sich für $a_{ij} = f_{il}(d_l) = const.$

(6) $$r_{il} = a_{il} b_l$$

---

[44] Vgl. Heinen, E., Kostentheorie (1983), S: 219, Fandel, G., Produktion (1994), S. 104

[45] Heinen, E., Kostenlehre (1983), S. 219 f. Auch Fandel zeigt, daß die Ausbringungsmenge (als ökonomische Leistung) nicht immer als eindeutiger Maßstab für die physikalische Leistung dienen kann, vgl. Fandel, G., Produktion (1994), S. 120 f. sowie S. 127.

[46] Vgl. Rummel, K., Einheitliche Kostenrechnung (1967), S. 5 ff.

[47] Vgl. Kilger, W., Produktionstheorie (1958), S. 561.

[48] Vgl. Heinen, E., Kostenlehre (1983), S. 232.

[49] Diese Annahme legt auch Chmielewicz seinen Ausführungen zugrunde. Vgl. Chmielewicz, K., Integration (1972), S. 175. Die praktische Plausibilität dieser Annahme zeigt Kilger, W., Prozeßparameter (1982), S. 129 f.

Wird außerdem davon ausgegangen, daß die Beziehung physikalischer Leistung zu ökonomischem Output linear ist, daß also b_l linear proportional zu x verläuft, dann gilt[50] für ein Einproduktunternehmen

(7) $b_l = \alpha_l x$

und damit

(8) $r_{il} = a_{il} \alpha_l x$

wobei a_{il} die Beziehung von Einsatzfaktoren zur physikalischen Leistung darstellt, während α_l die Relation von physikalischer Leistung zu ökonomischem Output repräsentiert. Hier ist auch ersichtlich, daß der Verbrauch nur indirekt vom (ökonomischen) Output x abhängt, da a_{il} von der Outputart unabhängig ist (α repräsentiert dagegen die Relation physikalisch-technischer Output zu ökonomischem Output und findet sich in den folgenden Kapiteln als Koeffizient in Stücklisten und Arbeitsplänen wieder).

Für alle direkt vom Output abhängigen Einsatzfaktoren nimmt a_{il} den Wert 1 an, womit diese Darstellungsform auch die Leontief-Produktionsfunktion als Sonderfall abdecken kann.

Aggregiert man alle Verbrauchsfunktionen eines Unternehmens, so erhält man den gesamten Verbrauch des Einsatzfaktors i über alle Verbrauchsprozesse l hinweg[51]:

(9) $r_i = \sum_{l=1}^{L} b_l f_{il}(d_l) \qquad i = 1,...,I$

bzw. bei linearen Verbrauchsfunktionen

(10) $r_i = \sum_{l=1}^{L} b_l a_{il} \qquad i = 1,...,I$

Geht man von der oben dargestellten Prämisse der Proportionalität von physikalischen und ökonomischen Outputmengen aus, so gilt:

(11) $r_i = \sum_{l=1}^{L} f_{il}(d_l) \alpha_l x \qquad i = 1,...,I$

bzw.

(12) $r_i = \sum_{l=1}^{L} a_{il} \alpha_l x \qquad i = 1,...,I$

---

[50] Vgl. Kilger, W., Produktionstheorie (1958), S. 68f., Heinen, E., Kostenlehre (1983), S. 234 f.

[51] Vgl. Heinen, E., Kostenlehre (1983), S. 233.

Heinen[52] erweitert die Gutenberg-Produktionsfunktion, indem er neben der z-Situation auch kurzfristig konstante Einflußgrößen (z.B. Umrüstvorgänge) in der sogenannten u-Situation und frei variierbare technische Parameter (z.B. Druck, Temperatur) in der l-Situation berücksichtigt. Des weiteren dynamisiert Heinen die von ihm entwickelte Produktionsfunktion vom Typ C, indem er neben der durchschnittlichen Intensität (als Leistung je Zeiteinheit) auch die „Momentanleistung"[53] betrachtet und damit technologische Prozesse isomorph abzubilden versucht.

Im Falle einer mehrstufigen Fertigung „vollzieht sich die Fertigung eines marktfähigen Endprodukts im allgemeinen in mehreren sukzessiven oder parallelen Bearbeitungsschritten über eine Reihe von Zwischenschritten"[54], wodurch zwischen Transformationsfunktionen (als Input-Output-Beziehung einer einzelnen Stufe) und Produktionsfunktionen als aggregierte Darstellung mehrerer Transformationsfunktionen unterschieden werden kann[55]. Während den bisherigen Ausführungen ein Aggregat (bzw. allgemeiner ein Arbeitsplatz als Ort der Faktorkombination) zugrunde lag, greifen Input-Output-Modelle des gesamten Fertigungsprozesses auf sogenannte „Produktionsstellen"[56] zurück. Diese können nur eine Leistungsart l hervorbringen, die ihrerseits wiederum Input an anderen Produktionsstellen sein kann. Auf diese Weise kann die Produktionsfunktion als quadratische Matrix der Dimension[57] $n \times n$ dargestellt werden[58], wobei n die Zahl aller Outputarten (die zugleich Input sein können[59]) repräsentiert.

Weitere Ansätze wie die Produktionsfunktion vom Typ D von Kloock[60] und die dynamische Produktionsfunktion von Küpper (Typ E)[61] bauen auf den beschriebenen Konzepten auf, indem zum einen die Input-Output-Beziehungen (Transformationsfunktionen) verallgemeinert werden[62] und zum anderen (bei Küpper) die Dimension Zeit explizit berücksichtigt wird. In beiden Fällen liegt ein Input-Output-Modell zugrunde, in dem in einer Matrix für alle Zwischen- und Endprodukte (Output) die Einsatzfaktoren und die zugrundeliegende

---

[52] Vgl. Heinen, E., Kostenlehre (1978), S. 244 ff.

[53] Heinen, E., Kostenlehre (1978), S. 252.

[54] Ellinger, Th., Haupt, R., Produktionstheorie (1996), S. 20.

[55] Vgl. Ellinger, Th., Haupt, R., Produktionstheorie (1996), S. 20 f.

[56] Kloock, J., Input-Output-Modelle (1969), S. 42.

[57] In den folgenden Ausführungen wird für die Darstellung der Dimension von Matrizen das Zeichen × verwendet, $n \times n$ bedeutet also „n Kreuz n", d.h. eine Matrix mit n Zeilen und n Spalten.

[58] Vgl. Seelbach, H., Produktionstheorie (1982), S. 270.

[59] Dafür werden zusätzlich Beschaffungs- und bisweilen auch Absatz-„stellen" definiert, so daß auch Fremdteile als „Output" bezeichnet werden können, vgl. Kloock, J., Input-Output-Modelle (1969), S. 42 ff.

[60] Vgl. Kloock, J., Input-Output-Modelle (1969).

[61] Vgl. Küpper, H.-U., Interdependenzen (1980). Ähnlich auch Troßmann, E., Grundlagen (1983).

[62] Vgl. Seelbach, H., Produktionstheorie (1982), S. 269.

Transformationsfunktion dargestellt werden. Als Knoten dienen „Produktionsstellen" (es werden, wie oben beschrieben, Beschaffungs- und Fertigungsstellen unterstellt)[63],[64]:

(13) $$r_i = \sum_{j=1}^{n} f_{ij}(d_j)r_j + x_i$$ (Güterarten i=1,...,n und Produktionsstellen j=1,...,n)

Im Falle rein linearer Transformationsfunktionen und nur einer unabhängigen Variablen (Leontief-Modell), gilt[65]:

(14) $$f_{ij} \equiv a_{ij}$$

und damit

(15)
$$\begin{aligned} r_1 &= a_{11}r_1 + a_{12}r_2 + \ldots + a_{1n}r_n + x_1 \\ r_2 &= a_{21}r_1 + a_{22}r_2 + \ldots + a_{2n}r_n + x_2 \\ &\ldots \\ &\ldots \\ r_n &= a_{n1}r_1 + a_{n2}r_2 + \ldots + a_{nn}r_n + x_n \end{aligned}$$

$a_{11}r_1$ stellt dabei den Eigenverbrauch von r_1 bei der Produktion von r_1 dar.

oder in Matrixschreibweise[66]

(16) $$\mathbf{r} = \mathbf{A}^*\mathbf{r} + \mathbf{x}, \quad wobei\ \mathbf{r} = \begin{pmatrix} r_1 \\ \ldots \\ r_n \end{pmatrix}, \ \mathbf{A}^* = \begin{pmatrix} a_{11} & \ldots & a_{1n} \\ \ldots & & \ldots \\ a_{n1} & \ldots & a_{nn} \end{pmatrix}, \ \mathbf{x} = \begin{pmatrix} x_1 \\ \ldots \\ x_n \end{pmatrix}.$$

x repräsentiert hierbei den Vektor der Produktionsmengen (Primärbedarf). Einige Autoren differenzieren noch zwischen Produktionsmengen und Absatzmengen, indem **x** durch **x**+Δ**l** (für Bestandsveränderungen) ersetzt wird[67].

Die oben dargestellte Matrix $\mathbf{A}^*$ wird als Direktbedarfsmatrix[68] bezeichnet. Damit gilt:

---

[63] Vgl. Ellinger, Th., Haupt, R., Produktionstheorie (1996), S. 21 f.

[64] Die Produktionsfunktion vom Typ F wird hier nicht betrachtet, da sie zum einen nur geringe Resonanz in der Literatur fand und zum anderen eine Erweiterung einführt, die für die vorliegende Arbeit als nicht relevant erscheint, vgl. Botta, V., Produktionsfunktionen (1986), S. 117ff.

[65] Vgl. Troßmann, E., Grundlagen (1983), S. 16; Schweitzer, M., Produktionsfunktion (1979), Sp. 1505.

[66] Vgl. Seelbach, H., Produktionstheorie (1982), S. 270.

[67] Diese Differenzierung findet sich beispielsweise bei Chmielewicz, K., Integration (1972), Küpper, H.-U., Interdependenzen (1980), S. 59f., Trossmann, E., Grundlagen (1983), S. 57f.

[68] Vgl. Seelbach, H., Produktionstheorie (1982), S. 270.

$$\mathbf{r} = \mathbf{A}^*\mathbf{r} + \mathbf{x}$$

$$(17) \quad (\mathbf{E} - \mathbf{A}^*)\mathbf{r} = \mathbf{x}$$

$$\mathbf{r} = (\mathbf{E} - \mathbf{A}^*)^{-1}\mathbf{x}$$

$(\mathbf{E}\text{-}\mathbf{A}^*)^{-1}$ bezeichnet hierbei die Gesamtverbrauchsmatrix. Diese drückt aus, welche Inputfaktoren kumulativ (über alle Fertigungsstufen) in eine Erzeugniseinheit eingehen (im Gegensatz zur Direktbedarfsmatrix, die nur die Inputmengen der jeweils unmittelbar (direkt) eingehenden untergeordneten Fertigungsstufe darstellt). Wird die Menge der f fremdbezogenen Faktorarten, die nicht in direkt in andere Faktoren eingehen (Gemeinkostenfaktoren, z.B. Betriebsstoffe) als F bezeichnet, die der t fremdbezogenen, aber direkt in andere Güterarten eingehenden Faktorarten (z.B. Fremdteile) als T, und die Menge der b selbsterstellten Baugruppen und Erzeugnisse als B, so kann die Gesamtverbrauchsmatrix durch folgende zerlegte Strukturmatrix[69] dargestellt werden:

$$(18) \quad (\mathbf{E}\text{-}\mathbf{A}^*)^{-1} = \begin{pmatrix} \mathbf{S}_{FF} & \mathbf{S}_{FT} & \mathbf{S}_{FB} \\ \mathbf{S}_{TF} & \mathbf{S}_{TT} & \mathbf{S}_{TB} \\ \mathbf{S}_{BF} & \mathbf{S}_{BT} & \mathbf{S}_{BB} \end{pmatrix}$$

Während Chmielewicz[70] von linearen Beziehungen hinsichtlich aller berücksichtigten Transformationsfunktionen ausgeht und dabei keine Unterscheidung trifft, ob Faktoreinsätze durch Potentialleistungen (Prozesse) oder Produktstrukturen (Produkte) induziert wurden, enthalten die Produktionsfunktionen vom Typ B, C, D und E den Begriff des Aggregats bzw. der Produktionsstellen, um Prozeßbedingungen als Variablen der Transformationsfunktionen abbilden zu können. Gutenberg beschränkt sich dabei allerdings auf einstufige Produktionsprozesse[71], und Heinen beschränkt seine Darstellungen auf die nicht-zyklische Produktionsprozesse[72], d.h., der Output nachgelagerter Fertigungsstufen kann nicht Input vorgelagerter Stufen sein. Wesentlicher als die Überwindung dieser Beschränkungen ist aber, daß die Ansätze von Kloock und Küpper abstrakte Input-Output-Modelle als Grundlage heranziehen[73]. Darin werden Produktionsstellen allgemein als Träger von Prozeßeigenschaften dargestellt, zu denen auch die Verbrauchsfunktion gehört. So sieht Kloock[74] die Zuordnung jeder Güterart zu einer Produktionsstelle vor, während Küpper[75] für jeden Einsatzfaktor die Zuordnung zu

---

[69] Analog zur Darstellung bei Küpper, vgl. Küpper, H.-U., Interdependenzen (1980), S. 63.

[70] Vgl. Chmielewicz, K., Integration (1972); S. 123 ff. sowie S. 167 ff.

[71] Vgl. Fandel, G., Produktion (1994), S. 146.

[72] Vgl. Fandel, G., Produktion (1994), S. 146.

[73] Vgl. Fandel, G., Produktion (1994), S. 146, Seelbach, H., Produktionstheorie (1982), S. 269.

[74] Vgl. Kloock, J., Input-Output-Modelle (1969), S. 42 ff. sowie S. 63.

[75] Vgl. Küpper, H.-U., Interdependenzen (1980), S. 71, ähnlich auch bei Troßmann, E., Grundlagen (1983), S. 15.

einem „Teilprozeß" (als Untersetzung der Produktivkostenstellen) voraussetzt, um eine quadratische Form der Gesamtverbrauchsmatrix zu erreichen.

2.3 Erweiterung der Input-Output-Modelle

Die vorstehend beschriebene Darstellung ist zwar theoretisch konsistent, bildet aber die organisatorische Wirklichkeit in einer Weise ab, die für die Aufgabenstellung dieser Arbeit nicht herangezogen werden soll, da folgende Aspekte dieser Modelle dem entgegenstehen:

- Alle Einsatzfaktoren müssen in der Direktbedarfs- und Gesamtbedarfsmatrix aufgeführt werden. Insbesondere sind auch alle mittelbar oder überhaupt nicht vom Output abhängigen Faktoren zu integrieren (Büromaterial, Mieten etc.).
- Werden (ständig oder sporadisch) Dienstleistungen an Kunden erbracht, so sind die Güterarten um diese Leistungen (als Output) zu ergänzen, wodurch die Systematik durchbrochen wird.
- Die Abbildung von innerbetrieblichen Leistungen (Leistungen von Organisationseinheiten) ist nicht vorgesehen[76].
- Fließt eine Faktorart (z.B. Arbeit) über eine Produktionsstelle und indirekt über oben genannte Teilprozesse in mehrere andere Güterarten ein, so wiederholt sich die zugrunde liegende Transformationsfunktion immer wieder, ohne daß diese Struktur transparent würde.
- Aufbau- und ablauforganisatorische Strukturen werden in diesem Ansatz nicht berücksichtigt.

Daher wird als Modifikation der bisher dargestellten Modelle vorgeschlagen, die vorgenannten „Wiederholgruppen" explizit in der Direktbedarfs- und Gesamtbedarfsmatrix auszuweisen. Damit werden in dieser Matrix nur noch direkte Beziehungen abgebildet (Reduktion der Dimension von n auf m[77]), während die indirekten Beziehungen in eine eigene Matrix ausgelagert werden.

Um eine stärkere Ausrichtung der Darstellung an realen Organisationsstrukturen zu erreichen, soll das Input-Output-Modell nicht allgemein dargestellt werden, sondern für den empirisch am besten abgesicherten Typ der Produktionsfunktion, den Typ B (Gutenberg). Zudem werden Kostenstellen und Arbeitsgänge („Teil"- oder auch „Partialprozesse" i.S. von Kloock, Küpper, Kilger und anderen) so dargestellt, daß Abhängigkeiten zwischen Organisationsbereichen ebenso abgebildet werden können wie Input-Output-Beziehungen zwischen Produkten und ihrem Input.

---

[76] Zwar hat Kistner einen Ansatz zur Berücksichtigung von Kostenstellenleistungen vorgestellt, allerdings verzichtet er dafür auf die Darstellung auf Einsatzfaktorebene, vgl. Kistner, K.-P., Produktionstheorie (1981), S. 138 ff.

[77] Entsprechend laufen die Indizes i und j nun von 1...m statt wie bisher von 1...n.

Dazu soll zusätzlich zu den oben bereits angeführten Prämissen gelten:

Jeder der m Zeilen in der Direktbedarfsmatrix wird eine „Kostenstelle" zugeordnet, wobei gilt:

1. Kostenstellen 1...v (mit $v < m$) stellen Hilfskostenstellen dar, d.h., ihre Leistung fließt in andere Kostenstellen ein, und erst deren Output geht in Güterarten ein.
2. Die nächsten h (mit $v+h < m$) Kostenstellen stellen die Hauptkostenstellen dar.
3. Die restlichen m-h-v Kostenstellen stellen Teilprozesse[78] dar.

Damit ergibt sich eine Direktverbrauchsmatrix **A** der Dimension $m \times m$, die grundsätzlich der oben dargestellten Form entspricht. Im Gegensatz zum Standardansatz weisen die ersten v+h Kostenstellen (d.h. die Kostenstellen im Sinne der Kostenrechnung als Verantwortungsbereiche und Orte des Faktorverzehrs) mehr als eine Faktorart als Input auf. Zusätzlich wird eine weitere Matrix $\mathbf{F}_v$ eingeführt (siehe Abbildung 2-5), die die Dimension $f+t \times m$ aufweist, wobei f fremdbezogene Faktorarten, die nicht in direkt in andere Faktoren eingehen (Gemeinkostenfaktoren, z.B. Betriebsstoffe) bezeichnet und t fremdbezogene, aber direkt in andere Güterarten eingehende Faktorarten (z.B. Fremdteile), während m die Zahl aller Kostenstellen und Teilprozesse angibt. Diese Matrix enthält je Kostenstelle aus A einen Vektor (eine Zeile), der die Inputs der Kostenstelle beschreibt. Wird A mit einem Primärbedarfsvektor multipliziert, so ergibt sich der Gesamtbedarf an Kostenstellenleistung (physikalische Leistung). Diese physikalische Leistung wiederum bestimmt den Bedarf an Inputs je Leistungsstelle. Damit drückt die Zerlegung des Input-Output-Modells in zwei Matrizen auch die Mittelbarkeit der Kostenstelleinputs vom ökonomischen Output aus.

In Abbildung 2-4 werden die b Baugruppen noch zur besseren Transparenz und als Grundlage für Fragestellungen folgender Kapitel in e Erzeugnisse (d.h. nicht wieder in andere Baugruppen einfließende Teile) und b-e Baugruppen im eigentlichen Sinne unterteilt.

---

[78] Im Gegensatz zum Teilprozeßbegriff bei Küpper (Küpper, H.-U., Interdependenzen (1980), S. 62) können diese Teilprozesse allerdings verschiedenen Leistungsarten (Güterarten i.S. Küppers) zugeordnet werden.

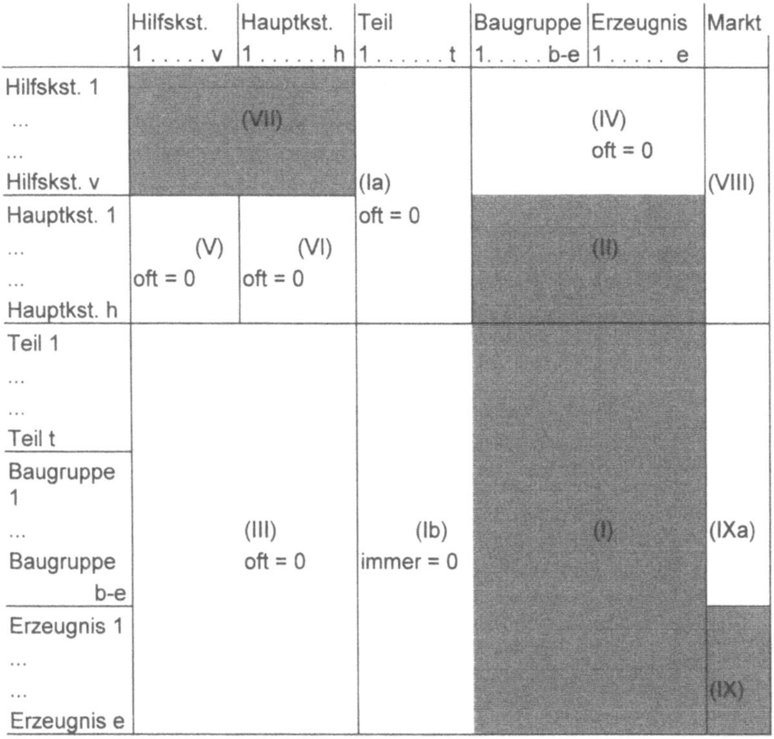

Abbildung 2-4: Faktoreinsatzmatrix (Direktverbrauchsmatrix)

(I)	Produktstruktur (Stückliste) als Direktverbrauchsmatrix
(Ia)	In Teile eingehende Kostenstellenleistungen, in aller Regel = 0 (Ausnahme: Beschaffungsprozesse[79]).
(Ib)	In Teile eingehende Teile, Baugruppen und Erzeugnisse, immer = 0
(II)	Arbeitsplan-Mengen (Direktbedarf Kostenstellenleistung)
(III)	Eigenverbrauch an Teilen bzw. Baugruppen und Erzeugnissen durch Kostenstellen
(IV)	Leistung von Hilfskostenstellen an Teile, Baugruppen, Erzeugnisse
(V)	Leistung von Haupt- an Hilfskostenstellen
(VI)	Leistung von Haupt- an Hauptkostenstellen
(VII)	´typische´ innerbetriebliche Leistungsverrechnung
(VIII)	Innerbetriebliche Leistung, die extern geleistet wird (z.B. Handwerkerleistung an Nachbarbetriebe, Verkauf von eigenerzeugtem Strom oder Dampf, aber auch Dienstleistungen, z.B. Montage)
(IX)	„Output aus Vertriebsprozessen" i.e.S, Fertigerzeugnisse
(IXa)	„Output aus Vertriebsprozessen", i.w.S., Ersatzteile etc.

Grundsätzlich wäre eine weitere Untersetzung der Kostenstellen nach Aktivitäten möglich. Damit würde die Matrix im Segment V bis VII aufgespreizt. Dies erscheint für die

[79] Vgl. Küpper, H.-U., Interdependenzen (1980), S. 62 f., Haupt, R., Ablaufmanagement (1987), S. 14.

vorliegende Fragestellung allerdings nicht von Bedeutung, da die zugrundeliegenden Faktorverzehre jeweils identisch sind.

Diese Matrix liegt allen folgenden Kapiteln zugrunde, da die Segmente V, VI und VII die Kostenstellenrechnung abbilden, Ia, II, IV und VIII die Arbeitspläne bzw. Fertigungskosten und I die Stücklisten bzw. Materialkosten der Kostenträgerrechnung repräsentieren. Die Kostenartenrechnung, insbesondere die Planung der Gemeinkosten, spiegelt sich dagegen in dieser Matrix nicht unmittelbar wider.

Bedarfs-objekt	Faktor Guß	Stahl	Arbeit	Energie	AfA	Zinsen
Hilfskst. 1 ... Hilfskst. v						
Hauptkst. 1 ... Hauptkst. h						
Teil 1 ... Teil t						
Baugruppe 1 ... Baugruppe b						
Erzeugnis 1 ... Erzeugnis e						

Abbildung 2-5: Ergänzende Faktoreinsatzmatrix $\mathbf{F}_V$

Die Elemente der Matrix **A** stellen damit nicht zwangsläufig Einsatzfaktoren dar, vielmehr werden Verbrauchsstrukturen zwischen Objekten der Leistungserstellung im Unternehmen dargestellt. Gehen wir davon aus, daß diese Verbrauchsstrukturen unabhängig von den einzelnen Einsatzfaktoren Geltung haben[80], so kann die Beziehung zwischen den genannten Objekten und ihrem Faktorverzehr mittels der Matrix $\mathbf{F}_V$ (für Faktorverbrauch variabel) abgebildet werden:

$\mathbf{F}_V$ stellt also den je Spalte in **A** induzierten Bedarf an fremdbezogenen (originären, im Sinne der Kostenrechnung primären) Einsatzfaktoren dar. Diese Matrix repräsentiert damit die Kostenartenrechnung (Einzel- und Gemeinkosten). Um nun den Bedarf an Güterart i für die Fertigung einer Einheit der Güterart j zu ermitteln, ist eine zweistufige Sicht notwendig: Für

[80] Eine Kostenstelle k weist also für jede geleistete Minute den gleichen Bedarf an Einsatzfaktoren auf.

jede Kostenstelle bzw. Güterart k (k=1,..,m) ist zunächst der Faktor α_{kj} festzustellen, der die Inanspruchnahme der Kostenstelle k durch die Güterart (bzw. Kostenstelle) j angibt. Im zweiten Schritt ist zu ermitteln, welche Faktorarten die Kostenstelle k repräsentiert. Dazu sind in der Matrix $\mathbf{F}_V$ alle Kostenstellen (i.w.S., d.h. Kostenstellen, direkt outputinduzierte Fremdteile und eigengefertigte Baugruppen) mit allen fremdbezogenen Faktorarten verknüpft. Die entsprechenden Koeffizienten a_{ik} sind also mit α_{kj} zu multiplizieren.

$$(19) \qquad r_{ij} = \sum_{k=1}^{m} a_{ik} \alpha_{kj} x_j$$

$\mathbf{F}_V$ enthält dabei die fremdbezogenen Faktormengen (bzw. nach Bewertung mit einem Preisvektor die Kosten), die zur Bereitstellung einer Einheit physikalischer Leistung notwendig sind.

Der Gesamtbedarf r_i eines Einsatzfaktors i ermittelt sich entsprechend gemäß

$$(20) \qquad r_i = \sum_{j=1}^{m} \sum_{k=1}^{m} a_{ik} \alpha_{kj} x_j$$

bzw. (Kommutativgesetz)

$$(21) \qquad r_i = \sum_{k=1}^{m} \sum_{j=1}^{m} a_{ik} \alpha_{kj} x_j \ .$$

Dies läßt sich auch darstellen als

$$(22) \qquad r_i = \sum_{k=1}^{m} a_{ik} \sum_{j=1}^{m} \alpha_{kj} x_j \ ,$$

wobei r_i die Summe der Verbräuche an Faktor i über alle Kostenstellen wiedergibt.

In Matrixschreibweise erhalten wir damit

$$(23) \qquad \mathbf{r} = \mathbf{F}_V{}^t (\mathbf{E} - \mathbf{A})^{-1} \mathbf{x} \, ,$$

wobei allerdings hier A nicht dem $\mathbf{A}^*$ (Standardansatz) entspricht. Dies entspricht strukturell der Darstellung aus (8), da der durch den Output (die ökonomische Leistung) induzierte Bedarf an technisch-physikalischer Leistung („Kostenstellenleistung") in $(\mathbf{E}\text{-}\mathbf{A})^{-1}$ abgebildet wird, während der dadurch indirekt verursachte Bedarf an Kostenstelleninput (im Sinne der Gutenberg-Verbrauchsfunktionen) in $\mathbf{F}_V{}^t$ abgebildet wird[81]. $\mathbf{F}_V{}^t$ repräsentiert die Bedarfe an Einsatzfaktor i durch Kostenstelle bzw. Güterart j und hat die Dimension f+t × m (f sei dabei die Zahl der fremdbezogenen Faktorarten, m die Zahl der Kostenstellen (k), fremdbezogenen

[81] Diese Zweiteilung findet sich später sowohl im Bereich der Produktionsplanung und -steuerung als auch im Bereich der Kosten- und Leistungsrechnung wieder, vgl. Kapitel 3 und 4 dieser Arbeit.

Güterarten mit direktem Outputbezug (t) und eigengefertigten Güterarten (b), d.h. m = k+t+b. Die Multiplikation von $\mathbf{F}_V^t$ und $(\mathbf{E}\text{-}\mathbf{A})^{-1}$ ergibt eine Matrix **G** der Dimension f+t × m (m = k+t+b). Diese beinhaltet die Gesamtbedarfe an fremdbezogenen und eigengefertigten Einsatzfaktoren (sowohl direkt durch den Output als auch durch die Kostenstellenleistung induzierte). Im Standard-Ansatz dagegen hat die Matrix $(\mathbf{E}\text{-}\mathbf{A}^*)^{-1}$ die Dimension n × n mit n = f+t+b.

Es soll nun gezeigt werden, daß (22) so umgeformt werden kann, daß die Form von (17) erreicht wird.

Die Gesamtbedarfsmatrix $(\mathbf{E}\text{-}\mathbf{A})^{-1}$ sei als **O** bezeichnet und weist die Dimension m × m auf. Der Outputvektor **x** hat die Dimension m. Durch die Multiplikation von **O** mit $\mathbf{F}_V^t$ entsteht die Matrix **G** mit der Dimension f+t × m.

$$\mathbf{F}_V^t = \begin{pmatrix} \mathbf{F}_{FK} & \mathbf{F}_{FT} & \mathbf{F}_{FB} \\ \mathbf{F}_{TK} & \mathbf{F}_{TT} & \mathbf{F}_{TB} \end{pmatrix}, \quad \mathbf{O} = \begin{pmatrix} \mathbf{O}_{KK} & \mathbf{O}_{KT} & \mathbf{O}_{KB} \\ \mathbf{O}_{TK} & \mathbf{O}_{TT} & \mathbf{O}_{TB} \\ \mathbf{O}_{BK} & \mathbf{O}_{BT} & \mathbf{O}_{BB} \end{pmatrix}, \quad \mathbf{G} = \begin{pmatrix} \mathbf{G}_{FK} & \mathbf{G}_{FT} & \mathbf{G}_{FB} \\ \mathbf{G}_{TK} & \mathbf{G}_{TT} & \mathbf{G}_{TB} \end{pmatrix}, \quad \mathbf{x} = \begin{pmatrix} \mathbf{x}_K \\ \mathbf{x}_T \\ \mathbf{x}_B \end{pmatrix}$$

Um nun die Matrix **G** in die Form des Standard-Ansatzes zu bringen, wird im ersten Schritt aus **O** die erste Spalte und aus **x** die erste Zeile entfernt. Da im Standardansatz der Vektor **x** nur Einsatzfaktoren, nicht aber Kostenstellenleistung enthält, wird auch für den erweiterten Ansatz davon ausgegangen, daß x_1 bis $x_k = 0$ sind. Damit tritt bei Multiplikation mit **O** keine Veränderung ein, d.h. alle Summenglieder, die aus diesen Spalten resultieren, sind gleich 0. Außerdem werden in $\mathbf{F}_V^t$ b Zeilen eingeführt, die in $\mathbf{F}_{BK}$ und $\mathbf{F}_{BT}$ Nulleinträge und in $\mathbf{F}_{BB}$ der Einheitsmatrix der Dimension b entspricht, wodurch auch die eigengefertigten b Güterarten im Produkt des so modifizierten **G** mit **x** in Form einer Mengenübersicht berücksichtigt werden.

$$\mathbf{O}' = \begin{pmatrix} \mathbf{O}_{KT} & \mathbf{O}_{KB} \\ \mathbf{O}_{TT} & \mathbf{O}_{TB} \\ \mathbf{O}_{BT} & \mathbf{O}_{BB} \end{pmatrix}, \quad \mathbf{x}' = \begin{pmatrix} \mathbf{x}_T \\ \mathbf{x}_B \end{pmatrix}, \quad \mathbf{F}'^t_V = \begin{pmatrix} \mathbf{F}_{FK} & \mathbf{F}_{FT} & \mathbf{F}_{FB} \\ \mathbf{F}_{TK} & \mathbf{F}_{TT} & \mathbf{F}_{TB} \\ \mathbf{F}_{BK} & \mathbf{F}_{BT} & \mathbf{F}_{BB} \end{pmatrix}$$

Im zweiten Schritt werden in **O′** f Spalten und in **x** f Zeilen eingefügt. In beiden Fällen handelt es sich nur um Nulleinträge. In $\mathbf{F}_V^t$ werden f Spalten eingeführt, wobei $\mathbf{F}_{FF}$ der Einheitsmatrix der Dimension f entspricht, während $\mathbf{F}_{TF}$ und $\mathbf{F}_{BF}$ nur Nulleinträge enthalten.

$$\mathbf{O}'' = \begin{pmatrix} \mathbf{O}_{KF} & \mathbf{O}_{KT} & \mathbf{O}_{KB} \\ \mathbf{O}_{TF} & \mathbf{O}_{TT} & \mathbf{O}_{TB} \\ \mathbf{O}_{BF} & \mathbf{O}_{BT} & \mathbf{O}_{BB} \end{pmatrix}, \quad \mathbf{x}'' = \begin{pmatrix} \mathbf{x}_F \\ \mathbf{x}_T \\ \mathbf{x}_B \end{pmatrix}, \quad \mathbf{F}''^t_V = \begin{pmatrix} \mathbf{F}_{FF} & \mathbf{F}_{FK} & \mathbf{F}_{FT} & \mathbf{F}_{FB} \\ \mathbf{F}_{TF} & \mathbf{F}_{TK} & \mathbf{F}_{TT} & \mathbf{F}_{TB} \\ \mathbf{F}_{BF} & \mathbf{F}_{BK} & \mathbf{F}_{BT} & \mathbf{F}_{BB} \end{pmatrix}$$

In einem dritten Schritt werden in **O″** f Zeilen eingefügt, wobei $\mathbf{O}_{FF}$ der Einheitsmatrix der Dimension f entspricht, $\mathbf{O}_{FT}$ und $\mathbf{O}_{FB}$ dagegen nur Nulleinträge enthalten.

$$\mathbf{O}''' = \begin{pmatrix} \mathbf{O}_{FF} & \mathbf{O}_{FT} & \mathbf{O}_{FB} \\ \mathbf{O}_{KF} & \mathbf{O}_{KT} & \mathbf{O}_{KB} \\ \mathbf{O}_{TF} & \mathbf{O}_{TT} & \mathbf{O}_{TB} \\ \mathbf{O}_{BF} & \mathbf{O}_{BT} & \mathbf{O}_{BB} \end{pmatrix}$$

Die Multiplikation von $\mathbf{O}'''$ und $\mathbf{F}''_v{}^t$ ergibt $\mathbf{G}'$. Da sowohl $\mathbf{O}_{FF}$ als auch $\mathbf{F}_{FF}$ der Einheitsmatrix entsprechen, trifft dies auch für $\mathbf{G}'_{FF}$ zu.

$$\mathbf{G}' = \mathbf{O}'''\mathbf{F}''_v{}^t = \begin{pmatrix} \mathbf{G}_{FF} & \mathbf{G}_{FT} & \mathbf{G}_{FB} \\ \mathbf{G}_{TF} & \mathbf{G}_{TT} & \mathbf{G}_{TB} \\ \mathbf{G}_{BF} & \mathbf{G}_{BT} & \mathbf{G}_{BB} \end{pmatrix}$$

Die Matrizen $\mathbf{F}_v{}^t$ und $\mathbf{G}$ weisen die Dimensionen $n \times m$ und $m \times n$ auf, womit ihr Produkt die Dimension $n \times n$ hat. Dies entspricht der Darstellung aus (18) des Standard-Ansatzes. Formal wird somit eine Überführung des erweiterten Ansatzes dieser Arbeit in den Standard-Ansatz eines Input-Output-Modells im Sinne Kloocks erreicht.

Inhaltlich werden damit die Kostenstellenleistungen durch die hinter der Kostenstelle stehenden Einsatzfaktor-Vektoren ersetzt, was grundsätzlich dem Ansatz der Primärkostenrechnung[82] entspricht. Dadurch wird die Differenzierung nach ökonomischem und technisch-physikalischem Output wieder aufgehoben, und die Kostenstellenleistung gleichsam „herausgekürzt". Es werden also keine Organisationsstrukturen mehr dargestellt, sondern nur noch Beziehungen zwischen Einsatzfaktoren im Sinne eines Standard-Input-Output-Modells (im Sinne Kloocks).

Die im Rahmen dieser Modellbildung repräsentierten Faktorverzehre entsprechen weitgehend den variablen Kosten bzw. den Leistungskosten im Rahmen einer Teilkostenrechnung. Nur diese Anteile variieren (proportional) mit dem Output. Die fixen Kosten bzw. die Bereitschaftskosten dagegen werden durch Entscheidungen disponiert. Sie lassen sich in der Mehrzahl der Fälle nicht einmal einer einzelnen Outputart zuordnen. Diese Gruppierung entspricht näherungsweise auch der Gliederung nach Repetier- und Potentialfaktoren bei Heinen[83], wobei das Segment I aus Abbildung 2-4 vollständig Repetierfaktoren repräsentiert, während sich hinter der Kostenstellenleistung eine Mischung von Repetier-(Hilfs- und Betriebsstoffe) und Potentialfaktoren verbirgt. Während die Hilfs- und Betriebsstoffe als proportional zur Leistung der jeweiligen Kostenstelle anfallend betrachtet werden, kann über die Potentialfaktoren nur individuell disponiert werden, wobei die Ausprägungen „einsetzen" oder „nicht einsetzen" möglich sind. Damit werden diese Einsatzfaktoren nicht durch die bisherigen Ausführungen berücksichtigt. Für ihre Abbildung wird eine zweite Matrix $\mathbf{F}_F$ eingeführt, die diejenigen Einsatzfaktoren bzw. (bei Mischfaktorarten) diejenigen Faktor-

---

[82] Vgl. Kapitel 4.6.2. dieser Arbeit.

[83] Heinen, E., Kostenlehre (1983), S. 247.

einsatzmengen enthält, die nicht vom Output, sondern von der Betriebsbereitschaft bzw. der Disposition des Entscheiders abhängig anfallen. Diese Matrix hat die gleiche Struktur wie die oben beschriebene Matrix $\mathbf{F}_V$, allerdings beziehen sich die Koeffizienten nicht auf eine Einheit Leistung bzw. Output, sondern stellen (hinsichtlich des Outputs) unabhängige Größen dar, die für die gewählte Betriebsbereitschaft gelten. Mit dem Spaltenvektor **p** mit den Preisen p_1 bis p_{f+t} gilt damit:

$(\mathbf{E}\text{-}\mathbf{A})^{-1}\,\mathbf{x} = \mathbf{g}$ (Gesamter Verbrauch an „Kostenstellen"-Leistung)

(24) $\mathbf{F}_V{}^t\,\mathbf{g} = \mathbf{g}_v$ (Gesamtverbrauchsvektor)

$\mathbf{g}_v\mathbf{p} = K_v$ (bewerteter Gesamtverbrauch als Skalar, d.h., gesamte variable Kosten)

Mit **e** als Spaltenvektor der Länge m mit Eintrag 1 auf allen Positionen ergibt sich

$\mathbf{F}_F{}^t\,\mathbf{e} = \mathbf{g}_f$ (Gesamtverbrauchsvektor)

$\mathbf{g}_f\,\mathbf{p} = K_F$ (bewerteter Verbrauchsvektor fix, d.h. gesamte fixe Kosten je Faktorart i)

$$K_{F_i} + K_v = K_{gesamt}$$

Die obige Darstellung entspricht einem statischen Modell des Produktionsprozesses.

Eine Dynamisierung[84] kann durch die Einführung von Teilperioden erfolgen, für die Veränderungen der Zellen in den obigen Matrizen durch Erfassung von Anfangs- und Endbeständen abgebildet werden. Damit sind zusätzlich zu den bisher dargestellten Größen noch Bestände und Bewegungen zu berücksichtigen. Die Ausführungen dieser Arbeit beschränken sich auf die Darstellung eines statischen Modells.

Die Erkenntnisse der Produktionstheorie fließen in die Modellbildung im Rahmen von Planungs- und Steuerungssystemen der Leistungserstellung ein. Des weiteren bilden sie die zusammen mit bewertungstheoretischen Ansätzen die Grundlagen der Kostentheorie und der Kosten- und Leistungsrechnung.

---

84 Ausführlich dargestellt bei Chmielewicz, K., Integration (1972), insbes. aber bei Küpper, H.-U., Interdependenzen (1980) sowie Troßmann, E., Grundlagen (1983).

3 Die Produktionsplanung und -steuerung als Instrument des Controlling

Wie im Rahmen der Problemstellung in Kapitel 1 dargelegt wurde, konzentriert sich diese Arbeit auf zwei Instrumente des Controlling: Während die Kosten- und Leistungsrechnung in einer Vielzahl von einschlägigen Veröffentlichungen als klassisches Controllingwerkzeug beschrieben wird, gehen die meisten Autoren auf die Produktionsplanung und -steuerung nur am Rande oder gar nicht ein - oft wird auch nur die Programmplanung als Grundlage der Umsatz- und Kostenplanung berücksichtigt[85].

Im Verlaufe dieses Kapitels sollen die Aufgaben und Funktionen der Produktionsplanung im Unternehmen dargestellt und versucht werden, ihre Daten und Verfahren in den Beschreibungsrahmen aus Kapitel 2 einzuordnen.

3.1 Gegenstand der Produktionsplanung und -steuerung

„Die Aufgabe eines Systems zur Produktionsplanung und -steuerung besteht in der Erstellung eines (Produktions-) Planes, gemäß dem der Produktionsprozeß mengen- und termingerecht abgewickelt werden soll sowie in der Ergreifung von Maßnahmen, die der Realisierung des Produktionsplanes dienen“[86]. Damit stellt ein PPS-System ein Instrumentarium dar, das der Planung, Steuerung und Kontrolle des Leistungserstellungsprozesses dient. Um dies leisten zu können, müssen die wesentlichen Elemente der betrieblichen Strukturen und Prozesse abgebildet und insbesondere die Freiheitsgrade der Prozesse dargestellt werden. Dieses Modell der Unternehmung dient im Folgenden der Darstellung der Konsequenzen dispositiver Maßnahmen. Dazu muß das Modell die wesentlichen Input-Output-Beziehungen zumindest realitätsnah (homomorph)[87] abbilden.

3.2 Ziele und Prämissen

Die Gestaltung von Systemen hängt wesentlich von dem ihnen zugrundeliegenden Zielsystem ab. Ein Zielsystem besteht dabei "aus der geordneten Menge aller handlungsbestimmenden Ziele, die bei der Ableitung einer rationalen Entscheidungsempfehlung zu berücksichtigen sind."[88] "Unter einem Ziel ist eine normative bzw. imperativische Aussage eines Entscheidungsträgers, die einen angestrebten Zustand der Wirklichkeit beschreibt, zu verstehen."[89] Hinsichtlich des Abbildungsgegenstandes lassen sich Sachziele und Formalziele

[85] Vgl. beispielsweise Hahn, D., PuK (1986), S. 194.

[86] Geiger, W., PPS (1991), S. 1.

[87] Vgl. zur Güte der Abbildung in Modellen Kap. 5.4. dieser Arbeit.

[88] Zangemeister, C., Nutzwertanalyse (1976), S. 89.

[89] Vgl. Strebel, H., Forschungsplanung (1975), S. 16.

unterscheiden[90]. Für privatwirtschaftliche Unternehmen ist dabei von einer Formalziel-Dominanz auszugehen, d.h., die Erreichung von Sachzielen (Leistungserstellung, Versorgung mit Gütern) ist nur Mittel zum Zweck der Formalzielerreichung (Gewinn, Rendite).

Systeme zur Produktionsplanung und -steuerung stellen einen Modellierungs- und Handlungsrahmen für die komplexen Fragestellungen des Leistungserstellungsprozesses und der damit verbundenen logistischen Prozesse dar. Dabei steht im wesentlichen die Erreichung von Sachzielen im Vordergrund. Diese Sachziele stehen in der Realität vielfach in einer konkurrierenden Beziehung: Gutenberg[91] bezeichnet dies als Dilemma der Ablaufplanung. Als Grundziele werden dabei **kurze Durchlaufzeiten** und **hohe Kapazitätsauslastung** formuliert. Als weitere Ziele werden häufig **geringe Lagerbestände** und **hohe Termintreue** genannt[92]. Um einige oder sogar alle diese Ziele (optimal oder satisfizierend bezüglich eines Zielniveaus[93]) zu erreichen, wurden zahlreiche Planungskonzepte entwickelt. Alle diese Konzepte beschränken sich auf eindeutig quantifizierbare Einflußgrößen.

Die allgemeine Grundfunktion der PPS ist die quantitative Abbildung des Leistungserstellungsprozesses. Elemente dieser Abbildung sind die betrieblichen Ressourcen (Input), die verfügbaren Verfahren (Prozesse, Throughput)[94] sowie die zu erbringenden Leistungsarten (Produkte, Output)[95]. Verbunden sind diese Elemente über ein Modell der Leistungserstellung, das insbesondere die Freiheitsgrade der Prozesse und Produkte abbildet.

Voraussetzung für eine solche Abbildung sind drei Aspekte:

Zum Ersten müssen die Prozesse, die der Leistungserstellung zugrundeliegen, eindeutig quantifizierbar sein, da sonst eine adäquate Abbildung nicht möglich ist. Zum Zweiten müssen die Prozesse überwiegend repetitiven Charakter haben, da das Modell nicht für Prognosen des Leistungserstellungsprozesses geeignet ist, wenn jeder Output mit jeweils neu zu definierenden, individuellen Prozessen erzeugt wird. Das impliziert auch, daß eine einmal beschriebene Input-Output-Beziehung für eine gewisse Zeit Gültigkeit hat, d.h., daß die zugrundeliegende Produktionsfunktion nicht als stochastisch oder zufallsgesteuert, sondern als jederzeit reproduzierbar angenommen wird.

Zum Dritten müssen auch die Ressourcen, die dem Modell zugrundeliegen (Personal, Betriebsmittel etc.) für eine gewisse Zeit als weitgehend konstant betrachtet werden, da das Modell sonst nur noch aus Variablen bestünde und eine Planung und Steuerung damit nicht mehr sinnvoll möglich wäre. Sind diese Voraussetzungen gegeben, so können Input und

[90]Vgl. Kosiol, E., Aktionszentrum (1972), S. 223, Heinen, E., Zielsystem (1966), S. 89.

[91]Vgl. Gutenberg, E., Produktion (1983), S. 216.

[92] Dies führte zu den Begriffen Trilemma (vgl. Mensch, G., Trilemma (1972)) bzw. Polylemma (vgl. Schweitzer, M., Arbeitssynthese (1969), S. 73).

[93]Vgl. zur Problematik optimale vs. satisfizierende Zielerreichung Kapitel 5.2. dieser Arbeit.

[94] Zäpfel bezeichnet dies als das Produktionssystem, vgl. Zäpfel, G., Produkionswirtschaft (1982).

[95] Produktsystem i.S.v. Zäpfel, vgl. Zäpfel, G., Produkionswirtschaft (1982).

Throughput für einen bestimmten Output unter Berücksichtigung der noch bestehenden Freiheitsgrade aus dem Modell abgeleitet werden.

Die in Theorie und Praxis meist unterstellte Linearität der Beziehungen zwischen Input und Output ist dagegen nicht Voraussetzung, allerdings wird im Folgenden von linear proportionalen Beziehungen ausgegangen[96].

Der Detaillierungsgrad der Darstellung hängt von der jeweiligen Faktorart ab. So werden die Elemente der Faktorart Material sehr differenziert dargestellt, d.h., technisch oder dispositiv unterscheidbare Elemente werden getrennt geführt (z.B. Schrauben unterschiedlicher Länge, aber u.U. auch baugleiche Schrauben von verschiedenen Herstellern). Dies drückt sich in Artikelnummern aus, die als Referenz dienen. Personal und Betriebsmittel dagegen werden in der Regel nicht explizit ausgewiesen, vielmehr repräsentieren sie Kapazität, wobei nur selten auch nach Aspekten der qualitativen Kapazität unterschieden wird[97]. Hilfs- und Betriebsstoffe, Ersatzteile oder Verschleiß von Betriebsmitteln werden nicht explizit abgebildet, ebensowenig die Faktorverzehre der indirekten Unternehmensbereiche (Konstruktion, Arbeitsvorbereitung, Einkauf, Vertrieb, Verwaltung etc.).

3.3 Funktionen der PPS

Ein Unternehmensmodell setzt sich aus zahlreichen Teilmodellen zusammen. Neben der Abbildung des Leistungserstellungsprozesses können Beschaffungspläne, Absatzpläne, Finanzierungspläne usw. betrachtet werden. Dabei bestehen zahlreiche Interdependenzen zwischen diesen Teilsichten, die teilweise sogar überlappen: So betreffen Beschaffungsentscheidungen auch die Finanzierungssphäre, während Absatzpläne die Entscheidungen im Rahmen der Leistungserstellung mitbestimmen. Aber auch ein Modell des Leistungserstellungsprozesses setzt sich in aller Regel aus mehreren Teilmodellen zusammen (Primärbedarfsplanung, Material- und Kapazitätsplan etc.). Die grundsätzliche Frage, die sich im Rahmen der Modellbildung und -nutzung stellt, ist die nach dem Umfang des jeweiligen Modells und nach der Berücksichtigung von Interdependenzen.

Die Erstellung von Modellen erfordert neben der Festlegung des Sachumfanges (Partial- vs. Totalmodell, vgl. Abbildung 3-1) auch Mechanismen zur Abstimmung (Koordination) der Teilpläne. Hier können zwei Grundkonzepte unterschieden werden: Im Rahmen von Simultanmodellen wird angestrebt, alle Interdependenzen zwischen und Zusammenhänge innerhalb von Teilmodellen in einem Rechenschritt zu berücksichtigen, Sukzessivplanungen lösen jeden Teilberich isoliert, aber in einer festgelegten Reihenfolge.

Werden in einem Modell durch Berücksichtigung aller Handlungsalternativen für alle Teilbereiche in allen Perioden sämtliche sachlichen bzw. zeitlichen Interdependenzen explizit

---

[96] Zur Begründung vgl. z.B. Kilger, W., Grundlagen (1976), S. 684 ff.

[97] Vgl. Mertens, P., MRP II (1992), S. 18.

berücksichtigt, so spricht man von einem Totalmodell bzw. Simultanmodell[98]. Partialmodelle dagegen bilden abgegrenzte Teilbereiche ab, wobei externe Einflüsse von nicht eingebundenen Teilbereichen als feste Parameter berücksichtigt werden. Die Abstimmung zwischen den Teilbereichen erfolgt in der Regel mittels einer Sukzessivplanung.

	Sachumfang	Entscheidungsprozeß
hohe Integration	Totalmodell	Simultanplanung
geringe Integration	Partialmodell	Sukzessivplanung

Abbildung 3-1: Modelltyp in Abhängigkeit von Sachumfang und Integrationsgrad[99]

Partialmodelle mit Sukzessivplanung sind in der Regel leichter formulierbar und handhabbar. Andererseits ist die Güte der Abbildung von Entscheidungskonsequenzen u.U. durch die fehlende Berücksichtigung von angrenzenden oder überlappenden Bereichen eingeschränkt.

Totalmodelle mit Simultanplanung entstanden aus der Kritik an den Mängeln der Partialmodelle und der Sukzessivplanung heraus. Hier erhält der Modellanwender nur gültige Lösungen im Sinne einer Gesamtbetrachtung.

Trotz einer Fülle von Total- bzw. Simultanmodellen in der Literatur wird dieser Ansatz von der Praxis weitgehend ignoriert, da sie sowohl hinsichtlich ihrer Konzeption wie auch ihres Einsatzes kritisch zu betrachten sind:

- Ein Totalmodell entsteht idealerweise „durch fortschreitende Integration von Teilbereichen, wobei Parameter und Restriktionen ... zu Variablen werden, deren Bestimmung gemeinsam mit den ursprünglichen Variablen erfolgt. ...Ein Modell jedoch, das nur noch Variablen und keine Parameter mehr enthält, wird völlig strukturlos.... Daher stellen Partialmodelle nicht eine unvollkommene Vorstufe, sondern die einzig mögliche Form der Planung dar.“[100]
- Ihre Operationalisierbarkeit ist eingeschränkt: „Praktische Probleme lassen sich mittels Simultanmodellen nicht in angemessener Rechenzeit lösen“[101]. Zudem erfordern Änderungen bei Input-Daten eine Neuberechnung, die nicht nur zeitkritisch zu betrachten ist, sondern auch voraussetzt, daß „nur Probleme mit annnährend gleicher Datenqualität simultan behandelt werden“[102] und das kritische Problem der Datenbeschaffung und -pflege gelöst ist.

[98] Vgl. Steven, M., Hierarchische Produktionsplanung (1994), S. 12.

[99] Vgl. Steven, M., Hierarchische Produktionsplanung (1994), S. 11.

[100] Steven, M., Hierarchische Produktionsplanung (1994), S. 14.

[101] Geiger, W., PPS (1991), S. 34, vgl. hierzu auch das Beipiel von Scheer, A.-W., Datenbank (1976), S. 50 f.

[102] Steven, M., Hierarchische Produktionsplanung (1994), S. 15.

- Das zeitliche Raster einer Simultanplanung muß auf alle Entscheidungen und Teilmodelle innerhalb des Simultan- bzw. Totalmodells angewandt werden. Daher müssen sich alle Aktivitäten am detailliertesten Zeitraster orientieren, was für die längerfristig orientierten Teilpläne (z.B. Programmplanung, Primärbedarfsplanung) nahezu unmöglich ist.
- Simultanmodelle vernachlässigen den organisatorischen Rahmen: „Wenn sämtliche Entscheidungen an einer Stelle und gemeinsam getroffen werden, müssen die in einer Organisation mit verteilten Zuständigkeiten vorhandenen Kompetenzen aufgehoben werden. Delegation von Kompetenzen dient aber nicht zuletzt der Mitarbeitermotivation, so daß die Lösung von Problemen an der Stelle ihres Auftretens die angemessene Methode zur Sicherstellung effektiver Planung ist.“[103]

Im Falle einer kundenorientierten Fertigung ist darüber hinaus zu beachten, daß die relevanten Daten sich erst im Laufe der jeweiligen Betrachtungsperiode konkretisieren. Daher wies bereits Scheer mit Recht darauf hin, daß hier Abwicklungsgesichtspunkte stärker im Vordergrund stehen als eine wie auch immer geartete Optimierung[104].

Damit ergeben sich unabhängig vom gewählten Modelltyp bereits zwei (allgemeine) Grundaufgaben der PPS: die entscheidungsorientierte Abbildung von (quantitativen) Teilplänen des Leistungserstellungsprozesses und deren Koordination. Hinsichtlich der Inhalte der Teilpläne der PPS herrscht trotz einiger Unterschiede bei Begriffen und Differenzierungsgraden weitgehend Einigkeit in Theorie und Praxis[105].

3.4 Funktionselemente ('Verfahren') der PPS

Die nachfolgende Tabelle zeigt einige Vorschläge zur Gliederung der Produktionsplanung, ohne den Anspruch zu erheben, vollständig oder repräsentativ zu sein.

---

[103] Steven, M., Hierarchische Produktionsplanung (1994), S. 15.

[104] Vgl. Scheer, A.-W., Produktionsplanung (1983), S. 144 f.

[105] Vgl. Scheer, A.-W., Produktionsplanung (1983) hinsichtlich der deutschsprachigen Literatur sowie gängiger EDV-Lösungen.

Gutenberg[106]	Kern[107]	Ellinger[108]	Adam[109]	Stadtler[110]	Glaser.[111]
	Produktplanung	Produktplanung			
Programmplanung	Programmplanung	Programmplanung	Programmplanung	Programmplanung (kurzfristige)	Programmplanung
			Produktionsaufteilungsplanung	Produktionsaufteilungsplanung	Materialdisposition
Bereitstellungsplanung	Potentialgestaltung		Losgrößenplanung	Losgrößen-/Lossequenzplanung	
			Zeitliche Verteilungsplanung	Emanzipationsplanung	Termindisposition
Prozeßplanung	Prozeßgestaltung und -steuerung	Ablaufplanung (Planung der Produktionsdurchführung)	Zeitliche Ablaufplanung	Ablaufplanung	

Tabelle 3-1: Gliederung der Produktionsplanung[112]

Ein weiterer Gliederungsvorschlag von Reichwald[113] unterscheidet in Anlehnung an das System der Kosteneinflußgrößen bei Heinen Ausstattungsentscheidungen, Programmentscheidungen und Prozeßentscheidungen. Dies entspricht der Gliederung bei Zäpfel, der die Produktionsplanung (weiter gefaßt als Produktionsmanagement) in die Kategorien strategisch, taktisch und operativ zerlegt. Bisweilen wird die Analogie zu zeitlichem Horizont bzw. Fristigkeit gezogen, allerdings sollten diese Begriffe nicht automatisch als Synonyme verwandt werden.

Die Steuerungskomponente im kurzfristigen Bereich wird bei dieser Übersicht vernachlässigt, da alle Autoren auf die Produktionsplanung abheben und dort ihren Schwerpunkt sehen[114].

Die vorgeschlagenen Teilpläne erfordern neben einer Koordination der inhaltlichen Aspekte auch auf die Koordination der unterschiedlichen Zeithorizonte. Wie in Abbildung 3-2 darge-

[106] Vgl. Gutenberg, E., Produktion (1983), S. 149.

[107] Vgl. Kern, W., Produktionswirtschaft (1992), S. IX f.

[108] Vgl. Ellinger, Ablaufplanung (1959), S. 14 ff.

[109] Vgl. Adam, D., Produktionsdurchführungsplanung (1986), S. 659.

[110] Vgl. Stadtler, H., Produktionsplanung (1988), S. 16 ff.

[111] Vgl. Glaser, H., Geiger, W., Rohde,. V., PPS (1992), S. 3. Die Materialdisposition wird hier, wie in der Praxis oft üblich, auch als „Materialwirtschaft“ bezeichnet, die Kapazitätsdisposition als „Zeitwirtschaft“.

[112] Ähnlich bei Haupt, R., Ablaufmanagement (1987), S. 32 f..

[113] Vgl. Reichwald, R., Mrosek, D., Produktionswirtschaft (1985), S. 377 f.

[114] Stadtler führt allerdings als abschließendes „Modul“ die Auftrags- und Werkstattsteuerung an, vgl. Stadtler, H., Produktionsplanung (1988), S. 34.

stellt, nimmt mit abnehmendem Zeithorizont (Länge der betrachteten Teilperioden) die Detaillierung zu.

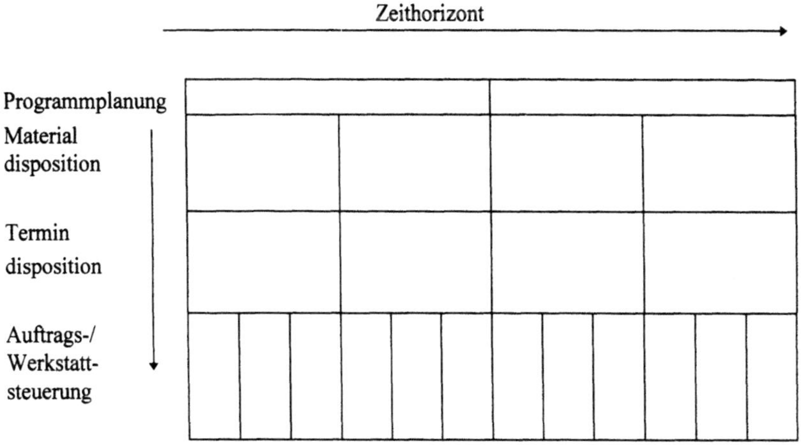

Abbildung 3-2: Die zeitliche und inhaltliche Koordination der Teilpläne der Produktionsplanung

Gemeinsam ist allen Teilplänen, daß mengenmäßige Wirkungen von Entscheidungen im Rahmen des Programm- bzw. Prozeßmodells dargestellt werden. Dabei wird die Dimension Zeit nicht als kontinuierliche Einflußgröße berücksichtigt. Vielmehr werden diskrete Teilperioden zugrundegelegt, denen Mengen zugeordnet werden.

Die Abbildung des Unternehmensbereiches Produktion erfordert die Verwaltung und Auswertung großer Datenmengen. Daher wurden hier frühzeitig computergestützte Lösungen zur Automatisierung von Berechnungen angestrebt. Zunächst wurde die Verwaltung von Stammdaten, und hier besonders der Artikel- und Artikelstrukturdaten (Stücklisten bzw. Rezepturen) auf EDV-Anlagen übertragen[115]. Dies ist darauf zurückzuführen, daß die zugrundeliegenden Verfahren zum großen Teil leicht in rechnertaugliche Algorithmen umzusetzen sind und dabei durch die effiziente Verarbeitung von Massendaten eine hohe Produktivitätssteigerung der Anwender ermöglichen. Diese erste „Ausbaustufe" eines PPS wird als MRP (Material Requirement Planning) bezeichnet[116]. „Ausgehend von einem terminierten Produktionsplan für Endprodukte werden durch Stücklistenauflösung und Vorlaufverschiebung die Losgrößen der Vor- und Zwischenprodukte auf allen vorgelagerten Produktionsstufen so bestimmt und terminiert, daß ein zulässiger Gesamtplan entsteht. Es werden sämtliche benötigten Materialien in ausreichender Menge und zu einem solchen

[115] Vgl. z.B. Scheer, A.-W., Produktionsplanung (1983), S. 146; Kistner, K.-P., Steven, M., Produktionsplanung (1993), S. 256.

[116] Vgl. z.B: Mertens, P., MRP II (1992), S. 11; Kistner, K.-P., Steven, M., Produktionsplanung (1993), S. 256.

Zeitpunkt bereitgestellt, daß eine liefertermingerechte Produktion der Endprodukte möglich ist"[117].

Wie die Bezeichnung nahelegt, betrachtet MRP nur die materialwirtschaftlichen Aspekte der Produktionsplanung. Vorlaufzeiten als Grundlage der Vorlaufverschiebung werden dazu statisch festgelegt, Kapazitätsrestriktionen nicht beachtet. Dazu wird das Material Requirement Planning um ein „Capacity Requirement Planning = CRP"[118] ergänzt. Ist darüber hinaus noch eine Rückkopplung vom CRP in MRP und Programmplanung vorgesehen, so spricht man von „Closed Loop MRP"[119]. Die sich daraus ergebenden Entwicklungsschritte sind in Abbildung 3-3 dargestellt.

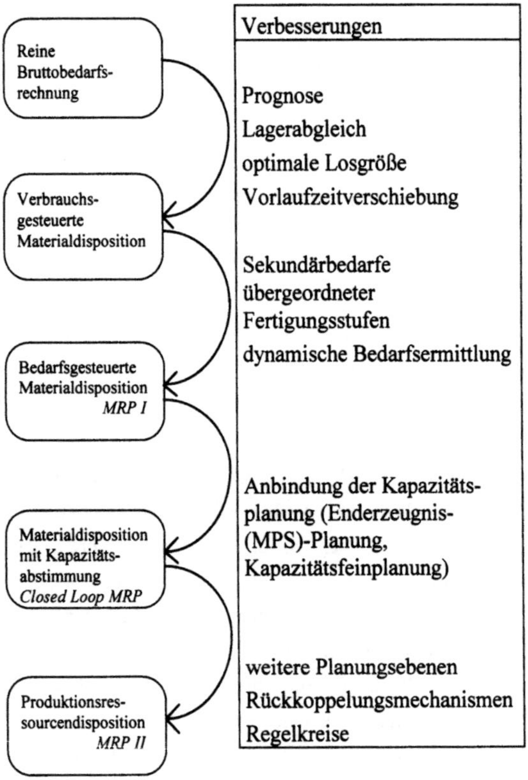

Abbildung 3-3: Entwicklungsschritte der PPS[120]

---

[117] Kistner, K.-P., Steven, M., Produktionsplanung (1993), S. 256.

[118] Kistner, K.-P., Steven, M., Produktionsplanung (1993), S. 256.

[119] Vgl. z.B: Mertens, P., MRP II (1992), S. 11; Kistner, K.-P., Steven, M., Produktionsplanung (1993), S. 257.

[120] Mertens, P., MRP II (1992), S. 12.

Die folgende Abbildung 3-4 stellt den Planungsablauf eines MRP II - Systems sowie den damit verbundenen Datenfluß dar:

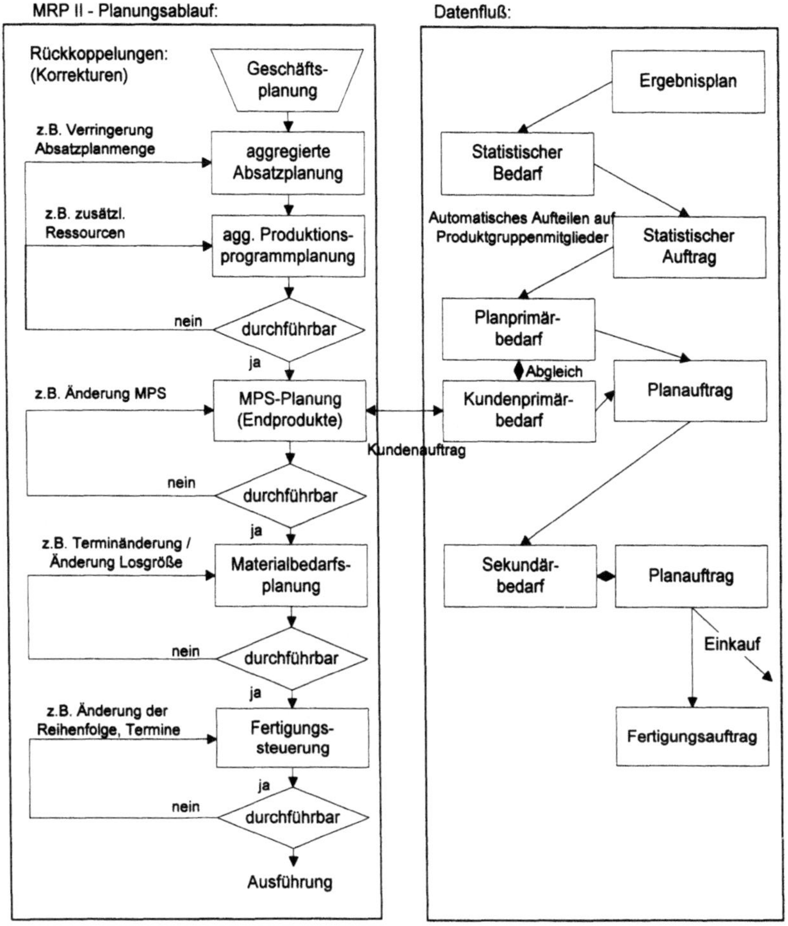

Abbildung 3-4: MRP II - Planungsablauf[121]

Um eine (optimale) Erreichung der Sachziele der Unternehmung[122] zu unterstützen, ist zunächst ein Analyserahmen aufzubauen, der als Ergebnis die relevanten Entscheidungsvariablen und die Zusammenhänge zwischen ihnen offenlegt. Diese Ursache-Wirkungs-Strukturen können schließlich herangezogen werden, um Planungs- und Steuerungsinstrumente zu gestalten.

---

[121] Mertens, P., MRP II (1992), S. 14.

[122] Siehe Kapitel 3.2 dieser Arbeit

Die wesentlichen Strukturmerkmale des (materiellen) Realisationsprozesses Produktion lassen sich nach Küpper[123] in drei Klassen einteilen:

1. in Elemente und Beziehungen (produktionstheoretische und organisatorische Sicht),
2. in Strukturierungstatbestände und Ergebnismerkmale (entscheidungsprozeßorientierte Sicht),
3. in Merkmale der Produktionsbereitschaft und des Produktionsvollzugs (planungsprozeßorientierte Sicht).

Zu 1.: Als Elemente werden Personal und Betriebsmittel, deren Leistungsabgaben, sowie Informationen und Werkstoffe betrachtet. Sie können mit Quantitäts-, Qualitäts-, Zeit- und Raummerkmalen beschrieben werden. „Wichtige strukturierbare Beziehungsarten des Produktionsprozesses sind Gruppierungs-, Raum-, Reihenfolge- und Arbeits- bzw. Transportbeziehungen“[124].

Zu 2.: Als Strukturierungstatbestände können die Merkmale (im Rahmen des Leistungserstellungsprozesses) gelten, deren Ausprägungen durch Entscheidungen der Unternehmung unmittelbar festgelegt werden (Freiheitsgrade der Leistungserstellung, „Handlungsvariablen“. Die Konsequenzen aus der Festlegung auf eine Alternative stellen Ergebnismerkmale dar. „Die verschiedenartigen Ergebnismerkmale sind potentielle Entscheidungsziele“[125].

Zu 3.: „Strukturmerkmale der Produktionsbereitschaft kennzeichnen die Produktionsmöglichkeiten der Unternehmung. Sie umfassen die Menge der potentiell herstellbaren und verwertbaren technologischen Verfahren und der potentiell durchführbaren Leistungsprozesse. Dagegen beschreiben die Strukturmerkmale des Produktionsvollzugs die konkrete Durchführung des Produktionsprozesses. Die Strukturierungstatbestände der Produktionsbereitschaft sind meist auf längere Sicht wirksam und besitzen eine größere Bedeutung für die Zielerreichung der Unternehmung. Ihre Ausprägung bildet den Rahmen für die Entscheidungen über den Produktionsvollzug. Dessen Merkmale müssen in der Regel in verhältnismäßig kurzen Zeitabständen festgelegt werden.“[126]

Diese drei Klassen können mit den Begriffen Datenmodell, Funktionsmodell und Planungsphasenmodell umrissen werden.

In Kapitel 2 dieser Arbeit wurde ein Input-Output-Modell (Prozeßmodell) der Leistungserstellung beschrieben. Die dort dargestellten Sachverhalte können ergänzend auch in Form von Datenmodellen abgebildet werden. „Datenmodelle bilden eine wichtige Grundlage der

---

[123] Vgl. Küpper, H.-U., Interdependenzen (1980), S. 43 f.

[124] Küpper, H.-U., Interdependenzen (1980), S. 43.

[125] Küpper, H.-U., Interdependenzen (1980), S. 43 f.

[126] Küpper, H.-U., Interdependenzen (1980), S. 44.

heute üblichen DV-gestützten Produktionsplanungs- und Steuerungssysteme"[127]. Darüber hinaus stellt „die funktionsübergreifende Konstruktion von sachlogischen Datenstrukturen ... eine wesentliche Voraussetzung für die Funktionsintegration der industriellen Leistungserstellung"[128] dar, wobei auf horizontaler Ebene Vorgangsketten entstehen, eine vertikale Integration hingegen die Einbindung von (PPS-)Daten in operative und strategische Planungsrechnungen ermöglicht[129]. Diese datenorientierte Sichtweise wird in der Literatur nur selten berücksichtigt[130], stellt aber die Grundlage einer informationstechnischen Umsetzung der Produktionsplanung dar.

Produktionstheorie	Datenmodell-Element
Repetierfaktoren	Teilestamm
Potentialfaktoren	Betriebsmittelstamm
Basisprozeß	Arbeitsgangstamm
Zwischenprodukt	Erzeugnisstrukturdaten (Stücklisten)
Endprodukt	Primärbedarf

Tabelle 3-2: Gegenüberstellung wichtiger Elemente der Produktionstheorie und der datenorientierten Sicht[131]

Im Rahmen von betrieblichen Informationssystemen findet sich diese datenorientierte Sicht in Form von Dateien oder Datenbanktabellen, in denen die Datenobjekte gespeichert werden, und in Form von Methoden zur Manipulation der gespeicherten Daten (Hinzufügen, Löschen, Ändern, Darstellen, etc.).

Im Folgenden soll gezeigt werden, daß die oben dargestellten Datenmodell-Elemente auf der Faktoreinsatzmatrix aus Kapitel 2 fußen und damit nicht nur als informationstechnische Detailprobleme zu gelten haben, sondern durchaus einen produktionstheoretischen Hintergrund aufweisen.

[127] Reichwald, R., Dietel, B., Produktionswirtschaft (1991), S. 419.

[128] Reichwald, R., Dietel, B., Produktionswirtschaft (1991), S. 419.

[129] Vgl. Reichwald, R., Dietel, B., Produktionswirtschaft (1991), S. 419.

[130] Implizit werden Funktionen der (Grund-)Datenverwaltung vorausgesetzt. Explizit Erwähnung finden sie z.B. bei Müller-Merbach, H., Input-Output-Modelle (1981), S. 44; Haupt, R., Ablaufmanagement (1987), S. 18 f., Reichwald, R., Dietel, B., Produktionswirtschaft (1991), S. 419 f.,. Glaser, H., Geiger, W., Rohde, V., PPS (1992).

[131] In Anlehnung an Reichwald, R., Dietel, B., Produktionswirtschaft (1991), S. 420.

Typischerweise wird für Zwecke der Planung und Steuerung nach Produktionsfaktor-Gruppen unterschieden (vgl. hierzu auch Tabelle 3-2):

(Roh-)Material - hier wird von limitational-linearen Strukturen ausgegangen, die durch Leontief-Produktionsfunktionen abgebildet werden können. PPS-Systeme benutzen dazu sog. Stücklisten, die genau der Leontief-Darstellung folgen:

Leontief: $r_i = a_i x$ für $i = 1,...,I$

Stückliste: r_i geht mit Faktor a_i in x ein, wobei x das übergeordnete Teil, r das untergeordnete Teil und a den Produktionskoeffizienten darstellt.

Anmerkung:

Zwar ist nur für mittelbar vom Output abhängige Faktorverbräuche die Darstellung in Form von Verbrauchsfunktionen zwingend, aber dennoch wird in der Regel auch der Werkstoffeinsatz ((Roh-)Material) in dieser Form abgebildet, um zu einer einheitlichen Darstellung zu gelangen[132].

Betriebsmittel -hier wird unterschieden zwischen Nutzungskategorien:

von einem limitational-linearen Zusammenhang zwischen Output und Betriebsmittel-Inanspruchnahme wird ausgegangen, sofern Bearbeitungsphasen betrachtet werden.

Von einem produktmix- und fertigungspolitikabhängigen Zusammenhang zwischen Output und Betriebsmittel-Inanspruchnahme wird ausgegangen, wenn Rüst- und Transportzeiten betrachtet werden.

Betriebsstoffe - der Verbrauch an Betriebsstoffen wird an die Nutzung der Betriebsmittel gekoppelt, für die die Betriebsmittel eingesetzt werden (z.B. Energie, Schmiermittel etc.). Damit besteht nur ein mittelbarer Zusammenhang zwischen Output und Betriebsstoffverbrauch.

$r_i = f(d)$

und

$r_i = a_j f(d_j)$

Dazu werden die Betriebsstoff-Verbräuche und die Inanspruchnahme der Betriebsmittel in der Regel zur Inanspruchnahme einer Kostenstelle zusammengefaßt. Eine explizite Berücksichtigung der Betriebsstoffe bzw. Betriebsmittel ist im Rahmen von PPS-Systemen in der Regel nicht vorgesehen.

---

[132] Vgl. Heinen, E., Kostenlehre (1983), S. 221 (Fußnote).

Menschliche Arbeit - hier sind Maschinenbedienung und Arbeit an reinen Handarbeitsplätzen zu unterscheiden. Im Falle der Maschinenbedienung gelten die für Betriebsmittel genannten Punkte weitgehend auch für den Faktor ′menschliche Arbeit′.

Die Abbildung dieser Faktorgruppen zeigt Abbildung 3-5 (die Faktorgruppen sind fett gedruckt):

Abbildung des Produktionsprozesses (PPS-Grunddaten):

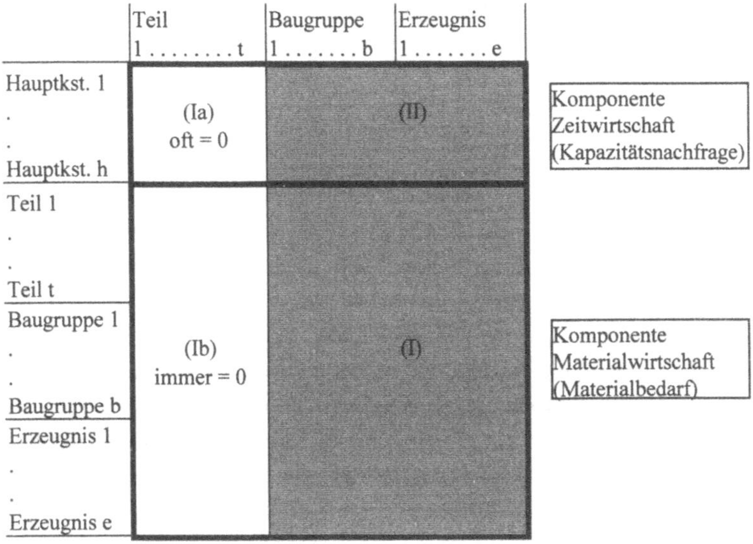

Abbildung 3-5: PPS-bezogene Faktoreinsatzmatrix (Grunddaten)

(I) Produktstruktur (Stückliste) als Direktverbrauchsmatrix, **Material**

(Ia) In Teile eingehende Kostenstellenleistungen, in aller Regel = 0 (Ausnahme: Beschaffungsprozesse[133]

(Ib) In Teile eingehende Teile, Baugruppen und Erzeugnisse, immer = 0

(II) Arbeitsplan-Mengen (Direktbedarf Kostenstellenleistung), **Betriebsmittel, Betriebsstoffe, menschliche Arbeit**

Mit dieser Form der Darstellung können auch zirkuläre Produktstrukturen abgebildet werden, d.h. Outputs können Input von ihnen vorgelagerten Fertigungsstufen sein.

Wie in Kapitel 2 bereits festgestellt, sind in der Input-Output-Matrix nur die direkt durch die Outputmenge beeinflußten Inputs repräsentiert. Damit sind die Repetierfaktoren und Teile[134]

---

[133] Vgl. die Erläuterungen zu Abbildung 2-4 in Kapitel 2.

der Potentialfaktoreinsätze berücksichtigt. Nicht abgebildet werden damit die Potentialfaktoren, deren Verzehr nicht oder nicht vollständig vom Output abhängig ist. Diese sind allerdings auch nicht Gegenstand der Betrachtungen von PPS-Systemen.

Produktstrukturen dienen der Abbildung der Beziehung Output-Einsatzfaktoren hinsichtlich einer Teilmenge der Einsatzfaktoren, nämlich Rohmaterial und Zwischenprodukten, während die Prozeßstrukturen die Beziehungen zwischen Output und dem „Verzehr" an Kapazität (Kostenstellenleistung) beschreiben. Diese (auch organisatorische) Teilung ist allerdings problematisch, da einerseits die Produktgestaltung in Form der Produktstruktur Anforderungen an den Herstellungsprozeß stellt, und andererseits aufgebaute Potentiale (Maschinen, aber auch Verfahrens-Know-How) kurz- und mittelfristig das Entscheidungsfeld, innerhalb dessen ein Unternehmen über die Art der zu erstellenden Leistungen entscheiden kann, einschränken[135].

3.4.1 Grunddatenverwaltung

Erkenntnisse der Produktionstheorie, insbesondere die Produktionsfunktionen, spiegeln sich im Rahmen der Produktionsplanung und -steuerung vor allem in den sogenannten Grunddaten wider. Diese Daten sind dadurch gekennzeichnet, daß sie Sachverhalte abbilden, die als über längere Zeit stabil und gleichbleibend angesehen werden und zudem als Grundlage für Methoden und Funktionen des Informationssystems dienen. Dazu zählen die Produktionsfaktoren (insbesondere Material und Betriebsmittel, teilweise Personal) sowie die Beziehungen zwischen dem Einsatz dieser Faktoren und den erstellbaren Leistungen. Damit kann zwischen Stammdaten und Strukturdaten[136] unterschieden werden. Während der Produktionsfaktor Material dieser Gliederung direkt folgen kann (Produktdaten, Kapitel 3.4.1.1. und Produkt-Strukturdaten, 3.4.1.2.), muß für die Abbildung der Faktoren Personal und Betriebsmittel ein Zwischenschritt berücksichtigt werden (Kapitel 3.4.1.3. und 3.4.1.4).

3.4.1.1 Produktdaten

Als Produktdaten werden in PPS-Systemen Daten über Teile oder Artikel bezeichnet. Dabei wird zwischen Erzeugnissen (Endprodukte), Baugruppen (als selbstgefertigte Teile) und Einzelteilen (Zwischenprodukte) sowie Fremdteilen und Rohstoffen (Eingangsprodukte) unterschieden. Bisweilen werden auch Handelswaren und Fremdleistungen unter dieser Kategorie verwaltet, da auch sie ggf. in den Produktstruktur-Daten den übergeordneten Wertschöpfungsstufen zugeordnet werden[137].

---

[134] Dies sind die Anteile des Potentialfaktorverschleißes, die durch die Outputmenge induziert werden. Dies setzt voraus, daß man z.B. Abschreibung als teilweise outputbezogen betrachtet, vgl. dazu Kapitel 4 dieser Arbeit.

[135] Vgl. Kern, W., Produktionswirtschaft (1992), S. 96.

[136] Vgl. Steinmetz, G., Grunddatenverwaltung (1991), S. 54.

[137] Vgl. zum Begriff der Produktdaten beispielsweise Grupp, B., Organisation (1989).

Zur Grobgliederung können selbstgefertigte und fremdbezogene Teile (Artikel) unterschieden werden, da sich die jeweils benötigten Planungs- und Steuerungsinformationen signifikant unterscheiden.

Attributkategorie	Beschreibung
Identifikation	Teile-Nr., Zeile bzw. Spalte in Direktverbrauchsmatrix A
Kategorisierung	Teil-Typ (Erzeugnis, Baugruppe, fremdbezogenes Teil) → Gruppierung von Spalten / Zeilen der Faktoreinsatzmatrix
Konstruktion	Zeichnungsnummer als Verweis auf Konstruktionsunterlagen
Disposition	Dispo-Methode, Mindestbestellmenge etc. (fremdbezogen) Planlosgröße, Standard-Arbeitsplan etc. (eigengefertigt)
Kostenstruktur	Stückkostenstruktur (Material var./gesamt, Fertigungskosten var./gesamt, HK und SK var./gesamt)
Sonstige Attribute	Angelegt durch, letzte Änderung etc.

Tabelle 3-3: Datenstrukturen Leistungsarten (Teilestamm)

3.4.1.2 Produkt-Strukturdaten

Die Verknüpfung von Fremdteilen und Zwischenprodukten zu Zwischen- und Endprodukten erfolgt in PPS-Systemen in Stücklisten oder Rezepturen. Hier werden neben den Artikelnummern der eingehenden Teile die Produktionskoeffizienten, gegebenenfalls auch geplante Verschnittfaktoren verwaltet.

Der Einsatz von Stücklisten (oder auch Rezepturen[138]) setzt eine konvergierende oder zumindest durchlaufende Produktion voraus (siehe Abbildung 3-6). In diesen Fällen werden auch in der Regel statt Matrizenoperationen sequentielle Auflösungsverfahren herangezogen, die darauf basieren, daß die Produktstruktur als gerichteter Graph dargestellt werden kann. Damit sind im Vergleich zu Matrizenoperationen rechentechnisch einfacher zu bewältigende Verfahren wie die Tiefen- und Breitensuche einsetzbar, wodurch die darauf aufsetzenden Systeme auch mit preiswerter Rechentechnik verfügbar gemacht werden können[139]. Allerdings weist Chmielewicz darauf hin, daß die Matrizendarstellung für didaktische Zwecke und für die Darstellung das geeignete Werkzeug darstellen.

---

[138] Vgl. hierzu auch die Begriffsvarianten in der Fallstudie „Dienstleistungsbetrieb" in Kapitel 6 dieser Arbeit.

[139] Vgl. hierzu den Methodenstreit zwischen Chmielewicz, K. und Müller-Merbach, H.: Chmielewicz, K., Mehrperiodenplanung (1970), S. 285 ff., Müller-Merbach, H., Teilebedarfsermittlung (1970), S. 727 ff. Zum Einsatz des Gozinto-Verfahrens bei zirkulären Strukturen vgl. Müller-Merbach, H., Anwendung (1966).

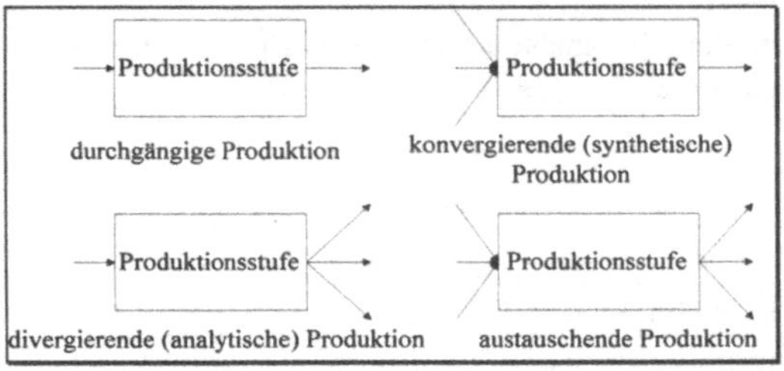

Abbildung 3-6: Gliederung der Prozeßtypen (Strukturtypen) nach der Art der Stoffverwertung[140]

Es werden verschiedene Darstellungsformen der Stückliste unterschieden:

Die **Baukastenstückliste** entspricht der Darstellung einer Strukturebene, stellt also genau eine Leistungsart und die direkt eingehenden Teile dar. Die **Mengenübersichtsstückliste** entspricht einer aggregierten Darstellung über alle untergeordneten Strukturebenen, stellt also eine Leistungsart und alle direkt und indirekt eingehenden Teile (multipliziert mit den Koeffizienten der jeweiligen Strukturebene) dar. Diese beiden Formen machen daher für Fremdteile keinen Sinn. Der **Verwendungsnachweis** stellt alle übergeordneten Strukturelemente eines Teils dar (diese Darstellung macht also für Endprodukte keinen Sinn).

Für zahlreiche Aufgaben ist neben diesen Darstellungsformen eine Mengenübersicht über alle Fertigungsstufen notwendig, d.h., eine Darstellung aller über alle Stufen eingehenden Elemente. Diese kann im Rahmen der Matrizenrechnung durch eine Invertierung der Direktbedarfsmatrix[141] **A** erreicht werden. Allerdings erfordert diese Operation n^3 Rechenoperationen[142] (n sei die Dimension n x n der Matrix **A**).

[140] Kern, W., Produktionswirtschaft (1992), S. 90.

[141] Vgl. zu den nachstehend beschriebenen Variablen Kapitel 2 dieser Arbeit.

[142] Dies entspricht bei insgesamt 100 Zeilen (Kostenstellen mit ihren Bezugsgrößen, Teile, Baugruppen und Erzeugnisse) einer Million Operationen, bei 1000 Zeilen bereits einer Milliarde Rechenoperationen. Zwar kann der Aufwand bei dünnbesetzten Matrizen reduziert werden, bleibt aber beträchtlich. Zudem ist bei jeder Änderung von Strukturen ein Neuaufwurf notwendig, vgl. Kapitel 3.4.4.1.1. dieser Arbeit.

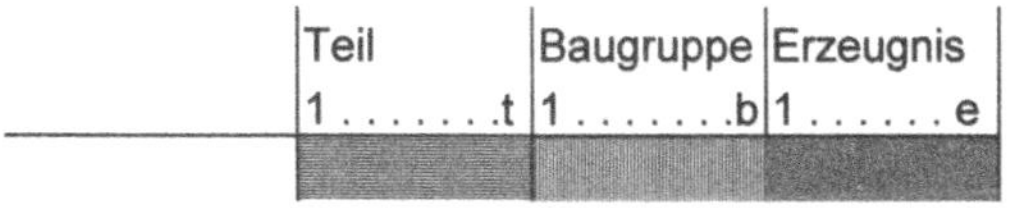

Abbildung 3-7: Auschnitt der Faktoreinsatzmatrix - Artikelstamm.

Abbildung 3-8: Auschnitt der Faktoreinsatzmatrix - Verwendungsnachweis.

Abbildung 3-9: Ausschnitt der Faktoreinsatzmatrix - Baukasten-Stückliste

Die Baukastenstückliste für eine Baugruppe j kann als Liste derjenigen Einsatzfaktoren angesehen werden, die in der Direktbedarfsmatrix direkt j zugeordnet sind, d.h., die in der Matrix **A** in der Spalte j für a_{ij} einen Koeffizienten größer 0 aufweisen, wobei i aus der Menge der Materialien (Teile, Baugruppen, Erzeugnisse) stammt. Die Mengenübersichtsstückliste hingegen stellt den gleichen Ausschnitt in der Gesamtbedarfsmatrix $(\mathbf{E}\text{-}\mathbf{A})^{-1}$ dar. Der Verwendungsnachweis für ein Teil i schließlich repräsentiert die Zeile i mit allen Koeffizienten a_{ij} in der Direktverbrauchsmatrix **A**, wobei j die Menge aller Teile, Baugruppen und Erzeugnisse repräsentiert.

Neben den eigentlichen Produktionskoeffizienten ist ggf. noch ein Abwertungsfaktor für unvollständige Einsatzfaktornutzung zu berücksichtigen. Dieser oft als Verschnitt bezeichnete Faktor gibt an, welcher Anteil eines bestimmten Einsatzfaktors über den technologisch notwendigen Bedarf hinaus bereitzustellen ist, da beim Leistungsprozeß ein entsprechender Anteil ungenutzt bleibt oder verloren geht (typisches Beispiel ist der Verschnitt beim Ausstanzen von Blechteilen). Im Rahmen der Direktverbrauchsmatrix muß dieser Anteil als bereits berücksichtigt betrachtet werden, d.h., der Koeffizient entspricht dem „Realverbrauch" inclusive Verschnitt und nicht dem „Nominalverbrauch", wie er z.B. in den Konstruktionsunterlagen vorliegen wird.

In der Praxis treten zudem in einigen Branchen sogenannte Varianten auf, d.h., es werden alternative Ausprägungen eines Zwischen- oder Endproduktes mit der gleichen Artikelnummer, aber unterschiedlichen physikalischen Eigenschaften und u.U. auch unterschiedlichen eingehenden Teilen abgebildet. Letztlich stellen diese Varianten produktionstheoretisch andere Elemente der Direktverbrauchsmatrix dar. Es soll lediglich Verwaltungs- und Bearbeitungskomplexität reduziert werden, indem beim Einsatz von PPS-Funktionen die

Varianten als solche dargestellt werden. Auch EDV-gestützte PPS-Anwendungen führen für Varianten intern eigene Identifikationsnummern.

Attributkategorie	Beschreibung
Identifikation	Teile-Nr., Zeile bzw. Spalte in Direktverbrauchsmatrix A
Identifikation eingehende Leistungsart	Teile-Nr. eingehendes Teil, Baugruppe, damit Zeile in Matrix A
Koeffizient	Produktionskoeffizient aus Direktverbrauchsmatrix A
Verschnitt-Faktor	Korrektur-Faktor für Mehrbedarf wegen Ineffizienz
Sonstige Attribute	Gültigkeitseinschränkungen, Änderungshistorie etc.

Tabelle 3-4: Datenstrukturen Leistungsarten-Struktur (Stückliste)

3.4.1.3 Prozeßdaten

Als Prozesse sollen hier Aktivitäten im Rahmen der Leistungserstellung bezeichnet werden. In Theorie und Praxis haben sich im Zusammenhang mit der Verwaltung von Fertigungsprozessen die Begriffe Arbeitsplatz[143], Arbeitsplatzgruppe[144] und Arbeitsgang[145] etabliert. Die Zusammenhänge sind hier komplizierter als bei Produkt- und Produktstrukturdaten, da die betroffenen Einsatzfaktoren Personal und Betriebsmittel in der Regel nicht direkt und eindeutig einer Leistung zugeordnet werden können. Vielmehr werden diese Faktoren zunächst einem Arbeitsplatz (oder einer Kostenstelle) zugeordnet. Da Arbeitsplätze im Sinne von Orten der Faktorkombination mit dem Output Leistung (technische Leistung im Sinne Gutenbergs) oft mehrere verschiedene Leistungsarten abgeben können, bzw. die Inanspruchnahme der Leistungsart(en) vom Output (z.B. Teil[146]) abhängt, wird eine Zwischeninstanz *Arbeitsgang* benötigt, die die Informationen Arbeitsplatz und Leistungsart beschreibt.

[143] Vgl. Grupp, B., Organisation (1989), S. 203f.

[144] Vgl. Steinmetz, G., Grunddatenverwaltung (1991), S. 54.

[145] Vgl. Zäpfel, G., Produktionswirtschaft (1982), S. 7.

[146] Selbstgefertigte Teile werden in dieser Arbeit als Baugruppen bezeichnet. Sie sind mit einer Baukastenstückliste verbunden, die die direkt eingehenden Baugruppen und Fremdteile abbildet.

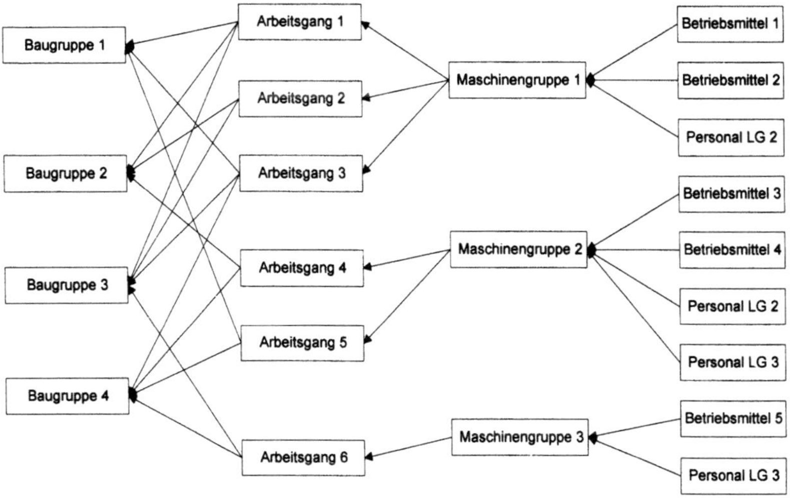

Abbildung 3-10: Daten zur Darstellung der Prozeßelemente

Daraus wird ersichtlich, daß z.B. die Arbeitsgänge 1, 3 und 5 in die Baugruppe 1 einfließen.

Attributkategorie	Beschreibung
Identifikation	Arbeitsgang-Nr., Zeile bzw. Spalte in Direktverbrauchsmatrix A
Organisationseinheit	Maschinengruppe bzw. Arbeitsplatz, indirekt: Kostenstelle / Bezugsgröße sowie Ressourcen, z.B. Betriebsmittel.

Tabelle 3-5: Datenstruktur Arbeitsgang

In der industriellen Produktion hat die Analyse der technologischen Abläufe eine besonders intensive Entwicklung erlebt, die nicht zuletzt auf Taylors[147] scientific management basiert und heute insbesondere durch die Arbeiten des REFA-Verbandes repräsentiert wird. Dabei wird der Ansatz verfolgt, durch exakte Analysen der Arbeitsabläufe bis hin zu elementaren Bewegungsabläufen und entsprechende Messungen (Arbeitsstudien, Zeitaufnahmen und die Bildung von Standards) eine umfassende Transparenz, Planbarkeit und Kontrolle der Produktionsprozesse zu erreichen. Dazu werden je Ressourcenkomplex (Arbeitsplatz bzw. Maschinengruppe) Aktivitätselemente (Planzeit-Elemente) identifiziert. Jedes Planzeitelement wird einem Zeittyp zugeordnet, wobei zum ersten zwischen Betriebsmittel- und Personalzeit, zum zweiten zwischen Haupt- und Nebenzeiten und zum dritten zwischen beeinflußbaren und

[147] Vgl. Taylor, F. W., Grundsätze (1919), S. 37 ff.

nicht beeinflußbaren Zeiten unterschieden wird[148]. Diese Planzeitelemente werden Prozeßschritten (Arbeitsgängen) zugeordnet[149]:

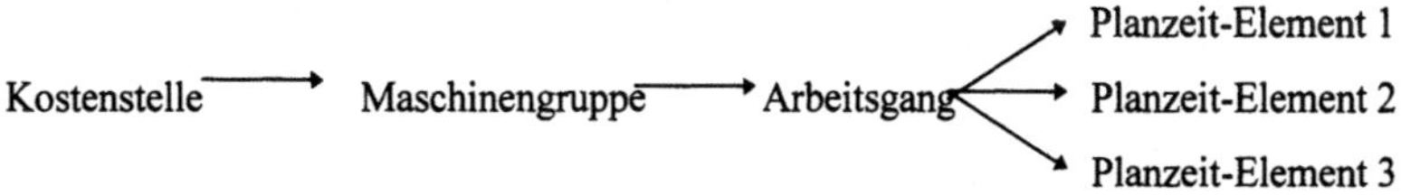

Abbildung 3-11: Zusammenhang zwischen Kostenstelle und Planzeit-Element

3.4.1.4 Prozeß-Strukturdaten

Für die Formulierung der Produktionsfunktion einer betrieblichen Leistung werden die für eine Leistungsart benötigten Arbeitsgänge (Aktivitäten, Prozeßschritte) in sogenannten Arbeitsplänen nacheinander aufgelistet. Wie bei den Produktstruktur-Daten werden also die Einsatzfaktoren je Outputeinheit mittels eines Koeffizienten dargestellt, der die (technische) Leistung je Einheit an ökonomischer Leistung angibt. Dies entspricht im wesentlichen den oben beschriebenen Produktstrukturen, was nicht weiter verwundert, da die Zusammenfassung von Produkt- und Prozeßstruktur letztendlich die Produktionsfunktion ergibt. Im Unterschied zum Material in Stücklisten stellen aber Arbeitsgänge keine echten Einsatzfaktoren dar. Vielmehr repräsentieren sie Verweise auf Vektoren von Einsatzfaktoren (Menschliche Arbeit, Betriebsmittel, Verbrauchsstoffe wie Energie oder Schmiermittel etc.). Diese Einsatzgüter-Vektoren aber, mit der (teilweisen) Ausnahme des Faktors Personal[150], werden in PPS-Systemen nicht berücksichtigt. Damit ist eine Planung und Steuerung der betroffenen Einsatzfaktoren nicht möglich[151].

Die Strukturierung von Prozessen dient zum einen der Zuordnung von Output und zugehörigen Prozessen, zum anderen der Abbildung von Verfahren: Da meist mehrere Prozesse für eine Leistungserstellung erforderlich sind, ist die Reihenfolge der Aktivitäten im Rahmen einer Struktur von Bedeutung. Zudem ist es auch möglich, daß alternative Verfahren vorgesehen sind, aus denen im Rahmen der Produktionsplanung bzw. -steuerung gewählt werden kann[152]. Der Produktionskoeffizient gibt für ein gewähltes Verfahren den bei wirtschaftlicher Arbeitsweise nötigen Leistungseinsatz an. Praktisch wird diese Relation zwischen physikalischer Leistung und ökonomischem Output aber oft nicht erreicht, da stochastische Einflußgrößen zu fehlerhaften Outputs führen können, oder weil (ebenfalls nur stochastisch

---

[148] Vgl. REFA, Methodenlehre, Teil 2 (1992), S. 42 ff., Steinbuch, P. A., Olfert, K., Fertigungswirtschaft (1995), S. 75 ff.

[149] Vgl. auch Tabelle 3-5.

[150] Eine Berücksichtigung beschränkt sich allerdings auf direkte Produktionsleistungen dieses Faktors - Leitungs- und Dispositionstätigkeiten sowie Arbeit in indirekten Bereichen bleiben völlig außer Betracht.

[151] Dieser Aspekt wird in Kapitel 4, insbes. 4.6.2., sowie Kapitel 5 weiter verfolgt.

[152] Zur Verfahrenswahl vgl. Kapitel 5 dieser Arbeit.

ermittelbare) Zusatzleistungen zu erbringen sind. So können Schwankungen bei Material- oder Betriebsmittelqualität zu Ausschuß oder Nacharbeit führen. Ausschuß führt dabei zu erhöhtem Bedarf sowohl an Material als auch an Leistung, während Nacharbeit nur zusätzliche Leistung erfordert, um einen gegebenen Output zu realisieren. Aber auch Qualitätsanforderungen an den Output können zusätzlich Material und Leistung erfordern: So ist bei auffälligen Laborbefunden[153] (als Output des Leistungserstellungs-Prozesses) ein zweiter Test durchzuführen. Zudem sind immer wieder Standardisierungstests zu berücksichtigen. Effektiv ist damit mehr als eine Leistungsobjekt-Einheit je verwertbarer Output-Einheit zu erstellen. Prinzipiell könnte dieser Mehrbedarf auch in den Koeffizienten mit eingerechnet werden, allerdings würde dies die Transparenz beeinträchtigen, und das Ergebnis wäre für die technisch orientierten Nutzer (Konstruktion, Arbeitsvorbereitung) nicht mehr verwendbar. Statt dessen sollten solche Mehrbedarfskoeffizienten als zusätzliche Information dargestellt werden. Für die Direktbedarfsmatrix aus Kapitel 2 bedeutet dies, daß eine zweite Matrix gleicher Dimension existiert, die entweder die Mehraufwandskoeffizienten oder aber die Koeffizienten einschließlich Mehraufwand beinhaltet. In letzterem Fall ergibt sich der Mehraufwand indirekt aus der Differenz der beiden Matrizen.

Um die menschliche Arbeit als Einsatzfaktor dispositiv besser erfassen zu können, wird in vielen PPS-Systemen davon ausgegangen, daß die Kapazität mittels der Größe „Fertigungszeit“ dargestellt wird. Der Verzehr an weiteren Einsatzfaktoren (Kapital in Form von Abschreibung und Zinsen, Hilfs- und Betriebsstoffe etc.) wird als wertmäßiger Zuschlagsatz (Fertigungsgemeinkosten) für die Kalkulation verwaltet (dieser wird in der Regel aus dem internen Rechnungswesen, d.h., aus der Kostenstellenrechnung, übernommen). Eine direkte Disposition oder auch nur Quantifizierung der Einsatzfaktoren hinter diesem wertmäßigen Zuschlag wird nicht angestrebt. Der Widerspruch zwischen der Beschränkung auf direkte Einsatzfaktoren einerseits und der starken Gewichtung der Ressource Arbeit (für Nebenzwecke der PPS wie die Datenbereitstellung für die Lohnabrechnung) andererseits führt dazu, daß Abweichungen zwischen Fertigungs- und Maschinenzeit meist nicht korrekt dargestellt werden können[154].

Durch geeignete Umformung der Direktbedarfsmatrix kann, analog zu den Produktstrukturen, einerseits der Gesamtbedarf einer Output-Einheit an Kapazität (und damit an Faktor Arbeit bzw. Betriebsmittel) über alle Fertigungsstufen abgebildet werden (Mengenübersicht), andererseits kann transparent gemacht werden, in welche übergeordneten Stufen ein Arbeitsgang eingeht (Verwendungsnachweis). Liegen allerdings noch Freiheitsgrade der Disposition vor wie beispielsweise variable Bedienungsrelationen oder losgrößenabhängige Rüstzeitanteile, so muß für auftragsneutrale Auswertungen der Prozeßstruktur von Planeinstellungen

---

[153] Vgl. zu diesen Beispielen Kapitel 6.3 (Fallstudie Dienstleistungsbetrieb).

[154] Zu diesem Problem hat sich Chmielewicz bereits 1972 kritisch geäußert, vgl. Chmielewicz, K., Integration (1972), S. 176.

dieser Parameter ausgegangen werden. Das gleiche gilt für Prozeßschritte wie Wartezeiten vor und nach Bearbeitung sowie Übergangs- und Transportzeiten.

Die Arbeitsgänge werden in der Direktbedarfsmatrix A nicht explizit ausgewiesen[155], vielmehr werden sie durch die zugehörige Kostenstelle bzw. Bezugsgröße repräsentiert[156]. Geht man zunächst vereinfachend davon aus, daß jede Maschinengruppe (als Arbeitsplatz) eine Kostenstelle und Bezugsgröße repräsentiert, dann stellt jeder Arbeitsplan eine Spalte der Direktbedarfsmatrix A dar[157], wobei die Koeffizienten a_{ij} für eine Baugruppe j die Einsatzmengen (z.B. Fertigungsminuten) darstellen und i aus der Menge der Einsatzfaktoren i = 1 bis K stammt und K die Zahl der Kostenstellen darstellt. Soll festgestellt werden, für welche Leistungsobjekte j ein Arbeitsplatz i Leistung abgibt, so kann dies aus der Zeile i der Direktbedarfsmatrix abgelesen werden, die die Koeffizienten a_{ij} enthält. Folgende Daten sind für die Darstellung der Prozeßstruktur relevant:

Attributkategorie	Beschreibung
Identifikation	Teile-Nr., Zeile bzw. Spalte in Direktverbrauchsmatrix
Eingehender Prozeß	Arbeitsgang-Nr. (Prozeßelement)
Koeffizient	Menge physikalischer Leistung je Outputeinheit
Faktoren für Mehraufwand	Ausschuß-Faktor, Nacharbeit-Faktor
Sonstige Attribute	Gültigkeitsangaben, Änderungshistorie etc.

Tabelle 3-6: Struktur Arbeitsplan

3.4.1.5 Verbindungsdaten (Zuordnungsdaten)

Während Prozeßstrukturdaten beschreiben, welche Aktivitäten im Rahmen einer Leistungserstellung für eine Leistungsart zu erbringen sind, beschreiben die Produktstrukturdaten, welche (fremdbezogenen oder selbsterstellten) Faktoren direkt in ebendiese Leistungsart einfließen. Ist mehr als ein Tätigkeitsschritt (Arbeitsgang) nötig, um den Output zu erstellen, und fließen die direkten Inputs nicht immer vollständig in den ersten Prozeßschritt ein, so kann es von Interesse sein, abbilden zu können, welche Inputs in welchem Prozeßschritt verbraucht werden (und damit auch bereitgestellt werden müssen).

155 Dies wäre allerdings ohne weiteres möglich. Dazu müßten die leistenden Kostenstellen / Bezugsgrößen nach Arbeitsgängen differenziert dargestellt werden.

156 Der Zusammenhang zu Kostenstellen und Bezugsgrößen wird in Kapitel 5 detailliert dargestellt.

157 Im Falle zirkulärer Abläufe innerhalb einer Fertigungsstufe enthält der zugehörige Koeffizient die Summe der in Anspruch genommenen Leistung je Arbeitsplatz. Der Arbeitsplan (datentechnisch) dagegen enthält die einzelnen Arbeitsgänge in der technologischen Reihenfolge.

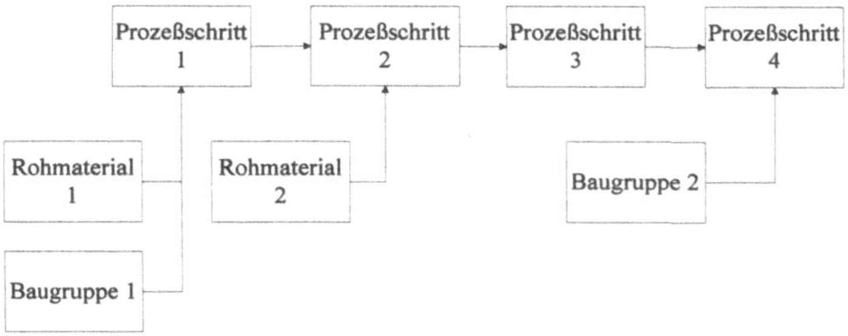

Abbildung 3-12: Zuordnung von Arbeitsplan und Stückliste

Mittels dieser Information kann insbesondere bei sehr langen Durchlaufzeiten eine genauere Terminierung der Bereitstellung erfolgen. Zudem kann im Falle von Ausschuß eine genaue Aussage über die Soll-Verbrauchsmengen bis zum kritischen Arbeitsgang, an dem der Ausschuß entdeckt wurde, getroffen werden. Daneben ist diese Darstellung, wie sich im Folgenden noch zeigen wird, auch von Bedeutung für Fragestellungen der Bestandsbewertung und der Lagerhaltungsstrategie[158].

3.4.1.6 Potentialdaten

Das produktionswirtschaftliche Entscheidungsfeld kann in die Bereiche Ausstattungsentscheidungen, Programmentscheidungen und Prozeßentscheidungen gegliedert werden. Die Produktionsplanung stellt in diesem Kontext „eine zielorientierte Auswahl der im produktionswirtschaftlichen Entscheidungsfeld enthaltenen Alternativen“[159] dar.

Hinsichtlich der Ausstattungsentscheidungen bedeutet dies, daß das Produktionspotential des Unternehmens festgelegt wird. Damit wird auch die Menge der Nutzungsmöglichkeiten und letztlich das potentielle Produktionsprogramm eingegrenzt, da Potentiale (Personal, Maschinen, Gebäude etc.) die möglichen Technologien, aber auch die zu realisierende Organisationsstruktur der Leistungserstellung mitbestimmen (structure follows strategy, strategy follows people). Ausgedrückt wird dies in den Grund- und Strukturdaten der Ressourcenkomplexe (Maschinengruppen, Betriebsmittel, Kostenstellen und Arbeitsgänge, aber auch Arbeitspläne und Lagerorganisation)[160], da auch die Prozeßparameter im Sinne von Freiheitsgraden der Prozeßplanung weitgehend durch die Ausstattung beeinflußt werden. Ausstattungsentscheidungen sind typischerweise der taktischen Planung zuzuordnen und stellen in einer starren Sicht der Planungsebenen für die operative (Produktions-) Planung ein Datum dar.

[158] In Kapitel 5 wird dargestellt, wie diese Informationen beispielsweise für die Ermittlung optimaler Kontrollpunkte und Bevorratungsebenen benutzt werden kann.

[159] Reichwald, R., Mrosek, D., Produktionswirtschaft (1985), S. 377.

[160] Vgl. dazu Abbildung 3-10.

Da die wesentlichen Ausstattungselemente (Ressourcen) aber im Rahmen von computergestützten Informationssystemen ohnehin differenziert gespeichert sind, wird in Kapitel 4 und 5 gezeigt, daß damit Funktionen der KLR und eines integrierten Fertigungscontrolling unterstützt werden können. Eine Zuordnung von Ressourcen und Produkten bzw. Prozessen erfolgt standardmäßig in PPS-Systemen nur selten, etwa im Rahmen von Maschinen- und Werkzeughinweisen in Arbeitsplänen, die aber meist nur als Zusatzinformation verwandt werden - eine umfassende Strukturierung erfolgt in der Regel nicht.

3.4.1.7 Aufträge

Die bisherigen Betrachtungen bezogen sich immer auf eine Leistungseinheit (Outputeinheit). So spiegelt die Faktoreinsatzmatrix die Verbräuche für eine Outputeinheit wieder (bzw. für die Outputs einer Periode, wenn eine Multiplikation mit dem Primärbedarfsvektor erfolgt). Des weiteren wurde darauf hingewiesen, daß die dafür abgebildeten Produktionskoeffizienten Standardwerte darstellen, die für bestimmte Vorgaben hinsichtlich der Freiheitsgrade der Leistungserstellung gelten[161]. Damit sind drei Abbildungsmodi je Leistungseinheit möglich: Plan-Koeffizienten, Soll-Koeffizienten (unter Berücksichtigung der spezifischen (dispositiven) Entscheidungen hinsichtlich der Freiheitsgrade der Leistungserstellung) sowie Ist-Koeffizienten (unter Berücksichtigung der tatsächlichen Ausprägungen der Freiheitsgrade der Leistungserstellung sowie aller nicht im Modell enthaltenen Einflußfaktoren einschließlich Unwirtschaftlichkeit). Soll- und Ist-Koeffizienten werden bei den entsprechenden Fertigungstypen für eine Menge von Einzelleistungen (Auftrag) geplant und erfaßt. Eine vollständige Individualisierung[162] wäre im Sollbereich nicht sinnvoll, da bei gleichen geplanten Prozeßbedingungen per Definition Identität vorliegt. Auch im Istbereich ist eine vollständige Individualisierung in der Regel technisch nicht möglich bzw. wirtschaftlich nicht sinnvoll. Außerdem sind bestimmte Verzehre nur für den Auftrag als Gruppe von Leistungen abbildbar: so können Rüstzeiten nicht ursächlich auf eine Leistungseinheit zurückgeführt werden, vielmehr verursacht ein Auftrag als Ganzes diesen Faktorverzehr. Erfolgt eine Zurechnung auf die einzelnen Leistungseinheiten, so hängt die Höhe dieser Proportionalisierung wiederum von der Gruppengröße ab. Schließlich kann es trotz der Gruppierung von Leistungen zu Aufträgen noch zu Zuordnungsproblemen von Ressourcenverbräuchen kommen[163].

---

[161] Vgl. Kap. 2 dieser Arbeit.

[162] Vgl. dazu die Ausführungen im Kap. 2 dieser Arbeit.

[163] Vgl. z.B. die Beispiele bei Kilger, W., Plankostenrechnung (1988), S. 649 f.

3.4.2 Programmplanung

Aufgabe der Programmplanung ist die Festlegung der zu erstellenden Leistungen nach Art und Menge[164]. Zugrunde liegen strategische Entscheidungen über Märkte, Geschäftsfelder und Verfahren (und damit auch über das Qualitätsniveau der Leistungen)[165]. Bei lagerfähigen Leistungen sind Absatzprogramm und Produktionsprogramm zu unterscheiden. Implizit wird damit auch eine Planung der Bestände durchgeführt.

Oft wird die Programmplanung im Zusammenhang mit der PPS auch mit der Primärbedarfsplanung gleichgesetzt. Tatsächlich ist die Programmplanung Ausgangspunkt zur Ermittlung des Brutto-Primärbedarfs und stellt eine abhängige Variable von Absatz- und Produktionsplänen dar. Der Brutto-Primärbedarf wird dagegen in der Regel als unabhängige Variable und als Ausgangspunkt für die Disposition (Mengen- und Termin-/Kapazitätsplanung) betrachtet[166]. Hingegen hängt das Produktionsprogramm von internen und externen Faktoren ab, insbesondere vom Absatzprogramm und den einsetzbaren Verfahren und Kapazitäten. Wird ein Absatzprogramm im Rahmen einer PPS überhaupt abgebildet, dann nur in Form von Auftragsbeständen (Kundenfertigung) bzw. Absatzprognosen (stochastisch oder als Fortschreibung von Vorperiodenwerten). Die Ableitung des Produktionsprogrammes muß sachliche und zeitliche Nichtübereinstimmungen zum Absatzprogramm berücksichtigen[167]. Das Ergebnis der Programmplanung ist seinerseits wieder Vorgabe für die Ablaufplanung. Dort vorliegende Restriktionen wirken aber u.U. ihrerseits wieder auf die Programmplanung.

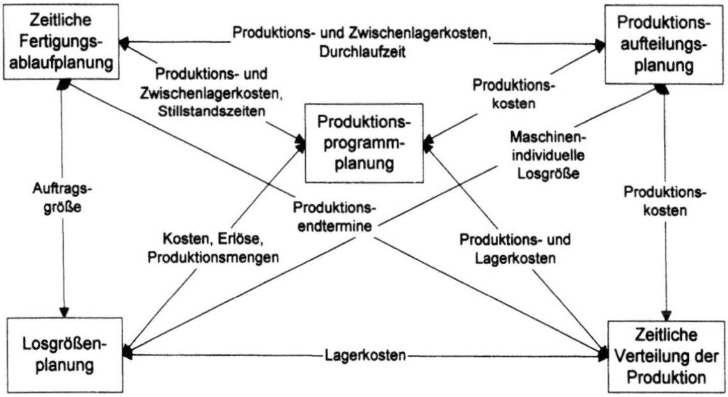

Abbildung 3-13: Beziehungen zwischen den Teilplänen der Leistungserstellung[168]

[164] Vgl. Adam, D., Produktionsmanagement (1998), S. 129.

[165] Vgl. Adam, D., Produktionsmanagement (1998), S. 129.

[166] Vgl. Küpper, H.-U., Helber, S., Ablauforganisation (1995), S. 284.

[167] Vgl. Zäpfel, G., Produktionswirtschaft (1982), S. 49 f.

[168] Adam, D., Produktionsdurchführungsplanung (1986), S. 664.

Formal wird in dem in Kapitel 2 vorgestellten Input-Output-Modell auf den Netto-Primärbedarf in Form des Primärbedarfsvektors v als Repräsentanten des Outputs zurückgegriffen. Durch Einführung einer Zeile und Spalte „Bestandsveränderung der Periode“ ist allerdings eine Überleitung zur Produktions- bzw. Absatzprogrammplanung möglich.

3.4.3 Primärbedarfsplanung

Die Primärbedarfsplanung dient, wie die Programmplanung, der Abbildung der Leistungsarten und -mengen, die in einem bestimmten Planungszeitraum bereitgestellt werden sollen. Im Gegensatz zur Programmplanung erfolgt die Darstellung allerdings in Form von Aufträgen. Die dabei vorgegebenen Mengen stellen sogenannte Bruttobedarfe dar. Die Mengen an Leistungen, die aus noch durchzuführenden Leistungserstellungsprozessen befriedigt werden müssen, werden als Nettobedarfe[169] bezeichnet. Eine Differenz zwischen Bruttobedarfen (markt- bzw. planungsinduziert) und Nettobedarfen (fertigungsrelevant) kann sich aus sachlichen und zeitlichen Gründen ergeben[170]: Sachlich bedingte Differenzen ergeben sich bei Marktleistungen, die fremdbezogen werden (sog. Handelswaren) oder selbst verbraucht werden (Innenaufträge), zeitlich bedingte Differenzen hingegen bei Leistungsarten, die lagerfähig sind und damit in der Planungsperiode vorgelagerten Zeiträumen zur Verfügung gestellt werden können. Die Ermittlung von Netto-Primärbedarfen ist in der Praxis bei sehr vielen PPS-Systemen nicht vorgesehen[171], vielmehr wird davon ausgegangen, daß Nettobedarfe als Informationsinput bereitgestellt werden.

(Brutto-)Primärbedarfe können durch zwei Transaktionsarten generiert werden: durch Kundenaufträge (Einzelaufträge oder Rahmenverträge) und durch Lageraufträge[172]. Aufträge stellen dabei Mengen von Leistungen dar, die gemeinsam geplant und disponiert werden, und für die daher gleiche Prozeßbedingungen gelten. Aufträge sind daher zwischen dem Primärbedarf eines Zeitraumes und den einzelnen Leistungen zu positionieren. Im Falle von Serien-, Sorten- und Einzelfertigern ist der (Fertigungs-)Auftrag eine zentrale Betrachtungsebene, wobei bei ausgesprochenen Einzelfertigern die Leistungsmenge je Auftrag auch eins sein kann, womit Auftrag und individuelle Leistung zusammenfallen. Bezogen auf die Faktoreinsatzmatrix aus Kapitel 2 kann davon ausgegangen werden, daß für die Leistungen eines Auftrages gleiche Einsatzfaktoren gelten, da gleiche Entscheidungen hinsichtlich der Freiheitsgrade im Rahmen der Leistungserstellung angenommen werden (Losgröße, Verfahrenswahl, Maschinenbelegung etc.). Daher ist für die betrachteten Fertigungstypen auch die

---

[169] Vgl. Zäpfel, G., Produktionswirtschaft (1982), S. 161.

[170] Vgl. Zäpfel, G., Produktionswirtschaft (1982), S. 49f.

[171] Vgl. Glaser, H., Geiger, W., Rohde, V., PPS (1992), S. 37.

[172] Bisweilen werden auch noch andere Auftragsarten (z.B. „Platzhalter-Aufträge für potentielle Eilaufträge“) genannt.

Einzelleistung keine relevante Planungs- und Kontrollebene - Abweichungen werden für den Auftrag erfaßt und als Durchschnitt auf die betroffenen Leistungen projeziert.

3.4.3.1 Kundenaufträge

Kundenaufträge stellen Gruppen von Leistungen dar, wobei die Zusammensetzung und Menge der Leistungen durch den Absatzmarkt bestimmt werden. Ordert ein Kunde verschiedene Leistungsarten (Sammelauftrag), so ist diese heterogene Gruppe in Betriebs- oder Fertigungsaufträge je Leistungsart zu zerlegen. Für die Auftragsabwicklung, insbesondere die Kommisionierung im Rahmen der Distribution, ist dann wieder auf die Kundenaufträge zurückzugreifen.

3.4.3.2 Lageraufträge

Lageraufträge werden eingeplant, wenn explizit kundenbezogene Aufträge entweder gar nicht vorliegen oder zum Auslösungszeitpunkt nicht mehr rechtzeitig oder nicht wirtschaftlich bedient werden können. Letzterer Fall ist häufig in der Massen- und Großserienfertigung zu finden, aber auch, wie in der Fallstudie „Elektro" im letzten Kapitel ersichtlich, in anderen Fertigungstypen. Die Primärbedarfsplanung mittels Lageraufträgen besteht aus den zwei Planungsschritten[173]

1. erwartungsbezogene Bestimmung der (maximalen) Absatzzahlen je Endprodukt und Teilperiode sowie
2. Festlegung der Produktionsmengen je Endprodukt und Teilperiode.

Für die Festlegung der Absatzzahlen werden meist stochastische Methoden, oft in Verbindung mit subjektiven Erwartungen des Vertriebs, herangezogen, um die Nachfrage eines (anonymen oder kurzfristig disponierenden) Kundenkreises zu antizipieren. Die Ermittlung der Produktionsmengen je Teilperiode erfolgt auf Grund dieser Absatzmengen sowie eventueller Mindest-Produktionsmengen und sollte, sofern Freiheitsgrade bestehen, nach Erfolgsgesichtspunkten erfolgen. Allerdings stößt dies in der Theorie wie in der Praxis noch auf Probleme[174].

In der Praxis kommen auch Mischformen der zwei beschriebenen Auftragsarten vor. So wird beispielsweise in der Fallstudie „Elektro" eine „hybride" Form dargestellt, bei der ausgewählte Leistungen jeweils mit der geeigneten Auftragsart ausgelöst werden.

3.4.4 Ablaufplanung

Die Aufgaben der Ablaufplanung (die hier gleichbedeutend mit Ablaufmanagement, Disposition und Bereitstellungsplanung mit Prozeßplanung betrachtet werden soll) bestehen in

---

[173] Geiger, W., PPS (1991), S. 71.

[174] Vgl. Geiger, W., PPS (1991), S. 72ff.

der zielorientierten Planung von Materialbedarfen und Kapazitäten hinsichtlich Mengen und Terminen. Durch die gegenseitigen Abhängigkeiten zwischen den Fertigungsstufen einerseits und Materialbedarfen sowie Kapazitäten andererseits entsteht ein Netz von Fertigungsaufträgen, Reservierungen, Bestellungen und geplanten Zugängen.

3.4.4.1 Sekundärbedarfsrechnung

Aus der Primärbedarfsplanung sind unmittelbar die Leistungsarten und -mengen zu ersehen, die (gegebenenfalls differenziert nach Kunden) zu bestimmten Terminen bereitgestellt werden müssen. Die Befriedigung dieser (direkt oder indirekt marktinduzierten) Bedarfe kann entweder über Bestände oder über noch durchzuführende Leistungserstellungsprozesse erfolgen. Wesentliche Voraussetzung einer Planung ist daher die Bereitstellung von Bestandsinformationen für beliebige Zeitpunkte und die Gegenüberstellung mit den jeweiligen Bedarfen.

3.4.4.1.1 Materialbedarfsrechnung

Um die Bereitstellung der benötigten Einsatzfaktoren planen zu können, ist zunächst zu ermitteln, welche Einsatzfaktoren mit welchen Mengen für die Leistungserstellung erforderlich sind. Prinzipiell können dafür zwei Wege eingeschlagen werden[175]: Es kann auf der Basis vergangener Perioden der zukünftige Bedarf prognostiziert werden. Dieser Ansatz wird als stochastisch bzw. verbrauchsgebunden bezeichnet und unterstellt, daß mit stochastischen Methoden Verbrauchsstrukturen auffindbar sind. Er kann damit als induktiver Ansatz bezeichnet werden. Im Gegensatz dazu greift der deduktive Ansatz, die sogenannte programmgebundene oder deterministische Bedarfsplanung, auf die Strukturinformationen der Leistungsarten zurück. Hierzu stehen wiederum zwei verschiedene Konzepte zur Verfügung: einerseits das simultane (Matrizen-) Verfahren, andererseits sequentielle Verfahren (graphentheoretisch basierte Verfahren) wie das Gozinto-Verfahren sowie Fertigungs- und Dispositionsstufenverfahren.[176]. Beide Konzepte sind für die gestellte Aufgabe der Teilebedarfsermittlung grundsätzlich geeignet, haben aber Vor- und Nachteile. So zeichnet sich das Gozinto-Verfahren[177] (als Vertreter der graphentheoretischen Ansätze) für schwach besetzte Direktbedarfsmatrizen, wie sie in der Praxis zu erwarten sind, durch einen erheblich geringeren Rechenaufwand aus. Zudem verursachen Veränderungen in den

---

[175] Welcher Ansatz für welche Faktorarten zu wählen ist, kann auch durch Klassifizierungsverfahren ermittelt werden. Hier sind insbesondere die ABC-Analyse sowie die RSU-Analyse zu nennen, vgl. z.B. Haupt, R., ABC-Analyse (1979).

[176] Zur Diskussion um Vor- und Nachteile graphentheoretischer und matrizenorientierter Verfahren vgl. z.B. Chmielewicz, K., Matrizenkalkül (1970), S. 285 ff., die Entgegnung von Müller-Merbach, H., Schmidt, W. P., Teilebedarfsermittlung (1970), S. 727 ff. sowie die Erwiderung durch Chmielewicz, K., Teilebedarfsermittlung (1970), S. 734 ff. Zum Vergleich von Effizienz und Ressourcenbedarf verschiedener Ansätze vgl. Meckner, H., Tangermann, H.-P., Planungsverfahren (1977), S. 67 ff.

[177] Vgl. Vazsonyi, A., Planungsrechnung (1962), S. 385 ff.

Verflechtungsbeziehungen (z.B. Stücklistenänderungen) keinen zusätzlichen Rechenaufwand. Andererseits stellt beispielsweise die Matrizeninversion als Vertreter des Matrizenkalküls ein allgemeiner einsetzbares Verfahren dar, weil auch nicht konvergierende Produktstrukturen (zirkuläre Strukturen, Kuppelprodukt-Strukturen) problemlos abgebildet und aufgelöst werden können[178]. Zudem kann die invertierte Matrix gespeichert werden und ermöglicht damit sehr schnelle Aussagen über Teilebedarfe. Im Falle von Änderungen der zugrundeliegenden Direktbedarfsmatrix existieren Verfahren, die es in begrenztem Umfang erlauben, unter Umständen Änderungen ohne vollständige Neuermittlung der inversen Matrix zu berücksichtigen[179].

Wie auch Müller-Merbach et. al.[180] in ihrer Kritik am Matrizenkalkül einräumen, stellt die Matrizendarstellung für theoretische Betrachtungen durch ihre kompakte Schreibweise das geeignete Instrumentarium dar. Für das Rechnen mit konkreten Daten ist Erfahrungen des Verfassers das Gozinto-Verfahren effizienter, solange keine zirkulären oder nicht-konvergierenden Strukturen auftreten. Ist dies der Fall, so ist auf Verfahren der Matrizenrechnung zurückzugreifen, wobei hier seit einigen Jahren zunehmend effiziente Algorithmen auch für dünn besetzte Matrizen (sog. sparsity) vorgestellt werden. Finden Änderungen der Direktbedarfsmatrix nur sehr selten statt, so kann der Matrizenansatz sogar rechentechnisch effizienter sein, da dann nicht bei jeder Auflösung der Produktstrukturen Rechenschritte nötig sind.

Der Gegenstand der Materialbedarfsrechnung ist im Segment I der Faktoreinsatzmatrix (siehe Abbildung 3-5) abgebildet. Dabei repräsentieren die Spaltenwerte die Mengen an Material, das in die jeweils durch die Spalte repräsentierte Baugruppe eingeht. Multipliziert mit dem Primärbedarfsvektor stellen diese Faktoren die Brutto-Sekundärbedarfe dar. Zudem wird meist für jede Spalte des Segments eine Bestandsrechnung geführt, d.h., es wird je Teilperiode der verfügbare Bestand (als Differenz zwischen physischem Bestand und Zugang durch Aufträge bzw. Wareneingang einerseits und Abgänge sowie Reservierungen andererseits) ausgewiesen, der damit zur Befriedigung von Bedarfen herangezogen werden kann. Nur darüber hinausgehende Bedarfe müssen produziert bzw. bestellt werden und stellen damit Netto-Sekundärbedarfe dar.

3.4.4.1.2 Materialterminierung

Die Materialbedarfsrechnung liefert Inputmengen für eigengefertigte und fremdbezogene Materialien. Die Materialterminierung ermittelt die Zeitpunkte, zu denen diese Inputmengen zur Verfügung stehen müssen, um eine verzögerungsfreie Leistungserstellung zu gewährleisten. Dazu muß die Prozeßzeit (bzw. Wiederbeschaffungszeit) einbezogen werden, die sich

---

[178] Vgl. allerdings z.B. Müller-Merbach zum Einsatz des Gozintoverfahrens bei zirkulären Produktstrukturen, Müller-Merbach, H., Anwendung (1966).

[179] Vgl. Müller-Merbach, H., Schmidt, W. P., Gozinto-Graphen (1970), S. 727 ff.

[180] Müller-Merbach, H., Schmidt, W. P., Teilebedarfsermittlung (1970), S. 727 ff.

aus den Prozeßstrukturdaten (Arbeitsplänen) bzw. Artikel-Lieferanten-Daten ergibt. Diese allerdings sind ihrerseits teilweise von Fertigungsmengen bzw. Bestellmengen abhängig (Losgrößenproblem). Zudem sind zum Zeitpunkt der Terminierung meist noch nicht alle (Soll-)Parameter des Fertigungsvollzugs bekannt. Daher sind bestimmte Pauschalannahmen z.B. bezüglich Übergangszeiten, Wartezeiten etc. zu treffen. Das Hauptproblem der Materialterminierung liegt aber in einer Durchführung vor der Kapazitätsrechnung bzw. ohne Berücksichtigung von Kapazitäten[181]. Es wird in diesem Fall nämlich davon ausgegangen, daß unendliche Kapazitäten vorliegen und damit keine kapazitätsbedingten Vorlaufverschiebungen stattfinden[182]. Dies erscheint in der Mehrzahl der Fälle sehr unrealistisch. Sinnvoll scheint deshalb eine Vorgehensweise, die Glaser[183] vorschlägt: hierbei erfolgt eine integrierte Material- und Kapazitätsterminierung. Damit können (bei gegebenen Parametern des Fertigungsvollzugs) nur gültige Produktionspläne entstehen. Allerdings ist zu beachten, daß u.E. hierfür nur graphentheoretische Auflösungsverfahren in Frage kommen, da der Abgleich mit den Kapazitäten sequentiell im Rahmen der Auflösung erfolgt. Ein Simultanverfahren wie die Matrizeninvertierung, die die Gesamtbedarfsmatrix bereitstellt, überspringt gleichsam diese Zwischenschritte. Kritisch wird der integrierte Ansatz von Tangermann[184] betrachtet, da Engpässe durch die automatische Verschiebung nicht mehr sichtbar würden und damit Optionen zur Kapazitätsausweitung nicht wahrgenommen werden könnten. Geht man allerdings davon aus, daß zusätzliche Kapazitäten mit höheren Grenzkosten arbeiten, und damit nur im Falle des Überschreitens der sogenannten „Heute-Linie" (Aufträge bzw. Bestelltermine fallen in die Vergangenheit) kapazitätserweiternde Maßnahmen sinnvoll sind, so wird diese These teilweise entkräftet. Dennoch erscheint es sinnvoll, in diesem Falle optional auch mit der Fiktion von unbegrenzten Kapazitäten zu disponieren und damit Überschreitungen des Kapazitätsangebots durch die Nachfrage zuzulassen, um Engpässe (in Form eben dieser Nachfrageüberhänge) sichtbar zu machen[185].

3.4.4.2 Kapazitätsrechnung

Kapazitäten stellen die Verfügbarkeit (das „Leistungsvermögen"[186]) von Produktionspotentialen dar. In der Regel wird dabei die Verfügbarkeit von Faktorbündeln (Ressourcenkomplex) im Mittelpunkt stehen. Typischerweise sind dies Arbeitsplätze, wobei im Falle von reinen Handarbeitsplätzen der Produktionsfaktor menschliche Arbeit disponiert wird. Im Falle

---

181 Diese Vorgehensweise ist in der Praxis weit verbreitet, vgl. Glaser, H., PPS-Systeme (1989), S. 354 ff., Kernler, H., PPS (1995), S. 160..

182 Vgl. Glaser, H., PPS-Systeme (1989), S. 354 ff.

183 Vgl. Glaser, H., PPS-Systeme (1989), S. 366 f.

184 Vgl. Meckner, H., Tangermann, H.-P., Planungsverfahren (1977), S. 153 f.

185 Vgl. zu diesem Themenkreis auch Kapitel 5 (Reaktion auf Kapazitätsengpässe / Unterauslastungen im Rahmen eines Ressourcenmanagement).

186 Kern, W., Fertigungskapazitäten (1962), S. 23.

von Maschinenarbeitsplätzen wird die Verfügbarkeit der Aggregate einschließlich der zum Betrieb notwendigen Hilfs- und Betriebsstoffe untersucht. Bei fester Bedienrelation gehört in der Regel auch die zum Betrieb notwendige menschliche Arbeit zum betrachteten Faktorbündel. Die Kapazitätseinheit „Ressourcenkomplex" muß nicht notwendigerweise mit einer Zeile im Segment II der Abbildung 3-5 übereinstimmen. Vielmehr werden in vielen Fällen die Kapazitätseinheiten differenzierter abgebildet. Allerdings wird dann die Maßgröße der Kapazität gleich sein, so daß eine Aggregation auf der Ebene Kostenstelle bzw. Bezugsgröße möglich ist.

3.4.4.2.1 Kapazitätsbedarfsrechnung

Das Kapazitätsangebot ermittelt sich aus der Anzahl M der verfügbaren Aggregate (bzw. im Falle von Handarbeitsplätzen aus der Anzahl M verfügbarer Mitarbeiter), aus der realisierbaren Schichtzahl S im Planungszeitraum, aus der Schichtdauer T sowie aus Fertigungszeitgrad (effektive Fertigungszeit im Verhältnis zur Schichtzeit) μ und Intensität bzw. Leistungsgrad δ[187]:

$$Kapazitätsangebot_i^{(p)} = M_i S_{it} T \mu_i \delta_i$$

Die Kapazitätsnachfrage für einen Planungszeitraum kann nur dann rechnerisch ermittelt werden, wenn alle zu erstellenden Leistungsarten, der Aufbau dieser Leistungsarten sowie die Prozeßstruktur zur Erstellung der Leistungen umfassend und detailliert bekannt sind. Zur Ermittlung der Kapazitätsnachfrage sind in diesem Falle alle selbsterstellten Leistungsarten mit den geplanten Mengen aufzulisten. Im Falle mehrstufiger Leistungserstellung sind die Endprodukte entsprechend aufzulösen (Stücklisten- bzw. Rezepturauflösung). Die Einträge (Leistungen j mit der Menge x) dieser Liste sind mit den geplanten Prozeßmengen b je Leistungseinheit i zu multiplizieren:

$$Kapazitätsnachfrage_i^{(p)} = \sum_{j=1}^{n} x_{ij}^{(p)} b_{ij}^{(p)}$$

Diese Nachfrage stellt den direkt durch den Output induzierten Kapazitätsbedarf für gegebene Verfahren (Prozeßstrukturen), Ablaufparameter (z.B. Losgrößen und dadurch bedingte Rüstkapazitätsbedarfe, Splittung von Fertigungsaufträgen auf verschiedene Kapazitätseinheiten) und Leistungsausbeutegrade sowie Intensitäten dar.

[187] Angelehnt an Kilger, W., Produktionsplanung (1973), S. 47.

3.4.4.2.2 Kapazitätsterminierung

Kapazität stellt das Produkt aus Kapazitätsquerschnitt („Kapazitanz") und der Einsatzdauer[188] dar. Der Kapazitätsquerschnitt eines Arbeitsplatzes entspricht dabei der Zahl der verfügbaren Kapazitätseinheiten (Aggregate oder Mitarbeiter) dieses Arbeitsplatzes[189]. Das Produkt aus Kapazitätseinheiten und Einsatzdauer innerhalb einer Teilperiode stellt damit die Periodenkapazität eines Arbeitsplatzes dar. Im Rahmen der Programmplanung erfolgt eine Grobterminierung, indem einerseits von einer gleichmäßigen Verteilung der Kapazitätsnachfrage über die Plan-Teilperioden ausgegangen wird (Reduktion durch Intervallgenauigkeit statt Punktgenauigkeit[190], zeitliche Aggregation), andererseits die Kapazitätseinheiten je Arbeitsplatz aggregiert betrachtet werden (sachliche Aggregation).

Darüber hinaus erfolgt u.U. eine Planung auf Produktgruppen- oder -familienebene. Dazu sind Gruppierungs- und Aggregationsverfahren zu finden, die zu einem möglichst geringen Informationsverlust durch die Aggregation führen (sachliche Aggregation). Beim Übergang zur Ablaufplanung können dadurch Inkonsistenzen[191] auftreten, daß der (aggregierte) Kapazitätsabgleich für z.B. einen Monat erreicht wurde, im Rahmen der Disaggregation aber in (den nun kürzeren) Teilperioden unzulässig hohe Kapazitätsbedarfe auftreten, da Angebot und Nachfrage eben nicht je Teilperiode konstant sind. Auch die sachliche Aggregation hinsichtlich der Kapazitätseinheiten (3 Aggregate mit je 8 Stunden Betriebsbereitschaft ergeben dabei eine Tageskapazität von 24 Stunden) kann leicht zu Inkonsistenzen führen, da ein Fertigungsauftrag (ein Fertigungslos) eine Kapazitätseinheit belegt[192]. Benötigt ein Los 12 Stunden, so bedeutet dies, daß zwar nur die Hälfte der Gesamtkapazität des Arbeitsplatzes belegt würde, zugleich aber eine Kapazitätseinheit für 1,5 Tage[193]. Es wird damit deutlich, daß Terminplanung und Maschinenbelegungsplanung stark interdependent sind. Ein Lösungsansatz (insbesondere beim Auftreten vieler großer Lose) besteht in der simultanen Festlegung von Termin und Kapazitätseinheit[194], ein anderer darin, die Maschinenbelegung der Fertigungssteuerung zu überlassen.

3.4.4.2.3 Kapazitätsabgleich

Die Ermittlung von Kapazitätsangebot und Kapazitätsnachfrage führt zu einer Kapazitätsauslastung je Teilperiode. Übersteigt diese Auslastung 100 Prozent und liegen zugleich

---

[188] Kern stellt die Kapazität das Produkt aus Kapazitanz und Leistungsgeschwindigkeit (Intensität) dar, vgl. Kern, W., Fertigungskapazitäten (1962), S. 33. Hier wird von einer konstanten Intensität ausgegangen.

[189] Vgl. Kern, W., Fertigungskapazitäten (1962), S. 33.

[190] Vgl. Steven, M., Hierarchische Produktionsplanung (1994), S. 53.

[191] Vgl. Steven, M., Hierarchische Produktionsplanung (1994), S. 53 f.

[192] Vgl. zu dieser Problemstellung auch die Darstellungen bei Kernler, H., PPS (1995), S. 197 f.

[193] Von der Möglichkeit der Splittung sei hier abgesehen.

[194] Damit erfolgt eine Feinterminierung schon im Rahmen der Kapazitätsterminierung. Vgl. zu diesem Ansatz Kernler, H., PPS (1995), S. 197 f.

Teilperioden vor, in denen die Auslastung unter 100 Prozent liegt, so wird im Rahmen des Kapazitätsabgleichs[195] versucht, eine Glättung der Kapazitätsbedarfe durch Terminverschiebung vorzunehmen. Darüber hinaus besteht prinzipiell auch die Möglichkeit, das Kapazitätsangebot zu variieren[196]. Problematisch bei jeder Terminverschiebung sind die damit verbundenen Querwirkungen auf die (ebenfalls bereits terminierten) Materialbedarfe sowie auf vorgelagerte und abhängige Fertigungsaufträge (und die damit verbundenen Kapazitätsreservierungen). Da im Falle einer Rückwärtsterminierung nur eine Verschiebung in Richtung der Heute-Linie möglich ist, muß sichergestellt werden, daß auch die Materialien (eigengefertigte wie auch fremdbezogene) entsprechend früher zur Verfügung stehen. Gegebenenfalls sind daher abhängige (Vor-) Fertigungsaufträge ebenfalls zu verschieben. Durch diese häufigen Änderungen entsteht „Planungsnervosität".

3.4.5 Fertigungssteuerung

Die Ergebnisse der Disposition stellen die Vorgaben für die Fertigungssteuerung dar. Diese repräsentiert das „Durchsetzungssystem"[197] und damit die Nahtstelle zwischen Planung und Realisierung. Sie verarbeitet als Input die Auftragsnetze der Disposition. Alle Maßnahmen stellen Reaktionen auf interne oder externe Störungen[198] des ursprünglichen Planes dar (bei zentralen Konzepten) bzw. erfüllen Rahmenvorgaben mit Durchführungsentscheidungen (dezentrale Konzepte). Im Sinne eines kybernetischen Regelkreises beinhaltet die Fertigungssteuerung auch die Fertigungskontrolle[199]. Rückmeldungen versorgen die betrieblichen Informationssysteme mit Daten für verschiedene Aufgaben. Neben reinen Abrechnungsaufgaben (Lohnrechnung, Bestandsführung, Statistiken) werden auch Feedback-Daten für Plan- bzw. Soll-Ist-Vergleiche und Nachkalkulationen und Kennzahlen geliefert.

3.5 Entwicklungsformen der PPS

Ausgehend von ersten Ansätzen einer computergestützten Grunddatenverwaltung, haben sich bis heute mehrere Entwicklungsformen einer Produktionsplanung und -steuerung herausgebildet. Dabei unterscheiden sich die Ansätze vor allem darin, wie sie mit den Unsicherheiten in Ablaufmanagement und Feinsteuerung umgehen.

---

[195] Vgl. Zäpfel, G., Produktionswirtschaft (1982), S. 232 ff., Kernler, H., PPS (1995), S. 182 ff.

[196] Vgl. Zäpfel, G., Produktionswirtschaft (1982), S. 232 ff.

[197] Kernler, H., PPS (1995), S. 206.

[198] Vgl. Zäpfel, G., Produktionswirtschaft (1982), S. 240.

[199] Vgl. Zäpfel, G., Produktionswirtschaft (1982), S. 240 ff..

3.5.1 Kapazitätszentrierte Ansätze (MRP II)

Im deutschsprachigen Raum wird MRP II als Begriff weitgehend synonym mit PPS verwandt, sofern eine verfeinerte PPS-Lösung zugrundegelegt wird[200]. Daher gelten die vorstehend beschriebenen Eigenschaften einer PPS auch für das Manufacturing Requirement Planning. Zu den MRP-Begriffen sowie ihrer Interpretation in der Literatur sei auf die Ausarbeitung von Mertens[201] verwiesen. Unzufriedenheit mit der Zielerreichung der kapazitätszentrierten PPS-Konzepte insbesondere hinsichtlich der Bestandsminimierung bei gegebener Termintreue, aber auch hinsichtlich der Reduzierung der Durchlaufzeiten, führte zu alternativen Ansätzen der Kapazitätsterminierung und Feinsteuerung, die nachfolgend beschrieben werden.

3.5.2 Bestandszentrierte Ansätze (BOA, Input-Output-Control)

Die Belastungsorientierte Auftragsfreigabe[202] (BOA oder auch BORA) setzt auf traditionellen PPS-Konzepten (z.B. MRP II) auf[203] und variiert die Feinterminierung und Steuerung, indem auf eine detaillierte Planung und Terminierung von Aufträgen verzichtet wird. Statt dessen wird ein stochastisches Modell der Fertigung angewandt: Im Gegensatz zum MRP II - Ansatz, der zur Kapazitätsterminierung mit den „kumulierten Rüst- und Fertigungszeiten arbeitet“[204], geht die von „statistisch ermittelten, durchschnittlichen Durchlaufzeiten“ aus. Es wird gezeigt, daß sich die mittlere Durchlaufzeit proportional zum mittleren Bestand verhält[205], und daß damit „für jeden Arbeitsplatz [...] der Bestand so gesteuert werden [muß], daß einerseits ein Leistungseinbruch gerade vermieden und andererseits das praktische Minimum der Durchlaufzeit erreicht wird“[206]. Der Ansatz geht von einem vorhandenen Auftragsnetz aus und modifiziert lediglich den Mechanismus der Reihenfolgebildung und Auftragsfreigabe. Es kann damit auch nicht von einem eigenständigen PPS-Ansatz gesprochen werden. Vielmehr handelt es sich um eine „Methode zur Verbesserung der Feinsteuerung“[207], die zu einer „Harmonisierung der Teilkapazitäten“[208] führen kann, allerdings keine große praktische Bedeutung erlangt hat. Die Faktoreinsatzmatrix aus Kapitel 2 wird dadurch nicht verändert.

---

[200] Vgl. Mertens, P., MRP II (1992), S. 11 f.

[201] Vgl. Mertens, P., MRP II (1992).

[202] Vgl. Bechte, W., Werkstattfertigung (1980), Wiendahl, H.-P., Fertigungssteuerung (1987), S. 206 ff..

[203] Vgl. Adam, D., Produktionsmanagement (1998), S. 620.

[204] Specht, O., Ahrens, D., Wolter, B., Fertigungswirtschaft (1994), S. 236.

[205] Vgl. Wiendahl, H.-P., Fertigungssteuerung (1987), S. 206.

[206] Wiendahl, H.-P., Fertigungssteuerung (1987), S. 207.

[207] Specht, O., Ahrens, D., Wolter, B., Fertigungswirtschaft (1994), S. 235.

[208] Specht, O., Ahrens, D., Wolter, B., Fertigungswirtschaft (1994), S. 242.

3.5.3 Engpaßorientierte Ansätze (OPT)

Auch die Optimized Production Technology (OPT)[209] stellt kein vollständiges PPS-Konzept dar, sondern ein Verfahren zur Kapazitätseinlastung und damit eine weitere Methode zur Verbesserung der Feinsteuerung[210]. Eine Einbettung kann beispielsweise in ein MRPII - System erfolgen. Im Gegensatz zum dortigen Ansatz werden zunächst Engpaß-Arbeitsplätze geplant und von diesen aus eine Vorwärts- bzw. Rückwärtsterminierung der nach- bzw. vorgelagerten Arbeitsgänge vorgenommen. Dazu wird das Auftragsnetz in einen kritischen (Engpaßarbeitsplätze und nachfolgende Aggregate) und einen unkritischen Bereich (den Engpässen vorgelagerte Arbeitsplätze) geteilt[211]. Es sind nun Maßnahmen zu ergreifen, um die Engpässe zu beseitigen, da laut OPT-Ansatz nur dies die Durchlaufzeit reduzieren kann. Hierzu erfolgt auch eine Abstimmung der Losgrößen mit den Engpaßkapazitäten, insbesondere werden die Losgrößen erhöht, um den Rüstzeitanteil zu reduzieren, während die Lose an Nicht-Engpaßarbeitsplätzen eher verringert werden[212]. Details zum Verfahren sind nur teilweise bekannt, da die zugrunde liegenden Algorithmen aus kommerziellen Gründen nicht vollständig veröffentlicht wurden[213]. Zudem wird die nicht standardisierte Terminologie bemängelt[214]. Die vorhandene Literatur bewegt sich zudem teilweise im populärwissenschaftlichen Bereich[215]. Auch der OPT-Ansatz kann mit den in Kapitel 2 dargestellten Instrumenten abgebildet werden, da wie bei BOA im Wesentlichen die Auftragseinlastung modifiziert wird. Die Anpassung von Losgrößen beispielsweise bewirkt eine entsprechende Variation im Segment II der Faktoreinsatzmatrix (Abbildung 2-4).

3.5.4 JIT-Ansätze (Kanban)

Im Gegensatz zu den vorstehend beschriebenen Ansätzen versucht KANBAN, die Steuerung als selbststeuernde Regelkreise zu implementieren. Damit wird die dezentrale Steuerkapazität der Mitarbeiter an die Stelle einer zentralen Instanz gesetzt[216]. Dies setzt voraus, daß die Regelkreise sich in einer entsprechenden material- bzw. produktionsflußorientierten Betriebsmittelanordnung widerspiegeln, wobei die einzelnen Abschnitte kapazitätsmäßig aufeinander

---

209 Vgl. Goldratt, E. M., Cox, J., Ziel (1990), S. 117 ff., Decaluwe, L., Lambrecht, M., JIT (1987), S. 4 ff., Weidner, D., Fertigungssteuerung (1992), S. 51 ff.

210 Specht, O., Ahrens, D., Wolter, B., Fertigungswirtschaft (1994), S. 235.

211 Vgl. Adam, D., Produktionsmanagement (1998), S. 638.

212 Vgl. Weidner, D., Fertigungssteuerung (1992), S. 167.

213 Vgl. Weidner, D., Fertigungssteuerung (1992), S. 1, Küpper, H.-U., Helber, S., Ablauforganisation (1995), S. 300, Adam, D., Produktionsmanagement (1998), S. 638.

214 Vgl. Weidner, D., Fertigungssteuerung (1992), S. 1.

215 Dies gilt besonders für Goldratt, E. M., Cox, J., Ziel (1990), das über weite Strecken eher der Belletristik zuzurechnen ist.

216 Vgl. Adam, D., Produktionsmanagement (1998), S. 615.

abgestimmt sein müssen[217]. Zudem wird beim Einsatz dieses Konzepts von einem weitgehend regelmäßigen Teilebedarf ausgegangen[218]. Da die nachgelagerte Stelle den Bedarf diktiert, muß die Technologie so flexibel bzw. das Teilespektrum so begrenzt sein, daß langwierige Umrüstprozesse entfallen[219]. Zugleich ist ein effizientes Qualitätssicherungssystem zu implementieren, das die Weitergabe mangelhafter Teile verhindert[220]. Entscheidungen wie Losgrößenfestlegung[221] oder Verfahrenswahl entfallen, nur die Ausbringung und die zeitliche Verteilung sind Freiheitsgrade, wobei die jeweils vorgelagerte sog. „Senke" (Abnahmestelle) hier die Vorgaben für die „Quelle" bildet. Werden auch Zulieferteile mit einbezogen, so entsteht ein Just-in-time-System, das durch stark reduzierte Lager und starke Einbindung der Lieferanten geprägt ist[222].

Die fehlenden Entscheidungsspielräume für die Bereichsverantwortlichen reduzieren den Informationsbedarf hinsichtlich der Kostenwirkung von Abläufen. Lediglich zur Bestimmung von Systemparametern (z.B. Zahl der Transportbehälter etc.) kann ein Simulationssystem von Interesse sein - das Instrumentarium aus Kapitel 2 ist prinzipiell auch für die Abbildung der Fertigungsbedingungen im Kanbanumfeld (Standardlosgröße ist ein Behältervolumen) geeignet.

3.5.5 Enterprise Resource Planing (ERP, "MRP III")

Der Begriff ERP wurde von der Softwareindustrie geprägt und wird seit Jahren für umfangreiche Gesamtlösungen von Herstellern wie Baan und SAP benutzt. Dabei entspricht dieses „MRP III" im Wesentlichen einem umfangreichen MRP II -Ansatz unter Einbeziehung der wesentlichen angrenzenden Bereiche. Da ein weitgefaßtes Verständnis von MRP II dies ebenfalls beinhaltet, wird der zusätzliche Gehalt des Begriffes ERP für das vorliegende Thema als gering eingeschätzt.

3.6 Kritische Untersuchung der Qualität der Entscheidungsunterstützung im Rahmen des Fertigungscontrolling

Der „Output", den die Informationsverarbeitungsprozesse und Verfahren der PPS liefern sollen, ist ein Plan für die mengen- und termingerechte Leistungserstellung sowie Maßnahmen zur Realisierung dieses Planes[223]. Darüberhinaus stellt die Komponente „Steuerung" im

---

[217] Vgl. Adam, D., Produktionsmanagement (1998), S. 632 ff.

[218] Vgl. Glaser, H., Geiger, W., Rohde, V., PPS (1992), S. 268.

[219] Zur Kombination von OPT- und JIT-Ansätzen vgl. Decaluwe, L, Lambrecht, M., JIT (1987), S. 13 ff.

[220] Vgl. Adam, D., Produktionsmanagement (1998), S. 633 f.

[221] Die Losgröße wird durch eine Standardmenge (in der Regel der Inhalt von eines Transportbehälters bzw. eines Vielfachen davon) und durch eine zugehörige Laufkarte („Kanban") repräsentiert, vgl. Specht, O., Ahrens, D., Wolter, B., Fertigungswirtschaft (1994), S. 248.

[222] Vgl. Adam, D., Produktionsmanagement (1998), S. 634.

[223] Vgl. Geiger, W., PPS (1991), S. 1.

Begriff PPS auch klar, daß ein geschlossener Regelkreis aus Planung und Kontrolle erwartet werden kann. Planung bedeutet die (gedankliche) Vorwegnahme zukünftigen Handelns unter Maßgabe des Rationalprinzips. Entscheidungen als Wahlhandlungen zwischen Alternativen sind daher Teil der Planung, sobald Freiheitsgrade der Gestaltung existieren. Damit muß die Produktionsplanung Instrumente der Entscheidungsvorbereitung und der Kontrolle der Entscheidungskonsequenzen bereitstellen. Als Subsystem der Informationsversorgung muß die PPS zudem am Zielsystem der Unternehmnung ausgerichtet sein. Tatsächlich ist die PPS überwiegend am Sachziel und am Maßstab der Effizienz ausgerichtet[224] Als häufigste Ziele werden genannt:

- Minimale Durchlaufzeit
- Minimale Bestände
- Maximale Kapazitätsauslastung
- Maximale Termintreue

Da aber Entscheidungen immer dann nicht rein effizienzorientiert gefällt werden können, wenn mehrere effiziente Alternativen existieren, benutzt die PPS auch Algorithmen, die Wertgrößen enthalten. So werden Losgrößen bzw. Bestellmengen bestimmt, indem Rüstkosten bzw. bestellfixe Kosten und Lagerkosten gegeneinander abgewogen werden.

„In den PPS-Systemen erfolgt in der Regel kein Einsatz optimierender Verfahren, sondern es werden lediglich zulässige Lösungen ohne Optimalitätsanspruch generiert. Das Hauptziel ist die effiziente Bewältigung der Datenmengen und eine praktikable, leicht nachvollziehbare Lösung der jeweiligen Problemstellungen.... Es findet keine Planung im eigentlichen Sinne, sondern eine umfangreiche *Informationsverarbeitung* statt."[225]

Steven setzt offensichtlich Planung und Optimalität gleich. Definiert man Planung dagegen als methodisch-systematischen „Prozeß zur Formulierung operationaler Ziele und Auswahl zielrealisierender Handlungsprogramme"[226], und stellt man neben die Funktion der Effizienzsteigerung durch eine zielorientierte Ressourcenallokation die Funktion der zielorientierten Koordination der Teilpläne im Unternehmen[227], so kann die Vorgehensweise der gängigen PPS-Systeme durchaus als Planung bezeichnet werden. Richtig ist allerdings, daß oftmals Datenverarbeitungsaspekte im Vordergrund stehen und veraltete oder stark simplifizierende

---

[224] Vgl. Hildebrand, R., Mertens, P., PPS-Controlling (1992). Der gesamte Band enthält keine einzige wertorientierte und damit direkt formalzielorientierte Größe. Alle Checklisten orientierten sich an Mengen- und Zeitgrößen, an Kapazitäten und Produktivität.

[225] Steven, M., Hierarchische Produktionsplanung (1994), S. 19.

[226] Pfohl, H.-C., Planung (1993), Sp. 1569.

[227] Vgl. Pfohl, H.-C., Planung (1993), Sp. 1569 f.

Algorithmen zum Einsatz gelangen. Viel schwerwiegender erscheint dagegen der Vorwurf der mangelhaften Zielorientierung bzw. Zielerreichung der gängigen PPS-Konzepte[228].

Daß selbst vergleichsweise einfache Verfahren in der (mittelständischen) Praxis kaum eingesetzt werden, hat mehrere Gründe:

- Software zur PPS für den Mittelstand enthält oft nur simpelste Algorithmen (z.B. feste Losgrößen).
- Durch eine mangelhafte bzw. fehlende Integration zur KLR müssen die benötigten Größen (z.B. Lagerhaltungskostensatz) in Nebenrechnungen ermittelt und kontrolliert werden.
- Der Einsatz von Wertgrößen erfolgt isoliert und ohne durchgängiges Konzept. Eine echte Integration der KLR erfolgt nicht.
- Die PPS wird als ein System von Technikern für Techniker empfunden, die KLR als „Buchhaltung", die kaum Beiträge zur Fertigungssteuerung leisten kann (Abrechnungssystem).

„In der gegenwärtigen Situation dürfte eine Ausweitung des Anteils kaufmännischer Daten dringlicher sein als die Integration weiterer technischer Datenbestände"[229]. Ähnlich äußert sich Mertens, der bemängelt, daß „die für MRP II-Konzepte charakteristischen Alternativrechnungen ganz überwiegend auf Zeit- und Mengenkriterien basieren und betriebswirtschaftliche Bewertungen bzw. Orientierungen an Zielen, wie Kostenminimierung oder Rentablilitätsmaximierung, fehlen"[230]. Daß beispielsweise die Programmplanung in den meisten Softwarelösungen zur PPS stiefmütterlich behandelt wird, bestätigt, daß diese Systeme die PPS als kurzfristig orientiertes Instrument zur Ressourcenverwaltung ansehen, nicht aber als Instrument zur Planung und Kontrolle der Erreichung der Unternehmensziele. Dieses Defizit wird auch durch Ansätze zu einem Computer Integrated Manufacturing (CIM) nicht verringert. Damit kann festgestellt werden, daß bisherige Implementierungen von PPS-Konzepten einseitig auf die Erreichung des Sachzieles „effiziente Leistungserstellung" abgestimmt sind. Sie geben damit die richtigen Antworten auf die falschen Fragen.

---

[228] Vgl. z.B. Scheer, A.-W., Produktionsplanung (1983), S. 143, Steven, M., Hierarchische Produktionsplanung (1994), S. 19. Die hierzu stattfindende Diskussion erinnert stark an die Auseinandersetzung um die Zukunft der Kosten- und Leistungsrechnung. Auch dort wird argumentiert, daß die vorhandenen Systeme ihren Zenit überschritten hätten und nicht geeignet wären, die Fragestellungen in den Unternehmen zu beantworten

[229] Kistner, K.-P., Steven, M., Produktionsplanung (1993), S. 269 f.

[230] Mertens, P., MRP II (1992), S. 18. Allerdings weist seine Arbeit zu einem PPS-Controlling eben dieses Defizit auf, da alle dort aufgeführten Kennzahlen Mengen- bzw. Zeitgrößen abbilden, vgl. Hildebrand, R., Mertens, P., PPS-Controlling (1992). Vgl. außerdem Adam, D., PPS-Systeme (1992), S.21.

4 Die Kosten- und Leistungsrechnung als Instrument des Controlling

Nach der Darstellung der Produktionsplanung und -steuerung als Instrument des Controlling in Kapitel 3 soll in diesem Kapitel die Kosten- und Leistungsrechnung im Hinblick auf diese Rolle untersucht werden. Im Gegensatz zur PPS wird die KLR in sehr vielen Veröffentlichungen als klassisches Controllingwerkzeug beschrieben. In der Praxis werden Kostenrechnung und Controlling nach der Erfahrung des Verfassers bisweilen sogar vereinfachend synonym verwendet, wie sich in Stellenbeschreibungen sowie durch Analysen von Stellenanzeigen erkennen läßt.

Analog zum vorangehenden Kapitel werden in diesem Abschnitt Aufgaben und Funktionen der Kosten- und Leistungsrechnung dargestellt. Ihre Daten und Verfahren werden in den im zweiten Kapitel dieser Arbeit erarbeiteten Modellrahmen eingeordnet.

4.1 Gegenstand der Kosten- und Leistungsrechnung

Die Kosten- und Leistungsrechnung dient der Abbildung und Bewertung der Faktorverzehre und erstellten Leistungen im Unternehmen zum Zweck der Planung, Kontrolle und Dokumentation. Im Gegensatz zur Modellbildung im Rahmen der Produktionsplanung und -steuerung wird hier zusätzlich auf die Erfolgswirksamkeit von Faktortransformationen abgehoben. „Aus dem Lösungsdruck für betriebliche Planungs-, Steuerungs- und Kontrollprobleme entwickelte sich zur Explikation von Input-Output-Beziehungen neben und aufbauend auf dem theoretischen Lösungsansatz, der durch die Produktions- und Kostentheorie repräsentiert wird, ein pragmatischer Lösungsansatz in den Kostenrechnungssystemen“[231].

Als Kosten wird der leistungsbedingte Werteverzehr bezeichnet[232]. Damit stellen Kosten immer „Kosten ′von etwas′“[233] dar. Dieses ′etwas′ wird als Leistung bezeichnet und kann als entstandene Wertzuwächse aufgefaßt werden[234]. Im Rahmen der Kosten- und Leistungsrechnung werden nur die Leistungen betrachtet, die „in Verfolgung des Sachzieles“[235] erstellt werden und ihre Konkretisierung im Produktions- und Absatzprogramm finden. “Leistungen als Ergebnis der Realisierung des Produktions- und Absatzprogrammes einer bestimmten Periode sind somit vor allem die verkauften Erzeugnisse, die in der Periode produzierten und am Periodenende noch auf Lager liegenden fertigen und unfertigen Erzeugnisse sowie die für

---

231 Lackes, R., Kosteninformationssystem (1989), S. 34.

232 Damit werden auch Wertverzehre betrachtet, die ungeplant erfolgen oder ineffizient sind (Ausschuß, Nacharbeit, ungeplant hoher Verschnitt), soweit sie mit der Erstellung der Leistung verbunden sind.

233 Heinen, E., Dietel, B., Kostenrechnung (1991), Sp. 1165.

234 Vgl. Heinen, E., Dietel, B., Kostenrechnung (1991), Sp. 1165.

235 Heinen, E., Dietel, B., Kostenrechnung (1991), Sp. 1165 (im Original teilweise fett gedruckt).

die spätere Leistungserstellungsprozesse erbrachten Vorleistungen (z.B. selbsterstellte Anlagen)"[236].

Zum Werteverzehr als Grundlage des Kostenbegriffes gibt es unterschiedliche Auffassungen, von denen die wichtigsten in Kap. 4.3.1. und 4.3.4. dargestellt werden.

Die Bedingtheit der Kosten durch die Erstellung von Leistungen bringt zum Ausdruck, daß die Herstellung einer Beziehung zwischen Leistungen und „ihren" Kosten zentrales Thema der Kosten- und Leistungsrechnung ist - weitere Ausführungen zu diesem Problemkreis finden sich in Kap. 4.3.2.

4.2 Ziele und Prämissen

Für privatwirtschaftliche Unternehmen ist von einer Formalziel-Dominanz auszugehen, d.h., die Erreichung von Sachzielen (Leistungserstellung, Versorgung mit Gütern) ist nur Mittel zum Zweck der Formalzielerreichung (Gewinn, Rendite)[237]. Zur Zielformulierung und insbesondere zur Steuerung der Prozesse im Sinne einer bestmöglichen Zielerreichung bedarf es daher eines Systems, das die relevanten Größen der Erfolgsplanung und -kontrolle abbildet.

Nach Chmielewicz kann ein Unternehmen als "soziales Entscheidungssystem"[238] betrachtet werden, "wobei jede Entscheidung als Ziel/Mittel-System interpretierbar ist" und sich das Entscheidungssystem Unternehmung des Gütersystems als Mittel zur Erreichung seiner Ziele, wie sie im Zielsystem definiert sind, bedient. Die Kosten- und Leistungsrechnung (KLR) ist ein Teilsystem der betrieblichen Informationsverarbeitung, das die innerbetrieblichen Transformationsprozesse detailliert abbildet, um Informationen für Entscheidungs- und Steuerungszwecke bereitstellen zu können[239].

Damit kann das Rechnungswesen "als Instrument zur quantitativen wertmäßigen Abbildung von (Wirtschafts-)Gütern zum Zwecke der Wertlenkung (-steuerung) von Güterbeständen oder -bewegungen definiert werden. Die Abbildung allein würde als Zweck des Rechnungswesens nicht genügen, da sie primär Kosten verursacht (nämlich die Kosten für das Rechnungswesen), während der angestrebte Nutzen des Rechnungswesens erst aus dem Lenkungszweck hervorgeht, insbesondere aus den ökonomischen Entscheidungen als Folge der rechnerischen Wertabbildung"[240]. "In betriebswirtschaftlichen Organisationen wird der Prozeß der Transformation von Einsatzgütern in Leistungen (Erzeugnisse, Dienstleistungen) von unterschiedlichen Teilsystemen des betrieblichen Rechnungswesens auf unterschiedliche

---

[236] Heinen, E., Dietel, B., Kostenrechnung (1991), Sp. 1165 (im Original teilweise fett gedruckt).

[237] Vgl. hierzu ausführlicher Kap. 3.2. dieser Arbeit.

[238] Chmielewicz, K., Integration (1972), S. 5.

[239] Vgl. Heinen, E., Dietel, B., Kostenrechnung (1991), Sp. 1235.

[240] Chmielewicz, K., Integration (1972), S. 6.

Weise und mit unterschiedlichen Zwecksetzungen erfaßt"[241]. Ein wesentliches Teilsystem des betrieblichen Rechnungswesens stellt die Kosten- und Leistungsrechnung dar.

4.3 Funktionen der KLR

"Das betriebliche Rechnungswesen ist zentraler Bestandteil des Informationssystems eines Unternehmens. Es ist daher institutionell in Form eines Subsystems in die Gesamtorganisation des Unternehmens eingebunden" [242]. Anhand eines Bündels von funktional ausgerichteten, zielorientierten Abbildungsprozessen sollen „die innerbetrieblichen ökonomischen Prozesse und die wirtschaftlich relevanten Beziehungen des Unternehmens zu seiner Umwelt quantitativ erfaßt, dokumentiert, aufbereitet und ausgewertet werden. Die Qualität der daraus resultierenden Informationen ist von der realitätsnahen Abbildungsfähigkeit der Wirtschaftsabläufe und Wirtschaftstatbestände abhängig" [243]. Die KLR als wesentliches Element des internen Rechnungswesens befaßt sich dabei hauptsächlich mit den innerbetrieblichen ökonomischen Prozessen und soll in zweckdienlicher Form Informationen als Entscheidungshilfen für Bedarfsträger liefern.

4.3.1 Klassifikation von Einsatzfaktoren

"Die Abbildung des Rechnungswesens bezieht sich nicht auf alle Merkmale ... der Wirtschaftsgüter (z.B. nicht auf Menge, Gewicht oder Länge), sondern selektiv nur auf ihr Merkmal Preis oder Wert (=Menge * Preis)"[244]. Durch diese Merkmalsreduktion wird die Kosten- und Leistungsrechnung erst darstellbar und überschaubar. Zugleich bedeutet die zugrundeliegende Abstraktion und Aggregation einen umfangreichen Informationsverlust. Insbesondere ist hierbei von Bedeutung, wie die abgebildeten Wirtschaftsgüter klassifiziert und gruppiert wurden: So bildet das Rechnungswesen Güterklassen in der Regel auf der Ebene Aufwandsart bzw. Kostenart ab (z.B. Stahl, Büromaterial, Leistungslohn). Diese Kategorien setzen sich bereits aus Güterklassen zusammen, z.B. aus Artikeln (Automatenstahl 12mm, Automatenstahl 10mm etc. bei Stahl, Bleistifte, Papier, etc. bei Büromaterial) und unterschiedlich qualifizierten Gruppen von Mitarbeitern bei Leistungslohn. Diese wiederum sind Klassen von individuellen Einsatzfaktoren (ein bestimmter Mitarbeiter, ein bestimmter Bleistift, ein bestimmes Stück Automatenstahl 12mm). Welche Abstraktionsebene für die Abbildung im Rahmen des Rechnungswesens gewählt wird, hängt wesentlich von der Zielsetzung der Rechnung ab. Für statische Bestandsgrößen-Analysen (z.B. Fragestellungen bezüglich der Höhe oder Zusammensetzung von bewerteten Faktorverbräuchen) ist eine

---

[241] Heinen, E., Dietel, B., Kostenrechnung (1991), Sp. 1234.

[242] Eisele, W., Technik (1990), S. 3.

[243] Eisele, W., Technik (1990), S. 3.

[244] Chmielewicz, K., Integration (1972), S. 23.

Aggregation auf Kostenartenebene und höher sinnvoll. Durch die Bewertung werden die heterogenen Gütermengen gleichnamig und damit addierbar. Sollen allerdings dynamische Aspekte der Faktorverbräuche untersucht werden, insbesondere die Reaktion von Faktorverzehren (und damit Kosten) auf die Veränderung von Einflußgrößen, so wird durch eine Untersuchung aggregierter Güter bzw. Güterklassen ein umso höherer Informationsverlust auftreten, je heterogener die Güterklasse bezüglich der Einflußgröße reagiert[245].

Die Abbildung von Ressourcen (eigentlich: Ressourcenverbräuchen) erfolgt durch die Kontierung auf Aufwandsarten im Rahmen der Buchhaltung. Da die KLR nur wenige Primärdaten selbst generiert, wird auf diese Kontierung vorgelagerter Rechenkreise (Finanzbuchhaltung, Lohn- und Gehaltsrechnung etc.) zurückgegriffen, wobei meist[246] eine Identität von Aufwand und Kosten vorliegt. Sehr wichtig ist daher die organisatorische Abstimmung von Buchhaltung und KLR, um die Differenzierung der Abbildung der Ressourcen entsprechend den Anforderungen sowohl der externen als auch der internen Adressaten des Informationssystems zu gestalten. Abgebildet werden vor allem Personal, Maschinen, Material, Hilfs- und Betriebsmittel sowie sonstige Einsatzfaktoren.

Neben den Ressourcen(-verbräuchen) sind auch Beziehungen abzubilden, d.h., neben der Beschreibung von Ressourcenbedarfen nach Art und Menge ist auch ein Verursacher (s. Kap. 4.1, Kosten 'von etwas') zuzuordnen. Ein wesentlicher Aspekt im Rahmen der Abbildung des Leistungserstellungsprozesses ist die Zuordnung von bewerteten Güterverzehren zu Kalkulationsobjekten (Kostenstellen, Kostenträger, aber auch Perioden[247]). Nur so kann die Abbildung dem Anspruch auf eine Entscheidungsorientierung bzw. Entscheidungsunterstützung gerecht werden. Dabei kann grundsätzlich zwischen Zurechnung und Verteilung unterschieden werden.

4.3.2 Zurechnungsfunktion

In der Regel wird als Ansatz für die Zurechnung von Güterverzehren zu einem Kalkulationsobjekt auf das Verursachungsprinzip verwiesen[248], da dies dem „allgemeinen Gerechtigkeitsdenken“[249] entspricht. Das Verursachungsprinzip als solches stellt allerdings solange eine „pseudonormative Leerformel“ dar, wie nicht „klare Regeln zur exakten Bestimmung jener Kosten angegeben werden können, die als durch ein bestimmtes Kalkulationsobjekt

[245] Diese Problemstellung wird später im Rahmen der Kostenspaltung wieder aufgegriffen.

[246] Aufwand und Kosten können inhaltlich (Zusatzkosten), zeitlich (abgegrenzte Personalnebenkosten) sowie in ihrer Höhe (Anderskosten) differieren. Auch Kombinationen dieser Kategorien treten auf, z.B. Unterschiede hinsichtlich Art, Zeitpunkt und Höhe (beispielsweise bei steuerlicher bzw. kalkulatorischer Abschreibung).

[247] Wie oben bereits festgestellt, handelt es sich bei Kosten um die bewerteten, sachzielorientierten Güterverzehre *einer Periode*.

[248] Vgl. Kloock, J., Sieben, G., Schildbach, Th., Kostenrechnung (1993), S. 51 f., Hummel, S., Männel, W., Kostenrechnung 1 (1986), S. 53.

[249] Hummel, S., Männel, W., Kostenrechnung 1 (1986), S. 54.

verursacht gelten sollen"[250]. Ausgestaltungsformen des Verursachungsprinzips finden sich im Proportionalitätsprinzip, im Kausalitätsprinzip sowie im Finalprinzip. Das Proportionalitätsprinzip unterstellt, daß eine ausreichende Korrelation zwischen Leistung und Kosten auf eine Ursache-Wirkungs-Beziehung hinweist. Allerdings weisen Kritiker darauf hin, daß das Kriterium einer empirisch festgestellten Proportionalität einen solchen Schluß nicht ausreichend rechtfertigt.

Das Kausalitätsprinzip (oder Ursache-Wirkungs-Prinzip) wurde bereits früh erkenntnistheoretisch untersucht. In Anwendung des Prinzips auf die KLR wurde festgestellt, daß, entgegen oft vertretenen Meinungen, keine Ursache-Wirkungsbeziehungen zwischen Leistungen und Kosten bestehen, d.h., die Produktion eines Output ist nicht Ursache des Verzehrs an Input. Vielmehr muß die Ursache definitionsgemäß *existenzielle Priorität* vor der Wirkung haben, d.h., die Ursache muß vor der Wirkung existieren[251], was beim Output eines Produktionsprozesses regelmäßig nicht der Fall ist. Aber auch die Umkehrung (Kosten als Ursache der Leistung) ist nicht sinnvoll, da ein bestimmter Einsatzgüterverbrauch nicht zwangsläufig und ausnahmslos zu den gewünschten Leistungen führt (Ausschuß, Nacharbeit) bzw. Polykausalität vorliegen kann (ein Input kann zu verschiedenen Outputs führen)[252].

Das Finalprinzip (Veranlassungsprinzip, Kosteneinwirkungsprinzip) interpretiert die Kosten-Leistungs-Beziehung als Mittel-Zweck-Beziehung, indem argumentiert wird, daß zum einen der Zweck die einzusetzenden Mittel definiert, und zum anderen die Mittel bereitgestellt bzw. eingesetzt werden müssen, um den Zweck zu erreichen. Dieser Ansatz erklärt auch die Rolle von Potentialfaktoren mit reinem Fixkostencharakter (z.B. Gebäude). Im Konstrukt des Finalnexus werden beide Prinzipien zusammengefügt[253], wobei die Finalität die Kausalität „überformt": „Der Finalnexus läßt dem kausal ablaufenden Realprozeß zwei in mente spielende Akte vorausgehen. Damit überformt er ihn, lenkt ihn, den an sich blinden Kausalprozeß, auf Zwecke hin; er begrenzt ihn zugleich ..., gibt ihm einen Sinn, spannt ihn in die Formgebung unter Werten ein"[254].

---

[250] Hummel, S., Männel, W., Kostenrechnung 1 (1986), S. 54.

[251] Vgl. Hummel, S., Männel, W., Kostenrechnung 1 (1986), S. 55, Burger, A., Kostenrechnung (1992), S. 108.

[252] Vgl. Hummel, S., Männel, W., Kostenrechnung 1 (1986), S. 55, Burger, A., Kostenrechnung (1992), S. 110.

[253] Vgl. Hartmann, N., Teleologisches Denken (1951), S. 69.

[254] Hartmann, N., Teleologisches Denken (1951), S. 73.

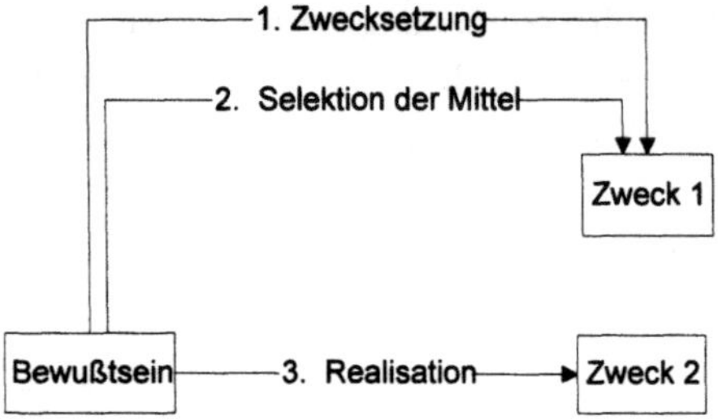

Zweck 1: bewußt gesetzter, noch nicht realisierter und die Mittel bestimmender Zweck.
Zweck 2: verwirklichter Zweck.

Abbildung 4-1: Integration von Finalität und Kausalität im Finalnexus.[255]

Damit repräsentiert die Finalität die bewußte Gestaltung der Prozesse durch dispositive Entscheidungen des Menschen, während die Kausalität naturgesetzliche Zusammenhänge im Rahmen der verwandten Technologien repräsentiert. Der Entscheider wählt seine Mittel in Kenntnis dieser Zusammenhänge, die durch Meßvorgänge (Ist-Datenerfassung) kontrolliert werden können und damit auch den Entscheider wieder in der Wahl seiner Mittel beeinflußen können.

Die Einsatzfaktoren im Leistungserstellungsprozeß können nur teilweise einer Leistungsart oder gar einer bestimmten Ausprägung einer Leistungsart direkt zugerechnet werden. Welchen Anteil diese Faktoren am Gesamt-Faktorvolumen haben, hängt stark von Branche und Verfahren der Leistungserstellung ab. Faktoren, die typischerweise direkt zugerechnet werden können, sind Einzelmaterial, leistungsbezogene Arbeit sowie unter Umständen Vorleistungen in Form von spezifischen Betriebsmitteln. Die Verbrauchsmengen dieser Faktoren hängen in der Regel linear und direkt mit der Outputmenge (Volumen) der Leistungsart zusammen. Mit Preisen bewertet, werden diese Faktoren als Einzelkosten bzw. Sondereinzelkosten (SEK) bezeichnet.

Wie Untersuchungen von Gutenberg ergeben haben, hängen zahlreiche andere Einsatzfaktoren nicht vom Output an Leistungsarten, sondern von der physikalischen Leistung von Betriebsmitteln ab, die ihrerseits zur Leistungserstellung beitragen[256]. Faktoren, die nicht direkt vom (sog. ökonomischen) Output abhängen, sondern indirekt von anderen Bezugsgrößen, werden nach ihrer Bewertung mit Preisen als Gemeinkosten bezeichnet, da sie nur mehreren Leistungsarten oder mehreren Ausprägungen einer Leistungsart gemeinsam zugerechnet werden können. Um dennoch die Aufgabenstellung der Kostenermittlung je Outputeinheit erfüllen zu können, die ihrerseits letztlich Grundlage der Erfolgssteuerung und damit der Zielerreichung des Unternehmens ist, werden Mechanismen benötigt, die eine Zurechnung

[255] Burger, A., Kostenrechnung (1992), S. 105.

[256] Vgl. hierzu die Ausführungen in Kap. 2 dieser Arbeit.

der Gemeinkosten-Faktorverzehre auf Leistungsarten erlauben. Des weiteren werden nicht nur Faktoren für physikalische Leistungsmengen verbraucht, die ihrerseits vom ökonomischen Output abhängig sind, sondern auch für Leistungen, die an andere Leistungserstellungsprozesse fließen. Letztere können wiederum einen Outputbezug aufweisen (d.h., outputinduziert sein) oder aber der Aufrechterhaltung der Betriebsbereitschaft dienen (und damit fixe Kosten darstellen).

Organisatorisch werden die Leistungserstellungseinheiten (Betriebsmittel und Personal) in Orte der Faktorverzehre (bzw. nach Bewertung in Orte der Kostenverursachung) eingeteilt, die sich dadurch auszeichnen, daß für diese abgegrenzten Einheiten Größen gefunden werden können, zu denen sich die outputinduzierten Gemeinkosten (als bewerteter Faktorverzehr) weitgehend proportional verhalten. Diese Kostenstellen und ihre Kosteneinflußfaktoren (Bezugsgrößen) stellen ein Erklärungs- und Prognosemodell für die indirekten, outputinduzierten Faktorverzehre dar.

$$Gesamtkosten_i = Einzelkosten_i + Gemeinkosten_i$$

$$Einzelkosten_i = Output_i \sum_{j=1}^{J} Menge_j Preis_j$$

$$variable\ Gemeinkosten_i = Output_i \sum_{k=1}^{K} \sum_{j=1}^{J} Leistung_k Menge_j Preis_j$$

mit Kostenträger l = 1,...,L,

Faktorarten j = 1,..,J

Kostenstellen k = 1,..,K.

Bei dieser Darstellung wird von linearen Verbrauchsfunktionen ausgegangen, da dies nach empirischen Untersuchungen[257] die vorherrschende Situation in Unternehmen widerspiegelt. Die unter diesen Umständen gültige allgemeine Form der Beziehung von Input und Output wurde in bereits in Kapitel 2 dargestellt. Danach ist der Verzehr von Einsatzfaktoren funktional vom physikalisch-technischen Output abhängig, und dieser wiederum vom ökonomischen Output[258]:

$$r_i = \sum_{l=1}^{L} \sum_{j=1}^{J} a_{ij} \alpha_{jl} x_l$$ für Einsatzfaktor i = 1,..,I, Aggregat j = 1,..,J, r = Inputfaktor,

x = Output, l = 1,...,L

[257] Vgl. die zahlreichen Studien in Gutenberg, E., Produktion (1983), S. 390 ff. sowie Kilger, W., Produktionstheorie (1958), S. 68 f., Heinen, E., Kostenlehre (1983), S. 234 f.

[258] In Anlehnung an Formel (8) in Kapitel 2 dieser Arbeit.

wobei a_{ij} die Beziehung von Einsatzfaktoren zur physikalischen Leistung darstellt, während α_j die Relation von physikalischer Leistung zu ökonomischem Output repräsentiert. Hier ist auch ersichtlich, daß der Verbrauch nur indirekt vom (ökonomischen) Output x abhängt, da a_{ij} von der Outputart unabhängig ist (α repräsentiert dagegen die Relation physikalisch-technischer Output zu ökonomischem Output und findet sich als Koeffizient in Stücklisten und Arbeitsplänen wieder). Für alle direkt vom Output abhängigen Einsatzfaktoren nimmt a_{ij} den Wert 1 an.

$$GK = \sum_{i=1}^{I} r_i p_i = \sum_{i=1}^{I} \sum_{l=1}^{L} \sum_{j=1}^{J} p_i a_{ij} \alpha_{jl} x_l$$ für Einsatzfaktor i = 1,..,I, Aggregat j = 1,..,J,

r = Inputfaktor, x = Output, l = 1,...,L

$$r = f(Output)$$
$$Gemeinkosten_k = g(f(d_k))$$

Damit sind für eine Zurechnung der Gemeinkosten auf Leistungsarten zwei Funktionen abzubilden: zum einen die „ökonomische Verbrauchsfunktion" in Form der Konsumtion von physikalischer Leistung, und zum anderen die Verbrauchsfunktion, die die Abhängigkeit der Faktorverzehre von der physikalischen Leistung repräsentiert. Wesentlich ist dabei die Annahme, daß letztere Funktion unabhängig von der Leistungsart dargestellt werden kann. Ist dies nicht möglich, so ist für entsprechend verschiedene Leistungarten jeweils eine Verbrauchsfunktion zu formulieren. Dieser Umstand wird als heterogene Kostenverursachung bezeichnet und kann auf: produktbedingte Heterogenität[259] oder verfahrensbedingte Heterogenität[260] der Kostenverursachung zurückzuführen sein. Im ersten Fall werden Einsatzfaktoren für verschiedene Produkte verschieden stark in Anspruch genommen, im zweiten Fall verursachen alternative Aktivitäten des Produktionsvollzugs (alternative Verfahren) eine unterschiedliche Inanspruchnahme von Einsatzfaktoren.

In beiden Fällen weisen Kostenstellen mehrere relevante Kosteneinflußfaktoren (Bezugsgrößen) auf, die nicht für alle Leistungsarten als proportional zueinander betrachtet werden können. Für eine korrekte, d.h. verursachungsgerechte Zurechnung der Faktorverzehre ist eine entsprechende differenzierte Ausgestaltung des Bezugsgrößensystems Voraussetzung. Trotzdem kann die Verrechnung von Gemeinkosten, d.h., von Faktorverzehren, die ursächlich durch Kostenstellenleistung bestimmt wird, normalerweise nicht wirklich als „richtig" im strengen Sinne des Kausalprinzips angesehen werden. Die Zwischenschaltung der technisch-physikalischen Leistung in den Kostenstellen ist ja genau deswegen nötig, weil es keine eindeutige Beziehung zwischen ökonomischem Output und Faktorverzehr gibt. So werden beispielsweise Faktorverzehre bei Anlauf und Auslauf eines Betriebsmittels der Kostenstelle

[259] Vgl. z.B. Kilger, W., Plankostenrechnung (1993), S. 315.

[260] Vgl. z.B. Kilger, W., Plankostenrechnung (1993), S. 315.

oder während Pausen auf die produktiven Leistungszeiten verteilt, da der Verrechnungspreis für Kostenstellenleistung gemäß

$$Verrechnungssatz = \frac{Gemeinkosten}{verrechnete\ Leistung}$$

ermittelt wird. Können neunzig Prozent der Leistung einer Kostenstelle direkt Leistungsarten zugerechnet werden, während die restlichen zehn Prozent für sogenannte G-Zeiten (Gemeinkostenzeiten gemäß REFA-Sprachgebrauch[261]) verwandt werden, wie z.B. Instandhaltung, Unterbrechungen, Anlauf, Auslauf etc., so bedeutet dies, daß diese produktiven neunzig Prozent der Leistungseinheiten den gesamten Faktorverzehr der Kostenstelle weitertragen müssen. Verteilen sich die Unterbrechungen etc. nicht gleichmäßig auf Bearbeitungsprozesse an allen betroffenen Leistungsarten, so kommt es zu einer Fehlallokation[262]. Die vorstehend beschriebenen Zusammenhänge spiegeln sich in der Faktoreinsatzmatrix in Kapitel 2 wieder, indem Koeffizienten für die Zuordnung von z.B. Kostenstellenleistung für Outputs definiert werden.

4.3.3 Verteilungsfunktion

Es herrscht allgemeine Übereinstimmung[263] über die Anwendung eines (wie auch immer gearteten) Verursachungsprinzips im Rahmen der Zuordnung von Faktorverzehren zu Kalkulationsobjekten. Leider sind diese Verfahren für einen beträchtlichen Teil der Kosten in Unternehmen nicht sinnvoll anwendbar, da Ursache-Wirkungs-Beziehungen nicht eindeutig nachweisbar sind. Statt dessen wird eine Kostenverteilung (auch Kostenanlastung[264] genannt) nach verschiedenen Prinzipien[265] vorgenommen. Die dazu verwendeten Verfahren dienen der „Verteilung von Gemeinkosten auf Kalkulationsobjekte, für die sie trotz größten Bemühens nicht eindeutig erfaßbar sind“[266]. In der betrieblichen Praxis sind diese sogenannten echten Gemeinkosten zu ergänzen um die unechten Gemeinkosten, die aus Gründen der Wirtschaftlichkeit oder einfacheren Handhabbarkeit durch Verteilung weitergewälzt werden.

---

[261] Vgl. REFA, Methodenlehre, Teil 2 (1992), S. 42 ff.

[262] Der gleiche Effekt findet sich im Rahmen der Prozeßkostenrechnung, wenn nicht prozeßvolumenabhängige Kostenanteile (lmn) anteilig nach Maßgabe der leistungsmengeninduzierten (lmi) Prozeßmengen verteilt werden.Vgl. zu diesem Thema Kap. 4.6.1.

[263] Vgl. z.B. Hummel, S., Männel, W., Kostenrechnung 1 (1986), S. 54, Burger, A., Kostenrechnung (1992), S. 104, Schweitzer, M., Küpper, H.-U., Systeme (1998), S. 87.

[264] Vgl. Hummel, S., Männel, W., Kostenrechnung 1 (1986), S. 58, Kloock, J., Sieben, G., Schildbach, Th., Kostenrechnung (1993), S. 53.

[265] Insbesondere zu nennen sind das Proportionalitätsprinzip, vgl. Schweitzer, M., Küpper, H.-U., Systeme (1998), S. 90, das Durchschnittsprinzip, vgl. Schweitzer, M., Küpper, H.-U., Systeme (1998), S. 91 sowie das Tragfähigkeitsprinzip, vgl. Schweitzer, M., Küpper, H.-U., Systeme (1998), S. 87

[266] Hummel, S., Männel, W., Kostenrechnung 1 (1986), S. 58.

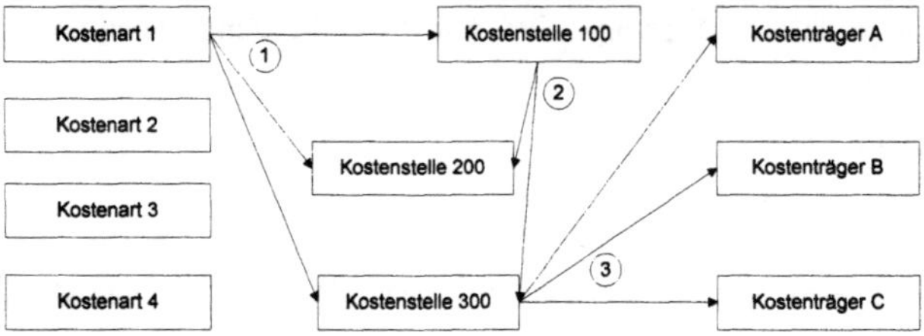

Abbildung 4-2: Einsatz von Verteilungsprinzipien in der KLR

Die praktischen Einsatzbereiche für Verteilungen sind aus Abb. 4.4 ersichtlich und betreffen die gesamte Verrechnungskette von den Primärkostenarten bis zu den Kostenträgern. So erfolgt nach Erfahrung des Verfassers (1) in vielen Betrieben eine Aufspaltung von Belegen aus externen Buchhaltungskreisen auf mehrere Kostenstellen (Primärkostenverteilung), um z.B. die Finanzbuchhaltung zu entlasten. Auch die Aufteilung auf mehrere Perioden wird bisweilen erst im Rahmen der Kostenartenrechnung vorgenommen (z.B. Versicherungsbeiträge, die in der Finanzbuchhaltung nicht abgegrenzt werden). Desweiteren erfolgt (2), wiederum nach Erfahrung des Verfassers, die Mehrzahl aller innerbetrieblichen Leistungsverrechnungen nach Anlastungsgesichtspunkten (z.B. Umlage der Kostenstelle ´Grundstücke und Gebäude´ nach Inanspruchnahme in qm). Ausnahmen stellen die Verrechnungen dar, die auf der Basis von Leistungsgrößen erfolgen (z.B. Handwerkerverrechnung auf Basis von Aufschreibungen). Und (3) schließlich erfolgt die Weiterverrechnung von Kostenstellenkosten teilweise nach Verteilungsprinzipien (Materialgemeinkosten, Verwaltungsgemeinkosten). Eine weitere Verteilung ergibt sich aus der bereits oben (Kap. 3.4.2.) erwähnten impliziten Umlage von Gemeinkostenleistung auf weiterverrechnete Leistung: Weist eine Kostenstelle eine Beschäftigung von 100 Stunden auf, von denen 90 Stunden weiterverrechnet werden, während zehn Stunden z.B. für Reinigungsarbeiten eingesetzt werden, so errechnet sich der Kostensatz dieser Kostenstelle aus Kostenstellenkosten / verrechnete Leistung, womit die Kosten der unproduktiven Zeitanteile implizit auf die produktiven umverteilt wurden.

Zwei sich u.U. überlagernde Effekte können hier unterschieden werden:

- Zur Erbringung der Leistung sind neben den produktiven (Leistungs-)zeiten auch Nebenzeiten zu berücksichtigen. Diese Nebenzeiten werden sich meist näherungsweise proportional zu den Leistungszeiten verhalten (z.B. sog. Verteilzeiten, Anlauf, Auslauf). Die Relation von produktiven zu gesamten Zeiten wird auch als Fertigungszeitgrad bezeichnet[267].

[267] Vgl. Kilger, W., Plankostenrechnung (1988), S. 346.

- Zur Sicherung der Leistungsbereitschaft ist eine vom konkreten Outputlevel unabhängige Beschäftigung bereitzustellen. So wird die Kostenstelle „Handwerker" oder auch „Instandhaltung" sicher auch bei einem Beschäftigungsgrad der Produktionsstellen von 0 tätig werden müssen, sofern die Leistungsbereitschaft aufrecht erhalten werden soll. Diese „Sockel-Beschäftigung" ist daher output-unabhängig.

Damit ergibt sich die gesamte Planbeschäftigung B_{Plan} aus

$$B_{Plan} = B_{Bereitschaft} + \frac{B_{produktiv} + B_{nichtproduktiv}}{B_{produktiv}} Output$$

b = ($B_{produktiv}$ + $B_{nichtproduktiv}$) / $B_{nichtproduktiv}$ ist der Steigungsfaktor in der folgenden Darstellung:

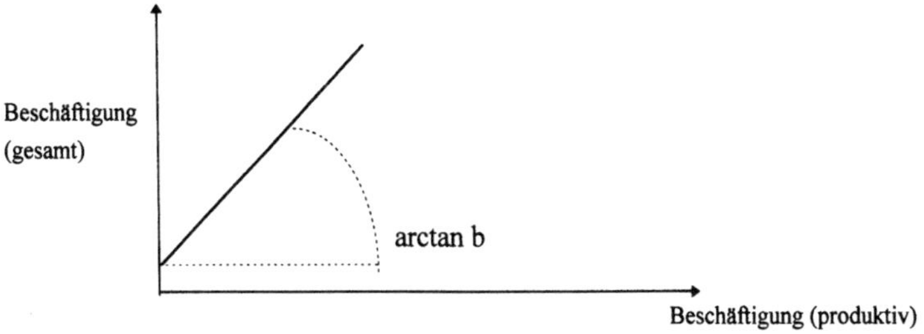

Abbildung 4-3: Komponenten der Planbeschäftigung

Damit kann die Planbeschäftigung auf Basis folgender Formel ermittelt werden:

$B_{Plan} = B_{Bereitschaft} + b$ Output

Die bereitschaftsbedingte Beschäftigung („fixe" Beschäftigung) sowie der Faktor b können je Bezugsgröße und Kostenstelle festgelegt werden und erlauben auch die retrograde Errechnung der Planbeschäftigung.

Beispiel: Aufgrund der Ergebnisse der Programmplanung ergibt sich ein Kapazitätsbedarf der Kostenstelle K mit 2000 Stunden je Monat. Beträgt $B_{Bereitschaft}$ 40 Stunden (Instandhaltung erfolgt z.B. durch Bedienpersonal), und sei der Faktor b = 1.11 so ergibt sich eine Planbeschäftigung von 40+(1.11*2000) = 2260 Stunden. Die sich so ergebenden Größen können mit den Ist-Anwesenheitszeiten verglichen werden[268] und in Produktivitätskennziffern einfließen.

Darüber hinaus kann es zu Remanenzeffekten[269] kommen, indem bei sinkender Kapazitätsnutzung andere Tätigkeiten „gesucht" werden, um die gegebene „personelle Betriebs-

---

[268] Vgl. hierzu die Ausführungen zum Fallbeispiel LABOR in Kapitel 6.3.1.

[269] Der Effekt der Kostenremanenz basiert letztlich auf einer Remanenz der Einsatzfaktoren.

bereitschaft“[270] zu „beschäftigen“[271]. Wird als Bezugsgröße (als Maßgröße der Beschäftigung) die Fertigungszeit herangezogen, so fallen Kapazitätsnutzung und Beschäftigung auseinander. Allerdings kann dies durch die Berücksichtigung der zweiten Bezugsgröße Betriebsmittelzeit (Maschinenstunden) insofern entschärft werden, als die Kapazität dann in der Mehrzahl der Fälle auf die Betriebsmittelzeit abstellt[272].

Im Rahmen dieser Arbeit wird nicht zwischen Zurechnung und Verteilung unterschieden. Vielmehr können Koeffizienten der Faktoreinsatzmatrix nach jedem beliebigen Zurechnungs- oder Verteilungsprinzip ermittelt werden. Entscheidend ist für die vorliegenden Betrachtungen eine (vorhandene oder unterstellte[273]) lineare Beziehung zwischen Maßgröße und Faktoreinsätzen. Daher können den Koeffizienten in der Faktoreinsatzmatrix in Kapitel 2 dieser Arbeit beide Prinzipien zugrundeliegen.

4.3.4 Bewertungsfunktion

Eine wesentliche Aufgabenstellung der KLR besteht in der Bewertung von Faktorverbräuchen und Leistungsmengen, für die keine Marktpreise vorhanden sind oder eindeutig zugeordnet werden können. Insbesondere trifft dies für Teilleistungen zu, die (komplexe) Wertschöpfungsprozesse durchlaufen. Hier werden, oft unter Entstehung von Zwischenleistungen, die wiederum verzehrt werden, Outputs geschaffen, die für verschiedene unternehmensinterne und -externe Zwecke (Bestandsbewertung, Preisfindung bei Einzelfertigung oder Selbstkostenerstattung) mit einem Preis versehen werden müssen. Marktpreise existieren in der Regel nur für die originären (fremdbezogenen) Einsatzfaktoren. Bei Lagerhaltung in Verbindung mit Preisschwankungen bzw. der Zuordnung unterschiedlich hoher Lagerhaltungskosten je Periode kann davon ausgegangen werden, daß einem bestimmten Einsatzfaktor der originäre Preis nicht mehr eindeutig zugeordnet werden kann. Es wird vielmehr eine Durchschnittsbewertung zum Tragen kommen. Auch hierfür werden Funktionen der Kosten- und Leistungsrechnung benötigt. Zwei Fragestellungen sind dabei zu beantworten: Wie werden Faktoren behandelt, für die keine oder keine eindeutigen Verzehrmengen ermittelt werden können ? Und mit welchem Preis soll die Bewertung der Faktormengen erfolgen ?

4.3.4.1 Kostenbegriffe

„Grundsätzlich ist der Kostenbegriff ... in jedem Vorteils-Nachteils-Kalkül zur Bezeichnung der Nachteilskomponente anwendbar“[274] - es ist lediglich die korrespondierende Leistungs-

---

[270] Kilger, W., Plankostenrechnung (1988), S. 345.

[271] Bereits Kern weist darauf hin, daß Beschäftigung nicht zwangsläufig sachzielorientiert sein muß, vgl. Kern, W., Fertigungskapazitäten (1962), S. 21

[272] Vgl. Kern, W., Fertigungskapazitäten (1962), S. 37 f.

[273] Vgl. Schweitzer, M., Küpper, H.-U., Systeme (1998), S. 90 f.

[274] Heinen, E., Dietel, B., Kostenrechnung (1991), Sp. 1165.

bzw. Vorteilskomponente zuzuordnen. Kosten stellen den bewerteten Verzehr an Einsatzfaktoren zur Erstellung betrieblicher Leistungen dar[275]. Damit sind die Kosten bereits vom Aufwand differenziert, der zusätzlich auch neutrale, außerordentliche und nicht betriebsnotwendige Güterverzehre beinhaltet. Welcher Preis allerdings für die Bewertung der Einsatzfaktor-Mengen heranzuziehen ist, ist nicht eindeutig determiniert. Es lassen sich hier zwei grundsätzliche Auffassungen unterscheiden - der pagatorische[276] und der wertmäßige Kostenbegriff. Während der wertorientierte Kostenbegriff vom Rechnungszweck abhängige Kostenansätze zuläßt[277] (z.B. Opportunitätskosten[278] für knappe Faktoren), geht der pagatorische Kostenbegriff von den historischen Ausgaben für Einsatzfaktoren aus. Damit werden nur Einsatzfaktoren berücksichtigt, für die Auszahlungen anfallen. Um zahlreiche Probleme der Beschaffungspreiszuordnung zu lösen, wurde der pagatorische Kostenbegriff von Koch[279] um sogenannte Hypothesen erweitert. So können zum Beispiel Differenzen zwischen Beschaffungspreis und Tagespreis bei Bestandsführung durch Beschaffungshypothesen überbrückt werden. „Die Verwendung derartiger Hypothesen führt zu einer weitgehenden Annäherung der Verwendungsmöglichkeiten des pagatorischen und des wertmäßigen Kostenbegriffs[280]", ohne allerdings die Unterschiede völlig zu beseitigen. In der vorliegenden Arbeit wird überwiegend auf den wertmäßigen Kostenbegriff abgestellt, da alternative Bewertungen sowie kalkulatorische Ansätze wesentliche Voraussetzungen für die nachfolgenden Kapitel darstellen. Allerdings sei hier auf Kapitel 5.6. verwiesen, in dem gezeigt wird, wie auf Basis der Mengenrechnung Auszahlungen berücksichtigt werden können.

4.3.4.2 Kostenkategorien

Die Kosten der Leistungserstellung lassen sich nach verschiedenen Kriterien gliedern. Wesentlich ist die Gruppierung nach Faktorarten[281] als „natürliche[n] Kostenarten"[282] . Daraus ergeben sich beispielsweise Materialkosten, Fremdleistungskosten, Personalkosten, Energiekosten etc.. Darüber hinaus ist auch die Gliederung der Kosten nach ihrer Herkunft typisch[283]: Als primäre Kosten[284] werden die Kosten für fremdbezogene Einsatzfaktoren bezeichnet,

---

[275] Vgl. Schweitzer, M., Küpper, H.-U., Systeme (1998), S. 16 f., Heinen, E., Dietel, B., Kostenrechnung (1991), Sp. 1168.

[276] pagare (italienisch) = zahlen

[277] Vgl. Schweitzer, M., Küpper, H.-U., Systeme (1998), S. 16 f., S. 23.

[278] Vgl. Kilger, W., Plankostenrechnung (1993), S. 2 f., Schweitzer, M., Küpper, H.-U., Systeme (1998), S. 23.

[279] Vgl. Koch, H., Kostenbegriff (1958), S. 355 ff.

[280] Heinen, E., Dietel, B., Kostenrechnung (1991), Sp. 1168. Ähnlich äußert sich auch Kilger, vgl. Kilger, W., Plankostenrechnung (1993), S. 2 f.

[281] Vgl. Schweitzer, M., Küpper, H.-U., Systeme (1998), S: 94.

[282] Schweitzer, M., Küpper, H.-U., Systeme (1998), S: 97.

[283] Vgl. Schweitzer, M., Küpper, H.-U., Systeme (1998), S: 95.

[284] Vgl. Schweitzer, M., Küpper, H.-U., Systeme (1998), S: 95.

während sekundäre Kosten[285] im Rahmen der Weiterverrechnung von innerbetrieblichen Leistungen entstehen. Bisweilen wird auch von tertiären Kostenarten gesprochen. Diese stellen „künstliche" oder aggregierte Kostenarten dar, die Funktionen repräsentieren - z.B. Qualitätskosten, Logistikkosten etc.. Diese Gliederung erscheint allerdings problematisch, da beispielsweise Qualitätskosten die Kostenart Gehalt enthalten können, aber Gehaltskosten nicht vollständig in den Qualitätskosten enthalten sind. Daher ist eine derartige Kategorisierung nur aufgabenspezifisch sinnvoll. Kritisch zu sehen ist die Vermischung von Kostenarten- und Kostenstellenrechnung in Kostenarten wie „Gehälter Fuhrpark". Solche Gliederungen finden sich nach Erfahrung des Verfassers oft bei kleineren Unternehmen, die versuchen, in einer Finanzbuchhaltung eine Kostenstellenrechnung abzubilden.

Bezüglich der Zurechenbarkeit von Kosten auf Verrechnungsobjekte (Kostenstellen, Kostenträger) wird zwischen Einzel- und Gemeinkosten[286] unterschieden.

Eine weitere Kategorisierung der Kostenarten betrifft die Dimension Beschäftigungsabhängigkeit. Kosten, die bei Beschäftigungsvariation konstant bleiben, werden als fixe Kosten bezeichnet, mit der Beschäftigung variierende Kosten als variable Kosten[287]. Oft wird unterstellt, daß auch die Abbaubarkeit von (fixen) Kosten über den Planhorizont teilweise mit der Beschäftigung variiert. Generell sollte aber für eine Darstellung der Abbaubarkeit auf geeignete Merkmale der Einsatzfaktoren zurückgegriffen werden. Entsprechende Ansätze werden in Kap. 5.3.3. und 5.3.4. dieser Arbeit dargestellt. In Kapitel 2 finden sich die Fixkosten (bzw. Bereitschaftskosten[288]) in der Faktormatrix $\mathbf{F}_F$.

Weniger verbreitet ist die Gliederung in Kategorien der Finanzwirtschaft - insbesondere die Gliederung hinsichtlich einer Ausgabewirksamkeit bzw. der Nähe zu Auszahlungsterminen. So werden im Rahmen von zahlungsorientierten Deckungsbeitragsrechnungen von einem angenommenen Preis zunächst die kurzfristig ausgabewirksamen Kostenarten (direkte Personalkosten, Material etc.) abgezogen. Eine Unterdeckung dieser Kostenanteile kann kurzfristig die Gefahr der Illiquidität erhöhen - die herkömmliche Deckungsbeitragsrechnung untersucht dagegen die Erfolgswirksamkeit einer Entscheidung. Mittelfristig werden entsprechende Fehlentscheidungen die Bedrohung des Unternehmens durch Aufzehrung des Eigenkapitals bewirken.

4.4 Funktionselemente der KLR

Die Bausteine, aus denen KLR-Systeme traditionell aufgebaut sind, spiegeln zugleich die Aufgaben wider, die dieser Rechnungskreis zu erfüllen hat: Für die Wirtschaftlichkeits-

---

[285] Vgl. Schweitzer, M., Küpper, H.-U., Systeme (1998), S: 95.

[286] Vgl. Schweitzer, M., Küpper, H.-U., Systeme (1998), S: 95 f.

[287] Vgl. Schweitzer, M., Küpper, H.-U., Systeme (1998), S: 96.

[288] Zur Differenzierung dieser Begriffe vgl. Kapitel 5.4.3 dieser Arbeit.

kontrolle, d.h. für die Planung und Kontrolle eines effizienten Gebarens im Rahmen der Leistungserstellung, hat sich die **Kostenstellenrechnung** herausgebildet. Die (Kosten-) Preisfindung stellt ein „primäres Informationsbedürfnis“[289] dar und erfolgt in Form der Kalkulation im Rahmen der **Kostenträgerrechnung**. Diese Rechnung betrachtet Plan- und Istkosten einzelner Leistungsobjekte je Einheit (Kostenträgerstückrechnung) und für bestimmte Abrechnungszeiträume (Kostenträgerzeitrechnung). Letztere Betrachtungsweise wird auch als Kostenträgerrechnung[290] oder Periodenerfolgsrechnung[291] bezeichnet. Die **Kostenartenrechnung** schließlich stellt den „Ausgangspunkt“[292] der KLR dar. Ihre Aufgabe ist es, „die während einer Abrechnungsperiode angefallenen Istkosten belegmäßig zu erfassen und dabei anzugeben, wie die einzelnen Kostenartenbeträge im System der Kostenrechnung weiterzuverrechnen sind.“[293] Damit entspricht die Aufgabe der Kostenartenrechnung weitgehend der einer „Grundrechnung“, wie sie schon von Schmalenbach[294] sowie später vor allem von Riebel[295] gefordert wurde.

In der Darstellung aus Kapitel 2 findet die Kostenartenrechnung ihr Pendant beim Standardansatz in der Faktoreinsatzmatrix AR. Durch entsprechende Kategorisierung der Zeilen bzw. Spalten können die Faktoreinsätze nach Kostenarten ausgewiesen werden. Im modifizierten Ansatz findet sich die Kostenartenrechnung in der Faktoreinsatzmatrix F wieder, die alle fremdbezogenen Faktorarten in Kategorien ausweist. Die Kostenstellenrechnung spiegelt sich in der Faktoreinsatzmatrix des Standardansatzes nicht wieder. Im modifizierten Ansatz wird sie zum einen in der Faktoreinsatzmatrix[296] AR durch die Teilmatrizen V, VI und VII repräsentiert, zum anderen durch die ersten K Zeilen[297] der Matrix F (mit K als Zahl der Kostenstellen). Die Kostenträgerrechnung schließlich findet sich im Standardansatz in der Faktoreinsatzmatrix als Spalten n bis J wieder, wobei n das erste Erzeugnis und J das letzte Erzeugnis darstellt. Allerdings setzt diese Darstellung voraus, daß alle Kosten als Einzelkosten abgebildet werden können. Im modifizierten Ansatz repräsentieren die Spalten für Teile, Baugruppen und Erzeugnisse die Kostenträger(-stück)rechnung[298].

---

[289] Schweitzer, M., Küpper, H.-U., Systeme (1998), S: 65.

[290] Vgl. Kilger, W., Plankostenrechnung (1993), S. 748.

[291] Vgl. Schweitzer, M., Küpper, H.-U., Systeme (1998), S. 193.

[292] Schweitzer, M., Küpper, H.-U., Systeme (1998), S. 66.

[293] Kilger, W., Einführung (1987), S. 69.

[294] Vgl. Schmalenbach, E., Lenkung (1948), S. 66.

[295] Vgl. Riebel, P., Einzelkostenrechnung (1994), S. 149.

[296] Vgl. Abbildung 2-4 in Kapitel 2 dieser Arbeit sowie Abbildung 4-5 und Abbildung 4-6 in diesem Kapitel.

[297] Vgl. Abbildung 2-5 in Kapitel 2 dieser Arbeit.

[298] Vgl Abbildung 2-4 in Kapitel 2 dieser Arbeit.

4.4.1 Kostenartenrechnung

Die Kostenartenrechnung[299] stellt die Grundlage für Kostenkontrolle und Entscheidungsunterstützung im Rahmen der Kosten- und Leistungsrechnung dar. Sie dient einerseits dazu, die während einer Abrechnungsperiode entstandenen Istkosten zu erfassen und ihre Weiterverrechnung zu bestimmen[300], und andererseits ist sie Ausgangspunkt der Kostenplanung. Ihr Aufbau hat weitreichende Wirkungen auf die nachgelagerten Rechnungskreise[301].

Die Bildung von Kostenarten sollte sich an den eingesetzten Produktionsfaktoren orientieren, d.h., für alle eingesetzten Produktionsfaktoren sollte es eine eindeutige Kostenart geben[302]. Es wird in aller Regel nicht für jede Faktorart eine Kostenart geben - Kostenarten stellen typischerweise Aggregationen von Faktorarten dar[303]. Besonders in kleineren Unternehmen ohne vollständige Kostenrechnung finden sich dagegen oft kostenstellen- oder kostenträgerorientierte Kostenarteneinteilungen (z.B. Handwerkerkosten), die tatsächlich Lohn, Hilfs- und Betriebsstoffe sowie Abschreibung enthalten, in diesen Kategorien dann allerdings nicht mehr ausgewiesen werden können. Dieser Versuch, in der Buchhaltung oder einer Kostenartenrechnung eine Kostenstellen- oder Kostenträgerrechnung nachzubilden, wird vom Verfasser als nicht sinnvoll erachtet, da dadurch die Faktortransparenz verlorengeht. Solche „unsauberen“ oder „gemischten“[304] Kostenarten deuten vielmehr darauf hin, daß das vorhandene Instrumentarium nicht ausreichend für die Informationsbedürfnisse der Entscheider ist.

In einem vollständigen Kostenrechnungssystem ist die faktoreinsatzorientierte Unterteilung zugrundezulegen. Die Gliederungstiefe ist unternehmensspezifisch und birgt folgendes Dilemma: je mehr Kostenarten existieren, desto größer ist der Informationsgehalt (zunehmende Deckung zwischen Einsatzfaktoren und ihrer Abbildung im Rechnungswesen), aber desto schwieriger ist auch die Zuordnung der Istkosten. Die einheitliche Zuordnung von Einsatzfaktoren zu Kostenarten muß pro Abrechnungsperiode gewährleistet und intersubjektiv nachprüfbar sein[305]. Sie sollte auch über gewisse Zeiträume bzw. Betriebsstätten Gültigkeit besitzen, um Zeit- und Betriebsstättenvergleiche zu ermöglichen. Ist es im Kostenrechnungssystem beabsichtigt, Preisabweichungen zu ermitteln, so ist es vorteilhaft, auf die

---

[299] Kostenartenrechnung wird im Folgenden als Kostenarten- und Erlösartenrechnung verstanden, vgl. Schweitzer, M., Küpper, H.-U., Systeme (1998), S. 93.

[300] Vgl. Schweitzer, M., Küpper, H.-U., Systeme (1998), S. 86.

[301] Der Gliederung der Kosten- und Erlösarten im Rahmen der Kostenartenrechnung „kommt für die Verwendbarkeit der Informationen eine wichtige Bedeutung zu“, Schweitzer, M., Küpper, H.-M., Systeme (1998), S. 93.

[302] Vgl. Kilger, W., Einführung (1987), S. 69.

[303] Vgl. hierzu die Ausführungen in Kapitel 2, insbes. Abbildung 2-1.

[304] Kilger, W., Einführung (1987), S. 70.

[305] Vgl. Haberstock, L., Einführung (1987), S. 79 f., Schweitzer, M., Küpper, H.-U., Systeme (1998), S. 86.

entsprechenden Kostenarten nur jeweils einen Einsatzfaktor zu kontieren. Ein Konto Kraftstoffe wird z.B. in Diesel, Super bleifrei und Normal bleifrei aufgespalten. Wenn dazu noch die Verbrauchsmengen für einen Zeitraum erfaßt werden, ermöglicht dies den Ausweis von Preisabweichungen im Zeitraum, ohne aufwendige, einzelfallbezogene Nebenrechnungen durchführen zu müssen[306].

Neben Kostenart, Betrag, Datum und gegebenenfalls Menge und Preis werden in den der KLR vorgelagerten Abrechnungskreisen weitere Merkmale des jeweiligen Kostenvorfalls erfaßt. Belege aus der Lohnbuchhaltung enthalten z.B. die Personalnummer[307], geleistete und Anwesenheits-Stunden (Leistungslohnabrechnung). Belege aus der Materialbuchhaltung beinhalten z.B. Materialschlüssel, Belege aus der Finanzbuchhaltung weisen Belegnummer, Kreditor / Debitor und Buchungsbemerkung aus. Diese zusätzlichen Daten sind für den eigentlichen Rechengang der Kostenrechnung unerheblich, aber für den Adressaten der KLR-Auswertungen eine hilfreiche Erklärungskomponente in der Analyse der Kosten[308]. Außerdem wird in den vorgelagerten Rechnungskreisen, spätestens aber in der Kostenartenrechnung, festgelegt, in welcher Weise (als Kostenträgereinzel- oder -gemeinkosten) die Weiterverrechnung[309] dieser Kosten im System der Kostenrechnung erfolgen soll. Um Vollständigkeit zu gewährleisten und Überschneidungen zu vermeiden, muß jeder Kostenbetrag eindeutig einem Kostenträger (oder Auftrag) oder einer Kostenstelle zugewiesen werden. Beträge, für die direkt ein Kostenträger (Auftrag) belastet wird, werden als Einzelkosten, alle anderen als Gemeinkosten (bezüglich der Kostenträger) bezeichnet. Es gilt der Grundsatz[310], möglichst viele Kosten verursachungsgerecht den Kostenträgern zuzuordnen, um die Kalkulationsgenauigkeit zu erhöhen. Hiervon sind insbesondere alle Rohstoffe und Baugruppen[311] betroffen, die als Einzelmaterialkosten erfaßt werden. Ob Fertigungslöhne als Fertigungseinzelkosten verrechnet werden, hängt in der Praxis sehr stark vom verwendeten Kostenrechnungssystem ab. In Plankostenrechnungssystemen werden Fertigungslöhne in der Regel auf Kostenstellen erfaßt und von dort zusammen mit den Gemeinkosten über geeignete Bezugsgrößen (z.B. Fertigungszeiten) auf die Kostenträger verteilt[312].

---

[306]Vgl. Kosiol, E., Kostenrechnung (1979), S. 182 f.. Der Ansatz dieser Arbeit erlaubt noch differenziertere Darstellungen, vgl. hierzu Kapitel 5 sowie die Fallstudien in Kapitel 6.

[307] Hier ist allerdings zu beachten, daß der Betriebsrat (wenn vorhanden) der Verwendung der Personalnummer für Auswertungen, die über die Lohnermittlung hinausgehen, zustimmen muß.

[308] So hat es sich nach Erfahrung des Verfassers bewährt, Kostenstellenverantwortlichen nicht nur einen Soll-Ist-Vergleich, sondern bei Bedarf auch je Zeile darin einen Einzelnachweis auf Belegebene zur Verfügung zu stellen.

[309] Vgl. Schweitzer, M., Küpper, H.-U., Systeme (1998), S. 86 und S. 93.

[310]Vgl. Kilger, W., Einführung (1987), S. 74.

[311]Zur Problematik der Verrechnung von Baugruppen als Einzelmaterial s. unten, Kapitel 4.6.2. (Primärkostenrechnung). Es sei nochmals darauf hingewiesen, daß „Baugruppe“ in dieser Arbeit synonym zu „selbstgefertigtes Teil“ benutzt wird.

[312] Vgl. Kilger, W., Plankostenrechnung (1993), S. 247.

Neben den Kostenarten, die aus vorgeordneten Rechnungskreisen übernommen werden (Kosten, die aufwandsgleich in der KLR berücksichtigt werden), sind Zusatzkosten[313] sowie Anderskosten[314] zu berücksichtigen. Anderskosten liegen vor, wenn eine Kostenart auch als Aufwandsart vorliegt, sich aber in der Höhe der anfallenden Beträge von dieser unterscheidet. Beispielhaft können hier die Abschreibungen genannt werden: In der Anlagenbuchhaltung werden bilanzielle Abschreibungen (gemäß Steuer- bzw. Handelsrecht) gerechnet, in der KLR werden dagegen meist kalkulatorische Abschreibungen[315] berücksichtigt, die sich bezüglich zugrundeliegender Bemessungsgrundlage (Wiederbeschaffungswert[316]) und Nutzungsdauer (Verschleiß bzw. Alterung) von der bilanziellen AfA unterscheiden kann.

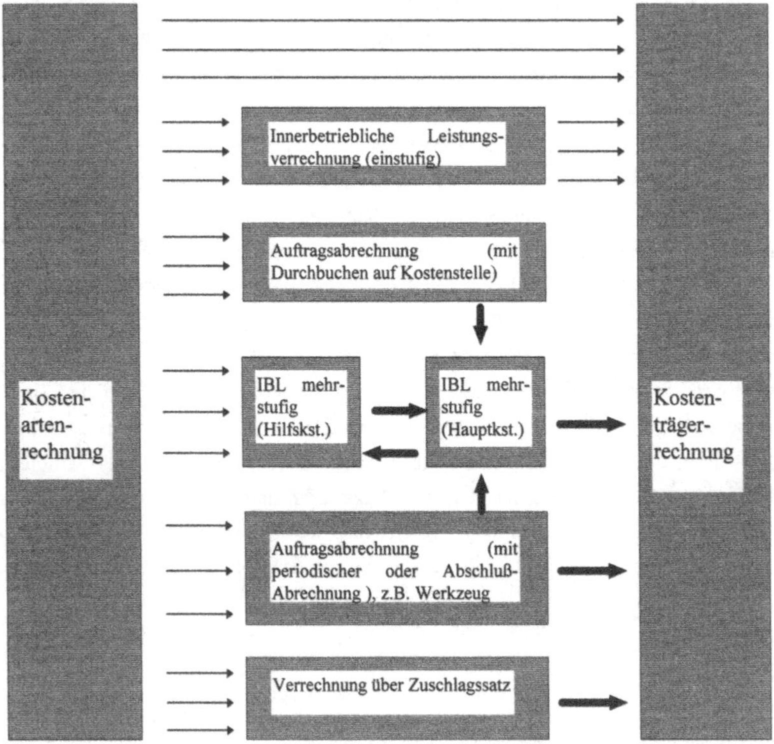

Abbildung 4-4: Strukturelemente der Kosten- und Leistungsrechnung

[313] Vgl. Schweitzer, M., Küpper, H.-U., Systeme (1998), S. 29.

[314] Vgl. Schweitzer, M., Küpper, H.-U., Systeme (1998), S. 29.

[315] Vgl. Kilger, W., Plankostenrechnung (1993), S. 410 ff.

[316] Vgl. Kilger, W., Plankostenrechnung (1993), S. 218.

Zusatzkosten stellen Kosten dar, denen keine vergleichbaren Aufwendungen in der Finanzbuchhaltung gegenüberstehen. Beispielhaft können hierfür kalkulatorische Zinsen und kalkulatorische Wagnisse genannt werden. Da sowohl Anderskosten wie auch Zusatzkosten keine deckungsgleichen Pendants in der Buchhaltung haben, werden sie in der KLR erzeugt und weiterverrechnet, eventuelle Aufwandsbuchungen, die gegen Anderskosten laufen (z.B. die genannte bilanzielle Abschreibung), werden abgegrenzt. Dahinter steht der Grundgedanke, daß die KLR als interne Rechnung die Realität des Faktorverzehrs möglichst exakt abbilden soll. Die Buchhaltung dagegen ist durch bilanz- und ergebnispolitische Maßnahmen beeinflußt und zudem durch gesetzliche und steuerpolitische Bestimmungen eingeschränkt[317].

Neben der Erfassung und Verrechnung von Istkosten stellt die Kostenartenrechnung auch die Grundlage der Kostenplanung dar. Die Prognose zukünftiger Kosten bedeutet die Vorhersage zukünftiger Faktorverzehre. Diese werden sinnvollerweise nach Kategorien gegliedert, die auf den Einsatzfaktorarten basieren.

Die KLR setzt als Planungs- und Auswertungsrechnung auf zahlreiche andere Rechenkreise auf. Im Rahmen der Planung sind dies insbesondere Systeme, die Produktionsfaktoren verwalten (Anlagenwirtschaft, Personalverwaltung, Materialwirtschaft etc.). Die Istabrechnung (als Dokumentations- und Kontrollrechnung) greift auf Daten aus Finanzbuchhaltung, Lohnbuchhaltung, Anlagenbuchhaltung und PPS (Materialwirtschaft und Zeitwirtschaft) zurück. Die Summe aller Kosten, die direkt (Kontierung auf Kostenträger) oder indirekt (Kontierung auf Kostenstelle) den Kostenträgern belastet werden, entspricht in der Regel[318] genau der Summe der Kosten, die die Kostenartenrechnung beinhaltet (vgl. Abbildung 4-4). Damit wird nochmals deutlich, daß die Verrechnung von Kostenarten auf Kostenträger ein wesentliches Gestaltungselement der KLR darstellt. In diesem Zusammenhang stellen Kostenstellen nur Hilfsinstrumente der Verrechnung dar. Damit prägt die Gestaltung der Kalkulation als zentralem Instrument der Darstellung der Kosten eines Kostenträgers zugleich die Weise, wie Kosten aus der Kostenartenrechnung weiterverrechnet werden).

4.4.2 Kostenstellenrechnung

Die Kosten innerhalb der Kostenartenrechnung, die nicht direkt auf Kostenträger oder Aufträge weiterverrechnet werden können, weil mit vertretbarem Aufwand keine direkte kausale Beziehung zwischen Output und Faktorverzehr herstellbar ist, werden auf Kostenstellen verrechnet und stellen mithin (Kostenträger-) Gemeinkosten dar. In der Regel

---

[317] Vgl. Schweitzer, M., Küpper, H.-U., Systeme (1998), S. 114.

[318] Dies trifft nicht für alle Kostenrechnungssysteme zu, vgl. Schweitzer, M., Küpper, H.-U., Systeme, S. 126 f. Während Vollkostenrechnungen sowie die Flexible Plankostenrechnung (vgl. Kapitel 4.5 dieser Arbeit) eine solche vollständige Verrechnung anstreben, verzichtet die Einzelkosten- und Deckungsbeitragsrechnung explizit auf die damit verbundenen Schlüsselungen von Gemeinkosten, vgl. Riebel, P., Einzelkostenrechnung (1994), S. 46 ff.. Allerdings ergibt die Summe über alle Zurechnungsobjekte auch hier die Summe der Kosten je Kostenart.

wird dies dann der Fall sein, wenn zwischen Kostenträger und Faktorverzehr tatsächlich kein eindeutiger Zusammenhang besteht (echte Gemeinkosten), oder aber wenn der Faktorverzehr für mehrere Kostenträger und / oder für mehrere Abrechnungsperioden erfolgt und eine Differenzierung zu aufwendig wäre (unechte Gemeinkosten).

Für alle Kostenstellen werden Maßgrößen festgelegt, die zwei Anforderungen genügen müssen: Erstens müssen sich alle beschäftigungsabhängigen Kosten der Kostenstelle weitgehend proportional zu dieser Kostenverursachungsgröße verhalten[319]. Dies drückt sich in der Faktormatrix[320] $\mathbf{F_V}$ aus, die über die Multiplikation mit $(\mathbf{E}\text{-}\mathbf{A})^{-1}$ die (variablen) Faktoreinsatzmengen je Leistungseinheit repräsentiert. Zum Zweiten müssen diese Maßgrößen einen verursachungsgerechten Schlüssel für die Inanspruchnahme der Kostenstellenleistung und damit für die Weiterverrechnung der Kostenstellenkosten darstellen - erst diese Voraussetzung ermöglicht die Einbindung von Kostenstellen in die Faktoreinsatzmatrix A. Dabei muß die Inanspruchnahme der Kostenstellenleistung nicht notwendigerweise durch Kostenträger erfolgen. Auch Leistungsflüsse zwischen Kostenstellen und an Prozesse sind mit diesem Modell abbildbar.

Die Verrechnung von Leistungen zwischen Kostenstellen wird auch als innerbetriebliche Leistungsverrechnung bezeichnet. Dabei werden Vektoren von Kostenarten über Verteilungsschlüssel auf andere Kostenstellen verrechnet. Vereinfachend wird meist ein Kostensatz aus der Summe der Kosten und der Summe der Leistung einer Kostenstelle gebildet und weiterverrechnet[321]. Dadurch entstehen „künstliche" Mischkostenarten (sekundäre[322] Kostenarten). Die folgende Abbildung 4-5 stellt den Sachverhalt im Rahmen der Faktoreinsatzmatrix dar. Zu beachten ist dabei, daß jede Kostenstelle wiederum einen Vektor von Kostenarten repräsentiert.

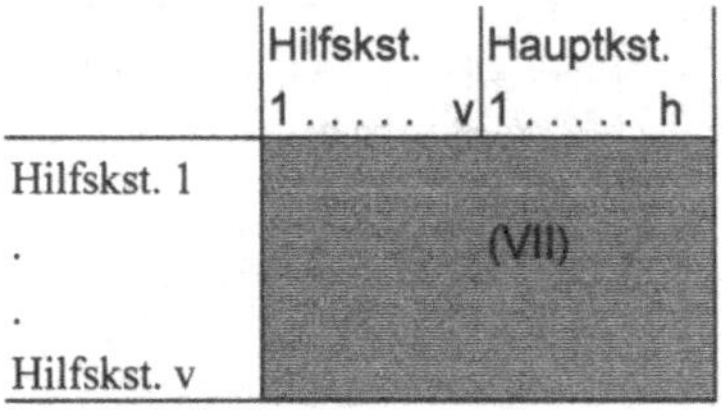

(VII) ´typische´ innerbetriebliche Leistungsverrechnung

Abbildung 4-5: Faktoreinsatzmatrix für die innerbetriebliche Leistungsverrechnung

[319] Vgl. Kilger, W., Plankostenrechnung (1993), S. 305.

[320] Vgl. zu den im Folgenden genannten Variablen und Beziehungen Kapitel 2 dieser Arbeit.

[321] Vgl. Kilger, W., Plankostenrechnung (1993), S. 437 f.

[322] Vgl. Schweitzer, M., Küpper, H.-U., Systeme (1998), S. 325.

Traditionell[323] wird noch zwischen Haupt- und Hilfskostenstellen unterschieden, wobei Hilfskostenstellen nur der Weiterverrechnung von Kosten auf andere (Hilfs- oder Haupt-) Kostenstellen dienen, Hauptkostenstellen dagegen nur an Kostenträger leisten. Allerdings finden sich in der betrieblichen Praxis genügend Beispiele, die diese eingeschränkte Darstellung problematisch erscheinen lassen: So leisten oftmals auch Hilfskostenstellen an Kostenträger (Handwerker helfen bei Montage), oder Hauptkostenstellen leisten an Hilfskostenstellen (Dreherei leistet an Handwerker) oder andere Hauptkostenstellen. Ebenfalls möglich ist der Fall, daß Kostenstellenleistungen direkt vermarktet werden (Handwerker leisten an Nachbarbetrieb)[324]. Da eine computergestützte KLR die innerbetriebliche Leistungsverrechnung mittels Gleichungsverfahren löst, ist die Berücksichtigung dieser beiden Fälle und damit die völlig freie Verrechnung zwischen Kostenstellen unproblematisch: Die Matrix der Umlageschlüssel wird lediglich von $v \times v$ auf $v+h \times v+h$ erweitert (v sei die Zahl der Hilfskostenstellen, h die Zahl der Hauptkostenstellen). Für Hilfskostenstellen muß die Leistung, die an Kostenträger (bzw. Aufträge) geleistet wird, entsprechend ausgewiesen werden (z.B. mittels einer „Auftragskostenstelle"), da sonst das Gleichungssystem nicht geschlossen ist. Hauptkostenstellen, die an Hilfskostenstellen oder andere Hauptkostenstellen leisten, müssen die Leistung, die an Kostenträger oder Aufträge geht, ebenfalls explizit aufweisen (z.B. mittels der gleichen Auftragskostenstelle). Damit ist gewährleistet, daß die Kostenstellenkosten jeweils auf Basis der Gesamtleistung an Kostenstellen bzw. Kostenträger weiterverrechnet werden. Die genannten Erweiterungen spiegeln sich in der Darstellung eines Ausschnitts der Faktoreinsatzmatrix (Abbildung 4-6) wieder.

Wie in Abbildung 4-4 dargestellt, gibt es aus Gründen einer erweiterten Planung und Kontrolle weiterer Abrechnungsobjekte (über Kostenstellen bzw. Kostenträger hinaus) die Möglichkeit der Verrechnung auf Aufträge. Beispiele hierfür sind zeitlich begrenzte „Kostenträger" (z.B. Messen, Vertriebsaktionen, Rationalisierungsprojekte), aber auch Daueraufträge z.B. für Instandhaltungsmaßnahmen für Betriebsmittel oder die Herstellung und Instandhaltung von Werkzeugen für die Fertigung. Im letzteren Fall stellt ein entsprechender Auftrag einen Kostensammler dar, der im Rahmen der Kalkulation wieder aufgelöst (bzw. im Falle des Werkzeugauftrages amortisiert) werden muß. Solche Aufträge werden entweder auf Kostenstellen oder aber auf Kostenträger abgerechnet[325].

---

[323] Vgl. z.B. Scherrer, G., Kostenrechnung (1991), S. 361, Schweitzer, M., Küpper, H.-U., Systeme (1998), S. 130 f.

[324] Diese Fälle führen dazu, daß die Teilmatrizen V, VI bzw. IV in Abbildung 2-4 Einträge <> 0 enthalten.

[325] Vgl. Kilger, W., Plankostenrechnung (1993), S. 410.

	Hilfskst. 1 v	Hauptkst. 1 . . . . . h	Erzeugnis 1 . . . . . . e	Markt
Hilfskst. 1 . . Hilfskst. v	(VII)		(IV) oft = 0	(VIII)
Hauptkst. 1 . . Hauptkst. h	(V) oft = 0	(VI) oft = 0	(II)	

(II) Arbeitsplan-Mengen (Direktbedarf Kostenstellenleistung)

(IV) Leistung von Hilfskostenstellen an Teile, Baugruppen, Erzeugnisse

(V) Leistung von Haupt- an Hilfskostenstellen

(VI) Leistung von Haupt- an Hauptkostenstellen

(VII) 'typische' innerbetriebliche Leistungsverrechnung

(VIII) Innerbetriebliche Leistung, die extern geleistet wird (z.B. Handwerkerleistung an Nachbarbetriebe, Verkauf von eigenerzeugtem Strom oder Dampf, aber auch Dienstleistungen, z.B. Montage)

Abbildung 4-6: Faktoreinsatzmatrix für die erweiterte innerbetriebliche Leistungsverrechnung.

Eine indirekte Abrechnung auf Kostenstellen liegt beispielsweise vor, wenn eine Großreparatur an einem Betriebsmittel nicht als Kosten (d.h. sofort ergebnismindernd), sondern als Substanzerhöhung (d.h. als Aktivierung in Form von nachträglichen Herstellungskosten) verrechnet werden soll. In diesem Falle werden die Kosten auf einem Auftrag gesammelt und nach Beendigung der Maßnahme (oder auch in Teilbeträgen) auf ein Bestandskonto entlastet (bilanziell aktiviert). Sollen die Reparaturkosten dagegen nicht auf die Restlaufzeit aufgeteilt werden, sondern der Kostenstelle sofort belastet werden, ist aber andererseits Transparenz hinsichtlich des geplanten und realisierten Instandhaltungsaufwandes gewünscht, so können die entsprechenden Kosten dennoch auf Aufträgen gesammelt werden (um eine einfache Kostenkontrolle zu gewährleisten). Darüber hinaus werden sie entweder gleichzeitig („durchbuchen"), periodisch (z.B. monatlich oder jährlich) oder bei Abschluß einer Maßnahme der Kostenstelle belastet[326], wobei der Auftrag entlastet wird.

Die Planung der Kosten erfolgt in der Regel im Kontext ihrer Verrechnung. Das bedeutet, daß die Planung der Gemeinkostenarten im Rahmen der Planung der Kostenstellenkosten (Budgetierung) stattfindet, während die Planung der Einzelkosten üblicherweise im Rahmen

[326] Vgl. Kilger, W., Plankostenrechnung (1993), S. 410.

der Planung der Kostenträgerkosten erfolgt[327]. Im Rahmen der Planung der Kostenstellenkosten sind folgende Schritte zu durchlaufen:

1. Planung der Beschäftigung (Geplante Menge der physikalisch-technischen Leistung). Diese sollte im Sinne einer engpaßbezogenen Planung aus der Absatz- bzw. Programmplanung abgeleitet werden.
2. Planung der primären Kosten der Kostenstellen, differenziert nach fixen und variablen Kostenanteilen (bezüglich der Planbeschäftigung).
3. Planung der Leistungsbeziehungen zwischen Kostenstellen sowie (im Falle der erweiterten innerbetrieblichen Leistungsverrechnung) der Leistungsabgabe an Aufträge / Kostenträger.
4. Durchführung der innerbetrieblichen Leistungsverrechnung (Planwerte).

Zu *Schritt 1*: Die Ableitung der Planbeschäftigung aus einer Programmplanung setzt voraus, daß eine entsprechende Planung möglich ist (vgl. hierzu Kapitel 3) und auch durchgeführt wird. Sind beide Voraussetzungen erfüllt, so ergibt sich die Planbeschäftigung aus der Mengenübersicht der Faktoreinsatzmatrix (Zeile k der Matrix $(\mathbf{E}\text{-}\mathbf{A})^{-1}$ für Kostenstelle / Bezugsgröße k), ggf. ergänzt um nicht produktbezogene Leistung (Gemeinkostenzeiten). Darüber hinaus wird in der Regel eine Abstimmung mit den vorhandenen Ressourcen erfolgen, da z.B. wegen eines (vorübergehenden) Rückgangs der Produktionsmengen nicht zwangsläufig Ressourcen abgebaut werden (können). Damit steht die Ermittlung der Planbeschäftigung (siehe Abbildung 4-7) im Spannungsfeld „Nachfrage nach Beschäftigung“ (Sollkapazität) und Ressourcenbestand (Kapazitätsangebot, ggf. korrigiert um geplante Ressourcenveränderungen). Der letztere Aspekt entspricht der Planung der technisch-physikalischen Leistung auf Basis der vorhandenen Einsatzfaktoren - dies ist natürlich nur möglich, wenn die entscheidenden Einsatzfaktoren (in der Regel Personal bzw. Maschinen) nicht substituierbar sind.

In der Faktoreinsatzmatrix **A** (s. Kapitel 2) wird nur der produktive Teil der Beschäftigung (aus Arbeitsgängen) berücksichtigt - Gemeinkostenzeiten werden nicht explizit dargestellt.

---

[327] Entgegen diesen Grundsätzen werden auch direkt auf Kostenträger verrechenbare Personalkosten in der Regel auf Kostenstellen geplant und verrechnet, vgl. Kilger, W., Plankostenrechnung (1993), S. 247.

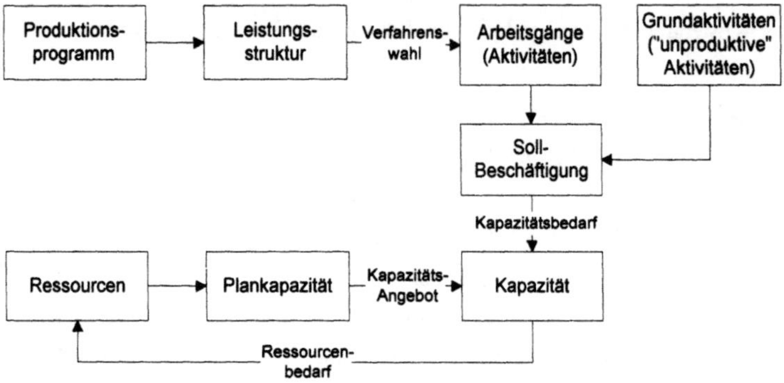

Abbildung 4-7: Planung der Beschäftigung im Rahmen der Kostenstellenrechnung.

Zu *Schritt 2*: Die Planung der primären Kosten erfolgt in der Regel getrennt nach Faktorarten[328]. Neben der Höhe der Kosten ist auch ihre Variabilität hinsichtlich Beschäftigungsveränderungen festzulegen (Kostenspaltung).

Zu *Schritt 3:* Die Planung der Leistungsverflechtungen entspricht der Festlegung des Ausschnitts VII der Faktoreinsatzmatrix **A** in Kapitel 2. Wie oben[329] dargestellt, ergeben sich die Koeffizienten auf Basis verschiedener Zurechnungs- bzw. Verteilungsprinzipien.

Zu *Schritt 4*: Stehen Primärkosten sowie Leistungsverflechtungen fest, so ergibt sich daraus ein Gleichungssystem, das dem Ausschnitt VII der Faktoreinsatzmatrix **A** aus Kapitel 2 entspricht. Wird es gelöst, so ergeben sich Plankosten je Kostenstelle, die neben den primären auch sekundäre Kosten enthalten. In Teilkostenrechnungssystemen erfolgt diese Verrechnung nur für die beschäftigungsabhängigen Kosten, bei Ergänzung durch eine Vollkostenrechnung zusätzlich für die fixen Kosten[330].

Werden die (variablen bzw. vollen) Plankosten durch die Planbeschäftigung aus Schritt 1 dividiert, so ergeben sich Plankostensätze. Sie stellen einen wesentlichen Input für die anschließend beschriebene Kostenträgerrechnung dar[331].

Die Kontrolle der Kosten erfolgt im Betriebsabrechnungsbogen (BAB), der in der Praxis[332] als Soll-Ist-Vergleich (SIV) auf Kostenstellenebene dargestellt wird. Durch geeignete Aggregation kann allerdings auch ein Abteilungs- oder Unternehmens-SIV dargestellt werden.

---

[328] Hierfür wird die analytische Planung empfohlen, vgl. Kilger, W., Plankostenrechnung (1993), S. 348 ff. In Kapitel 4.6.3 und 4.6.4 dieser Arbeit wird ein Ansatz für eine EDV-gestützte Planungsunterstützung dargestellt.

[329] Vgl. Kapitel 4.3.2. und 4.3.3. dieser Arbeit.

[330] Vgl. Kilger, W., Plankostenrechnung (1993), S. 485 f. Die Fixkosten können dabei prinzipiell auch nach anderen Verteilungsansätzen verrechnet werden als die variablen Kosten.

[331] Vgl. Kilger, W., Plankostenrechnung (1993), S. 8.

[332] Vgl. Kilger, W., Plankostenrechnung (1993), S. 8.

Zur Erstellung eines SIV sind folgende Schritte durchzuführen:

1. Aggregation der Istkosten[333] je Kostenstelle (und ggf. Bezugsgröße).
2. Verdichtung der Istbeschäftigung je Kostenstelle und Bezugsgröße.
3. Aggregation der Leistungsflüsse zwischen Kostenstellen (je leistender und empfangender Kostenstelle / Bezugsgröße)
4. Durchführung der innerbetrieblichen Leistungsverrechnung (mit Istkosten und -leistungen).
5. Aufbereitung des SIV mit Istkosten und Sollkosten (Plankosten der Istbeschäftigung, d.h. fixe Plankosten + Istbeschäftigung*variabler Plankostensatz).

Plankostensatz (s.o.) sowie Istkostensatz bilden wesentliche Informationen für die nachfolgend beschriebene Kostenträgerrechnung.

4.4.3 Kostenträgerrechnung

Die wohl älteste Frage, die die Kostenrechnung beantworten soll, ist die nach den „tatsächlichen" Kosten einer Leistungseinheit. Die Beantwortung dieser Frage ist Aufgabe der Kostenträger-Stückrechnung („Kalkulation"[334], siehe

Abbildung 4-9). Durch die Betrachtung der aggregierten Stückerfolge über einen definierten Zeitraum kann die Kostenträger-Zeitrechnung („Perioden-Erfolgsrechnung"[335]) das Betriebsergebnis ausweisen[336]. Die Bedeutung dieser Aufgaben bewirkt, daß die Gestaltung der organisatorisch und ablauftechnisch vorgelagerten Kostenarten- und Kostenstellenrechnung üblicherweise auf dieses Ziel hin ausgerichtet wird.

Generell können für die Verrechnung von Kosten auf Kostenträger drei Fälle unterschieden werden (siehe Abbildung 4-8):

1. *Einzelkosten:* Der hinter diesen Kosten stehende Faktorverzehr kann verursachungsgerecht und genau quantifizierbar auf die Abrechnungsobjekte zurückgeführt werden (z.B. Einzelmaterial)[337].
2. *Fertigungsgemeinkosten:* Sofern ihre Verrechnung über die Kostenstellenleistung erfolgt (sog. Maschinenstundensatzrechnung), kann eine quantifizierbare Beziehung zwischen Output und Leistung der Kostenstelle hergestellt werden. Wird unterstellt, daß die Zusammenhänge mittels der Gutenberg-Produktionsfunktion abgebildet werden können, so

---

[333] Bisweilen werden auch Einzelkosten als Kostenstellen-Istkosten ausgewiesen (z.B. Materialkosten), vgl. Kilger, W., Plankostenrechnung (1993), S. 232.

[334] Kilger, W., Plankostenrechnung (1993), S. 8.

[335] Schweitzer, M., Küpper, H.-U., Systeme (1998), S. 425.

[336] Vgl. Schweitzer, M., Küpper, H.-U., Systeme (1998), S. 425.

[337] Zu den trotz allem auftretenden Problemen der Planung und Kontrolle von Einzelkosten (auch Einzelmaterial): vgl. beispielsweise Kilger, W., Plankostenrechnung (1993), S. 231 ff.

kann von einer (linearen bzw. linearisierten) Beziehung zwischen Kostenstellenleistung und Faktorverzehr in der Kostenstelle ausgegangen werden[338].

3. *Material-, Entwicklungs-, Verwaltungs-, Vertriebsgemeinkosten:* Diese Gemeinkosten werden auf Kostenstellen gesammelt und auf Basis von Bemessungsgrundlagen (meist Wertgrößen aus 1. und / oder 2.) auf die Kostenträger weitergewälzt. Es wird unterstellt, daß die Höhe der Bemessungsgrundlage eine lineare Beziehung zum Output aufweist, und daß darüber hinaus eine lineare Beziehung zwischen Bemessungsgrundlage und den zu verteilenden Gemeinkosten besteht. Die Relation „Kosten der zu verteilenden Kostenstelle" zu „Bemessungsgrundlage" stellt also im Sinne der Gutenberg-Verbrauchsfunktionen die (physikalisch-technische) Leistung dar. Es wird in diesem Zusammenhang auch von „Deckungsrechnung" und der Größe „DM Deckung" gesprochen[339].

Insbesondere bei kleineren Unternehmen, bei denen beispielsweise die Verwaltungskosten oft Konglomerate von verschiedenen Administrationsfunktionen bis hin zu Leitungskosten der Abteilungen enthalten können, findet sich bisweilen eine alternative Implementierung. Dabei

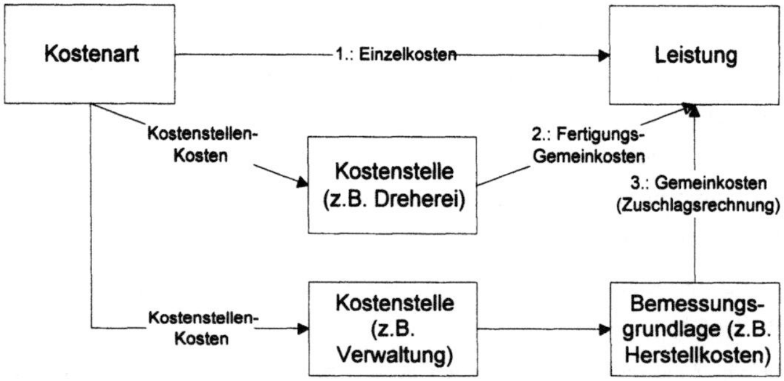

Abbildung 4-8: Die Verrechnung der Kosten.

---

[338] Wird eine Grundbeschäftigung berücksichtigt (vgl. Kapitel 4.3.3.), so liegt strenggenommen keine Linearität mehr vor. Ein ähnlicher Effekt tritt im Rahmen der Prozeßkostenrechnung auf, wenn lmn-Prozesse über die lmi-Prozesse „mitverrechnet" werden, vgl. Kapitel 4.6.1.

[339] Vgl. Kilger, W., Plankostenrechnung (1993), S. 316.

Stückliste / Rezeptur	Einzelmaterial / Einzelkosten
	Nach Artikeln
	Nach Kostenarten
Prozeß-„Umlage“	+ Prozeßkosten „Materialhandling“
Kostenstellen-„Umlage“	+ Gemeinkosten f. Beschaffung, Lagerung, Transport etc.
	= Materialkosten
Arbeitsplan / Planzeiten und Kostensätze der Kst.Rechnung	+ Fertigungskosten
	Nach Arbeitsgängen
	Nach Kostenstellen / Bezugsgrößen
Prozeß-"Umlage“	+ Prozeßkosten „Fertigung“
Kostenstellen-„Umlage“"	+ Ergänzung der Fertigungskosten, (z.B. SEK, ...)
	= Herstellkosten
Prozeß-"Umlage“	+ Prozeßkosten „Verwaltung/Vertrieb“
Kostenstellen-„Umlage“	+ Verwaltungs-, Vertriebskosten
	+ weitere Zuschläge
	= Selbstkosten
	+ Kalkulatorischer Gewinn
	+ Rabatte
	= Kostenpreis

Abbildung 4-9: Die Weiterverrechnung der Kosten

werden die Verwaltungskosten auf die produktiven Kostenstellen verteilt (z.B. nach Köpfen oder nach Leistung der Kostenstellen, d.h. retrograd-proportional). Dies hat den Vorteil, daß die Fertigungskosten alle Gemeinkosten abdecken und damit die Kalkulation vereinfacht wird. Nachteilig ist die sinkende Transparenz hinsichtlich des Verwaltungsanteils an den Stückkosten sowie die Vermischung von Herstell- und Selbstkosten im Hinblick auf die Bewertung von Beständen (Ausweis von Herstellungskosten). Die Planung und Kontrolle der Kostenträgerkosten erfolgt differenziert nach den oben dargestellten drei Verrechnungsansätzen: Die Einzelkosten ergeben sich aus der Multiplikation von Bedarfsmengen mit Preisen[340]. Die Fertigungsgemeinkosten ergeben sich mittels Multiplikation von Leistungsmengen je Kostenträgereinheit mit einem Plankostensatz je Leistungseinheit.

[340] Eine detaillierte Darstellung findet sich z.B. bei Kilger, W., Plankostenrechnung (1993), S. 231ff.

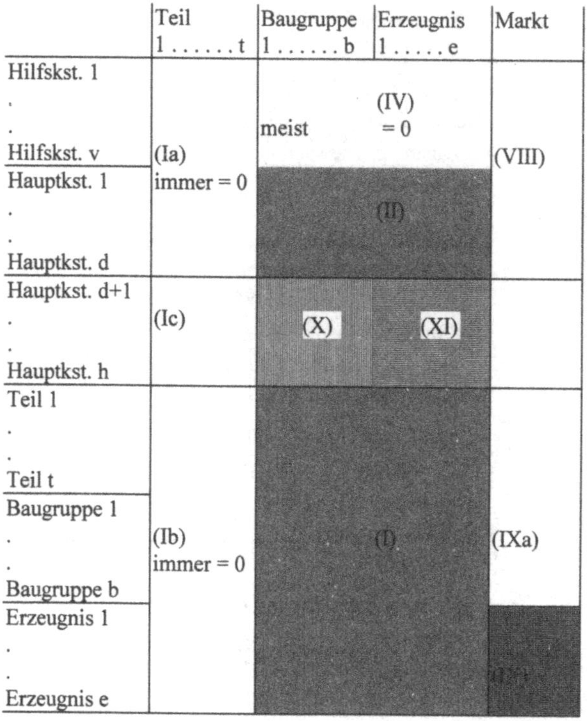

(I)	Produktstruktur (Stückliste) als Direktverbrauchsmatrix
(Ia)	In Teile eingehende Kostenstellenleistungen, in aller Regel = 0 (Ausnahme: Beschaffungsprozesse (vgl. Küpper, Haupt u.a.)
(Ib)	In Teile eingehende Teile, Baugruppen und Erzeugnisse, immer = 0
(Ic)	**Verrechnung von indirekten Kostenstellen auf Teile**
(II)	Arbeitsplan-Mengen (Direktbedarf Kostenstellenleistung) bzw.
(IV)	Leistung von Hilfskostenstellen an Teile, Baugruppen, Erzeugnisse
(V)	Leistung von Haupt- an Hilfskostenstellen
(VI)	Leistung von Haupt- an Hauptkostenstellen
(VIII)	Innerbetriebliche Leistung, die extern geleistet wird (z.B. Handwerkerleistung an Nachbarbetriebe, Verkauf von eigenerzeugtem Strom oder Dampf, aber auch Dienstleistungen, z.B. Montage
(IX)	„Output aus Vertriebsprozessen" i.e.S, Fertigerzeugnisse
(IXa)	„Output aus Vertriebsprozessen", i.w.S., Ersatzteile etc.
(X)	**Verrechnung von indirekten Kostenstellen an Baugruppen**
(XI)	**Verrechnung von indirekten Kostenstellen an Erzeugnisse**

Abbildung 4-10: Faktoreinsatzmatrix für die Kostenträgerrechnung.

Die per Zuschlag verrechneten Gemeinkosten errechnen sich durch die Multiplikation der jeweiligen Bemessungsgrundlage mit dem Zuschlagssatz. Abbildung 4-10 zeigt, wie die Kostenträgerrechnung in der Faktoreinsatzmatrix aus Kapitel 2 dargestellt werden kann.

4.5 *Entwicklungsformen der KLR*

Die Kosten- und Leistungsrechnung basiert in ihren Ausprägungen als Systeme der KLR auf zwei Grundlagen. Zum einen werden Aussagen der Produktions- und Kostentheorie umgesetzt, und zum anderen werden praktisch erprobte Technologien herangezogen[341]. Es werden verschiedene Entwicklungsformen der KLR unterschieden[342].

			Kostenstellenbezug (Art der verrechneten Kosten)		
			Istkosten	Normalkosten	Plankosten
Kostenträgerbezug (Umfang der verrechneten Kosten)	Vollkosten		Istkostenr. i.e.S.	Normalkostenr.	Plankostenr. auf Vollkostenbasis
	Teilkosten	Basis: variable Kosten	Direct Costing	n.a.	Grenzplankosten- und Deckungsbeitragsrechnung
		Basis: relative Einzelkosten			Relative Einzelkosten- und Deckungsbeitragsrechnung
		Sonderformen			Erweiterungen der Grenzplankostenrechnung • Fixkosten(-Parallel)-Kalkulation • Opportunitätskosten bei Engpässen • dynamische Grenzplankostenrechnung bei unterschiedlichen Entscheidungsfeldern

Abbildung 4-11: Gliederung der KLR-Systeme[343].

Systeme der KLR können nach den Kriterien

- Zugrundeliegender Kostenbegriff (in zeitlicher und funktionaler Hinsicht) und
- Umfang der verrechneten Kosten

gegliedert werden.

Während Plan- und Istkostenrechnung die Einordnung der KLR hinsichtlich des Zeithorizonts repräsentieren, stellt die Unterscheidung nach Voll- bzw. Teilkostenrechnung eine Differenzierung bezüglich der als entscheidungsrelevant betrachteten Kosten dar.

[341] Vgl. hierzu z.B. Dellmann, K., Theorie der Kostenrechnung (1979), S. 319 ff.

[342] Nachfolgend werden die traditionellen Systeme der KLR dargestellt. Kapitel 4.6 stellt neuere Entwicklungen dar, die (noch) nicht als eigenständige Kostenrechnungs-„Systeme" betrachtet werden.

[343] Angelehnt an Brink, H.-J., Kostenrechnung (1978), S. 572.

4.5.1 Voll- vs. Teilkostenrechnung

Traditionell wird die Frage nach den Kosten, die einem Kalkulationsobjekt (Kostenstelle, Kostenträger, Zeitraum etc.) zugeordnet werden können, dadurch beantwortet, daß die gesamten angefallenen Kosten nach verschiedenen Prinzipien auf die Gesamtheit der Kalkulationsobjekte verteilt werden. Bezogen auf die hier verfolgte Fragestellung bedeutet dies, daß der gesamte Faktorverzehr auf die jeweils betrachtete Objektebene bezogen wird. Dieser Ansatz wird als Vollkostenrechnung[344] bezeichnet.

Da in einem System der Vollkostenrechnung auch Faktorverzehre auf Kalkulationsobjekte verrechnet werden, die vom Outputniveau der Kalkulationsobjekte unabhängig sind (z.B. rein zeitabhängige Kosten), besteht die Gefahr einer Fehlallokation dieser Kostenanteile bei Variation des Outputniveaus. Teilkostenrechnungssysteme verzichten daher auf die Zuordnung von Kostenbestandteilen, die nicht von dem betrachteten Kalkulationsobjekt verursacht wurden. Es werden statt dessen nur die nach dem jeweiligen Konzept direkt zurechenbaren (abhängig von der jeweiligen Terminologie variable, proportionale oder auch Einzelkosten), d.h. die mit dem Outputniveau variierenden Kosten direkt auf Kostenträger verrechnet. Um dennoch zu einem Betriebsergebnis zu gelangen, werden die nicht verrechneten (fixen, bereitschaftsbedingten) Kosten den Leistungen global gegenübergestellt.

Ein Kostenrechnungssystem auf Teilkostenbasis stellt den bewerteten Gesamtverbrauchsvektor[345] $\mathbf{g}_v$ mit $\mathbf{g}_v = \mathbf{F}_V^t(\mathbf{E}-\mathbf{A})^{-1}\mathbf{x}$ in den Mittelpunkt der Betrachtung. Bewertet mit einem Preisvektor $\mathbf{p}$ ergeben sich daraus die beschäftigungsabhängigen Kosten K_V. Die nicht beschäftigungsabhängigen Kosten K_F ergeben sich aus $\mathbf{F}_F\,\mathbf{e}\,\mathbf{p}$[346]. Ein Bezug zum Output wird explizit nicht hergestellt. Damit kann kein Stückerfolg unter Berücksichtigung der Fixkosten (sogenannter Nettogewinn[347]) ausgewiesen werden, lediglich ein (Brutto-)Periodenerfolg[348] ergibt sich aus $E-K_V-K_F$ mit E als Erlös der Periode.

Ein System auf Vollkostenbasis hingegen stellt die gesamten Faktorverzehre je Leistungseinheit dar, indem die beschäftigungsunabhängigen Faktorverzehre auf die (Plan- bzw. Ist-) Beschäftigung aufgeteilt (proportionalisiert) werden. Formal kann dies gemäß dem in Kapitel 2 vorgestellten Instrumentarium dargestellt werden durch $\mathbf{F}_F^* = \mathbf{F}_F\mathbf{L}$, wobei L eine Matrix der Dimension m×m darstellt, die auf der Hauptdiagonalen den reziproken Wert der Beschäftigung der Kostenstellen 1 bis m enthält. Damit enthält $\mathbf{F}_F^*$ die proportionalisierten Direktbedarfe. Entsprechend der Darstellung in (24) gilt nun $\mathbf{g}_g = (\mathbf{F}_V^t+\mathbf{F}_F^{*t})(\mathbf{E}-\mathbf{A})^{-1}\mathbf{x}$, womit die Gesamtkosten $K = \mathbf{g}_g\mathbf{p}$ betragen.

---

344 Vgl. Kilger, W., Plankostenrechnung (1993), S. 49, Schweitzer, M., Küpper, H.-U., Systeme (1998), S. 193.

345 Vgl. Gleichung (24) in Kapitel 2.

346 Vgl. Gleichung (24) in Kapitel 2.

347 Vgl. Kilger, W., Flexible Plankostenrechnung (1993), S. 61.

348 Vgl. Kilger, W., Flexible Plankostenrechnung (1993), S. 61.

Eine Teilkostenrechnung mit Vollkostenergänzung betrachtet F_V und F_F^* in parallel geführten Rechnungen.

4.5.2 Plan- vs. Ist-, Normalkostenrechnung

Der Faktorverzehr im Rahmen der Leistungserstellung kann einerseits im Rahmen einer Planung antizipiert, andererseits im Rahmen einer Dokumentationsrechnung registriert werden. Eine antizipative Rechnung wird als Plankostenrechnung bezeichnet, eine vergangenheitsorientierte Rechnung dagegen als Istkostenrechnung (tatsächliche „Ist"-Kosten stehen im Mittelpunkt der Betrachtung). Werden die Ist-Kostendaten vergangener Perioden (oft in Form gemittelter Vergangenheitswerte) zu Prognosezwecken in die Zukunft projeziert, so wird von einer Normalkostenrechnung[349] gesprochen. Die Normalkostenrechnung hat keine praktische Bedeutung mehr, allerdings fließt der Ansatz der Fortschreibung von „normalisierten" Vergangenheitsdaten in pragmatische Ansätze der Plankostenrechnung ebenso ein wie in Ist-Kostenrechnungssysteme: So werden viele sogenannte 'sonstige Gemeinkosten' nicht jährlich analytisch geplant, sondern, gegebenenfalls um Preisveränderungen korrigiert, selektiv fortgeschrieben. Andererseits werden zahlreiche Istkosten geglättet, indem zum Beispiel zeitliche Abgrenzungen vorgenommen werden.

Für die Darstellung in Form einer Faktoreinsatzmatrix (siehe Kapitel 2) ist es prinzipiell unerheblich, ob Plan- oder Ist-Faktorverzehre zugrundeliegen. Beide Sachverhalte können jeweils durch das beschriebene Instrumentarium dargestellt werden, indem statt von $\mathbf{A}$, $\mathbf{F}_V$ und $\mathbf{F}_F$ von $\mathbf{A}^P$, $\mathbf{F}_V^P$ und $\mathbf{F}_F^P$ sowie $\mathbf{A}^I$, $\mathbf{F}_V^I$ und $\mathbf{F}_F^I$ ausgegangen wird.

Die vorstehend beschriebenen Merkmale kennzeichnen Idealtypen der KLR. In Literatur und Praxis haben sich allerdings in den letzten fünfzig Jahren einige Realtypen herausgebildet, die nachfolgend kurz beschrieben werden sollen.

Schließlich soll untersucht werden, welches System für ein integriertes Controlling geeignet sein könnte.

4.5.3 Vollkostenrechnung

Diese älteste Form der KLR beruht prinzipiell auf den gleichen Methoden der Kategorisierung und Verteilung wie die nachfolgend beschriebenen modernen Konzepte. Es handelt sich um ein System zur Erfassung, Verteilung und Zurechnung von Ist- und (falls eine Plankostenrechnung vorliegt) von Plankosten. Allerdings enthält auch die sogenannte reine Istkostenrechnung Elemente der Normal-, oft sogar der Plankostenrechnung, wenn beispielsweise Aufwendungen in der Kostenartenrechnung zeitlich geglättet werden. Hinsichtlich der Funktion Zurechnung basiert die Vollkostenrechnung im Bereich der Gemeinkosten auf einem

---

349 Vgl. Kilger, W., Plankostenrechnung (1993), S. 23.

starren Ansatz der Proportionalisierung. Dies bedeutet, daß alle Kosten auf die als Kostenverursachungsgrößen betrachteten Objekte vollständig zugerechnet werden. Dies unterstellt, daß ein Zurückgehen der Menge einer Kostenverursachungsgröße auf 0 auch zu Kosten von 0 führt. Generell führt also jede Abweichung der Ist-Menge an Kostenverursachern (d.h. jede Beschäftigungsabweichung) zu einer Fehlverrechnung in Höhe von (IstBG./.PlanBG)*Plansatz. Abgesehen vom Problem der Beschäftigungsabweichung[350] ist aber generell zu kritisieren, daß alle Kosten als von der Beschäftigung abhängig betrachtet werden. Eine Aufteilung in Leistungs- bzw. variable Kosten und Bereitschafts- oder Fixkosten erfolgt nicht, vielmehr werden implizit alle Kosten als Leistungskosten betrachtet, die vollständig mit der Beschäftigung variieren. Wie in 4.5.2. dargestellt, entspricht dies der Zusammenführung von $\mathbf{F}_V$ und $\mathbf{F}_F$ aus Kapitel 2 in F_G.

4.5.4 Grenzplankostenrechnung

Die Grenzplankostenrechnung basiert im wesentlichen auf den gleichen Kategorisierungs- und Verteilungsfunktionen wie die Vollkostenrechnung[351]. Oft wird sie auch durch eine solche ergänzt. Darüber hinaus aber differenziert die Grenzplankostenrechnung die Gemeinkosten nach (innerhalb des Planungshorizonts) beschäftigungsabhängigen und nicht beschäftigungsabhängigen Kostenteilen. Diese „Kostenauflösung"[352] führt zu in der Höhe von der Vollkostenrechnung abweichenden Zurechnungsbeträgen. Grundsätzlich aber erfolgt die Zurechnung nach den gleichen Prinzipien wie in der Vollkostenrechnung. Insbesondere sind die Zurechnungsobjekte identisch. Für die Trennung der (Plan-)Kosten in fixe und variable Anteile gibt es keine naturgesetzlichen Grundlagen. Vielmehr repräsentiert die im Rahmen einer Kostenplanung festgelegte Proportion von variablen zu fixen Kosten Vorstellungen darüber, wie sich die Kosten „unter Zugrundelegung bestimmter Dispositionen verhalten sollen"[353]. Damit wird deutlich, daß eine Trennung von Istkosten nicht sinnvoll ist[354]. Die fixen Kosten werden in einer reinen Grenzplankostenrechnung nicht auf die Zurechnungsobjekte verteilt, sondern für den betrachteten Zeitraum en bloc den Erlösen gegenübergestellt[355]. Dabei wird als Planungshorizont ein Jahr zugrundegelegt. Für kurzfristige Entscheidungen sind diese Plankosten daher nicht geeignet, da kurzfristig fixe (nicht abbaubare) Kosten bezogen auf die Planungsperiode als variabel (abbaubar) ausgewiesen werden. Aus diesem Grund wurde der

350 Vgl. Kilger, W., Plankostenrechnung (1993), S. 652 f.

351 Vgl. Kilger, W., Grenzplankostenrechnung (1983), S. 58. Unterschiede kommen z.B. durch den Einsatz von Verteilungen im Rahmen der Innerbetrieblichen Leistungsverrechnung zustande, die auf variablen Sollkosten basieren (sog. DM-Deckung).

352 Kilger, W., Plankostenrechnung (1993), S. 350.

353 Kilger, W., Plankostenrechnung (1993), S. 352.

354 Vgl. Kilger, W., Plankostenrechnung (1993), S. 352 (Fußnote 130).

355 Auch die Grenzplankostenrechnung plant fixe Kosten, allerdings verzichtet sie auf eine Verrechnung auf einzelne Kostenträger, vgl. z.B. Kilger, W., Plankostenrechnung (1993), S. 352.

Ansatz einer dynamischen Grenzplankostenrechnung vorgeschlagen[356] Die darin entwickelte Einführung verschiedener Fristigkeitsgrade der Planung führt dazu, daß die Kostenauflösung für unterschiedliche Planungshorizonte variiert. Der Ansatz der dynamischen Grenzplankostenrechnung postuliert den Einsatz unterschiedlicher Grenzkosten für Entscheidungen mit unterschiedlichen Planungshorizonten[357]. Es sollen dabei mit einem System (Systemmonismus) mehrere Rechnungszwecke verfolgt werden (Zweckpluralismus), nämlich die Wirtschaftlichkeitskontrolle in den Kostenstellen und die unternehmensbezogene Entscheidungsunterstützung[358].

4.5.5 Einzelkosten- und Deckungsbeitragsrechnung

Die Einzelkosten- und Deckungsbeitragsrechnung wurde durch Riebel[359] entwickelt und geprägt. Er positioniert sie explizit als System der Entscheidungsunterstützung gegen die Grenzplankostenrechnung, die er als kontrollorientiert betrachtet[360]. Im Gegensatz zu den bisher betrachteten Ansätzen verzichtet Riebel weitgehend auf die Verteilung (und damit Schlüsselung) von Kosten. Vielmehr erweitert er die Objekte der Kostenzurechnung, indem er auch Kunden, Kundengruppen, Kostenstellengruppen (Bereiche), Produktgruppen etc. als zulässige Zurechnungsobjekte einführt. Indem aus Gemeinkosten relative Einzelkosten (bezüglich des jeweils möglichen Zurechnungsobjekts) werden, reduziert er die Verteilung von Gemeinkosten auf unechte Gemeinkosten wie z.B. Hilfsstoffe und bestimmte Betriebsstoffe[361]. Indem die Zurechnungsobjekte hierarchisch gegliedert werden, lassen sich zahlreiche Deckungsbeiträge ermitteln.

Statt einer Spaltung in variable und fixe Kosten differenziert Riebel nach den Kategorien Leistungs- und Bereitschaftskosten[362]. Da Leistungskosten denjenigen Teil der Kosten ausmachen, der automatisch mit den zugrundeliegenden Bezugsgrößen variiert, entspricht dieser Kostenbegriff weitgehend den variablen Kosten der dynamischen Grenzplankostenrechnung bei einer extrem kurzfristigen Betrachtung[363]. Da die Einzelkosten- und Deckungsbeitrags-

---

[356] Vgl. Kilger, W., Weiterentwicklung (1976). Seicht erhebt den Anspruch, mit seiner „Stufenweisen Grenzkostenrechnung" Vorreiter dieses Ansatzes gewesen zu sein, vgl. Seicht, G., Dynamisierung (1991), S. 20 f. Einen ähnlichen Ansatz verfolgt Scholl mit seiner Fixkostenorientierten Plankostenrechnung, vgl. Scholl, H.-J., Plankostenrechnung (1981), S. 134 ff.

[357] Vgl. Kilger, W., Weiterentwicklung (1976) sowie Kilger, W., Plankostenrechnung (1993), S. 96 ff. Dieser Umstand wird von Brink kritisiert, vgl. Brink, H.-J., Kostenrechnung (1978), S. 576.

[358] Diese Rechnungszweckdifferenzierung hat vor allem Scholl thematisiert, vgl. Scholl, H.-J., Plankostenrechnung (1981), S. 77 ff.

[359] Vgl. Riebel, P., Einzelkostenrechnung (1994), S. 11 ff.

[360] Vgl. die Darstellung durch Riebel in der Diskussion mit Kilger in Chmielewicz, K., Entwicklungslinien (1983), S. 82.

[361] Vgl. Riebel, P., Ansätze (1984), S. 175.

[362] Darüber hinaus unterscheidet er hinsichtlich der Bereitschaftskosten noch solche geschlossener und offener Perioden.

[363] Vgl. hierzu Kilger, W., Weiterentwicklung (1976), S. 36 ff.

rechnung allerdings einen zahlungsorientierten Kostenbegriff zugrundelegt und auch auf Periodenverteilungen verzichtet, unterscheiden sich die beiden Ansätze dennoch zumindest hinsichtlich der Kosten des Anlagevermögens. Als Bereitschaftskosten bezeichnet Riebel diejenigen Kosten, die „auf Grund von Planungen und Erwartungen disponiert [werden], um die institutionellen und technischen Voraussetzungen für die Realisierung des Leistungsprogrammes zu schaffen“[364].

4.6 Erweiterungen der traditionellen KLR

Die vorstehend beschriebenen Formen der KLR wurden in den letzten Jahrzehnten immer weiter verfeinert. Zugleich kamen neue Impulse aus Theorie[365] und Praxis, die alle das Ziel verfolgen, die Grundproblematik der „richtigen“ Zuordnung der Kosten auf betriebliche Objekte (Kostenträger, Kunden, Entscheidungen) zu verbessern.

4.6.1 Prozeßkostenrechnung als Faktormengenplanung indirekter Bereiche

Unter dem Begriff „Activity Based Costing“[366] (ABC) wird im anglo-amerikanischen Raum seit einigen Jahren ein alternatives Verfahren zur Gemeinkostenzurechnung diskutiert. Dabei wird insbesondere hervorgehoben, daß im Gegensatz zur traditionellen Gemeinkostenverrechnung über Zuschlagssätze auf Einzelkosten eine mehr am Verursachungsprinzip orientierte Zurechnung ermöglicht würde[367]. Im deutschsprachigen Raum, in dem das Gedankengut der flexiblen Plankostenrechnung eine starke Verbreitung gefunden hat, wird dieser Ansatz als „Prozeßkostenrechnung“[368] propagiert und auf die indirekten Bereiche begrenzt, da im Fertigungsbereich über den Begriff der Bezugsgröße bereits seit längerem eine von Einzelkosten unabhängige Verrechnung nach Inanspruchnahme der Ressourcen erfolgt[369]. Grundgedanke sowohl bei ABC wie bei der Prozeßkostenrechnung ist die Berücksichtigung von Mengen-Outputs der indirekten Bereiche[370]:

---

364 Riebel, P., Deckungsbeitragsrechnungen (1974), S. 511.

365 Vgl. zu einigen solchen neueren Ansätzen die folgenden Kapitel und die dort angegebene Literatur.

366 Cooper, R., Kaplan, R. S., Measure Costs Right (1988), S. 96. Danach wurde der Begriff von zahlreichen Autoren auch in Standard-Lehrbücher übernommen, vgl. z.B. Drury, C., Cost Accounting (1992), S. 273 ff.

367 Vgl. z.B. Drury, C., Cost Accounting (1992), S. 273. Dies bedeutet letztlich, daß im Sinne der Kategorisierung in Kapitel 4.5.1.1. statt der 3. Verrechnungslogik (Verrechnung über Bemessungsgrundlage) die 2. (Verrechnung über Leistung) verwendet wird.

368 Horváth, P., Mayer, R., Prozeßkostenrechnung (1989), S. 216.

369 Vgl. Reckenfelderbäumer, M., Prozeßkostenrechnung (1994), S. 24, Braun, S., Prozeßkostenrechnung (1994), S. 65.

370 Vgl. Reckenfelderbäumer, M., Prozeßkostenrechnung (1994), S. 24.

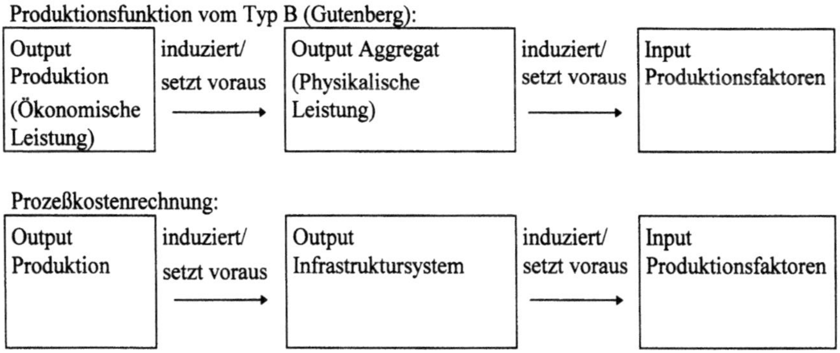

Abbildung 4-12: Grundgedanke der Prozeßkostenrechnung.

Die Erstellung von Output (im eigentlichen Sinne, d.h. in Form von Zwischen- und Endprodukten), induziert die Erstellung von Output des Infrastruktursystems (z.B. Bestellvorgänge im Einkauf, Auftragsabwicklungen im Vertrieb, Kalkulationen im Rechnungswesen). Diese Leistungen erfordern ihrerseits den Einsatz von Produktionsfaktoren, z.B. menschliche Arbeit, DV-Ausstattung, Verbrauchsmaterialien etc. Diese Darstellung zeigt Parallelen zur Produktionsfunktion vom Typ B, in der zwischen technisch-physikalischer und ökonomischer Leistung unterschieden wird. Dabei wird der Verbrauch an Einsatzfaktoren je physikalischer Leistungseinheit als Funktion der Eigenschaften des leistungserstellenden Aggregats dargestellt[371]. Dem entspricht hier analog der Verbrauch an Inputfaktoren zur Erstellung von z.B. Logistik- oder Verwaltungsleistungen. Auch hier ist der Verbrauch nicht direkt durch die ökonomische Leistung bestimmt. Dennoch wird auch hier die ökonomische Leistung als (lineare) Funktion der „physikalischen" Leistung betrachtet. Die Beziehung zwischen Faktorverbrauch und physikalischer Leistung wird in Form von (ebenfalls linearen) Verbrauchsfunktionen abgebildet (Budgets), d.h., es wird unterstellt, daß der Verzehr an Einsatzfaktoren linear proportional mit der erbrachten Teilprozeßmenge variiert.

Diese Betrachtungsweise ist sinnvoll für den Fall von repetitiven Tätigkeiten in den indirekten Bereichen und von gleichmäßigen, von den Tätigkeiten abhängigen Faktorverbräuchen[372].

---

[371] Siehe hierzu die Darstellung in Kap. 2 dieser Arbeit.

[372] Vgl. Chmielewicz, K., Integration (1972), S. 170.

Letztere Voraussetzung liegt auch der Prozeßkostenrechnung zugrunde. Allerdings wird hier üblicherweise noch eine weitere Zuordnungsebene „Hauptprozeß“ eingefügt[373]:

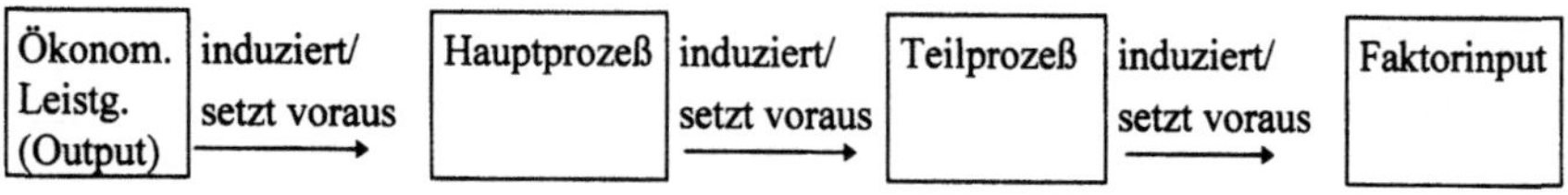

Abbildung 4-13: Verrechnungsebenen der Prozeßkostenrechnung.

Die ökonomische Leistung in Form eines für den Markt oder auch den betrieblichen Verbrauch bestimmten Outputs induziert den Verbrauch an Hauptprozeß-Einheiten. Hauptprozeß-Einheiten stellen Bündel von Teilprozessen dar. Teilprozesse wiederum verursachen den Verzehr von Inputfaktoren[374] wie beispielsweise Arbeit.

Im Gegensatz zur Zuschlagsrechnung[375] wird also keine Wertgröße aufgrund einer Wert-Basisgröße aufgeschlagen, sondern vielmehr eine Mengengröße auf der Basis einer Mengengröße. Zu unterschiedlichen Ergebnissen kommen die beiden Ansätze dann, wenn sich die Inanspruchnahme der indirekten Bereiche durch verschiedene Kalkulationsobjekte signifikant unterscheidet (sog. „Allokationseffekt der Prozeßkostenrechnung“[376]). Dies kann einerseits auf einen „Degressionseffekt“[377] zurückgeführt werden, indem Vorgänge gleichzeitig für mehrere Kalkulationsobjekte durchgeführt werden (z.B. Bestellung und Lagerung von Standardteilen bzw. von Spezialteilen für genau einen Auftrag). Andererseits kann ein „Komplexitätseffekt“[378] zu von der Zuschlagskalkulation abweichenden Ergebnissen führen, indem z.B. die Zahl der Arbeitsgänge oder der verbauten Einzelteile als Bezugsgröße der Prozeßkostenrechnung verwendet wird[379].

[373] Werden zwischen Teilprozeß und Einsatzfaktor noch die Kostenstelle / Bezugsgröße und eventuell davor liegende innerbetriebliche Verrechnungen betrachtet, und darüber hinaus noch die Verrechnung von lmn-Prozessen proportional zu lmi-Prozessen, so erscheint plausibel, daß Glaser von fünf Verrechnungsebenen spricht, vgl. Glaser, H., Prozeßkostenrechnung (1991), S. 239.

[374] Tatsächlich setzen Teilprozesse in der Regel auf einer Kostenstellenrechnung auf, indem Kostenstellenkosten nach einem Schlüssel (z.B. Mannjahre) auf Teilprozesse verteilt werden. Damit steht zwischen Teilprozess und Faktorinput noch die Kostenstelle mit einer fiktiven „Leistung“ Mannjahre, vgl. Glaser, H., Prozeßkosten (1993), Sp. 1646.

[375] Vgl. Abbildung 4-8 in Kapitel 4.4.3 dieser Arbeit.

[376] Coenenberg, A. G., Fischer, Th. M., Prozeßkostenrechnung (1991), S. 32.

[377] Braun, S., Prozeßkostenrechnung (1994), S. 111.

[378] Braun, S., Prozeßkostenrechnung (1994), S. 116.

[379] Vgl. Braun, S., Prozeßkostenrechnung (1994), S. 117.

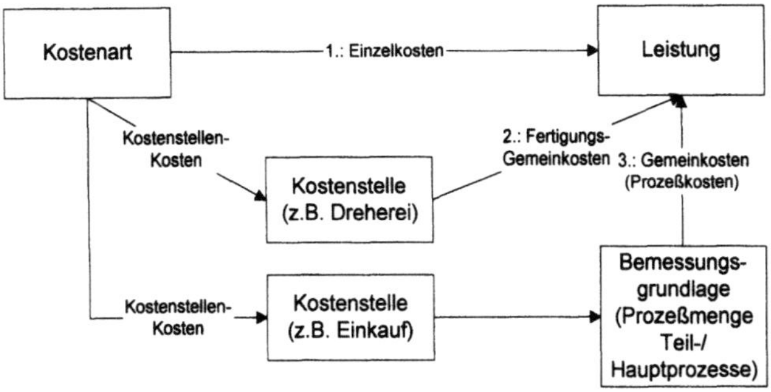

Abbildung 4-14: Verrechnungsmethoden im Rahmen der Kostenträgerrechnung (vgl.Abbildung 4-8).

Wie in der vorstehenden Abbildung 4-14 zu erkennen ist, verringert die Prozeßkostenrechnung nicht die Zahl der Ebenen (im Gegenteil wird sich in der Regel die Zahl der Ebenen erhöhen[380], über die die Gemeinkosten weitergewälzt werden). Es soll aber die Abbildungsqualität der Bemessungsgrundlage verbessert werden. Inwiefern dies wahrscheinlich ist, muß anhand der gegebenen Produkt- und Prozeßstruktur untersucht werden:

1. Fall: Einprodukt-Unternehmen, Standard-Losgröße: In diesem Fall entspricht das Ergebnis einer Gemeinkostenverteilung nach Wertgrößen der einer Zuordnung nach Mengengrößen.

2. Fall: Mehrprodukt-Unternehmen, Standard-Losgröße: Die Eignung der Zuschlagskalkulation für diesen Fall hängt davon ab, ob die verschiedenen Produkte eine vergleichbare Inanspruchnahme indirekter Bereiche verursachen (homogene Komplexität). Sind für einzelne Produkte zusätzliche oder umfangreichere Maßnahmen für logistische oder administrative Aufgaben nötig, so liegt eine höhere Komplexität und somit insgesamt heterogene Komplexität vor (Beispiel: neben einigen Standard-Produkten werden kundenindividuelle Aufträge gefertigt, für die beispielsweise zusätzliche Lieferanten-Anfragen nötig sind).

3. Fall: Mehrprodukt-Unternehmen, individuelle Losgrößen: Zusätzlich zu Fall 2 ist zu prüfen, inwieweit für unterschiedliche Losgrößen auftragsfixe bzw. losfixe Kosten fällig werden. Es entsteht in diesem Fall ein Degressionseffekt, d.h. kleine Aufträge (mit geringen Einzelkosten) verursachen den gleichen Faktorverzehr in indirekten Bereichen wie größere Aufträge (mit entsprechend höheren Einzelkosten), wodurch die Stückkosten bei größeren Aufträgen sinken. In diesem Fall führt die Zuschlagskalkulation zu einer Fehlallokation der Gemeinkosten der indirekten Bereiche, da hier die Zuschläge je Stück konstant bleiben. Liegen sowohl heterogene Komplexität als auch der Degressionseffekt vor, so kann sich der

[380] Vgl. Glaser, H., Prozeßkostenrechnung (1991), S. 239, der fünf Umlageebenen zählt, vgl. auch Abbildung 4-13 und die dazugehörigen Ausführungen, die (einschließlich innerbetrieblicher Leistungsverrechnung) ebenfalls fünf Ebenen ausweisen.

Effekt der Fehlallokation noch verstärken, indem Sonderanfertigungen in kleinen Stückzahlen mit zu geringen Gemeinkosten belastet werden.

Konzeptionell stellt die Prozeßkostenrechnung eine Ausweitung der Bezugsgrößenrechnung auf die indirekten Bereiche dar. Wie klassischen Bezugsgrößen wird auch Teil- und Hauptprozessen eine Doppelfunktion zugewiesen: Sie sollen zum einen eine Leistungsgröße darstellen, deren Mengenveränderung eine (zumindest näherungsweise) proportionale Kostenänderung bewirkt. Damit stellen diese Größen einen Wirtschaftlichkeitsmaßstab dar[381]. Zum anderen sind die Leistungsgrößen so zu wählen, daß sie auch die zweite wichtige Funktion einer Bezugsgröße erfüllen: Sie sollen Maßstab für die Inanspruchnahme des Unternehmensbereiches durch die Kostenträger (Produkte, Leistungen) sein (diese Doppelfunktion drückt sich auch in der implizit angenommenen Proportionalität von physikalischem und ökonomischem Output im Rahmen der zugrundeliegenden Produktionsfunktion vom Typ B aus). Wesentlich ist allerdings, daß es eben nicht die Output*menge* direkt ist, die das Verbrauchsniveau an Prozeßmengen bestimmt, sondern weitere (aktivitätsniveaubestimmende) Größen wie Losgröße, Variantenzahl etc.. Diese Größen (die zugleich Kostentreiber im Sinne von Einheiten der Hauptprozesse darstellen müssen) sind daher in den Primärbedarfsvektor[382] v aufzunehmen.

Als Unterschiede zu klassischen Bezugsgrößen können genannt werden:

- Zurechnungsbasis ist nicht die Outputmenge, sondern andere (davon unabhängige) Kostentreiber.
- Die Leistungseinheiten der betrachteten Bereiche (Teilprozeßmengen, z.B. Zahl der Materialeinlagerungen) werden nicht direkt auf die Kalkulationsobjekte (betriebliche Leistungen) bezogen, sondern in der Regel nochmals in Form von Hauptprozessen als „übergeordneten Bezugsgrößen" aggregiert[383]. Dadurch wird die Zahl der Bezugsgrößen, die einem Kalkulationsobjekt zuzurechnen sind, stark reduziert, allerdings erfolgt auch eine Nivellierung.
- Im Gegensatz zu klassischen Bezugsgrößen können sich Teil- bzw. Hauptprozesse auf mehrere Kostenstellen beziehen. Damit soll dem Umstand Rechnung getragen werden, daß indirekte Leistungen oft im Zusammenspiel verschiedener Ablauftransaktionen entstehen, die über mehrere Verantwortungs- und Abrechnungsbereiche hinwegreichen. Es wird daher organisatorisch der Begriff des process owner eingeführt, der diese Querschnittsfunktion verantwortet.

---

[381] Die Eignung der Prozeßkostenrechnung für Wirtschaftlichkeitskontrolle und Planungsrechnungen ist umstritten, vgl. beispielsweise Glaser, H., Prozeßkostenrechnung (1991), S. 232.

[382] Vgl. Kapitel 2 dieser Arbeit.

[383] Vgl. Glaser, H., Prozeßkosten (1993), Sp. 1645.

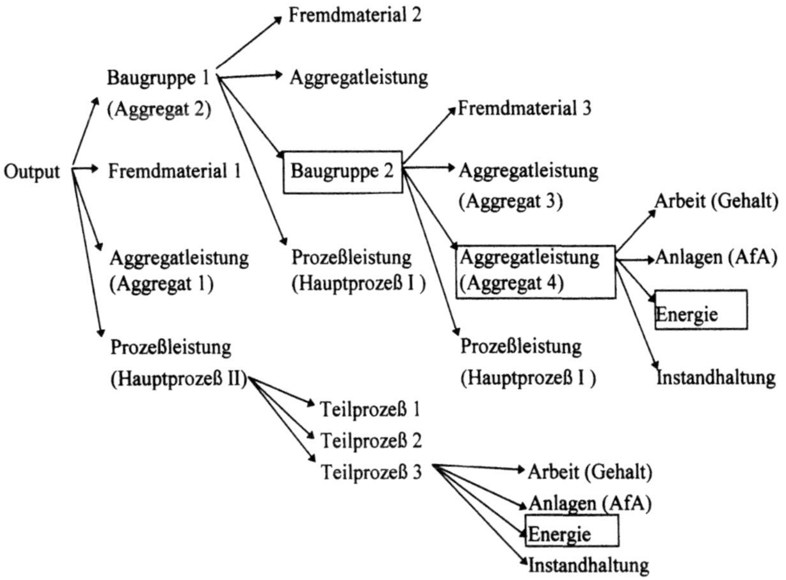

Abbildung 4-15: Produkt- und Prozeßstruktur unter Berücksichtigung der Prozeßkostenrechnung.

Die vorstehende Abbildung 4-15 zeigt auszugsweise die Mengenstrukturen einer mehrstufigen Fertigung für ein Produkt (eine Leistungsart). Es wird dabei von zirkulären Produktstrukturen abgesehen, allerdings werden diese an dieser Stelle nicht ausgeschlossen. Darüber hinaus wird vereinfachend unterstellt, daß die Kostentreiber der betrachteten Hauptprozesse für die zugrundeliegende Plansituation proportional zum Output sind.

Das Konzept der Prozeßorientierung wurde hier ebenso berücksichtigt wie innerbetriebliche Leistungen (hier Instandhaltung). Der hervorgehobene Faktor Energie stellt eine indirekte Verbrauchsmenge der Leistungsart Baugruppe 2 dar. Wird die Verbrauchsmenge bewertet, so spricht man von Gemeinkosten. Das gleiche gilt für die Energie, die über Prozeßmengen auf Leistungsarten zugerechnet wird.

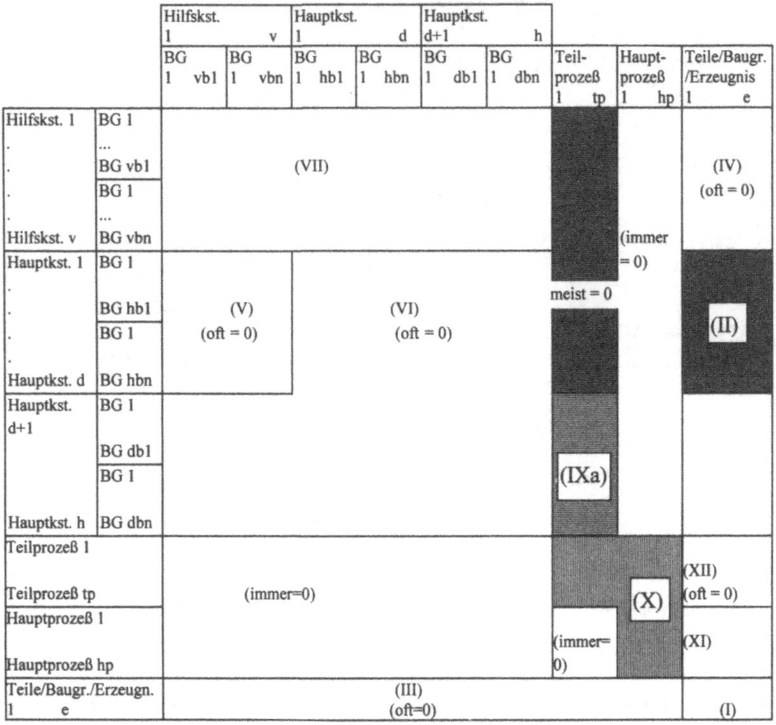

(I) Produktstruktur (Stückliste) als Direktverbrauchsmatrix
(II) Arbeitsplan-Mengen (Direktbedarf Kostenstellenleistung)
(III) Eigenverbrauch an Teilen bzw. Baugruppen und Erzeugnissen durch Kostenstellen
(IV) Leistung von Hilfskostenstellen an Teile, Baugruppen, Erzeugnisse
(V) Leistung von Haupt- an Hilfskostenstellen (erweiterte IBL)
(VI) Leistung von Haupt- an Hauptkostenstellen (erweiterte IBL)
(VII) „typische" innerbetriebliche Leistungsverrechnung
(IX) Leistung von Hilfs- und direkten Hauptkostenstellen an Teilprozesse (meist = 0)
(IXa) „Leistung" von indirekten Hauptkostenstellen an Zuschlags-"Pool"
(X) Leistung von Teil- an Hauptprozesse (evtl. Teil- an Teilprozesse und Haupt- an Hauptprozesse)
(XI) Leistung von Hauptprozessen an Baugruppen und Erzeugnisse (alternativ zu XII, sog. direkte Prozeßkostenverrechnung)
(XII) Leistung von Teilprozessen an Baugruppen und Erzeugnisse (alternativ zu XI, sog. indirekte Prozeßkostenverrechnung)

Abbildung 4-16: Faktoreinsatzmatrix (Kostenstellenrechnung mit Prozeßkostenrechnung).

Abbildung 4-16 stellt die Prozeßkostenrechnung (PKR) im Zusammenhang eines vollständigen Kostenrechnungssystems dar. Die schraffierten Bereiche kennzeichnen das Einsatzgebiet der PKR. Ebenso wie das Kostenrechnungssystem, in das die PKR eingebettet ist, kann sie selbst in die Teile Kostenstellenrechnung und Kostenträgerrechnung zerlegt werden. Und ebenso kann die Aufgabenteilung mit Gemeinkostenplanung und -kontrolle einerseits (Kostenstellenrechnung) und Stück-Selbstkosten- bzw. Stück-Erfolgsrechnung andererseits beschrieben werden. Die Einbeziehung der PKR in die Faktorverbrauchsmatrix, die dieser Darstellung zugrunde liegt, ist möglich, weil auch die PKR lineare Beziehungen zwischen Faktorinputs und Leistungsobjekten abbildet.

4.6.2 Primärkostenrechnung als transparenter Ansatz einer Kostenstellen- und Kostenträgerrechnung

Im Rahmen der innerbetrieblichen Leistungsverrechnung und Kalkulation geben Kostenstellen die Gesamtsumme der auf ihnen anfallenden (variablen bzw. vollen) Kosten in einer einzigen Größe, dem Verrechnungssatz[384], an andere Stellen und / oder an Kostenträger weiter. Auf diese Weise erscheinen in der Kalkulation Selbst- und Herstellkosten der Erzeugnisse als Komplex der verschiedensten in den Produktionsprozess eingegangenen Kostenarten. Lediglich die Kostenträgereinzelkosten (oft nur das Einzelmaterial) sind getrennt ausgewiesen und können nach Kostenarten dargestellt werden.

In Betrieben mit mehrstufiger Produktion und getrennter Abrechnung jeder Stufe gehen zudem in einer Stufenkalkulation Material- und Fertigungskosten vorgelagerter Produkte als selbsterstelltes „Material" in die Kalkulation der nachfolgenden Stufen ein, wodurch die Kostenartenstruktur der Enderzeugnisse zusätzlich verzerrt wird. Ähnlich verhält es sich in vertikalen Unternehmenszusammenschlüssen mit selbstkostenorientierten Verrechnungspreisen, in denen die Selbstkosten (einschließlich einem eventuellen Gewinnzuschlag) vorgeordneter Konzernunternehmen Materialeinsatz für die nachgeordneten Unternehmen darstellen.

In vielen Fällen kann es nun notwendig oder von Interesse sein, aus der Kalkulation den Betrag einer bestimmten ursprünglichen Kostenart (z.B. Fertigungslöhne) herauszulösen und auszuweisen. Die Problematik besteht dabei nicht in der Ermittlung der Summe der gesuchten Kostenart für das ganze Unternehmen, denn diese wird in der Kostenartenrechnung geplant oder nachträglich berechnet, sondern in der Zuordnung zu den verschiedenen Teilleistungen (Kostenträger). Um dies zu erreichen und den Fluß der primären Kosten (originären Einsatzfaktormengen) über alle Kostenstellen bis in die Kostenträgerrechnung transparent zu machen, wurde die Primärkostenrechnung[385] entwickelt, deren Verfahrensweisen, Aussagegehalte und Anwendungsbereiche im Folgenden dargestellt werden sollen.

Zur Darstellung der Verfahrensweise wird wieder auf die Ausführungen von Kapitel 2 zurückgegriffen. Dort wurde durch die Einführung der modifizierten Direktbedarfsmatrix erreicht, daß für eine Faktorart[386] j (Kostenstellenleistung, Teil, Baugruppe, Erzeugnis) ersichtlich wird,

---

[384] Vgl. Kilger, W., Plankostenrechnung (1993), S. 570.

[385] Vgl. Schubert, W., Kostenartenrechnung (1965), S. 358 ff., Ebbeken, K., Primärkostenrechnung (1973), S. 6 ff., Kilger, W., Plankostenrechnung (1993), S. 570 ff.

[386] Der Begriff Faktorart umfaßt auch hier fremdbezogene und eigenerstellte Faktoren.

welche Faktoren i (Kostenstellenleistung, Teile, Baugruppen) direkt in j einfließen. Zieht man die davon abgeleitete Gesamtbedarfsmatrix heran, so wird transparent, welche Einsatzfaktoren über alle Stufen der Verrechnung und Leistungserstellung einem Leistungsobjekt zugeordnet werden. Insbesondere wird erkennbar, daß zum einen Anteile an Hilfskostenstellen-Leistung auch in Baugruppen und Erzeugnisse einfließen, zum anderen können indirekt einfließende Teile und Baugruppen direkt dem Erzeugnis (über alle Fertigungsstufen hinweg) zugeordnet werden.

	Hilfsk. 1	Hilfsk. 2	Hilfsk. 3	Hauptk. 1	Hauptk. 2	Hauptk. 3	Hauptk. 4	Baugr. b	Erzeugnis e
Hilfsk. 1	0	0,5	0,2	0,1	4	3	0	0	0
Hilfsk. 2	0	0	2	0,3	1	1,3	0,7	0	0
Hilfsk. 3	0,2	0,1	0	0,5	1,5	0,8	0,5	0	0
Hauptk. 1	0	0	0	0	0	0	0	20	0
Hauptk. 2	0	0	0	0	0	0	0	0	5
Hauptk. 3	0	0	0	0	0	0	0	7	3
Hauptk. 4	0	0	0	0	0	0	0	12	0
Baugr. b	0	0	0	0	0	0	0	0	2
Erzeugnis e	0	0	0	0	0	0	0	0	0

Tabelle 4-1: Ausschnitt der Direktbedarfsmatrix (Beispiel).

Dem vorstehenden Ausschnitt der modifizierten Direktbedarfsmatrix A kann entnommen werden, daß Hilfskostenstelle 2 von Hilfskostenstelle 1 je eigener Leistungseinheit 0,5 Einheiten Leistung in Anspruch nimmt (z.B. kw, qm etc.) und von Hilfskostenstelle 3 0,1 Einheiten. Ebenso kann in jeder Zeile abgelesen werden, an welche Leistungsempfänger eine Kostenstelle leistet. Darüber hinaus kann der Bedarf an Kostenstellenleistung für eine (beispielhafte) Baugruppe b und ein Erzeugnis e abgelesen werden. Es wird hier vereinfachend

	Hilfsk. 1	Hilfsk. 2	Hilfsk. 3	Hauptk. 1	Hauptk. 2	Hauptk. 3	Hauptk. 4	Baugr. b	Erzeugnis e
Hilfsk. 1	1,43	0,93	2,14	1,49	9,86	7,21	1,72	100,96	272,84
Hilfsk. 2	0,71	1,71	3,57	2,37	9,93	7,23	2,99	133,86	339,04
Hilfsk. 3	0,36	0,36	1,79	1,04	4,46	2,96	1,14	55,18	141,57
Hauptk. 1	0	0	0	1	0	0	0	20	40
Hauptk. 2	0	0	0	0	1	0	0	0	5
Hauptk. 3	0	0	0	0	0	1	0	7	17
Hauptk. 4	0	0	0	0	0	0	1	12	24
Baugr. b	0	0	0	0	0	0	0	1	2
Erzeugnis e	0	0	0	0	0	0	0	0	1

Tabelle 4-2: Ausschnitt der Gesamtbedarfsmatrix (d.h. $(\mathbf{E}-\mathbf{A})^{-1}$), Beispiel.

der typische Fall betrachtet, daß zum einen Hauptkostenstellen nicht an Hilfskostenstellen und Hilfskostenstellen nicht an Baugruppen und Erzeugnisse leisten. Dies ist aber nicht Voraussetzung für diese Betrachtungen[387].

In der Betrachtung des Gesamtbedarfsmatrix-Ausschnittes wird nun deutlich, daß beispielsweise die Hilfskostenstelle 1 nicht direkt an Hilfskostenstelle 3 leistet, wohl aber an Hilfskostenstelle 2, die aber ihrerseits an 3 leistet. Dieser indirekte Leistungsfluß wird hier ebenso offengelegt wie bei der Hauptkostenstelle 4, die keine direkte Leistung von Hilfskostenstelle 1 erhält, wohl aber indirekt z.B. über die Hilfskostenstelle 2. Darüber hinaus wird deutlich, daß Baugruppe b und Erzeugnis e scheinbar keine Leistung von Hilfskostenstellen in Anspruch nehmen. Tatsächlich beruht ihre Herstellung aber mit auf der Leistung der Hilfskostenstellen.

Wenn nun aber transparent gemacht werden kann, welche Kostenstellenleistungen (ungeachtet aller innerbetrieblichen Leistungsverflechtungen) letztlich den Hauptkostenstellen und Leistungsarten zuzurechnen sind (wenn auch nur nach einem abgeschwächten Verursachungsprinzip), so bedeutet dies, daß auch die Einsatzmengen der Faktoren in Matrix **F** auf diese Weise den Leistungsarten zugerechnet werden können. Damit gelingt der Versuch, mit Hilfe der modifizierten Faktormatrix die gleiche Aussage zu erhalten wie mit dem Standardansatz: die Verbindung aller Einsatzfaktoren (auch solcher, die Gemeinkosten repräsentieren) mit den Leistungsarten.

$$\begin{pmatrix} 2 & 1 & 1 \\ 50 & 40 & 80 \end{pmatrix} \begin{pmatrix} 1 & 4 & 2 \\ 0{,}5 & 1 & 0{,}3 \\ 5 & 2 & 1 \end{pmatrix} = \begin{pmatrix} 2\cdot 1+1\cdot 0{,}5+1\cdot 5 & 2\cdot 4+1\cdot 1+1\cdot 2 & 2\cdot 2+1\cdot 0{,}3+1\cdot 1 \\ 50\cdot 1+40\cdot 0{,}5+80\cdot 5 & 50\cdot 4+40\cdot 1+80\cdot 2 & 50\cdot 2+40\cdot 0{,}3+80\cdot 1 \end{pmatrix}$$

$\mathbf{F}$ $\quad (\mathbf{E}\text{-}\mathbf{A})^{-1}$ $\quad \mathbf{F}(\mathbf{E}\text{-}\mathbf{A})^{-1}$

Wird beispielhaft von drei Kostenstellen (Spalten in **F**) und zwei Faktorarten (Zeilen in **F**) ausgegangen, so bedeutet dies im vorstehenden Beispiel, daß zur Bereitstellung einer Einheit der Kostenstelle 1 zwei Einheiten des Faktors I und 50 Einheiten des Faktors II nötig sind.

Durch die Multiplikation der Matrizen „Einsatzfaktor-je-Kostenstelle-Matrix“ **F** und „Gesamtbedarfsmatrix“ $(\mathbf{E}\text{-}\mathbf{A})^{-1}$ ergibt sich eine $m \times j$ - Matrix (die Dimension von **F**), die die aggregierten Bedarfe einer Faktorart je Kostenstelle widerspiegelt (s. oben, rechte Seite der Gleichung). Durch Multiplikation mit dem Primärbedarfsvektor x werden diese Koeffizienten aussagekräftiger, da dann abgelesen werden kann, welche Leistung eine empfangende Stelle „anfordert“, um ihre eigene Leistung erbringen zu können.

Zu beachten ist, daß diese Sicht nur dann ein realistisches Abbild der Wirklichkeit sein kann, wenn folgende Prämissen erfüllt sind: Alle bekannten Verfahren der Primärkostenrechnung sowie die oben dargestellte Faktormatrix gehen von linearen Beziehungen zwischen den

---

387 Vgl. hierzu Kap. 4.4.2. dieser Arbeit.

Einsatzfaktoren und den Kostenstellen bzw. Bezugsgrößen und im Leistungsaustausch zwischen Kostenstellen sowie von Kostenstellen an Outputeinheiten aus. Im Kapitel 2[388] wurde dies durch die Funktion

$$r_{ij} = \sum_{k=1}^{m} a_{ik} \alpha_{kj} x_j$$

dargestellt. Nur dann ist eine mathematisch korrekte Verrechnung der primären Anteile über alle Kostenstellen bis in die Kalkulation mit Hilfe von Matrizen oder Gleichungssystemen überhaupt möglich. Demzufolge dürften strenggenommen auch nur solche Kostenarten in die Modelle einbezogen werden, die linear proportional zur Leistungsmenge variieren, oder deren Verlauf innerhalb der relevanten Grenzen linearisiert werden kann. Praktisch bedeutet dies, daß eine Primärkostenrechnung immer auf Grenzkostenebene arbeiten müßte. Für verschiedene Zwecke (z.B. Bestandsbewertungen, aber auch für die Entscheidungsunterstützung) werden auch Vollkostenrechnungen notwendig, wofür es der Proportionalisierung fixer Kosten bedarf. Dies stellt zwar formal kein Problem dar, allerdings sollten die Ergebnisse dieser Darstellungen mit Vorbehalt betrachtet werden, da den Koeffizienten Annahmen hinsichtlich der Beschäftigung von Kostenstellen zugrundeliegen. In dieser Hinsicht finden sich damit Parallelen zu anderen Verrechnungsmethoden wie beispielsweise der Prozeßkostenrechnung.

Die Aussagen der Primärkostenrechnung können in vielfältiger Weise genutzt werden. Für einige Zwecke des Rechnungswesens[389] kann es notwendig werden, einzelne Positionen aus der Kostenrechnung herauszufiltern und durch andere Wertansätze zu ersetzen. Im einzelnen ist dies z.B. dann der Fall, wenn die betriebliche Rechnungslegung nicht den Bewertungsmaßstäben von Handels- und Steuerbilanz entspricht, wenn für Betriebsvergleiche in den verschiedenen Unternehmen unterschiedliche Zurechnungsprinzipien angeglichen werden müssen, oder wenn im Rahmen einer Konzernrechnung Erfolgsgrößen der Konzernunternehmen konsolidiert werden sollen. Die Primärkostenrechnung erleichtert dabei nicht das Ersetzen der betreffenden Werte, sie führt aber zu Zeitersparnissen beim Herauslösen der gesuchten Kostenarten, die in ihren Beträgen bereits aus den Kalkulationen direkt zu ersehen sind und ansonsten erst durch aufwendige Zusatzrechnungen zu ermitteln wären.

In der Beurteilung der Primärkostenrechnung für die Kostenkontrolle sind in der Literatur zum Teil unterschiedliche Standpunkte vertreten worden. So sieht Wenke[390] für die Kostenstellenkontrolle keinerlei Vorteile in einer primären Kostengliederung, während

---

[388] Vgl. hierzu Gleichung (18).

[389] Genannt sei hier z.B. die Überleitung eines geplanten Betriebsergebnisses in eine Plan-GuV sowie die Darstellung nach US GAAP, wofür u.a. die kalkulatorischen Abschreibungen durch steuerliche Abschreibungen nach deutschem bzw. US-Recht ersetzt werden müssen. Ebenso sind die verrechneten Personalnebenkosten durch die tatsächlich angefallenen zu ersetzen.

[390] Vgl. Wenke, L., Kostenanalysen (1956), S. 570.

Schuhmann[391] hier ein sinnvolles Einsatzfeld für dieses Werkzeug sieht. Sicherlich können für die Kostenstellen und Erzeugnisse mengen- oder wertmäßige Vorgaben primärer Kostengüter (z.B. teurer Rohstoff, weltmarktabhängige Hilfs- und Betriebsstoffe) eher bestimmt werden als in einer Stufenkalkulation, in der die Kostenarten verdichtet und verzerrt werden und eine entsprechende Differenzierung nur mit Hilfe einer rückschreitenden Auflösung der Verrechnungssätze möglich wäre. In Betriebsvergleichen mit dem Ziel, „die Kostenunterschiede der einzelnen Betriebe aufzuhellen, um ihre Strukturunterschiede kennenzulernen"[392], kann die Primärkostenrechnung teilweise zur Aufdeckung der Kosteneinflüsse von Standort, Fertigungsverfahren, Kapitalausstattung etc. ebenfalls von Nutzen sein. Solche Vergleiche sollten sich auf die variablen Herstellkosten oder Selbstkosten der Erzeugnisse beziehen und nur bei identischen oder ähnlichen Produkten und prinzipiell ähnlichen Zurechnungsprinzipien in den Betrieben durchgeführt werden. Eine Gegenüberstellung der Gesamtkosten wäre von relativ geringem Aussagewert, ein Kostenstellenvergleich aufgrund unterschiedlicher Kostenstelleneinteilung selten durchführbar[393].

Für die stückbezogene Betrachtung sieht Laßmann[394] den Vorteil, daß die Primärstruktur der Kosten zum Zweck der Bestandsbewertung eine Aufteilung nach aktivierungsfähigen und nicht aktivierungsfähigen Kostenbestandteilen ermöglicht. In der periodenbezogenen Betrachtung kommt er zu dem Ergebnis, daß die Kenntnis der Primärkostenstruktur wesentlich sei, um die Auswirkungen von Preisänderungen einzelner ursprünglicher Kostenarten auf den Unternehmenserfolg unmittelbar ersehen zu können[395]. Allein aus diesen Informationen können bereits kurzfristige Entscheidungen über geänderte Preisuntergrenzen, über die Annahme von Zusatzaufträgen oder über eventuelle Verfahrensumgestaltungen erfolgen, bei denen die betreffende Primärkostenart durch andere substituiert oder eingespart werden kann. Eine Plankostenrechnung (deren Planperioden meist ein Jahr betragen) kann auf diese Weise kurzfristig an geänderte Datensituationen angepaßt und somit dynamischer gestaltet werden[396].

Laßmann sieht daher auch in begrenztem Umfang Vorteile für kurzfristige liquiditätspolitische Entscheidungen gegeben[397]. Zudem könnte bei Verlusterwartung abgewogen werden, in welchem Bereich auf den Ersatz bestimmter Kostenarten kurzfristig verzichtet werden kann[398].

---

[391] Vgl. Schuhmann, W., Rechenmodell (1969), S. 57.

[392] Schmalenbach, E., Preispolitik (1963), S. 443.

[393] Vgl. Schnettler, A., Betriebsvergleich (1961), S 172 ff.

[394] Vgl. Laßmann, G., Kosten- und Erlösrechnung (1968), S. 51.

[395] Vgl. Laßmann, G., Kosten- und Erlösrechnung (1968), S. 47 ff. Vgl. auch Kilger, W., Plankostenrechnung (1993), S. 570.

[396] Vgl. Kilger, W., Weiterentwicklung (1976), S. 128 ff., Kilger, W., Plankostenrechnung (1993), S. 570, Herzog, E., Entwicklungen (1991), S. 120 ff.

[397] Vgl. Laßmann, G., Kosten- und Erlösrechnung (1968), S. 49.

[398] Vgl. Laßmann, G., Kosten- und Erlösrechnung (1968), S. 48 f.

Bei den vorstehend angeführten Ansätzen ist generell die fixe Natur der betrachteten Kosten zu beachten, die die Nutzung der Ergebnisse zur Entscheidungsunterstützung nur unter Vorbehalt erlaubt.

4.6.3 Fixkostenmanagement als Ansatz zum Management von Potentialfaktoren

Die Ableitung von Verbrauchsmengen aus dem Produktionsprogramm über Stücklisten, Arbeitspläne, Prozeßpläne und gegebenenfalls die innerbetriebliche Leistungsverrechnung ist bei Annahme linearer Beziehungen zwischen Output und Input vergleichsweise problemlos, sofern es sich um Faktoren handelt, deren Verbrauch tatsächlich durch eine Variation des Output verändert wird. Regelmäßig wird dies beispielsweise bei Material der Fall sein. Problematisch hingegen ist die Verrechnung von Verzehren von Faktoren, die diese Beziehung nicht eindeutig aufweisen. Dies trifft insbesondere auf Potentialfaktoren (siehe Abbildung 4-17) zu, deren Verzehr zu wesentlichen Teilen nicht output-, sondern zeitabhängig anfällt, d.h. bei denen bereits die Entscheidung der Bereitstellung den Verzehr determiniert.

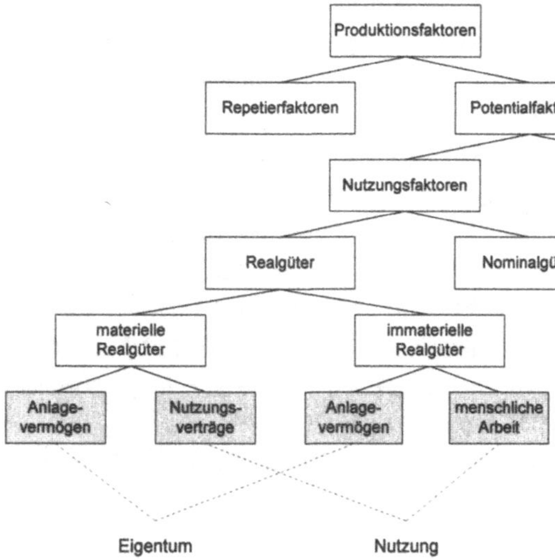

Abbildung 4-17: Gliederung der Einsatzfaktoren.

Für die oben abgebildeten Beziehungen zwischen Output und Input (Abbildung 4-15) bedeutet dies, daß für die Elemente Aggregatleistung, Prozeßleistung und Zuschlag eine Unterscheidung nach bereitschaftsbedingten und outputbedingten Faktorverzehren zu treffen ist, um für einen gegebenen Outputvektor (Produktionsprogramm) Aussagen zum benötigten Input bilden zu können. Die bereitschaftsbedingten Faktoren und damit die Höhe der Bereitschaftskosten hängen nicht vom Beschäftigungsgrad ab, sondern vielmehr vom gewünschten

Bereitschaftsgrad. Jede Veränderung setzt entsprechende Entscheidungen voraus. Damit sind funktionale Zusammenhänge mit Kapazitätsnachfrage oder Beschäftigung nicht explizit vorhanden. Während Kapazitätsnachfrage und damit Beschäftigung[399] näherungsweise stufenlos variieren können, ist dies in aller Regel für das Kapazitätsangebot (als Ausdruck der Betriebsbereitschaft) nicht der Fall. Es sind hier meist Kapazitätsstufen zu finden, da die zugrundeliegenden Potentialfaktoren nur in Quanten beschafft oder deaktiviert werden können. Dabei ist zumeist ein Bündel von Faktoren relevant, wobei oft eine Faktorart bestimmend wirkt. Soll beispielsweise die Kapazität einer Maschinengruppe erhöht werden, so kann dies durch Beschaffung von entsprechenden Betriebsmitteln sowie die Bereitstellung von qualifizierten Mitarbeitern geschehen[400], wobei diese Faktoren in der Regel kurzfristig nicht substituierbar sind.

Entsteht ein Engpaß, der als längerfristig betrachtet wird und durch quantitative oder zeitliche Anpassung beseitigt werden soll, so sind Ressourcen durch Beschaffung oder Umsetzung bereitzustellen. Umgekehrt ist bei längerfristigen Kapazitätsüberhängen zu prüfen, ob Ressourcen abgebaut oder umgesetzt werden können. Diese Überlegungen finden einerseits in den Bereichen Produktionsmanagement[401] und Investitionsplanung statt, implizit aber auch im Rahmen der Kostenplanung. Allerdings abstrahiert die Kostenplanung von den konkreten Ressourcen und bildet Faktorklassen wie Kapitalkosten (Abschreibung und kalkulatorische Zinsen, Instandhaltung) und Personalkosten (Gehälter, Zeitlöhne). Diese Abstraktion gilt nicht für das gesamte Rechnungswesen. Die Lohn- und Gehaltsbuchhaltung bildet alle Mitarbeiter explizit ab, ebenso sind in der Anlagenbuchhaltung alle Gegenstände des Anlagevermögens zu finden, bezüglich derer das Unternehmen über Eigentumsrechte verfügt. Nicht immer detailliert abgebildet werden Nutzungspotentiale an materiellen oder immateriellen Realgütern, d.h. Potentialfaktoren, an denen kein Eigentum besteht (siehe Abbildung 4-18).

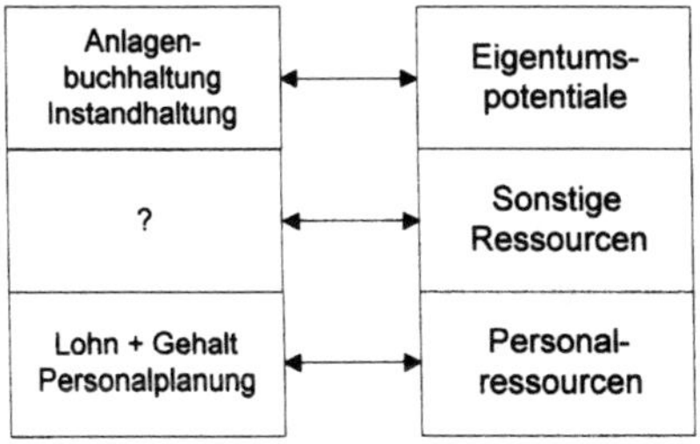

Abbildung 4-18: Daten des Rechnungswesens und ihre Nutzung für das Ressourcenmanagement.

399 Zur Unterscheidung der Begriffe Kapazitätsnachfrage und Beschäftigung vgl. Kap. 4.3.3. dieser Arbeit sowie Kern, W., Fertigungskapazitäten (1962), S. 16 ff.

400 Die indirekten Faktoren wie Raum, Energieinfrastruktur etc. sollen als gegeben betrachtet werden.

401 Management wird dabei mit Stähle verstanden als „Beschreibung der Prozesse und Funktionen, die in arbeitsteiligen Funktionen notwendig werden, wie Planung, Organisation, Führung, Kontrolle", Stähle, W. H., Management (1994), S. 69.

Dies sind z.B. Miet- und Pachtverträge, Leasing- und Wartungsverträge, Verträge mit Versorgungsunternehmen etc. Obwohl in der Mehrzahl der Fälle regelmäßige Zahlungsverpflichtungen und oft auch längerfristige Bindungen vorliegen, existiert meist keine detaillierte Datenbasis (Fragezeichen in Abbildung 4-18).

Bisher werden von den vorhandenen Daten über Potentialfaktoren nur die Anlagendaten herangezogen, indem auf Basis einer Anlagenbuchhaltung, die auch die Zwecke der Kosten- und Leistungsrechnung mit abbilden kann, kalkulatorische Abschreibung, kalkulatorische Zinsen auf das Anlagevermögen, Reparatur- und Instandhaltungskosten je Wirtschaftsgut und damit je Potentialfaktor ermittelt werden können[402]. Für die anderen Potentialfaktoren erfolgt die Kostenplanung auf Kostenartenebene, Veränderbarkeit wird (wenn überhaupt) durch eine pauschale Aufteilung in variable und fixe Anteile dargestellt. Um eine bessere Abschätzung der Konsequenzen von Beschäftigungsveränderungen und den damit einhergehenden Kostenveränderungen zu ermöglichen, wurde vorgeschlagen, die Plankosten je Kostenart nach Fristigkeiten zu differenzieren[403]. Dies bedeutet zum einen stark repetitive Planungstätigkeiten (immer wieder neue Schätzung bzw. Ermittlung der Plankosten), zum anderen hängen die jeweiligen Beträge auch vom Zeitpunkt der Planung ab[404]. Eine detaillierte und zugleich flexible Planung muß daher auf den Ressourcen basieren, da sie die ursächlichen Kostenquellen darstellen. Das Problem besteht also zum einen in der geeigneten Aufbereitung vorhandener Daten über Ressourcen sowie in der Ergänzung um die noch nicht abgebildeten Ressourcen, insbesondere die Nutzungsverträge. Darüber hinaus ist zu berücksichtigen, daß für Planungswecke Zusatzinfor-mationen je Ressource nötig sind, die die gängigen Informationssysteme in der Regel nicht bereitstellen.

Neben den rein beschäftigungsabhängigen und den rein zeitabhängigen Einsatzfaktoren sind Daneben sind auch Mischformen möglich: Zum einen können Faktormengen sowohl aufgrund von Bereitschaftsentscheidungen als auch outputmengenbezogen variieren (z.B. Energie).

Zum anderen kann auch ein Grundbedarf an Faktorbündeln (i.S.v. Arbeitsplatz- bzw. allgemein Kostenstellenleistung) existieren[405]. So wird auch bei einem Output von 0 eine Grundleistung der Betriebshandwerker nötig sein, um Wartung und Instandhaltung zu gewährleisten. Ebenso werden Einrichtungen für selbsterzeugte Infrastrukturleistungen (Energie, Druckluft, Dampf, Kommunikation, EDV etc.) mit einer Grundlast zu betreiben sein, um die jederzeitige Betriebsbereitschaft zu gewährleisten.

---

[402] Die Ableitung von kalkulatorischen Abschreibungen und Zinsen finden sich in zahlreichen Standardwerken, z.B. Kilger, W., Plankostenrechnung (1993), S. 410 ff.. Eine Untersuchung zur Ableitung von Instandhaltungskosten findet sich z.B. bei Kölbel, H., Schulze, J., Instandhaltung (1965), S. 29 ff.

[403] Vgl. beispielsweise Scholl, H. J., Plankostenrechnung (1981), S. 134 ff., Kiiger, W., Plankostenrechnung (1988), S. 109 ff., Kilger, W., Weiterentwicklung (1976).

[404] Vgl. unten, Kap. 4.6.4 und die dort genannte Literatur.

[405] Vgl. Kapitel 4.3.3 dieser Arbeit sowie Abbildung 4-20.

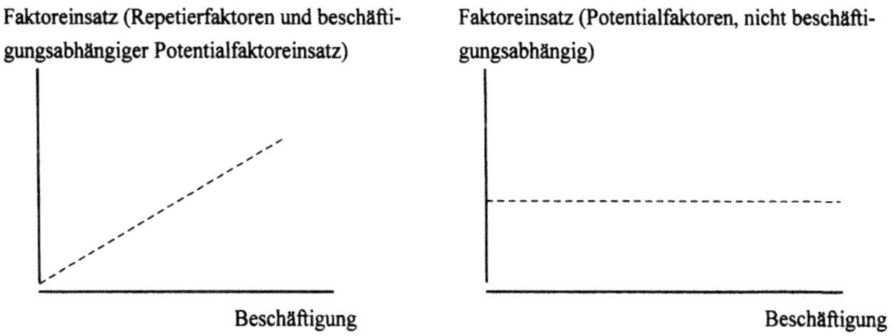

Abbildung 4-19: Beziehung zwischen Beschäftigung und Faktoreinsatz.

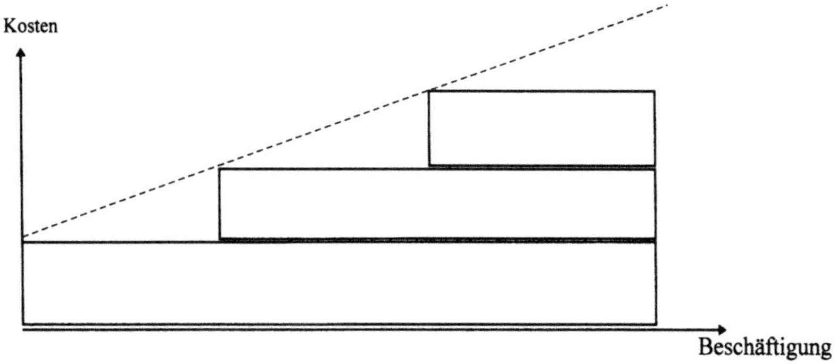

Abbildung 4-20: Mischform hinsichtlich Leistungsbezogenheit der Kosten.

Eine Addition der verschiedenen Faktorverbräuche bezüglich eines Aggregates ist nicht sinnvoll möglich. Hier bietet die Bewertung im Rahmen der KLR die Möglichkeit, die Faktoren gleichnamig zu machen.

Damit ergibt sich für ein Aggregat z.B. eine Situation wie in Abbildung 4-20 abgebildet. Diese Darstellung des Kostenverlaufs einer Kostenstelle (bzw. einer Bezugsgröße innerhalb einer Kostenstelle) wird in der Regel noch nach Kostenarten untersetzt. Damit kann eine solche Darstellung je Kostenart einer Bezugsgröße / Kostenstelle erzeugt und dem faktororientierten Ansatz gegenübergestellt werden.

Ein Beispiel für einen faktororientierten Ansatz, der auf den Mittelweg zwischen einer vollständigen Individualisierung der Faktoren[406] und der starken Kategorisierung und damit Merkmalsreduzierung der Kostenartenbildung abzielt, wurde als „objektorientierte Kostenplanung" von Vikas[407] vorgestellt. Der Grundgedanke beruht darauf, die Planung der Potentialfaktoren durch Bildung von Faktorkategorien zu vereinfachen, die auf die

[406] Vgl. Kapitel 2 dieser Arbeit.

[407] Vikas, K., Kostenplanung (1988), S. .

planungsrelevanten Merkmale abgestimmt sind. Es werden dabei beispielsweise Fuhrparkkosten geplant, indem Merkmale der einzelnen PKW kategorisiert werden (Anschaffungskosten, Nutzungsdauer, Hubraum, PS, Verbrauch etc.). Auf Basis dieser Merkmale werden die Plankosten für Abschreibung, Zinsen auf Anlagevermögen, aber auch Versicherung und Kfz-Steuer über Algorithmen ermittelt. Entscheidungen über Beschaffung oder Freisetzung von Ressourcen können über diese Algorithmen weitgehend automatisiert als Kostendifferenz dargestellt werden.

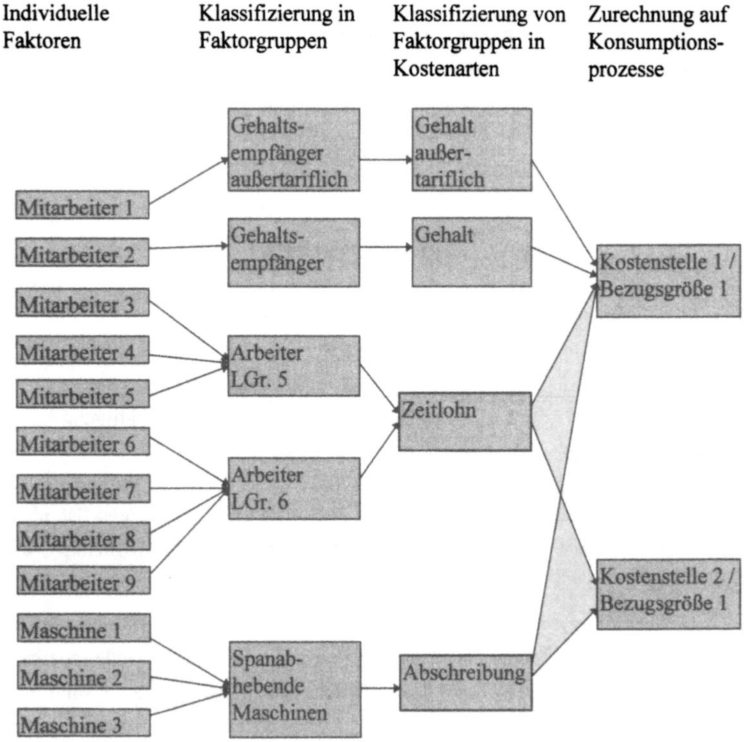

Abbildung 4-21: Die Beziehung zwischen Ressourcen und Kostenstellen bzw. Bezugsgrößen.

Mit einem solchen Ansatz können auch andere Faktorarten abgebildet werden. Neben Fahrzeugkosten können auch Personalkosten auf Faktorebene geplant werden. Dies erscheint besonders sinnvoll, da auf diesem Wege auch die Personalnebenkosten prognostiziert werden können, die aufgrund gesetzlicher, tariflicher und sozialversicherungsbezogener Änderungen einen hohen Planungsaufwand verursachen und zudem, gerade in kleineren Unternehmen, oft aus Mangel an Planungswissen und -erfahrung sowie Planungskapazität nicht korrekt in

Ansatz gebracht werden. Dabei stellt die Personalplanung (nicht nur kostenseitig, sondern bereits auf Mengenebene) ein wesentliches Element der Unternehmensplanung dar, da die sich daraus ergebende Kapazität an Fertigungsleistung Grundlage für zahlreiche Folgepläne ist.

4.6.4 Kontraktkonzepte als entscheidungsorientierter Ansatz zum Management von Potentialfaktoren

Im vorangehenden Kapitel wurde der Ansatz eines potentialorientierten Fixkostenmanagement dargestellt, der statt der Fokussierung auf Kostenarten die zugrundeliegenden Einsatzfaktoren betrachtet. Damit soll der Verlust von entscheidungsrelevanten Aspekten im Rahmen der Aggregation zu Kostenarten vermieden werden. Im Folgenden wird dieser Ansatz weiter ausgearbeitet, indem gezeigt wird, wie das Management von Potentialfaktoren durch sogenannte Kontraktkonzepte im Rahmen des bisher dargestellten Ansatzes praktisch umgesetzt werden kann.

Für das Ressourcenmanagement sind, wie oben bereits angesprochen, auch für vorhandene Ressourcen zusätzliche Informationen notwendig. Diese beziehen sich vor allem auf die Bereiche Fristigkeit (d.h. Auf- bzw. Abbaufristen) sowie Zahlungen (Zeitpunkte und Höhe).

rechtliche Verpflichtungen (Zeitdauer der Rechtswirksamkeit)						
Vertragsarten	unbefristete Verträge				befristete Verträge	
Merkmale	Vertragsabschluß	Kündigungsfrist	mgl. Auflösungszeitpunkte		Vertragsabschluß	Ablaufzeitpunkt
Ausprägungen	Datum	Angabe in Wochen oder zeitabhängiger Funktion	sachverhaltsbezogen	periodenbezogen Monatsende Quartalsende Jahresende	Datum	Datum

Abbildung 4-22: Fristigkeiten und Abbaubarkeit bei Ressourcen[408].

408 Abgewandelt nach Kleiner, F., Automatisierung (1991), S. 76, vgl. auch Oecking, G., Fixkostenmanagement (1994), S. 77 ff. sowie Scholl, H. J., Plankostenrechnung (1981), S. 134 ff.

Zahlungsmodalitäten				
Merkmale	Zahlungsbeginn	Zahlungsart		
		einmalig anfallend	wiederkehrend anfallend	
Ausprägungen	Datum	(EA)	Periodenanfang	Periodenende
			Monatsanfang (WMA) Quartalsanfang (WQA) Jahresánfang (WJA)	Monatsende (WME) Quartalsende (WQE) Jahesende (WJE)

Abbildung 4-23: Relevante Zahlungsbedingungen bei Ressourcen[409].

Die um diese Daten erweiterte Abbildung der Ressourcen kann nun einerseits dazu verwandt werden, das Kapazitätsangebot detailliert zu dokumentieren und damit die Kostenplanung teilweise zu automatisieren[410]. Andererseits können Maßnahmen im Rahmen der Programmplanung und Disposition mit Bündeln von Ressourcen verknüpft werden, um ihre Konsequenzen zu quantifizieren. Durch die Verknüpfung mit der KLR kann diese Quantifizierung sowohl Ressourcenmengen als auch Wertgrößen umfassen. Da kein funktionaler Zusammenhang zwischen Programm- bzw. Dispositionsentscheidungen und Ressourceneinsätzen unterstellt werden kann, sind Einzelentscheidungen zu treffen, wenn Ressourcen auf- oder abgebaut werden sollen. Die Entscheidung zum Auf- oder Abbau von Ressourcen oder auch zu ihrer Umsetzung erfolgt nicht im Rechnungswesen, sondern im Rahmen der Steuerung der Realgüterprozesse, deren Abbildung im Rahmen von PPS-Systemen bzw. Systemen der Auftragsabwicklung erfolgt. Es werden daher Ressourcen und Kapazitäten gemanagt, Kosten dagegen nur indirekt. Erhält ein Bereichs- oder Kostenstellenleiter (wertorientierte) Vorgaben zur Kostensenkung, so kann er diese nur durch alternative Ressourcenausstattung bzw. Prozeßgestaltung realisieren. Nicht Kosten, sondern Ressourcen und Prozesse werden also gesteuert, die Wertkomponente dient der Messung der Zielerreichung. Damit können Teile der Kostenplanung in die Planung des Ressourcen-bestandes und seiner Verwendung verlagert werden. Dies ist insbesondere dann sinnvoll, wenn Anlagevermögen und Personal wesentliche Elemente der Gemeinkosten bilden, und wenn eine hohe interne oder externe Dynamik häufige Neuplanungen oder Planungen mit unterschiedlichen Fristigkeiten notwendig machen.

---

[409] Kleiner, F., Automatisierung (1991), S. 76.

[410] Dieser Ansatz wurde bereits im vorigen Kapitel erläutert.

Die Pflege der Ressourcen und Verträge kann auch dezentral auf Bereichsebene, u.U.[411] sogar auf Kostenstellenebene erfolgen. So wird einerseits die Kostenplanung auch für die Verantwortlichen transparenter und damit die Motivation für eine aktive Teilnahme an Kostenplanung und -kontrolle gestärkt, andererseits kann für eine zentrale Planung und -kontrolle auf diese Strukturen zurückgegriffen werden (Bottom-up - Planung). Zudem können auch Planungs- und Kontrolltätigkeiten an die jeweiligen Verantwortlichen vor Ort delegiert werden, da die Mengenplanung zum einen leichter DV-technisch unterstützt werden kann, und zum anderen von Gegenstand und Begrifflichkeiten her den Realitätsausschnitt dieses Personenkreises abbildet. Sollen Entscheidungen durch Kostendaten unterstützt werden, so ist die Akzeptanz der zugrundeliegenden Kostengrößen durch die Entscheider in Fertigungsplanung, Disposition und Fertigungssteuerung wesentliche Voraussetzung.

4.7 Kritische Untersuchung der Eignung zur Entscheidungsunterstützung im Rahmen des Fertigungscontrolling

Die KLR wird in der Literatur als Instrument der Wirtschaftlichkeitskontrolle und Entscheidungsunterstützung dargestellt. Darstellung und Kritik ihrer Verfahren beziehen sich auf diesen Anspruch. Kritik an der Aussagekraft der KLR bis hin zur Prognose, daß sie mangels Eignung bedeutungslos würde, mündete immer wieder in neuen Verfahren bzw. Verfahrensvarianten[412]. Offensichtlich zweifeln auch Kritiker nicht an der prinzipiellen Eignung der KLR für Fragen der Entscheidungsunterstützung. Differenziert wird dagegen hinsichtlich der geeigneten Verfahren. Hier hat sich im Laufe der Jahre eine Palette[413] von Systemen entwickelt. Sie "können für operative Planungs- und Kontrollzwecke vielfältig eingesetzt werden, wenn sie Informationen zur Lösung von Planungsteilproblemen liefern ... und wenn sie die Ableitung von konkreten Vorgabewerten für Verantwortungsträger ... erlauben"[414].

Da Controlling als Begriff für „Planung und Kontrolle" bzw. „Steuerung" steht[415], kommen damit eine reine Istkostenrechnung sowie eine Normalkostenrechnung (als „geglättete Istkostenrechnung") als alleiniges Instrument der KLR nicht in Frage, da weder eine Kostenprognose (Planung) noch eine echte Kontrolle (Gegenüberstellung Plan bzw. Soll und Ist) möglich sind und damit auch die Möglichkeit der Steuerung entfällt. Die existierenden Plankostenrechnungen (Vollkostenrechnung, Grenzplankostenrechnung sowie die Einzelkosten-

---

[411] Dies ist natürlich abhängig von der Qualifikation der Mitarbeiter und dem im Unternehmen herrschenden Führungsparadigma, vgl. hierzu z.B. die Ausführungen Wildemanns zum self controlling in Wildemann, H., Produktionscontrolling (1995), S. 41ff.

[412] Vgl. z.B. die Kritik von Johnson, H. Th., Kaplan, R. S., Relevance (1991), die in Kapitel 8 die Kostenrechnung als obsolet bezeichnet und in Kapitel 11 in der Forderung nach einer prozeßorientierten Kostenrechnung mündet.

[413] Vgl. Kapitel 4.5 und 4.6 dieser Arbeit.

[414] Horváth, P., Controlling (1993), Sp. 329.

[415] Vgl. Horváth, P., Controlling (1996), S. 25ff.

und Deckungsbeitragsrechnung) bieten alle eine mehr oder weniger leistungsfähige Kostenprognose. Maßstab soll aber die Qualität der Entscheidungsunterstützung sein - hier kann eine reine Vollkostenrechnung keine befriedigenden Ansätze bieten. Die Grenzplankostenrechnung nimmt für sich in Anspruch, sowohl für die Wirtschaftlichkeitskontrolle wie auch die Entscheidungsunterstützung das geeignete Instrumentarium bereitzustellen[416]. Die Eignung zur Entscheidungsunterstützung wird ihr aber von Kritikern[417] abgesprochen, weil sie mit festem Planungshorizont und einem unflexiblen Grenzkostenbegriff keine fallbezogenen relevanten Kosten ausweisen könne. Diese Kritikpunkte hat Kilger schon frühzeitig aufgegriffen und Ansätze einer „dynamischen Grenzplankostenrechnung“ entwickelt, die in Kapitel 5.4.3. näher betrachtet wird.

Die Einzelkosten- und Deckungsbeitragsrechnung von Riebel erhebt den Anspruch, die Entscheidungsunterstützung in den Mittelpunkt zu stellen[418]. Allerdings erscheint sie gerade im Kontext eines Fertigungscontrolling wegen fehlender Ansätze zur Ermittlung von Plankosten, der Ablehnung einer Ermittlung von Periodenergebnissen und die Fokussierung auf den Absatzbereich als nicht praxistauglich genug.

Entscheidend für die Eignung hinsichtlich der Aufgabe „Entscheidungsunterstützung“ ist aber nicht nur das gewählte Verfahren, sondern auch die Einbettung in ein Modell der Realprozesse. Da die Kosten- und Leistungsrechnung letztlich auf derivativen Größen (Faktorverbräuche, Leistungsmengen) beruht, ist sie zwangsläufig abhängig von Systemen, die die Realprozesse abbilden und als Datenlieferanten dienen können. Dieses Zusammenspiel und die Voraussetzungen für diese Integration werden im folgenden Kapitel beschrieben.

---

[416] Kilger, W., Grenzplankostenrechnung (1983), S. 58.

[417] Vgl. z.B. Riebel, P., Deckungsbeitragsrechnungen (1974), S. 493 ff., sowie der Disput zwischen Kilger und Riebel in Kilger, W., Grenzplankostenrechnung (1983), S. 81 ff.

[418] Vgl. Riebel, P., Thesen (1983), S. 22.

5 Integration von Kosten- und Leistungsrechnungs-Funktionen und PPS-Funktionen im Rahmen eines Fertigungscontrolling-Systems

In diesem Kapitel soll der Versuch unternommen werden, die Daten und Verfahren der PPS und des internen Rechnungswesens so zu verknüpfen, daß eine neue Qualität der Informationsversorgung möglich wird. Dies ist nur möglich, wenn das dabei entstehende integrierte Informationssystem mit einer geeigneten Organisation verbunden wird. Insbesondere sollte die Funktionsintegration im Informationssystem eine entsprechende Funktionsintegration in der Aufbau- und Ablauforganisation widerspiegeln. Letztlich gründet sich der Gedanke, ein integriertes Informationssystem aufzubauen, auf der Überlegung, daß damit Entscheider, die funktionsübergreifend tätig sind, besser unterstützt werden können. Andererseits fördern Systeme, die derartige Entscheidungsträger besser unterstützen, die Entstehung von solchen Organisationsstrukturen[419]. Damit ist der Begriff der Integration eng verbunden mit Dezentralisierung und Koordination. Ein solches System wird so auch den sich aktuell entwickelnden prozeßorientierten Organisationskonzepten gerecht.

Die Konzeption und Beschreibung eines Konzeptes für ein integriertes Fertigungscontrolling ist Gegenstand dieses Kapitels.

5.1 Integration: Begriff und Formen

Im betriebswirtschaftlichen Kontext ist der Begriff der Integration eng verbunden mit den Phänomenen Arbeitsteilung und Dezentralisierung der Leistungsprozesse.

Arbeitsteilung entwickelte sich aus dem Gedankengut des scientific management im Sinne Taylors[420], in dem unterstellt wurde, daß Arbeitsteilung die Effizienz verbessert. Insbesondere wird mit Arbeitsteilung eine Erweiterung der Kapazität verbunden: Indem beispielsweise im Zuge der frühen Industrialisierung Fließbänder und zugleich eine Einschränkung der Handlungsspanne eingeführt wurden, konnte die Grundlage für die Massenfertigung z.B. in der Automobilindustrie gelegt werden.

Das Menschenbild, das hinter diesem Ansatz steht, ist pessimistisch-mißtrauisch[421]. Informationssysteme dienen hier neben der personenunabhängigen Wissensdarstellung vor allem der detaillierten Kontrolle. Die sozialen wie auch wirtschaftlichen Effekte einer ausgeprägten Arbeitsteilung werden heute kritischer[422] gesehen.

---

[419] Zu den Wechselwirkungen von Organisationskonzepten und (computergestützten) Informationssystemen vgl. Kieser, A., Kubicek, H., Organisation (1992), S. 345 und S. 353 f.

[420] Taylor, F. W., Grundsätze (1919), insbes. S. 38 ff.

[421] Vgl. Kieser, A, Kubicek, H., Organisation (1992), S. 346.

[422] Vgl. Kieser, A., Kubicek, H., Organisation (1992), S. 78 f.

Arbeitsteilung ergibt sich (insbesondere im Planungs- und Steuerungsbereich) aus dem Problem der begrenzten Kapazität der Unternehmensleitung. Deswegen muß eine Delegation von Aufgaben und zugleich von Entscheidungen erfolgen. Kapazitätseffekte durch verbesserte Informationssysteme führten bisher eher zum Abbau von Hierarchieebenen[423], da gestiegene Kapazitäten eine höhere Leitungsspanne erlauben und damit die freigewordene Kapazität der Unternehmensleitung z.B. für die an Bedeutung gewinnende strategische Planung zur Verfügung steht, während die unteren Ebenen Entscheidungsfreiräume gewinnen[424].

Bedingt durch die oben beschriebene Arbeitsteilung und Dezentralisierung der Arbeitsprozesse besteht das Problem, eine ganzheitliche Unternehmensplanung und -steuerung durch eine integrierte Betrachtung zu gestalten. Dies erfordert eine sachliche und zeitliche Abstimmung sämtlicher Unternehmensbereiche und -variablen[425] oder auch Koordination. Koordination bedeutet „die wechselseitige Abstimmung ... von Elementen eines Systems zwecks Optimierung desselben"[426]. „Das Problem der Koordination tritt ... überall dort auf, wo interdependente Elemente eines Systems, die durch Differenzierung abgegrenzt wurden, in ihrer potentiell dysfunktionalen Wirkung eingegrenzt und auf das übergeordnete Ziel des Gesamtsystems ausgerichtet werden müssen. So betrachtet ist Koordination das Komplement zur Differenzierung"[427].

Integration kann verschiedene Dimensionen betreffen. Genannt werden hier in der Literatur im Zusammenhang mit der Modellbildung und Unternehmenssteuerung vor allem die Folgenden:

- *Daten*integration — einheitliche Sichtweise gemeinsamer Daten bezüglich Datennutzung und Datengenerierung
- *Vorgangs*integration — Zusammenfassung bisher getrennter Prozesse
- *Organisations*integration — Vereinfachung der organisatorischen Strukturierung (innerbetrieblich), z.B. durch Zusammenwachsen von Konstruktion und Arbeitsvorbereitung
- *Modell*integration — Berücksichtigung miteinander verflochtener Problemkomplexe in (betriebswirtschaftlichen) Modellen
- *Methoden*integration — Vereinheitlichung des methodischen Instrumentariums für ähnliche Problemstellungen

---

[423] Vgl. Frese, E., Grundlagen (1995), S. 261.

[424] Vgl. Frese, E., Grundlagen (1995), S. 260 f.

[425] Vgl. Koch, H., Unternehmensplanung (1982), S. 9.

[426] Rühli, Edwin, Koordination (1992), Sp. 1165.

[427] Rühli, Edwin, Koordination (1992), Sp. 1165.

- *Schnittstellen*integration   Abstimmung von Güter-, Daten- und Informationsflüssen (allerdings ohne Erreichen einer Datenkonformität wie bei der Datenintegration)

Informationstechnisch kann zwischen Datenintegration, Datenstrukturintegration, Modulintegration und Funktionsintegration unterschieden werden[428].

Entscheidungsgrößen für den zu wählenden Grad der Integration stellen Kommunikationskosten bzw. Autonomiekosten[429] dar - Koordination als Instrument zur Überwindung der Kosten der Arbeitsteilung (Autonomiekosten) ist ihrerseits mit Kosten verbunden (Kommunikationskosten).

5.2 Ziele des integrierten Ansatzes zum Fertigungscontrolling

Es soll im Verlauf dieses Kapitels ein Beschreibungs- und Erklärungsmodell bereitgestellt werden, das die komplexen Zusammenhänge der betrieblichen Prozesse ausreichend genau beschreibt, um Planung und Kontrolle des Unternehmens zu unterstützen. Nicht angestrebt wird ein quantitatives Totalmodell oder ein Optimierungsmodell (Entscheidungsmodell). Statt des strengen Extremierungsdenkens wird komparative Veränderung und (wenn eine Extremierung nicht möglich ist) die Satisfizierung als Ersatz bevorzugt[430]. Die komparative Veränderung ermöglicht auch bei unvollkommener Information und bei komplexen Anwendungsbereichen die Anwendung des marginalen Denkens ohne die Anwendung einer strengen Extremierung - „there must be willingness to accept 'improvement' instead of 'optimization'...“[431]. Die komparative Veränderung wird in diesem Zusammenhang mit der Simulation in Verbindung gebracht[432]. Allerdings handelt es sich um Simulation im weiteren Sinne, d.h., um ein „Experimentieren mit kompletten optimierenden oder prognostizierenden Modellen“[433] (im Sinne einer 'What If'- oder 'How To Achieve'- Fragestellung). Genau diesen Ansatz verfolgt diese Arbeit: Es soll ein (Simulations-)Modell konzipiert werden, das ein System der Produktionsplanung und -steuerung sowie ein System der Kosten- und Leistungsrechnung einschließt und durch Variation der Freiheitsgrade (als „unabhängige Variablen“ des Modells) die Beobachtung der „abhängigen Variablen“ ermöglicht. Naturgemäß ist die Erreichung eines Optimums hinsichtlich des zugrundeliegenden Zielsystems nicht gewährleistet, ja in Anbetracht der Komplexität des Modells nicht einmal wahrscheinlich. Andererseits kann

---

[428] Vgl. Becker, J., CIM-Integrationsmodell (1991), S. 166 ff.

[429] Vgl. Frese, E., Grundlagen (1993), S. 99 ff.

[430] Allerdings wird in Kapitel 5 auf Teilmodelle eingegangen, die u.E. auch unter den zugrundeliegenden Bedingungen eines praktikablen, mittelstandsorientierten Ansatzes einer Optimierung i.S. einer strengen Extremierung zugänglich sein können. Dort werden auch die organisatorischen Voraussetzungen für den Einsatz solcher Algorithmen beschrieben.

[431] Starr, M. K., Management Science (1964), S. 573.

[432] Vgl. z.B. Chmielewicz, K., Integration (1972), S. 38.

[433] Meyer, M., Systemforschung (1990), S. 176.

die Veränderung der Zielerreichung durch eine Aktion oder ein Aktionenbündel transparent gemacht werden und damit zu Lernprozessen führen.

Extremierungs-kriterien / Satisfizierungs-kriterien		Strenge Extremierung		Komparative Veränderung	
		Strenge Maximierung (Max)	Strenge Minimierung (Min)	Komparative Erhöhung (E)	Komparative Verringerung (V)
Begrenzung (G)	Obergrenze (OG)	Max - OG	Min - OG	E - OG	V - OG
	Untergrenze (UG)	Max - UG	Min - UG	E - UG	V - UG
	Beidseitige (Intervall-) Grenze (IG)	Max - IG	Min - IG	E - IG	V - IG
Fixierung (F)		—	—	—	—

Abbildung 5-1: Entscheidungskriterien (Zielausprägungen)[434].

Ziel einer organisatorischen wie informationstechnischen Integration der Bereiche Produktionsplanung und -steuerung sowie Kosten- und Leistungsrechnung ist zum einen die Verbesserung der Aussagekraft dieser beiden Informationssysteme. Zusätzlich aber ergeben sich neue, weiterführende Möglichkeiten, um die Informationsversorgung der Entscheider zu verbessern. Daneben fördert eine Systemsicht des (technisch orientierten) PPS-Systems und des („kaufmännisch" orientierten) internen Rechnungswesens das Verständnis für die Zusammenhänge im Unternehmen über Abteilungs- und Funktionsträgergrenzen hinweg.

Die Produktionsplanung und -steuerung steuert direkte Verbräuche (durch Leistungen i.S.v. Output induziert), insbesondere Einzelmaterial. Die zugrundeliegende Produktionstheorie würde auch die Verbräuche an Hilfs- und Betriebsstoffen sowie Arbeit erklären, diese Modellteile werden allerdings in der PPS-Theorie und Praxis nicht berücksichtigt, da sie für die Disposition der Leistungserstellungsprozesse als nicht relevant betrachtet werden. Wohl aber sind sie relevant für Erfolgsaussagen. Die Verbräuche an Hilfs- und Betriebsstoffen sowie nicht direkt vom Output abhängigen Einsatzfaktoren (Gehälter, Mieten, Büromaterial, Kommunikationskosten etc.) werden in der KLR „disponiert" bzw. gesteuert (geplant und kontrolliert). Indirekt hängen allerdings auch diese Faktorverzehre von der Betriebsleistung ab, da ihr Verbrauch als funktional von der ökonomischen Leistung abhängig betrachtet wird.

[434] Chmielewicz, K., Integration (1972), S. 34.

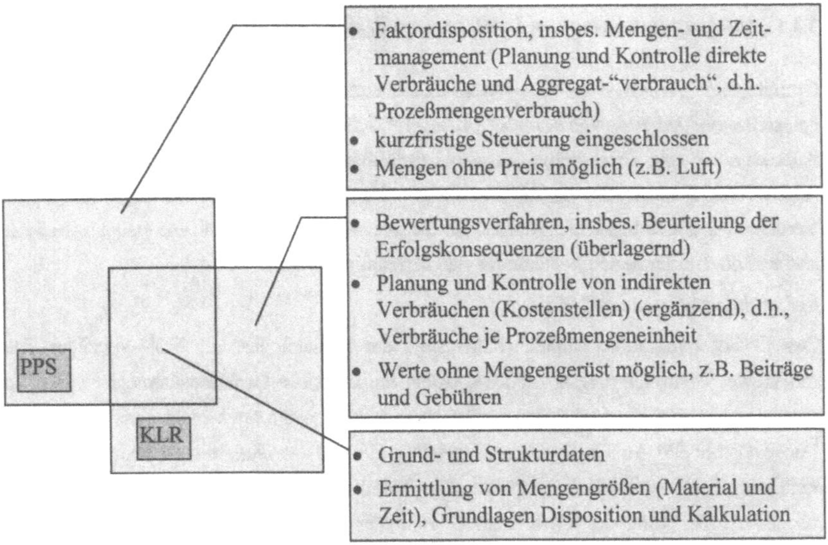

Abbildung 5-2 : Beziehungen zwischen PPS und KLR

Darüber hinaus beschränkt sich der Abbildungsbereich der PPS auf den Funktionsbereich Fertigung (bzw. allgemein: Leistungserstellung). Die indirekten Bereiche, die als Elemente von Prozeßketten an der Leistungserstellung beteiligt sind (z.B. Vertrieb als Teil der Leistungsart „Bereitstellung von Problemlösungen"), werden dagegen vernachlässigt, obwohl auch hier von einem Zusammenhang zum Output ausgegangen werden kann, der allerdings nicht zwangsläufig linear zur Outputmenge verlaufen muß.

Daher liegt es nahe, die Mengendaten bereits im PPS-"Umfeld" zu erweitern und entsprechend für die KLR bereitzustellen, und andererseits die Verfahren der KLR der Disposition zur Verfügung zu stellen.

5.3 Vorhandene Literatur

Das Thema „Verbindung von PPS und KLR" hat in den letzten Jahren eine Reihe von Veröffentlichungen erfahren, die hauptsächlich durch neue Fertigungstechnologien initiiert wurden. Dies hatte zwei Ursachen: zum einen wurde die Frage gestellt, ob die KLR diesen Veränderungen im Realprozeß noch gerecht werden kann, und zum zweiten wurde gefragt, inwiefern die KLR von den verbesserten Prozeßabbildungsmöglichkeiten im Rahmen von CIM und flexiblen Fertigungssystemen mit ihren Prozeßrechnern und Betriebsdatenerfassungssystemen (BDE) profitieren kann.

5.3.1 Integrationskonzepte in Literatur und Praxis

Grundlegende Arbeiten zur Integration finden sich in verschiednen Bereichen. So haben beispielsweise Arbeiten von Kloock[435], Küpper[436], Kistner[437] und Haupt[438] die Produktions- und Kostentheorie um Fragestellungen zum Ablaufmanagement erweitert und hierbei auch Aspekte der Kostenrechnung mit einbezogen. Im folgenden sollen allerdings ausgewählte Veröffentlichungen betrachtet werden, die die Integration von Kosten- und Leistungsrechnung und technisch orientierten Systemen in den Mittelpunkt stellen.

Kölner Integrationsmodell (KIM)

Das Kölner Integrations-Modell (KIM) stellt den Versuch dar, ein EDV-gerechtes Totalmodell der Unternehmung abzubilden, wobei umfangreiche Funktionskataloge sowie Funktionsbeziehungstabellen erarbeitet wurden[439]. Ähnliche, wenn auch nicht ganz so detaillierte Funktionsmodelle der Unternehmung (genauer: der EDV-orientierten Abbildung der Unternehmung) finden sich z.B. bei Scheer[440]. Die Bedeutung solcher Arbeiten liegt in der systematischen Aufbereitung der Einzelelemente und der Darstellung der Zusammenhänge. Eine praktische Umsetzung dieser „Schnittbogenmodelle" in der Form eines Unternehmensmodells ist in der Regel nicht Teil der Ausführungen. Vielmehr sollen sie Grundlage zur Gestaltung solcher Modelle sein[441].

Manufacturing Resource Planning (MRP II) / Enterprise Resource Planning (MRP III - ERP)

Wie bereits in Kapitel 3 dargestellt, wird MRP II unterschiedlich definiert. Während engere Auslegungen MRP II mit „traditionellen" PPS-Systemen gleichsetzen („Basiskonzept")[442], sehen andere Autoren darin den Anspruch, die gesamten fertigungs- bzw. sogar unternehmensbezogenen Ressourcen umfassend zu planen und zu steuern. So unterscheidet sich nach Heinrich MRP II von sogenannten traditionellen PPS-Systemen durch „Anschluß der Produktionsplanung an Controlling und Vertrieb, Integration aller Planungsebenen [sowie] Flexibilität aufgrund des integrierten Konzepts"[443]. Der hier primär interessierende Aspekt der Integration von Produktionsplanung und Rechnungswesen wird allerdings von zahlreichen Autoren als zu schwach ausgeprägt beurteilt[444].

---

[435] Vgl. Kloock, J., Input-Output-Modelle (1969).

[436] Vgl. Küpper, H.-U., Interdependenzen (1980).

[437] Vgl. Kistner, K.-P., Produktionstheorie (1981).

[438] Vgl. Haupt, R., Ablaufmanagement (1987).

[439] Vgl. Grochla, E., Gesamtmodell (1974).

[440] Vgl. Scheer, A.-W., Wirtschaftsinformatik (1994).

[441] Auch Grochla äußert sich in diesem Sinne, vgl. Grochla, E., Gesamtmodell (1974), Vorwort.

[442] Vgl. Glaser, H., Geiger, W., Rohde, V., PPS (1992), S. 3.

[443] Heinrich, C. E., Planungskonzept (1989), S. 100.

[444] Vgl. hierzu die Ausführungen in Kapitel 3.6. dieser Arbeit.

Der Begriff MRP III bzw. ERP für Enterprise Resource Planning wurde nicht von der Theorie geprägt, sondern entstammt der Praxis bzw. den Marketing-Aktivitäten großer Software-Anbieter[445]. Es kann nach Erfahrung des Verfassers davon ausgegangen werden, daß es sich hierbei um MRP II-Systeme handelt, wobei besonderer Wert auf die Integration operativer Aktivitätsketten gelegt wird. Insbesondere soll die Anbindung der Produktionsplanung an die Auftragsabwicklung und logistische Aufgaben gewährleistet sein. Hinsichtlich einer besseren Entscheidungsunterstützung durch eine Integration des internen Rechnungswesens sind aber auch hier noch Defizite festzustellen[446].

Computer Integrated Manufacturing (CIM)

Im Rahmen der Untersuchungen zur Einführung und Gestaltung von Systemen des Computer Integrated Manufacturing (CIM) entstanden eine Reihe von Arbeiten[447] zur Rolle und Ausgestaltung der Kosten- und Leistungsrechnung im Rahmen dieses Umfeldes. Das Hauptaugenmerk der meisten Autoren ist dabei auf die flexiblen Fertigungssysteme im Rahmen einer CIM-Implementierung gerichtet. Allerdings zeigt sich bei der Analyse der genannten Arbeiten, daß die meisten Lösungsansätze (z.B. Lebenszyklusrechnung, Prozeßkostenrechnung, entscheidungsorientierte Kosten- und Leistungsrechnung) zwar durch die CIM-Bedingungen angeregt wurden, aber durchaus auch für noch eher „traditionell" produzierende Unternehmen ihre Berechtigung haben können[448]. Auch die durch ausgefeilte Techniken der Betriebsdatenerfassung zur Verfügung gestellten Datenmengen führen nicht automatisch zu einem „Schlaraffenland"[449] der Kostenrechnung. Daube weist darauf hin, daß der scheinbar augenfälligste Aspekt für eine veränderte Kostenrechnung unter CIM-Bedingungen, nämlich die Verfügbarkeit größerer Datenmengen über den Prozeß, nicht zwangsläufig zu einer Verbesserung der Informationsversorgung im Sinne einer besseren Entscheidungsvorbereitung führt. Vielmehr erscheint es sinnvoller, hohe Komplexität der Abbildung dort zurückzunehmen (die Kostenrechnung zu "entfeinern"[450]), wo die gewonnenen Aussagen nicht oder wenig genutzt werden, und eine Differenzierung durchzuführen, wenn die damit gewonnenen Informationen von den Entscheidern gebraucht und auch benutzt werden. Obgleich die Aufforderung zur Entfeinerung von Teilen oder der Gesamtheit der Kosten- und

---

[445] So vertreibt z.B. die Fa. Baan ihre betriebswirtschaftliche Lösung (Baan IV, früher TRITON) explizit als System für das Enterprise Resource Planning.

[446] Dies ergibt sich aus den Ergebnissen verschiedener Marktstudien, vgl. Fandel, G., Francois, P., Gubitz, K.-M.,Softwaresysteme (1997), S. 784 ff., Schotten, M., Vogeler, C., PPS (1994), S. 54, Roos, E., Hirt, K., Krings, K., Marktspiegel (1992), S. 116 ff.

[447] Vgl. z.B. Knoop, J., Online-Kostenrechnung (1986), Siegwart, H., Raas, F., CIM (1991), Renner, A., Kostenorientierte Produktionssteuerung (1991), Kleiner, F., Automatisierung (1991), Mayer, R., Flexible Automatisierung (1991), Daube, K., CIM-orientierte Kostenrechnung (1991), Kaiser, K., Produktion (1991).

[448] Eine Ausnahme stellt hier Knoop dar, der die Möglichkeiten einer kostenorientierten Reihenfolgeplanung unter Einbindung von BDE- und FFS-Komponenten untersucht.

[449] Weber, J., im Geleitwort zu Daube, K., CIM-orientierte Kostenrechnung (1991), S. V.

[450] Vgl. Weber, J., Entfeinerung (1992); Daube, K., CIM-orientierte Kostenrechnung (1991), S. 164 ff..

Leistungsrechnung in letzter Zeit vermehrt geäußert wird[451], sollte nicht übersehen werden, daß eine solche Vereinfachung in der Praxis schon stattfindet bzw. extrem differenzierende Ansätze weitgehend ignoriert wurden.

Weitere Ansätze

Chmielewicz stellt in seinem Integrationsmodell vor allem auf die Integration von Mengen- und Finanzplanung ab[452]. Eine differenzierte Darstellung von PPS- und KLR-Komponenten erfolgt nicht.

Scheer beschrieb bereits 1976 ein Beispiel für den Aufbau eines Simultanmodells aus PPS-Datenbeständen[453], ergänzte diesen Ansatz aber wegen Problemen bei der Realisierung um Überlegungen zu sequentiellen Modellen. Allerdings beschränkte sich dieser Ansatz auf die Bereiche der PPS.

Im Folgenden werden Veröffentlichungen zu den Themenkreisen „Kosten- und Leistungsrechnung und CIM“ sowie „Kosten- und Leistungsrechnung und PPS“ kurz dargestellt.

5.3.2 Kosten- und Leistungsrechnung und CIM

Daube[454] diskutiert die Gestaltung der KLR für die computerintegrierte Produktion, wobei er darauf abhebt, daß verschiedene Funktionen der KLR „entfeinert“ werden sollten, während andere, gefördert durch die System-Infrastruktur, verfeinert werden könnten. Dabei sieht er Bedarf für eine vereinfachte Basis-Datenversorgung, während für Entscheidungen Sonderauswertungen herangezogen werden sollen. Entfeinert werden sollen die „Kostenstellenrechnung im klassischen Fertigungsbereich“[455] sowie die „detaillierte Produktionskostenrechnung“[456], da hier „nur noch marginal Kosten beeinflußt werden können“. Eine Verfeinerung sollen die Bereiche Konstruktion und Entwicklung erfahren. Die damit verbundene stärkere Gewichtung von Vorlaufkosten und fertigungsunterstützenden Kosten schlägt sich auch in der Forderung nach einer Lebenszyklusrechnung und Prozeßkostenrechnung nieder. Ausgehend von der These, daß Grenzkostenrechnungen (im Gegensatz zu Vollkostenrechnungen) keine Gemeinkosten verrechnen[457], Vollkostenrechnungen die Gemeinkosten dagegen „undifferenziert“[458] in die Produkte eingehen lassen, fordert Daube den Einsatz mehrerer alternativer

---

[451] Vgl. z.B. die Arbeiten von Johnson und Kaplan u.a., s. Kapitel 1 dieser Arbeit.

[452] Vgl. Chmielewicz, K., Integration (1972).

[453] Vgl. Scheer, A.-W., Datenbank (1976).

[454] Vgl. Daube, K., CIM-orientierte Kostenrechnung (1991).

[455] Daube, K., CIM-orientierte Kostenrechnung (1991), S. 164.

[456] Daube, K., CIM-orientierte Kostenrechnung (1991), S. 222, ähnlich S. 164 f.

[457] Vgl. Daube, K., CIM-orientierte Kostenrechnung (1991), S. 222.

[458] Daube, K., CIM-orientierte Kostenrechnung (1991), S. 222.

Kostenrechnungssysteme[459], was angesichts der gleichzeitigen gewünschten „Entfeinerung" allerdings überrascht.

Die Arbeit von Lompa[460] stellt eine eher allgemein und abstrakt gehaltene Auseinandersetzung mit den Anforderungen von CIM-Umfeldern an die Kostenrechnung dar. Gefordert wird dabei eine Anpassung der Kostenartenrechnung (in Form einer stärkeren Differenzierung des Kostenartenplans[461]), eine stärkere Differenzierung der Kostenstellenrechnung[462] einschließlich Bezugsgrößenkalkulation statt einer Lohnzuschlagskalkulation[463] sowie der Verzicht auf Zuschlagskalkulationen zugunsten einer Bezugsgrößenkalkulation im Rahmen der Kostenträgerrechnung[464]. Wesentliche Teile der Forderungen gelten unabhängig vom CIM-Umfeld und sind in vielen Betrieben bereits Standard.

Wie schon Daube und Lompa setzen sich auch Siegwart / Raas[465] mit den Folgen der CIM-Konzeption für die KLR (sowie andere Rechnungswesen-Komponenten) auseinander. Sie sehen Bedarf für „vier unterschiedliche Kostenstellenrechnungen"[466] für Fertigung, Forschung und Entwicklung, Verwaltung und Vertrieb, um den jeweiligen Besonderheiten gerecht zu werden. Zudem sind die Kostenstellen stärker zu differenzieren, um eine genauere Kalkulation zu ermöglichen[467]. Für die Kalkulation wird untersucht, wie die Besonderheiten Flexibler Fertigungssysteme (FFS) abgebildet werden können. Dabei wird auf Systemstundensätze (für die Bearbeitungs- und Transportsysteme, das Personal und die Peripherie) zurückgegriffen[468], was einer Bezugsgrößenkalkulation mit vier Kosteneinflußgrößen entspricht. Als Kostenrechnungssystem wird die flexible Plankostenrechnung[469] zugrunde gelegt, wobei eine parallele Kalkulation mit Teil- und Vollkosten erfolgen soll.

5.3.3 Kosten- und Leistungsrechnung und PPS

Kleiner[470] untersucht die Kapazitätswirkung von ausgewählten Freiheitsgraden unter Berücksichtigung von Kosteneinflüssen. Prozeßbedingungen werden dabei nicht berücksichtigt, ebenso werden indirekte Bereiche nicht explizit eingeschlossen, lediglich indirekte Leistungen der direkten Stellen, z.B. Transport, werden ausgewiesen. Am Beispiel eines Flexiblen

---

[459] Vgl. Daube, K., CIM-orientierte Kostenrechnung (1991), S. 224.
[460] Vgl. Lompa, B., Weiterentwicklung (1994).
[461] Vgl. Lompa, B., Weiterentwicklung (1994), S. 202 ff.
[462] Vgl. Lompa, B., Weiterentwicklung (1994), S. 209 ff.
[463] Vgl. Lompa, B., Weiterentwicklung (1994), S. 226 ff.
[464] Vgl. Lompa, B., Weiterentwicklung (1994), S. 249 ff.
[465] Vgl. Siegwart, H., Raas, F., CIM (1991).
[466] Vgl. Siegwart, H., Raas, F., CIM (1991), S. 144.
[467] Vgl. Siegwart, H., Raas, F., CIM (1991), S. 151 ff.
[468] Vgl. Siegwart, H., Raas, F., CIM (1991), S. 219 ff.
[469] Vgl. Siegwart, H., Raas, F., CIM (1991), S. 224.
[470] Vgl. Kleiner, F., Automatisierung (1991).

Montagesystems werden Probleme der Kostenzurechnung bei Durchlauffreizügigkeit und die Kostenwirkungen von Kapazitätsanpassungen untersucht. Allerdings erfolgt eine Beschränkung auf die Fertigungsbereiche, d.h. Kosten indirekter Bereiche werden ebenso ausgeklammert wie Probleme der Erlösrechnung[471].

Im Gegensatz dazu betrachtet Renner[472] nur Freiheitsgrade des Ablaufmanagements. Die vorgelagerte Programmplanung wird bewußt ausgeklammert. Als relevante Einflußgrößen werden damit ausgewählte Prozeßbedingungen (Reihenfolge über Prioritätsregeln, Arbeitsplätze, Aktivitäten bei Rüsten bzw. Unterbrechen), nicht aber das Produktionsprogramm betrachtet. Indirekte Bereiche werden teilweise berücksichtigt, als „Kostenrechnungssystem" für die teilweise sehr kurzfristigen Entscheidungen kommt die Prozeßkostenrechnung zum Einsatz, obwohl deren Vollkostencharakter zu Problemen führt, wie der Autor an verschiedenen Stellen einräumt[473]. Die mangelnde Eignung der Prozeßkostenrechnung als Informationsgrundlage für kurzfristige Entscheidungen wird diskutiert und ohne Begründung verworfen[474]. Die Arbeit stellt einen frühen Ansatz zur kostenorientierten Ablaufsteuerung im Umfeld eines Flexiblen Fertigungssystems dar, der aber durch die Konzentration auf die Prozeßkostenrechnung auch für die zugrundeliegenden kurzfristigen Fragestellungen kritisch betrachtet werden muß.

Kaiser[475] differenziert zwischen einer kurzfristigen und einer periodischen Rechnung. Für die periodische Rechnung („periodische Gesamtbeurteilung" im Sinne einer Ergebniszeitrechnung) sowie die Stückkostenermittlung (Ergebnisstückrechnung) ist demnach die „herkömmliche" [476] Kosten- und Leistungsrechnung zuständig. Ergänzend dazu wird ein System von Kennzahlen zur Beurteilung operativer Fragestellungen und Maßnahmen[477] aufgebaut, das auf den erweiterten Möglichkeiten der Datenerfassung automatisierter Produktionsanlagen basiert und Mengen-, Zeit- und Wertgrößen einbindet. Eine Diskussion des verwendeten Kostenrechnungssystems findet sich nicht. Dagegen werden beispielsweise Brutto-Lohn- und Gehaltskosten und Sozialkosten als (kurzfristig) beeinflußbare Kennzahl bezeichnet[478]. Während die Ergänzung der periodischen KLR um eine fallbezogene bzw. „operative" Rechnung einen durchaus interessanten Ansatz darstellt, der auch in dieser Arbeit aufgegriffen wird, erscheint die oberflächliche Behandlung der zugrundeliegenden Kostenkonzepte problematisch.

---

[471] Vgl. Kleiner, F., Automatisierung (1991), S. 155 sowie S. 266.

[472] Vgl. Renner, A., Kostenorientierte Produktionssteuerung (1991).

[473] Vgl. Renner, A., Kostenorientierte Produktionssteuerung (1991), S. 32, 74, 115, 122 und 128.

[474] Vgl Renner, A., Kostenorientierte Produktionssteuerung (1991), S. 32.

[475] Vgl. Kaiser, K., Produktion (1991), S. 213.

[476] Kaiser, K., Produktion (1991), S. 213.

[477] Vgl. Kaiser, K., Produktion (1991), S. 74.

[478] Vgl. Kaiser, K., Produktion (1991), S. 128.

Die Arbeit von Burger[479] weist von den in diesem Kapitel betrachteten Veröffentlichungen die umfassendste theoretische Fundierung auf. Ausgehend von einer Darstellung der Eigenschaften flexibler Fertigungssysteme (FFS) untersucht Burger die Merkmale entscheidungsorientierter Kostenrechnungssysteme. Er analysiert die semiotischen Dimensionen von Kostenrechnungsmodellen[480], den Relevanzbegriff im Kontext der Kostenrechnung sowie die theoretischen Grundlagen der Kostenzurechnung[481]. Auf dieser Basis werden die Rechnungszwecke für eine Kostenrechnung im FFS-Umfeld, gegliedert nach dem Lebenszyklus von Produkten im Unternehmen und dem prozessualen Ablauf, dargestellt[482]. Schließlich wird an Beispielen gezeigt, wie im FFS relevante Faktorverbräuche ermittelt und ausgewertet werden können. Die formal sehr anspruchsvolle Arbeit beschränkt sich auf Fragen der Kostenzurechnung im FFS-Umfeld und liefert nur bedingt praktisch umsetzbare Ansätze.

5.3.4 Neue Aspekte der vorliegenden Arbeit

Wie im vorangehenden Kapitel dargestellt, hat insbesondere der Wandel in der Fertigungstechnik und -organisation eine Reihe von Arbeiten zur Rolle der Kosten- und Leistungsrechnung im Zusammenspiel mit der Produktionsplanung und -steuerung hervorgebracht. Im Folgenden soll kurz erläutert werden, welche neuen Aspekte dem gegenüber von der vorliegenden Arbeit erwartet werden können.

- Die vorliegende Arbeit weist eine umfassende produktions- und kostentheoretische Fundierung auf. Dies schließt die Einführung eines modifizierten Input-Output-Modells ein, das die Problemstellungen der Kostenrechnungstheorie mit abdeckt.
- Es erfolgt eine systematische Darstellung der Methoden der Produktionsplanung und -steuerung und der Kosten- und Leistungsrechnung im Rahmen des genannten Input-Output-Modells.
- Die Integration der beiden Rechensysteme wird detailliert sowohl auf funktionaler als auch auf Datenebene dargestellt.
- Eine umfassende Diskussion des Begriffes der relevanten Kosten unter Einbeziehung neuerer Entwicklungen der KLR (Prozeßkostenrechnung, Primärkostenrechnung, Fixkostenmanagement) und die kritische Untersuchung der in Frage kommenden Kostenrechnungssysteme führt zu einer Modifikation der dynamischen Grenzplankostenrechnung. Dabei wird wiederum auf das zugrundeliegende produktionstheoretische Modell zurückgegriffen.

---

[479] Vgl. Burger, A., Kostenrechnung (1992).

[480] Vgl. Burger, A., Kostenrechnung (1992), S. 84 ff.

[481] Vgl. Burger, A., Kostenrechnung (1992), S. 99 ff.

[482] Vgl. Burger, A., Kostenrechnung (1992), S. 126 ff.

- Für vier Entscheidungsebenen (Absatzplanung, Programmplanung, Ablaufplanung und Fertigungssteuerung) im Rahmen der Planung und Disposition der Leistungserstellung werden Freiheitsgrade und Entscheidungsmodelle dargestellt, die auf den zuvor beschriebenen Erweiterungen von PPS und KLR basieren. Es wird der Aufbau von geeigneten entscheidungsunterstützenden, deterministischen Simulationsmodellen beschrieben und die jeweils geeigneten PPS-Verfahren und relevanten Kosten diskutiert.
- Diese Modellvarianten münden in das Konzept eines umfassenden, dezentral organisierten Kosten- und Ergebniscontrolling mit zahlreichen Ansätzen zu weiterführenden Auswertungen (mengen-, wert- und zahlungsorientiert).
- Implementierungsbeispiele in Form von Fallstudien (ein Fertigungsbetrieb und ein Dienstleister) zeigen Ansätze für die praktische Umsetzung des zuvor dargestellten Instrumentariums unter Einsatz einer vom Verfasser entwickelten PC-gestützten Softwarelösung.

5.4 Grundkonzept für ein Fertigungscontrolling

In diesem Kapitel wird (mit zunehmender Konkretisierung) ein Konzept für ein Fertigungscontrolling erarbeitet, das auf der Integration von Grunddaten und Funktionen von PPS und KLR basiert. Ergebnis ist ein Modell, das die Zusammenhänge des Leistungserstellungsprozesses sowie der dazu bereitgestellten Infrastruktur so abbildet, daß Prognosen hinsichtlich der Konsequenzen unterschiedlichster Maßnahmen ermittelt werden können. Um also den Gegensatz von Systemmonismus und Zweckpluralismus aufzuheben, werden elementare Zusammenhänge modelliert, die die Erstellung von Sonderrechnungen weitgehend automatisieren sollen.

5.4.1 Vorgehensweise und Aufbau

Ein Simulationsmodell der Fertigung erfordert eine möglichst wirklichkeitsgetreue Abbildung der Elemente und Beziehungen der Realität, um Rückschlüsse auf reale Wirkungen zu erlauben. Gleichzeitig muß eine Vereinfachung hinsichtlich Modellumfang und -detaillierungsgrad erfolgen, um die Aufgabe des Modells zu erfüllen. Dazu erfolgt eine Reduzierung der Darstellung auf die relevanten Elemente des betrachteten Realitätsausschnitts. Die relevanten Elemente des Realsystems werden des weiteren noch in Äquivalenzklassen kategorisiert[483]. Diese Klassen werden im Modell abgebildet, „wobei jeder Äquivalenzklasse von Objekten des Realsystems genau ein Element des Modells entspricht“[484]. Diese Kategorisierung führt zu einer Mehreindeutigkeit[485] der Abbildung der Elemente. Die Relationen zwischen Elementen allerdings sind eindeutig abzubilden, daher ist ein Modell „eine

[483] Vgl. zu diesen Ausführungen auch Kapitel 2 dieser Arbeit.

[484] Bamberg, G., Coenenberg, A. G., Entscheidungslehre (1996), S. 13.

[485] Vgl. Bamberg, G., Coenenberg, A. G., Entscheidungslehre (1996), S. 13.

zweckorientierte relationseindeutige Abbildung der Realität“[486], die Strukturähnlichkeit (Homomorphie) anstrebt - Strukturgleichheit (Isomorphie) ist durch die Forderung nach Vereinfachung ausgeschlossen[487].

Da die Aufgabe der Simulation die Entscheidungsunterstützung ist, muß das Entscheidungsfeld[488] abgebildet werden. Dieses repräsentiert „die Menge und Art der Personen und Sachen, die durch einen Willensakt direkt oder indirekt beeinflußt werden können, und die Gegebenheiten der Umwelt, die den Erfolg der Willensakte beeinflussen"[489]. Die Umwelt wird als nicht beeinflußbares Umsystem betrachtet[490], das z verschiedene Zustände annehmen kann. Wird unterstellt, daß irgendeiner dieser Zustände eintreten wird, so liegt eine Situation der Unsicherheit vor. Sind subjektive oder objektive Wahrscheinlichkeiten für das Eintreten der z Zustände bekannt, so liegt eine Risikosituation vor, für den Fall, daß der wahre Umweltzustand bekannt ist, eine Sicherheitssituation. Ein Informationsrisiko liegt vor, wenn nicht alle möglichen Umsystem-Zustände bekannt sind[491].

Der beeinflußbare Teil des Entscheidungsfelds stellt das „Aktionsfeld“[492] dar. Durch Bewertung[493] der alternativen Aktionen oder Aktionsbündel (auch Freiheitsgrade oder Aktionsparameter genannt[494]) entsteht ein Ergebnisraum. „Der Vorgang der Bewertung einer Aktion besteht ... aus zwei Schritten: nämlich der Zuordnung von Geldbeträgen ... zu Aktionen und aus dem Vergleich mit der als Vergleichsbasis gewählten Aktion“[495] - „Der Hauptinhalt der Entscheidungstheorie besteht in einer Systematisierung des Vergleichs“[496]. Es ist also zunächst der Aktionsraum zu definieren, um daraus den Ergebnisraum ableiten zu können. „Damit eine reale Situation mit mehreren vom Entscheider als solche erkannten Wahlmöglichkeiten gedanklich durchdrungen werden kann, ist sie zuerst sprachlich zu fassen. Diese Abbildung der realen Wahlsituation ist das Entscheidungsmodell“[497]. Ein Entscheidungsmodell beinhaltet

---

[486] Bamberg, G., Coenenberg, A. G., Entscheidungslehre (1996), S. 13.

[487] Vgl. zu den verschiedenen Ansichten hinsichtlich der Anwendbarkeit des Isomorpie-Begriffes in (betriebswirtschaftlichen) Modellen Schwab, H., Modelltechnologische Grundlagen (1978), S. 15, Fußnote 1 sowie Bamberg, G., Coenenberg, A. G., Entscheidungslehre (1996), S. 13.

[488] Vgl. Engels, W., Bewertungslehre (1962), S. 93 ff.; Bamberg, G., Coenenberg, A. G., Entscheidungslehre (1996), S. 14 ff. Es wird im Folgenden immer von geschlossenen Entscheidungsfeldern ausgegangen, vgl. Schlüchtermann, J., Planung (1996), S. 1f.

[489] Engels, W., Bewertungslehre (1962), S. 94.

[490] Vgl. Engels, W., Bewertungslehre (1962), S. 94; anderer Meinung ist z.B. Frese, E., Grundlagen (1993), S. 13 (Fußnote 2).

[491] Vgl. Schneider, D., Finanzierung (1990), S. 341 ff.

[492] Engels, W., Bewertungslehre (1962), S. 94.

[493] Vgl. Engels, W., Bewertungslehre (1962), S. 94 („Eine Menge von Aktionen wird durch eine Zielfunktion geordnet, den Ordnungsfaktor nennen wir Wert“).

[494] Vgl. Engels, W., Bewertungslehre (1962), S. 94.

[495] Bohr, K., Wertbegriff (1985), S. 66 f. Bohr geht davon aus, daß Entscheidungsmodelle sich auf der Ebene der Zahlungen bewegen und auf einen „Durchgriff bis zum Konsumstrom“ verzichtet wird.

[496] Engels, W., Bewertungslehre (1962), S. 93.

[497] Bohr, K., Wertbegriff (1985), S. 67.

also die Darstellung der für eine Entscheidung relevanten Objekte und Beziehungen sowie die funktionalen oder empirischen Zusammenhänge zwischen einer Aktion und dem Ergebnisraum. Damit dies unabhängig von der konkreten Aktion möglich ist, müssen Bewertungsfunktionen gefunden werden, die die Abbildung von Aktionen auf (reelle) Zahlen im Ergebnisraum ermöglichen. Dies erfolgt im vorliegenden Modell derart, daß die Wirkungen von Aktionen auf Faktormengen abgebildet werden, die sofort oder in einem zweiten Schritt bewertet werden. Das zugrundeliegende Modell enthält mehrere Abhängigkeitsstufen: Wird beispielsweise die Produktionsmenge einer Leistungsart erhöht, so erfolgt eine Ermittlung der neuen Inputs laut Stückliste oder Rezeptur, anschließend werden die benötigten Prozeßmengen laut Arbeits- und Prozeßplänen errechnet. Diese wiederum sind Grundlage der Zurechnung von Gemeinkosten. Damit wird deutlich, daß das Modell aus zwei Komponenten besteht: aus einer Grundrechnung und einer Auswertungsrechnung. „In der Grundrechnung wird von konkreten Aktionen abstrahiert; hier interessieren die Wirkungen der Variation der unabhängigen Variablen oder Einflußgrößen *ohne konkreten Entscheidungsfeldbezug*"[498]. Im Rahmen der KLR ist dieser Begriff gängig, allerdings (insbesondere im Zusammenhang mit Riebels Einzelkosten- und Deckungsbeitragsrechnung) meist in Verbindung mit Istkosten. Die Abbildung von Plandaten dagegen wird kaum diskutiert. In diesem Sinne stellt eine Kostenplanung (Beschäftigungsplanung und Budgetierung) eine Grundrechnung dar, da die Beziehung zwischen Beschäftigung und Kosten unabhängig von bestimmten Aktionen abgebildet wird[499]. Im Rahmen der PPS stellen Stücklisten / Rezepturen, Arbeits- und Prozeßpläne die Grundrechnung dar. Hier müssen die funktionalen Zusammenhänge allgemein hinterlegt werden, die später im Rahmen der Auswertungsrechnungen (Mengenübersicht, Verwendungsnachweis, Sekundärbedarfsrechnung, Kapazitätsbedarfsrechnung, aber auch Losgrößenänderung, Wahl eines alternativen Verfahrens etc.) verwendet werden. Die Faktoreinsatzmatrix in Kapitel 2 dieser Arbeit spiegelt die funktionalen Zusammenhänge dieser Grundrechnung wieder und berücksichtigt darüber hinaus auch die Faktorverbräuche der Kostenstellen.

Wesentliche Zusammenhänge allerdings werden typischerweise nicht explizit abgebildet: So führt die Änderung der Ausstattung (mit Personal oder Betriebsmitteln) zu veränderten Kostenstrukturen - entsprechende Modifiktionen der Grundrechnung sind bisher fallweise manuell abzubilden. Ebenso führt eine Änderung der Absatz- oder Programmplanung zu Veränderungen in der Kapazitätsnachfrage, aber auch bei Beschäftigung, Herstellkosten und Ergebnis. Diese Zusammenhänge werden meist verkürzt dargestellt, indem von konstanten variablen (nicht Leistungs-)Kosten ausgegangen und auf eine Darstellung der Vollkosten (bzw. der Beschäftigungsabweichung) verzichtet wird. Das vorzustellende Modell soll die

---

[498] Burger, A., Kostenrechnung (1992), S. 101.

[499] Voraussetzung ist allerdings die eindeutige Definition des Entscheidungsfeldes in sachlicher und zeitlicher Hinsicht.

Zusammenhänge sowohl innerhalb der Rechnungskreise PPS und KLR abbilden als auch die zahlreichen Querverbindungen zwischen Kapazitäten, Beschäftigungsgraden, Plankosten, Stückkosten und Betriebsergebnis. Als Erklärungs- und Prognosemodell stützt es sich auf Plandaten, die im Rahmen von Soll-Ist-Vergleichen der operativen Abrechnungsinstrumente mit Istwerten verglichen werden können, um die Validität der Prognosen und damit zum Teil auch der Abbildungsqualität zu überprüfen.

Das Aktionsfeld des Entscheidungsmodells wird durch definierte Freiheitsgrade repräsentiert, deren Variation zu Veränderungen im Ergebnisraum führt. Die Modellierung der Zusammenhänge zwischen der Variation der Freiheitsgrade (als „Population" des Aktionsfeldes) stellen, neben der Definition der zulässigen Freiheitsgrade, das wesentliche Problem dar. Da die betrieblichen Zusammenhänge meist komplex sind, und die Zahl der Einflußgrößen sehr groß sein kann, ist hier eine Vereinfachung unumgänglich. Da zudem Änderungen bei Daten und Funktionen immer häufiger zu erwarten sind und auch die Organisationsstrukturen sich in immer schnelleren Zyklen ändern, ist eine explizite, statische Formulierung aller Zusammenhänge weder sinnvoll noch wirtschaftlich möglich. Vielmehr werden Wirkungsketten gebildet, deren „Knoten" oder Kettenglieder jeweils nur ihre unmittelbaren Nachfolger (Wirkungen) kennen. Damit ist der Ansatz von vornherein dezentral angelegt. Zusammenhänge müssen nicht linear sein, sie können auch z.B. binär sein: Die Überschreitung der Personalkapazität kann zum Vorschlag der Kapazitätserweiterung bzw. Fremdvergabe führen, was mit einem entsprechenden Sprung der Bereitschaftskosten bzw. geänderten variablen Stückkosten und indirekten Prozessen verbunden ist.

Hinsichtlich des Entscheidungsprozesses liegt ein sequentielles Modell vor, wobei allerdings die Einbettung von Simultanverfahren für „lokale" Probleme denkbar ist. Hinsichtlich des Sachumfanges beschreibt die Arbeit ein Partialmodell, das allerdings mehrere Unternehmensbereiche abdeckt. Nicht abgedeckte Bereiche werden als Umwelt betrachtet, wobei hinsichtlich der möglichen Zustände von einer Entscheidung unter Sicherheit ausgegangen wird, was die Realität unzureichend abbildet, aber unter den gegebenen Umständen als Voraussetzung für den Einsatz des Modells zu betrachten ist.

Da der Verfahrensrahmen der PPS zu einem bedeutenden Teil das Abbild des Realsystems repräsentiert, wird er auch als Rahmen für die zu beschreibenden Teilmodelle herangezogen. Konkret wird, wie in Kapitel 3 dargestellt, auf ein MRP II-Konzept zurückgegriffen. Die darin enthaltenen Teilsysteme Absatzplanung, Programmplanung, Disposition und Fertigungssteuerung dienen als Plattformen für Simulationsmodelle. Wesentlich ist die konsequente Einbindung der KLR-Funktionalität in diese Modelle, um das Entscheidungsfeld zu vervollständigen.

Der Ansatz stellt hauptsächlich ein What-If-Modell dar: Es werden die Freiheitsgrade des jeweiligen Teilmodells aufgezeigt, und für die Ausgangslösung die Einstellungen des operativ eingesetzten Systems benutzt. Durch Veränderungen der Ausprägungen der Freiheitsgrade im

Rahmen von dispositiven Maßnahmen wird einerseits die Erreichung der Sachziele dargestellt, andererseits wird die Zielerreichung hinsichtlich der Formalziele transparent gemacht. Dazu müssen die Auswirkungen der dispositiven Maßnahmen auf die Faktorverzehre, aber auch auf die zugrundeliegenden Kostenstrukturen abgebildet werden. Wird beispielsweise eine zeitliche Anpassung in Form von Überstunden nötig, um den Kapazitätsbedarf zu befriedigen, und wurde in dieser Planungsperiode nicht mit Überstunden gerechnet und entsprechend die Kostensätze zu niedrig geplant, so entsteht natürlich am Ende der Abrechnungsperiode eine entsprechende Abweichung. Für die Entscheidungsunterstützung, also beispielsweise für die Frage, ob ein Auftrag, der die Überstunden verursacht, angenommen werden soll, kommt diese Aussage natürlich zu spät. Die Frage, die sich vielmehr in dieser Situation stellt, lautet: Verbessert dieser Auftrag das Betriebsergebnis[500] ? Da durch Variationen des Ressourceneinsatzes die Grenzkosten variieren, ist diese Frage im gegebenen Beispiel mit den Standard-Grenzkosten nicht ohne Weiteres zu beantworten.

Um die skizzierten Aufgaben als Simulationsmodell erfüllen zu können, sind parallel eine Mengen- und eine Wertrechnung zu führen. Auswirkungen von Maßnahmen oder Ereignissen sind in beiden Sphären transparent zu machen. Laufzeitkritisch ist in diesem Zusammenhang vor allem die PPS-Komponente, da hier große Datenmengen zugrundeliegen. Allerdings ist zu berücksichtigen, daß durch viele Maßnahmen nicht alle Leistungsarten oder alle Ressourcen betroffen sind. Daher genügt meist ein sogenannter net change, d.h. die isolierte Darstellung der Änderungen der betroffenen Objekte. Aber es gibt auch Maßnahmen oder Ereignisse, die einen Neuaufwurf der gesamten Planung erfordern[501]. Hier kann im Rahmen der Absatz- und Programmplanung (teilweise oder durchgängig) auf aggregierte Daten zurückgegriffen werden.

Auf Basis der in Kapitel 3 und 4 dargestellten Verfahren wird in diesem Kapitel ein Ansatz dargestellt, der eine ergebnisorientierte Produktionsplanung und -steuerung einerseits und eine aussagekräftige Kosten- und Leistungsrechnung andererseits ermöglichen soll.

Der Ansatz beruht darauf, daß im Rahmen der PPS ein differenziertes, mengenorientiertes Abbild des Leistungserstellungsprozesses aufgebaut und gepflegt wird, das weitgehend an Sachzielen orientiert ist, zugleich aber immer wieder auf Kostengrößen zurückgreift (z.B. in Form von Rüst- und Stückkosten zur Programmplanung). Andererseits zieht die KLR Daten der PPS zur Ermittlung von Beschäftigungsgraden, Stückkosten etc. heran. Ein monolithisches Integrationsmodell birgt die Gefahr der Intransparenz und geringer Flexibilität oder aber hoher Komplexität für den Modellanwender in sich. Es wird daher ein Ansatz angestrebt, der

---

500 Es wird unterstellt, daß als Formalziel eine oder mehrere Erfolgsgrößen definiert wurden, die sich aus dem Betriebsergebnis ableiten.

501 Ein Neuaufwurf wird z.B. erzwungen, wenn die Programmplanung global verändert wird (Mengenänderung über alle geplanten Artikel).

überschaubare Komplexität und Flexibilität ermöglicht, ohne die Integration zu vernachlässigen.

Grundgedanke dabei ist die Bildung von Modell-„Komponenten“, die Teilaspekte der Gesamtaufgaben des Modells repräsentieren und nach außen klare Schnittstellen aufweisen. Die Kommunikation zwischen den Komponenten erfolgt über Nachrichten. Dieser Komponentenansatz entspricht zugleich aktuellen Konzepten der Informatik und wird seit einiger Zeit auch von namhaften Software-Herstellern angestrebt. Allerdings sind die dort gebildeten Komponenten wesentlich weniger granular[502]. Als Ausgangspunkt für die Bildung der Komponenten werden die in Kapitel 3 und 4 herausgearbeiteten Grundfunktionen herangezogen. Eine entsprechende Analyse dieser Grundfunktionen auf innere Homogenität und die nötige Kommunikation mit anderen Grundfunktionen ergibt die in Tabelle 5-1 dargestellten „Bausteine“ des Teilmodells „Planung“ eines integrierten Fertigungscontrolling. Eine typische Verknüpfung dieser Komponenten zu einem Gesamtsystem wird im Rahmen der Fallstudien in Kapitel 6.1 gezeigt (siehe die dortige Abbildung 6-3). Eine Darstellung der möglichen Maßnahmen (Freiheitsgrade) wird in den folgenden Kapiteln sowie als Übersicht in in Kapitel 5.4.4. (siehe die dortige Tabelle 5-3) dargestellt.

Komponente	entstammt
Leistungsarten	PPS
Programmplanung	PPS
Grunddaten	PPS
Mengenübersicht	PPS
Leistungsübersicht	PPS
Kapazitätsabgleich	PPS
Kapazitätsangebot	PPS
Ressourcenmanagement	PPS/KLR
Ressourcenkosten	KLR
Budget (mit sonstigen GMK)	KLR
Umlageschlüssel	KLR
Kostensätze (mit Plan-IBL)	KLR
Verrechnungssätze	KLR
Kalkulation	KLR/PPS
Ergebnis	KLR

Tabelle 5-1: Komponenten des Modells.

Das Abbild (Modell) der Prozesse der Leistungserstellung wird nun zur (vorwiegend deterministischen) Simulation herangezogen. Da von einer sequentiellen Planung ausgegangen

[502] So kündigten sowohl die Firma SAP als auch ihr Konkurrent Baan die „Zerlegung“ ihrer Gesamtlösungen in Teilmodule wie z.B. Rechnungswesen oder PPS an, um insbesondere die Update-Probleme integrierter Lösungen zu entschärfen.

wird, handelt es sich im Grunde um mehrere Modelle, die mit abnehmendem Zeithorizont detaillierter werden, wobei zugleich die Freiheitsgrade abnehmen.

Vier Modell-„Varianten“ oder Teilmodelle werden prinzipiell unterschieden:

- Absatzplanung
- Programmplanung
- Prozeßplanung (Ablaufmanagement)
- Fertigungssteuerung

wobei allerdings der Schwerpunkt auf Programmplanung und Prozeßplanung gelegt wird.

5.4.2 Erweiterungen der PPS

Um die durchgängige Abbildung der vorstehend beschriebenen Zusammenhänge zu gewährleisten, ist es notwendig, die Grunddaten der PPS dahingehend zu erweitern, daß das Realprozeßmodell der PPS und das Bezugsgrößenmodell der KLR ineinandergreifen können. Dazu sind weniger neue Elemente notwendig, vielmehr sind vorrangig Verknüpfungen zu schaffen. Dies betrifft im Wesentlichen Teilestamm, Arbeitsgangstamm sowie Arbeitspläne.

Im Bereich des Einzelmaterials ist diese Verbindung oft schon vorhanden, da für Zwecke der Verbrauchsbewertung den Artikeln (eigengefertigt wie fremdbezogen) Kostenarten (bzw. Aufwandskonten) sowie Bewertungsgrößen zugeordnet sind.

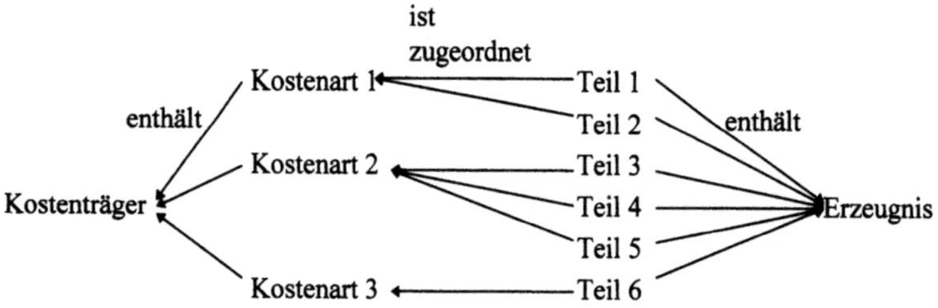

Abbildung 5-3: Die Beziehung zwischen Artikel und Kostenart.

Im Falle von Fremdteilen sind Planpreise, (gleitende) Durchschnittspreise sowie letzte Einkaufspreise sinnvoll, eigengefertigte Leistungen dagegen sollten für eine differenzierte Darstellung der weitergewälzten Herstellkosten die Kostenstruktur entsprechend detailliert darstellen (z.B. Materialkosten, Materialgemeinkosten, Fertigungskosten, Sondereinzelkosten der Fertigung etc., wobei für alle Positionen jeweils variable und volle Anteile auszuweisen sind).

Im Bereich der Prozesse muß ein Prozeß-Stammdatum mindestens die leistungsabgebende Einheit sowie die Leistungsart (für den Fall heterogener Leistungsabgabe) beinhalten. Leistungsarten sind in PPS-Daten typischerweise nicht vorgesehen, hier wird standardmäßig lediglich zwischen den Kategorien "Rüstzeit" (t_r) und "Stückzeit" (t_e) unterschieden. Dies kann zu einer unvollständigen oder unzulänglichen Abbildung der realen Situation führen[503]:

Ausgedrückt werden soll durch t_r, daß diese Leistungseinheit je Fertigungsauftrag bzw. Fertigungslos nur einmal auftritt. Tatsächlich gibt es neben Rüstzeiten eine Vielfalt an anderen derartigen "auftrags- bzw. losfixen" Zeiten (Qualitätssicherung, Transport, Lagerung etc.). Die indirekten Prozesse (aus Einkauf, Lager, Arbeitsvorbereitung etc.) beziehen sich sogar in aller Regel nicht auf eine Leistungsobjekt-Einheit, sondern auf einen Auftrag oder ein Fertigungslos, d.h. auf eine Menge von Leistungsobjekten. Da eine Aktivität typischerweise eindeutig der Gruppe der auftragsfixen oder der nicht auftragsfixen (damit leistungseinheits-proportionalen oder volumenorientierten) Aktivitäten zugeordnet werden kann, ist diese Kategorisierung schon bei den Stammdaten der Prozesse vorzunehmen.

Treten die Einsatzfaktoren "menschliche Arbeit" und "Betriebsmittel" nicht in einem für alle Output-Objekte konstant proportionalen Verhältnis auf, so kann dieser Sachverhalt mit obigem Konzept nicht eindeutig abgebildet werden, da t_e im Sinne eine Bearbeitungszeit (im Gegensatz zu t_r als auftrags- bzw. losfixe Zeit) nur entweder Fertigungszeit (Personalzeit als dominierendes Element) oder Maschinenzeit (Betriebsmittel-Dominanz) widerspiegeln kann. In den immer häufiger vorkommenden Fällen der Mehrmaschinenbedienung bzw. von Aufsichtstätigkeiten an mehreren Maschinen, oder auch nur durch die Gegebenheiten von Tarifverträgen, können Fertigungs-(Personal-)Zeit und Maschinenzeit sich unterscheiden. Problematisch wird dies besonders dann, wenn die Mensch-Maschinenzeit-Relation abhängig von der zu erbringenden Leistung (z.B. Baugruppe) variiert. Es liegt dann eine heterogene Leistungsabgabe vor, wobei die verschiedenen Leistungen nicht ineinander überführt werden können[504]. Damit kommt es zu Interessenkonflikten:

Die Lohnermittlung braucht die Personalzeiten zur Ermittlung der Entlohnungsgrundlagen.

Die Terminierung braucht diejenige Leistungsart, die die Durchlaufzeit der Aktivität bestimmt (im Falle der Mehrmaschinenbedienung oder Aufsicht in aller Regel das Betriebsmittel, sonst meist die Fertigungszeit).

Die Kapazitätsrechnung braucht diejenigen Leistungsarten, die als Kapazitätsangebot verwaltet werden (üblicherweise die Größe, die auch der Terminierung zugrundeliegt).

Die Kostenrechnung braucht diejenigen Leistungsarten, die als Maßgrößen des Faktorverzehrs herangezogen werden können.

---

[503] Diese Meinung vertritt auch Chmielewicz, vgl. Chmielewicz, K., Integration (1972), S. 175f.

[504] Im Sinne der Austauschbarkeit der Maßgrößen, wie sie für Bezugsgrößen der Kostenverursachung von Rummel beschrieben wurde. Vgl. Rummel, K., Einheitliche Kostenrechnung (1967), S. 5ff. sowie zur heterogenen Kostenverursachung Kilger, W., Plankostenrechnung (1993), S. 316 ff..

Damit ergeben sich vier Zuordnungsmöglichkeiten: Eine Aktivität (ein Arbeitsgang) kann relevant sein bezüglich

- der Personalabrechnung (aber auch -disposition),
- der Durchlaufzeitermittlung,
- der Kapazitätsrechnung (Angebotsermittlung, Bedarfsermittlung, Abgleich) und / oder
- der Kostenrechnung.

Beispiele: Ein Arbeitsgang soll alternativ folgende Eigenschaften aufweisen:

(1)Ein Mitarbeiter bedient eine Drehmaschine. Es herrscht ein für alle Output-Objekte einheitliches Bedienungsverhältnis von 1:1. Die Entlohnung erfolgt in Form von Zeitlohn. Der Mitarbeiter rüstet selbständig um, dabei läuft die Maschine weiter.

(2)Ein Mitarbeiter bedient eine Drehmaschine. Es herrscht ein für alle Output-Objekte einheitliches Bedienungsverhältnis von 1:1. Die Entlohnung erfolgt in Form von Akkordlohn (Vorgabezeit je Output-Einheit). Die Umrüstung erfolgt durch einen Einrichter, der einer höheren Lohngruppe angehört als der Bediener.

(3)Ein Mitarbeiter bedient zwei Drehmaschinen. Er muß die Zuführungsmagazine auffüllen und die Maschinen beaufsichtigen. Die benötigte Zeit ist unabhängig von Werkstoff und Teiltyp. Es sind immer beide Maschinen oder keine belegt. Es herrscht daher ein für alle Output-Objekte einheitliches Bedienungsverhältnis von 1:2. Die Entlohnung erfolgt in Form von Zeitlohn. Der Bediener rüstet selbständig um. Dabei läuft die jeweilige Maschine.

(4)Ein oder mehrere Mitarbeiter bedienen zwei Drehmaschinen. Sie müssen die Zuführungsmagazine auffüllen und die Maschinen beaufsichtigen. Die benötigte Zeit ist abhängig von Werkstoff und Teiltyp. Die Maschinen können unabhängig voneinander leerlaufen. Es herrscht daher ein Output-Objekt-abhängiges Bedienungsverhältnis. Die Entlohnung erfolgt in Form von Zeitlohn. Der / die Bediener rüsten auch um. Dabei steht die jeweilige Maschine still.

Damit ist dieser Arbeitsgang relevant für:

Fall:	Leistungsart	Personal	Durchlaufzeit	Kapazität	Kostenrechnung	Bezugsgröße
(1)	Fertigungszeit	J	J	J	J	Fertigungszeit
(2)	Rüstzeit	J	J	J	J	Rüstzeit
(2)	Fertigungszeit	J	N	N	J	Fertigungszeit
(2)	Maschinenzeit	N	J	J	J	Maschinenzeit
(3)	Fertigungszeit	J	N	N	N	n.a.
(3)	Maschinenzeit	N	J	J	J	Maschinenzeit
(4)	Rüstzeit	J	J	J	J	Fertigungszeit
(4)	Fertigungszeit	J	N	N	J	Fertigungszeit
(4)	Maschinenzeit	N	J	J	J	Maschinenzeit

Abbildung 5-4: Anforderungen verschiedener Rechenkreise an Arbeits- und Prozeßpläne.

Die Konzentration auf die Dimension "Zeit" ist nicht zuletzt auf die Dominanz der Aufgabe "Ermittlung von Entlohnungsgrundlagen" sowie "Durchlaufzeitermittlung" zurückzuführen. Andere Dimensionen (bearbeitete Fläche, Volumen, Masse etc.) wären grundsätzlich ebenso denkbar und können aus Kostenrechnungsgründen sogar vorzuziehen sein, weil hier entscheidend ist, zu welcher meßbaren Größe sich der Faktorverzehr (und damit der Kostenanfall) proportional verhält. So werden sich in einer Galvanik die Kosten üblicherweise proportional zur zu beschichtenden Fläche verhalten. Für die Lohnabrechnung (bei Akkordlohn) und für die Disposition (Durchlaufzeit der Aktivität "galvanisieren") wird aber die Zeit benötigt. Hier ist zu prüfen, ob ein konstantes Verhältnis von z.B. beschichteter Oberfläche zu gebrauchter Zeit besteht. Ist dies der Fall, so kann ein Umrechnungsfaktor von Bezugsgrößeneinheit zu Dispositionseinheit gefunden werden, oder aber die Kostenrechnung geht von vornherein von Zeiten aus[505]. Ist aber der Zeitbedarf nicht (allein) abhängig von der Fläche, sondern z.B. auch von der jeweiligen Baugruppe, so müßte die Umrechnung je Output-Typ (Produkt) erfolgen. Die Zusammenhänge zwischen PPS-Größen und Begriffen sowie KLR-Sicht sind in Abbildung 5-5 schematisiert.

[505] Dies würde in diesem Fall keine Beeinträchtigung darstellen, da die Austauschbarkeit der Maßgrößen bei Proportionalität gegeben wäre.

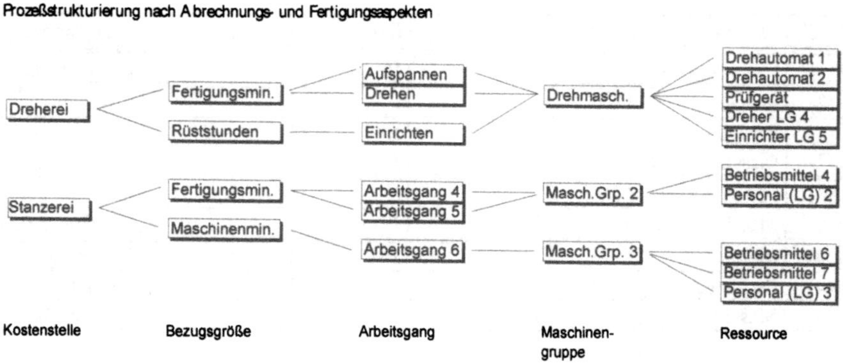

Abbildung 5-5: Die Beziehung zwischen Bezugsgröße und Arbeitsgang.

Die Abbildung der Relevanz eines Prozeßschrittes hinsichtlich Personaldisposition und -abrechnung, Durchlaufzeitermittlung, Kapazitätswirtschaft sowie Kostenrechnung kann nur bei Konstanz dieser Merkmale über alle Leistungsobjekte beim Prozeß-Stamm selbst festgelegt werden, allerdings erscheint es sinnvoll, auch im Falle heterogener Leistungsobjekte hinsichtlich dieser Kennzeichen die typische Kategorisierung als Vorgabe abzubilden, um den Aufwand beim Erstellen von Arbeits- und Prozeßplänen zu reduzieren.

In den Arbeitsplänen einer PPS erscheinen typischerweise nur Arbeitsgänge, die direkt die Fertigung betreffen. Indirekte Aktivitäten (Auftragsfreigabe, Lagerentnahmen etc.) werden nicht berücksichtigt. Diese Aktivitäten sind dem Untersuchungsfeld der Prozeßkostenrechnung zuzurechnen und werden nach Erfahrungen des Verfassers bisher häufig als Parallelrechnung durchgeführt. Da für Kalkulations- und Erfolgsrechnungszwecke ebenso wie für dispositive Zwecke in indirekten Bereichen die Zuordnung der indirekten Aktivitäten zu Leistungen bzw. Aufträgen Voraussetzung ist und die Zuordnung ebenso wie ihre Auswertung mit Mechanismen der PPS arbeitet, indem auf die Matrix **A** bzw. $(\mathbf{E}-\mathbf{A})^{-1}$ zurückgegriffen wird[506], liegt es nahe, diese Grunddaten analog zu den direkten Aktivitätsdaten zu verwalten. Dabei können die indirekten Aktivitäten entweder gemeinsam mit den direkten verwaltet werden (Arbeits- und Prozeßplan), oder aber es werden spezielle Prozeßpläne geführt.

Die in Arbeits- oder Prozeßplänen referenzierten Hauptprozesse stellen wiederum das Ergebnis einer Prozeßstrukturierung dar, da sie aus Teilprozeßmengen zusammengesetzt sind, die ihrerseits (unter Umständen kostenstellenübergreifend) physikalische Leistung ablaufbezogen bündeln. Prinzipiell kann diese Struktur auch für direkte Leistungsprozesse gelten, da auch dort die Aktivitäten als Aggregate aus Planzeit-Elementen betrachtet werden können[507].

[506] Vgl. hierzu die Darstellung in Kapitel 2 dieser Arbeit.

[507] Vgl. zum Begriff der Planzeit-Elemente vgl. Kapitel 3.4.1.3., insbesondere Abbildung 3-11.

Die vorstehend erläuterten Erweiterungen können prinzipiell unabhängig von einer bestimmten PPS-„Philosophie" betrachtet werden. Neben dem „klassischen" MRP II, das hier als Standard für die Untersuchung betrachtet wird, können auch die Erweiterungen im Dispositions- und Steuerungsbereich (BOA[508], OPT[509] etc.) abgebildet werden, da hier lediglich die Algorithmen zur Prioritätenbildung im Rahmen der Auftragsfreigabe und Steuerung modifiziert werden. Das Ergebnis dieser Verfahren liefert den Input für die Simulationsverfahren des Modells. Die dezentralen Ansätze wie JIT und Kanban sind dagegen differenzierter zu betrachten. Während auch diese Konzepte Stammdaten und Absatz- sowie Programmplanung benötigen (und sich hier auch nicht von anderen Ansätzen unterscheiden[510]), werden im Bereich Disposition und Steuerung alternative, dezentrale Lösungen verfolgt. Zentralistisch orientierte, monolithische Controllingkonzepte mit Simultanmodell- und Extremierungsansätzen passen nicht in dieses Umfeld. Das hier dargestellte Modell versucht dem durch ein ebenfalls dezentralisiertes Konzept gerecht zu werden, indem es aus Komponenten besteht, die über Nachrichten kommunizieren. Dadurch ist eine arbeitsteilige Nutzung möglich, und das Modell kann als Mechanismus zur Unterstützung einer zielorientierten Koordination dienen.

Bei Software-Lösungen zur PPS ist festzustellen, daß neben einer allgemeinen Zunahme an Funktionen eine "vertikale Integration" stattfindet, d.h., es werden der eigentlichen Fertigung vor- und nachgelagerte Elemente der Logistikkette in die PPS-Lösung integriert. Dies betrifft vor allem Einkauf, Lagerhaltung und Vertrieb. In jüngster Zeit werden aber verstärkt auch Rechnungswesenfunktionen (intern wie extern) als Teil von PPS-Paketen angeboten. Eine Marktstudie von 1994 ergab, daß ca. 45% der untersuchten PPS-Systeme Rechnungswesen-Funktionalitäten integriert hatten[511]. Allerdings ergab die gleiche Studie einen durchschnittlichen Erfüllungsgrad der als "wesentlich" bezeichneten Funktionen dieses Bereichs von 50%. Dies ist dahingehend zu deuten, daß die Hersteller den Bedarf für eine Integration des Rechnungswesens zwar teilweise erkannt haben, aber die funktionale Tiefe (noch) nicht bereitstellen können.[512].

5.4.3 Erweiterung des KLR-Konzepts

Es wird zunächst untersucht, welches KLR-Konzept die Aufgaben der Absatz-, Programm- und Ablaufplanung sowie der Steuerung erfüllen kann. Dazu ist vor allem die Möglichkeit zum Ausweis relevanter Kosten von Bedeutung. In Kapitel 4 wurden die Vollkostenrechnung, die (traditionelle) Grenzplankostenrechnung und die Einzelkosten- und Deckungsbeitrags-

---

[508] Vgl. Kapitel 3.5.2. dieser Arbeit.

[509] Vgl. Kapitel 3.5.3. dieser Arbeit.

[510] Vgl. Glaser, H., Geiger, W., Rohde, V., PPS (1992), S. 270.

[511] Vgl. Schotten, M., Vogeler, C., PPS (1994), S. 54

[512] Vgl. hierzu auch Roos, E., Hirt, K., Krings, K., Marktspiegel (1992), S. 116 ff.

rechnung untersucht. Alle drei Ansätze kommen für die vorliegende Aufgabe nicht in Frage, da die Vollkostenrechnung (alleine) keine entscheidungsrelevanten Kosten liefern kann, die Grenzplankostenrechnung nur eine pauschale Berücksichtigung der Fixkosten im Rahmen der Ergebnisrechnung vorsieht und zudem mit einem zeitlich fixierten Entscheidungsfeld operiert, und der Ansatz von Riebel trotz aller technischen und konzeptionellen Weiterentwicklungen im Bereich der Datenbanken noch immer als nicht konsequent umsetzbar zu betrachten ist. Dies liegt insbesondere an den Ansprüchen an die komplexen Bezugsgrößenhierarchien und den fehlenden Aussagen zur Kostenplanung, aber auch am (bewußten) Verzicht auf operative Aussagen wie z.B. Netto-Periodenergebnisse[513].

Es wird deshalb auf eine modifizierte Grenzplankostenrechnung zurückgegriffen, da diese mit ihrem erprobten Bezugsgrößensystem einerseits einen pragmatischen, auch in Klein- und Mittelunternehmen (KMU) umsetzbaren Ansatz repräsentiert[514], der „kompatibel" zu den in Kapitel 4 genannten Erweiterungen ist, und andererseits eine verbesserte Entscheidungsunterstützung insbesondere bei variierenden Zeithorizonten ermöglicht. Entsprechende Ansätze wurden insbesondere von Seicht[515], Kilger[516] und Scholl[517] als Weiterentwicklung der Grenzplankostenrechnung verfolgt. Allen drei Ansätzen ist gemeinsam, daß statt eines einzigen Budgets für einen Standard-Planungshorizont (typischerweise ein Jahr) alternative Kostenplanungen mit kürzeren Horizonten vorgenommen werden, wobei der Anteil der fixen Kosten mit abnehmendem Horizont steigt. Während aber Kilger Kosten, die innerhalb des betrachteten Horizonts abbaubar sind, den beschäftigungsabhängigen und mithin den variablen Kosten (im Sinne der Grenzplankostenrechnung) zurechnet, weist Seicht diese als „relativ fixe" oder „sprungfixe Kosten" aus, die restlichen Fixkosten als „absolut fixe Kosten"[518]. Dabei sollten die sprungfixen Kosten noch nach den Fristen ihrer Abbaufähigkeit differenziert werden[519]. Scholl schlägt eine Darstellung nach vier Fristigkeiten (Monat, Quartal, Halbjahr und längerfristig) vor und kombiniert dies noch mit alternativen Beschäftigungsgraden (80 %, 60 % und 0 %) je Primär- und Sekundärkostenart. Bungenstock sieht in diesem Ansatz ein Dilemma: „Einerseits ist das Raster für eine beliebige Entscheidung im Regelfall zu grob, [...]. Andererseits sind die Kosten der Bereitstellung von solchen Informationen, die in einer größeren Anzahl alternativer Entscheidungen genutzt

513 Wie Brink zeigt, können alleine schon wegen der zahlreichen Verbundeffekte im Rahmen der Beschaffung praktisch keine Kosten direkt auf Produkte bezogen werden. Darüber hinaus führt die strenge Anwendung des Identitätsprinzips dazu, daß das Entscheidungsfeld nicht einheitlich begrenzt ist, vgl. Brink, H.-J., Kostenrechnung (1978), S. 573.

514 Vgl. Brink, H.-J., Kostenrechnung (1978), S. 574.

515 Seicht erhebt den Anspruch, mit seiner „Stufenweisen Grenzkostenrechnung" Vorreiter dieses Ansatzes gewesen zu sein, vgl. Seicht, G., Dynamisierung (1991), S. 20 f.

516 Vgl. Kilger, W., Weiterentwicklung (1976).

517 Vgl. Scholl, H.-J., Plankostenrechnung (1981), S. 134 ff.

518 Seicht, G., Dynamisierung (1991), S. 19.

519 Vgl. Seicht, G., Dynamisierung (1991), S. 19.

werden können, relativ hoch"[520]. Allerdings ist „die Nutzung des Grundrechenwerks [...] nicht mehr auf Entscheidungen im Rahmen des institutionalisierten Planungssystems und deren Kontrolle beschränkt, sondern kann auf Entscheidungen in abweichenden Entscheidungsfeldern ausgedehnt werden"[521].

Die unterschiedlichen Ansätze zur Dynamisierung der Grenzplankostenrechnung sollen in nachstehender Abbildung dargestellt werden:

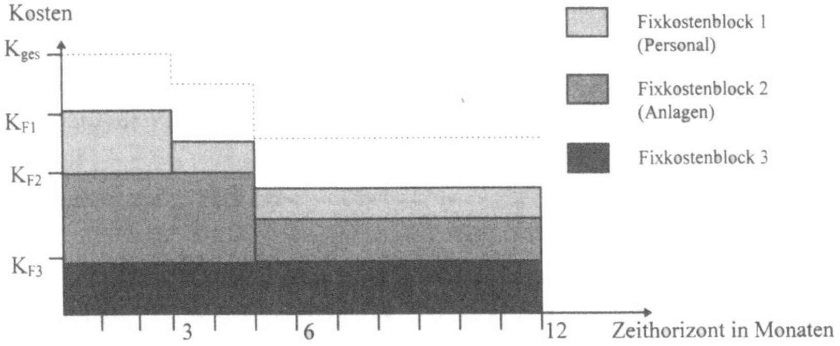

Abbildung 5-6: Fixe Kosten und abbaubare Kosten.

Ein Zahlenbeispiel soll die vorstehende Darstellung erläutern: Die betrachtete Kostenstelle soll 6 Mitarbeiter und 4 Maschinen enthalten, die jeweils untereinander austauschbar seien. Zudem bestehen langfristige Mietverträge und weitere Verpflichtungen. Die Personalkosten belaufen sich auf 300.000 DM p.a. (je 50.000 DM), die Anlagen auf 400.000 DM p.a. (je 100.000 DM). Die weiteren Fixkosten (K_{F3}) betragen in Summe 300.000 DM. Sie sind frühestens innerhalb von 12 Monaten abbaubar, während die Personalkosten jeweils zum Quartalsende und die Anlagenkosten mit fünf Monaten Vorlauf abgebaut werden können. Kosten des Abbaus sollen nicht entstehen.

Letztlich versuchen alle drei Autoren, die relevanten Kosten für verschiedene Entscheidungen mittels eines Systems darzustellen. Unterschiede ergeben sich in der Art, wie die entscheidungsrelevanten Kosten definiert und ermittelt werden. Aus vorstehender Abbildung ergibt sich, daß im Ausgangspunkt der Planung fixe Kosten in Höhe von K_{F1} bestehen. Bezogen auf den Zeitpunkt 0 können Ressourcen zum Quartalsende abgebaut werden. Dies führt zu einer Fixkostenreduktion in Höhe von K_{F1}-K_{F2}. Alle drei betrachteten Autoren würden die fixen Kosten der Monate 1 bis 3 mit K_{F1} angeben. Unterschiede ergeben sich allerdings in der Kostenspaltung für den Jahreshorizont. Die traditionelle Grenzplankostenrechnung (GPKR) ebenso wie ihre dynamische Variante gehen hier von Fixkosten in Höhe von K_{F3} aus, da K_{F1}-

[520] Bungenstock, Ch., Kostenrechnungssysteme (1995), S. 312.

[521] Scholl, H.-J., Plankostenrechnung (1981), S. 245.

K_{F3} als abbaubar klassifiziert wird. Seicht weist K_{F1}-K_{F3} als sprungfixe Kosten aus, und Scholl erstellt Budgets für alternative Beschäftigungsgrade, wobei die Fixkosten jeweils variieren (bei 80 Prozent könnte noch keine Maschine abgebaut werden bei 60 Prozent nur eine Maschine).

Die sogenannten variablen Kosten der GPKR sind keine leistungsvariablen (bzw. besser: leistungsproportionalen) Kosten, sondern beschäftigungsvariabel bezüglich des jeweiligen Planungshorizonts. Damit werden auch sprungfixe Kosten, die innerhalb des Planungshorizonts abbaubar sind, zumindest teilweise den variablen Kosten zugerechnet (proportionalisiert). Somit aber können diese variablen Kosten nicht mehr ohne weiteres als Grenzkosten im klassischen Sinne hinsichtlich kurzfristiger Entscheidungen betrachtet werden. Sie spiegeln dann (und nur dann) korrekt die entscheidungsrelevanten Kosten wider, wenn

- die betreffende Entscheidung den gleichen Planungshorizont hat wie die Kostenplanung[522], und
- die Beschäftigung, zu der sie proportionalisiert wurden, nicht zu stark schwankt,
- die Ausgestaltung im Rahmen der Vollzugsplanung weitgehend dem Mittelwert entspricht, der der Planung zugrundeliegt[523], und
- Entscheidungen zum Abbau von Ressourcen, die sprungfix sind, aber den variablen Kosten zugeordnet wurden, wirklich getroffen werden (sonst: Phänomen der Kostenremanenz).

Ist dies nicht der Fall, so müßten die sprungfixen Kosten, die innerhalb des Planungshorizonts abbaubar sind, zeitanteilig (bis zum frühestmöglichen Abbauzeitpunkt) als fix betrachtet werden, der restliche Anteil wäre den variablen Kosten zuzuschlagen[524]. Zu beachten ist allerdings, daß sich diese Relation ständig verändert, da neben Zeiträumen (z.B. Kündigungsfristen) auch Zeitpunkte (z.B. zum Quartalsende) zu berücksichtigen sind[525]. Ein Mietvertrag, der mit einem Monat Vorlauf jeweils zum Jahresende kündbar ist, repräsentiert zum Ende des Monats November kurzfristig abbaubare (variable) Kosten. Anfang Dezember dagegen sind diese Kosten für 13 Monate festgelegt (fix).

Die erste Entscheidung, die auf Basis der obigen Daten zu treffen sein soll, betrifft eine Programmplanung mit einem Planungshorizont von 12 Monaten. Dabei soll über das gesamte Programm als Einheit entschieden werden, d.h., es werden keine unterschiedlichen Deckungsbeiträge für Teilperioden herangezogen - dies entspricht der typischen Vorgehensweise der Grenzplankostenrechnung. Die auch kurzfristig als variabel geplanten Kosten (diese

---

[522] Vgl. Kilger, W., Plankostenrechnung (1981), S. 111.

[523] Vgl. Kilger, W., Plankostenrechnung (1981), S. 110; Kilger, W., Weiterentwicklung (1976), S. 18 ff.; Kilger, W., Produktionsplanung (1973), S. 164 ff.

[524] Diesen Algorithmus schlägt Seicht vor, vgl. Seicht, G., Dynamisierung (1991), S. 23.

[525] Vgl. Weber, J., Hug, W., Zeitbezug (1980), S. 82 ff.

entsprechen weitgehend den Leistungskosten der Einzelkosten- und Deckungsbeitragsrechnung) sollen für das vorgesehene Programm 100.000 DM betragen. Die Auslastung der Kostenstellen betrage 50 Prozent der Planbeschäftigung[526].

Für eine Planbeschäftigung von 50 % ergibt sich:

variable Kosten	100.000		
Personalkosten	150.000	+37.500	(3 Monate Personal)
Anlagenkosten	200.000	+83.333	(5 Monate Maschinen u. Leasingverträge)
Fixkosten i.e.S.	300.000		
Plankosten =	750.000	+120.833	
Gesamtsumme:		=870.833	

Summe der abbaubaren Kosten im Planungshorizont[527]:	229.167

variable Kosten:	100.000	
sprungfixe Kosten (abbaubar gesamt)[528]	458.333	558.333
nicht abbaubare sprungfixe Kosten[529]	241.667	
Fixkosten i.e.S.:	300.000	541.667

Tabelle 5-2: Zahlenbeispiel zur dynamisierten Grenzplankostenrechnung.

Tatsächlich könnte man den gewünschten Output auch mit noch geringeren Kosten erreichen, wenn von einer Lagerfähigkeit der Produkte ausgegangen wird. In diesem Fall könnte die höhere Kapazität der ersten drei Monate voll ausgeschöpft werden, um Bestände aufzubauen, und die beiden abbaubaren Fixkostenblöcke könnten vor Ende des Planungshorizonts vollständig abgebaut werden. Dies setzt allerdings gewisse Annahmen über die Folgeperiode voraus.

Ist in der gegebenen Situation eine kurzfristige Entscheidung zu fällen (z.B. wegen einer Anfrage bezüglich eines Zusatzauftrages im Monat Februar, der im Monat Februar die Kapazitäten voll ausschöpft und dann erledigt ist), so ist ein anderer Deckungsbeitrag (nämlich Erlöse abzüglich „Leistungskosten") relevant als im Rahmen der Programmplanung (nämlich Erlöse abzüglich „Leistungskosten" und abbaubarer sprungfixer Kosten). Während

---

[526] Diese Konstellation entspricht der in Abbildung 5-6 wiedergegebenen Situation.

[527] Wie oben dargestellt, beträgt dieser 12 Monate. Der nebenstehende Betrag ergibt sich aus 150.000 DM + 200.000 DM - 120.833 DM.

[528] Von den 700.000 DM sprungfixe Kosten können 9 Monate Personal und 7 Monate Anlagen abgebaut werden. Dies entspricht 458.333 DM.

[529] Werden Personal und Maschinen voll abgebaut, bleiben 75.000 (300.000/12*3) + 166.667 (400.000/12*5) = 241.667 DM als nicht abbaubare (ihrer Natur nach aber sprungfixe) Kosten.

der dargestellte Ansatz „variable" Kosten (als Summe von Leistungs- und abbaubaren sprungfixen Kosten) in Höhe von 558.333 DM ausweist (ohne Zusatzauftrag), würde die dynamische Grenzplankostenrechnung (ebenso wie die traditionelle) variable Kosten in Höhe von 800.000 DM (variable Kosten zuzüglich innerhalb des Horizonts abbaubarer Personal- und Anlagenkosten) ausweisen.

Zu bedenken ist hinsichtlich dieses Beispiels, daß mehrere Vereinfachungen eingeführt wurden, die nicht als realistisch betrachtet werden können:

- Es wurden untereinander jeweils völlig austauschbare Ressourcen (Mitarbeiter bzw. Maschinen) vorausgesetzt.
- Es wurde eine beliebige (ganzzahlige) Teilbarkeit der Ressourcen vorausgesetzt. Denkbar wäre auch, daß im obigen Beispiel alle sechs Mitarbeiter notwendig sind, um überhaupt produzieren zu können. Einzelne Ressourcen (z.B. Energie-Liefervertrag) können trotz kurzfristiger Kündigungsmöglichkeit erst abgebaut werden, wenn die Beschäftigung auf 0 zurückgenommen wird.
- Die Umsetzbarkeit von Ressourcen (insbes. Personal) kann nicht pauschal abgebildet werden[530]. Austauschbarkeit bedeutet insbesondere, daß die Kosten einer betrachteten Kostenstelle kurzfristig abbaubar sind (und damit bei einer großen Zahl austauschbarer Mitarbeiter einen näherungsweise beschäftigungsproportionalen Kostenverlauf ergibt), dafür allerdings auf einer anderen Kostenstelle wieder in gleicher Höhe als Kosten erscheinen[531].
- Der Auf- bzw. Abbau von Ressourcen (als hinter sprungfixen Kosten stehender Vorgang) führt oft zu einmaligen oder fortgesetzten Kosten des Auf- bzw. Abbaus (Abfindungen, Abbruch- bzw. Transportkosten, Entsorgung etc.).

Scholl berücksichtigt diese Aspekte pauschal insofern, als er die Kostenauflösung nicht nur für alternative Fristigkeiten, sondern auch für alternative Beschäftigungsgrade (s.oben) vorsieht. Allerdings erfolgt auch hier eine abschnittsweise Linearisierung für all die Fragestellungen, die nicht genau einen Plan-Beschäftigungsgrad bzw. eine Plan-Fristigkeit betreffen[532].

Wesentlich für den hier verwendeten Ansatz ist die Möglichkeit, die Veränderung von Plankosten innerhalb eines definierten Zeithorizonts in Abhängigkeit von Entscheidungen über die Beschäftigung und insbesondere über Ressourcenauf- bzw. -abbau abzubilden. Dabei

---

530 Vgl. hierzu Bungenstock, Ch., Kostenrechnungssysteme (1995), S. 172 f. sowie Kilger, W., Plankostenrechnung (1993), S. 357.

531 Scholl unterscheidet daher einen kostenstellenzentrierten Ansatz (den er als typisch für die GPKR bezeichnet) und einen unternehmensorientierten Ansatz, vgl. Scholl, H.-J., Plankostenrechnung (1981), S. 77 ff.

532 Ein ähnlicher Ansatz findet sich bereits bei Matz, der von Differenzkosten oder auch „alternativen Kosten" spricht, Matz, A., Planung (1964), S. 254. Erste Ansätze finden sich bei Clark, vgl. Clark, J. M., Economics (1923). Der vorliegende Ansatz könnte als Differenzergebnisrechnung bezeichnet werden.

kombiniert er die Überlegungen zur objektorientierten Kostenplanung[533] und zum Fixkosten- und Kontraktmanagement[534] mit Funktionen der PPS, insbesondere der Kapazitätsübersicht und dem Kapazitätsabgleich. Dazu werden nicht alternative Kostenplanungen erstellt, sondern es werden die Zusammenhänge zwischen Ressourcen (Personal, Anlagen, Verträgen etc.) und Kapazitätseinheiten definiert (vgl. Abbildung 5-7). Daneben werden Regeln für die Abbaubarkeit der Ressourcen (sog. Kontrakte) definiert und den Ressourcen zugeordnet. Diese Vorleistung erlaubt die maschinelle Generierung von Plankosten für alternative Fristigkeiten[535]. Die Abbildung alternativer Beschäftigungsgrade setzt Entscheidungen über den Auf- bzw. Abbau von Ressourcen voraus. Hier kann eine pauschale Vorentscheidung, wie sie z.B. Scholl je Beschäftigungsgrad vorschlägt, kaum sinnvoll getroffen werden. Das vorgeschlagene Konzept geht hier von situativen, fallbezogenen Entscheidungen aus, die maschinell unterstützt werden.

Die Plankosten werden auf Basis der Ressourcen und ihrer Eigenschaften maschinell erstellt, indem zunächst die Plankosten bei konstantem Ressourcenbestand ermittelt werden, und parallel dazu die innerhalb des Planungshorizonts maximal abbaubaren Anteile. Letztere werden als sprungfixe Kosten eingeordnet und im Rahmen der Deckungsbeitragsrechnung den variablen Kosten zugeschlagen[536]. Eine Analyse von Deckungsbeiträgen hinsichtlich der Anteile „echter" variabler Kosten und sprungfixer Kosten ist damit (rückwirkend) möglich, indem der Anteil der sprungfixen Kosten an den variablen Kosten je Kostenstelle ausgewiesen und auf den Kostenträgern ausgewiesen wird. Damit nähert sich die Grenzplankostenrechnung im Bereich der Entscheidungsunterstützung der Qualität der Einzelkosten- und Deckungsbeitragsrechnung an, ohne zu hohe Anforderungen an den Controller zu stellen und unter Verzicht auf einen kompletten Paradigmenwechsel in der Kostenrechnung der Unternehmen. Durch die zeitliche Differenzierung werden zudem Parallelen zu Riebels Leistungs- und Bereitschaftskostenbegriff sichtbar.

Als Nebeneffekt des Ansatzes ergeben sich auch Möglichkeiten der Auswertung der Datenbasis hinsichtlich Fragestellungen der Finanzplanung, indem die verwalteten Ressourcen nicht wertorientiert betrachtet werden, sondern Auszahlungen abgeleitet werden.[537] Dies betrifft hauptsächlich das Anlagevermögen, da hier Kosten und Auszahlungen regelmäßig stark auseinanderfallen[538].

---

533 Vgl. Kapitel 4.6.3. dieser Arbeit.

534 Vgl. Kapitel 4.6.4. dieser Arbeit.

535 Im notwendigen Aufwand zur Erstellung von Planungsalternativen sah auch Kilger ein wesentliches Problem der dynamischen Grenzplankostenrechnung, vgl. Kilger, W., Plankostenrechnung (1981), S. 113.

536 Vgl. hierzu das obige Zahlenbeispiel.

537 Zur Vorgehensweise vgl. Kapitel 5.6 dieser Arbeit.

538 Dieser Ansatz wird in Kapitel 5.6 dieser Arbeit weiterverfolgt.

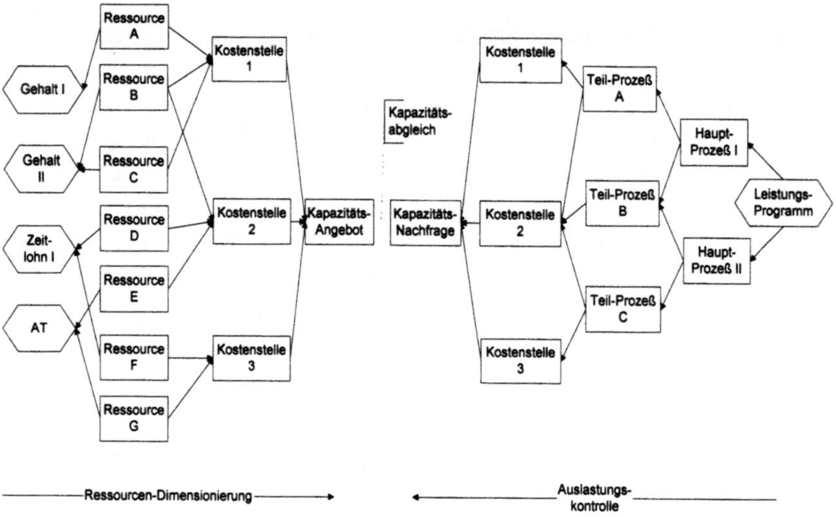

Abbildung 5-7: Ressourcendimensionierung und Kapazität.

Als Ansatz für eine Unterstützung von Entscheidungen im Rahmen der Produktionsplanung und -steuerung wird vorgeschlagen, eine differenzierte Kostenplanung zugrunde zu legen. Für Plankalkulationen und die Absatzplanung wird sinnvollerweise ein Planungshorizont von einem Jahr angesetzt, wobei die Untersetzung der variablen Kosten der flexiblen Plankostenrechnung in variable und sprungfixe Kosten von untergeordneter Bedeutung ist, da Detailentscheidungen hinsichtlich Ressourceneinsatz und damit Bereitschaftskosten im Rahmen dieses Teilplanes nicht sinnvoll erscheinen. Allerdings kann, wie oben beschrieben, die Ermittlung dieser variablen Kosten mit den Instrumenten der ressourcenorientierten Planung erfolgen, wodurch einerseits die Durchgängigkeit der Planung gewährleistet und andererseits Mehrfachaufwand vermieden wird.

Bestehen Freiheitsgrade des Produktionsvollzugs oder auch starke Preisschwankungen bei Produktionsfaktoren, so ist von kostenminimalen bzw. durchschnittlichen Ausprägungen auszugehen[539]. Für die Produktionsprogrammplanung ist entsprechend eine mit dem Planungshorizont kongruente Kostenspaltung zugrunde zu legen[540].

Die Begründung für den Einsatz dieses Konzeptes zur Kostenauflösung liegt darin zu sehen, daß auf längere Sicht davon ausgegangen wird, daß notwendige Anpassungen an Beschäftigungsschwankungen erfolgen, und daß der Ressourceneinsatz längerfristig der Beschäftigung folgt. Diese Pauschalierung ermöglicht die schnelle Ermittlung von Bruttoergebnissen bei

[539] Vgl. Kilger, W., Plankostenrechnung (1981), S. 110 f.

[540] Zum Begriff des „Kongruenzprinzips" vgl. Seicht, G., Dynamisierung (1991), S. 32.

veränderten Programmen ohne Einzelentscheidungen über Ressourcen um den Preis geringerer Transparenz und Genauigkeit.

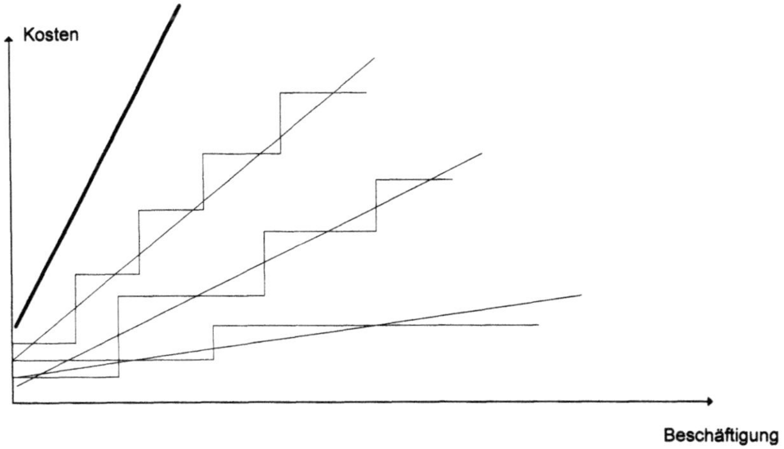

Abbildung 5-8: Alternative Ausprägungen von variablen Kosten in Abhängigkeit vom Planungshorizont.

Der Transparenz- und Genauigkeitsverlust hängt dabei zum einen davon ab,

1. in welchem Verhältnis Beschäftigungseinheiten und Ressourcenquanten zueinander stehen, und
2. wie heterogen die Ressourcenquanten innerhalb einer Kostenart der Planung sind (hinsichtlich der Beschäftigungs-Ressourcenquanten-Relation, aber auch hinsichtlich ihrer Abbaubarkeit).

Zu 1.: Die oben (Abbildung 5-8) gestuft dargestellten Ressourcenbedarfe lassen sich in den jeweils in gleicher Musterung gezeichneten Geraden approximieren. Der Informationsverlust durch diese Vereinfachung ist um so höher, je größer die Quanten (Stufen) sind, d.h. je größer die Relation von Quanten zu Beschäftigungseinheiten ist.

zu 2.: Stellen die in der obigen Abbildung 5-8 dargestellten nicht durchgezogenen Geraden approximierte Ressourcenbedarfe (repräsentiert in Kostenarten) in Abhängigkeit von der Beschäftigung dar (z.B. Mitarbeiter verschiedener Qualifikation, die in der Kostenart Gehalt aggregiert werden), so entspricht die Steigung der fett dargestellten Linie den variablen Kosten je Beschäftigungseinheit. Durch die doppelte Vereinfachung geht weiter Transparenz verloren. Weisen die drei abgebildeten Ressourcentypen (Stufenlinien) der Abbildung stark unterschiedliche Abbauhorizonte auf, so entsteht u.U. eine beträchtliche Verfälschung. Daher muß die Abbaubarkeit durch eine entsprechende Kostenspaltung abgebildet werden, die die jeweiligen Abbauzeiträume berücksichtigt.

Probleme ergeben sich bei dynamischen Ansätzen der Kostenplanung hinsichtlich weiterer Aufgaben der KLR: So führen Änderungen der Plankostensätze zu Verrechnungsabweichungen in der kurzfristigen Ergebnisrechnung sowie zu Bewertungsproblemen im Rahmen der Bestandsrechnung. Kilger schlägt hierzu vor, die Ergebnisrechnung und Bestandsbewertung mit den (Standard-) Plankostensätzen vorzunehmen, und für Entscheidungsprobleme die jeweils relevanten Kostensätze zu verwenden. Wird in der Produktionsdurchführung tatsächlich von den geplanten Ausprägungen der Freiheitsgrade abgegangen, so sind Kostendifferenzen ggf. als Abweichungen auszuweisen. Generell ändert der gewählte Ansatz also nichts an den Abrechnungsmethoden, sondern stellt zusätzliche Funktionalität für Entscheidungsaufgaben und die Beurteilung von dispositiven Maßnahmen bereit.

Da zahlreiche Maßnahmen keine sofortige Wirkung zeigen, und zudem einzelne Aufträge nur Auslöser, nicht aber wirkliche Ursache sind (z.B. Überschreiten einer Kapazitätsschwelle), sind stückbezogene bzw. auftragsbezogene Aussagen hier nur bedingt aussagekräftig. Ergänzt werden muß die Darstellung aus diesem Grund um eine Zeitraumbetrachtung und damit verbunden mit einer Periodenergebnis-Differenzrechnung (vgl. Abbildung 5-9).

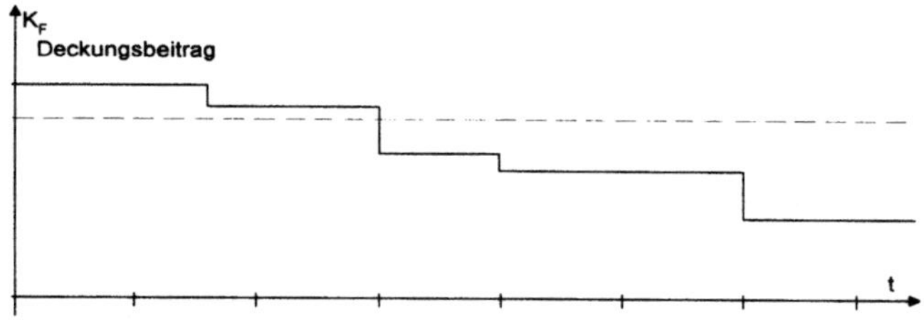

Abbildung 5-9: Deckungsbeitragsrechnung mit Stufenfixkosten unter Berücksichtigung von Abbauzeiträumen.

Diese stellt Brutto- und Nettoergebnis einer Periode vor und nach einer bestimmten Entscheidung bzw. einem Entscheidungsbündel dar. Zudem ist es von großer Bedeutung, diese Betrachtung für unterschiedliche Periodenlängen vornehmen zu können[541].

Als Betrachtungsobjekte kommen dabei zum einen das gesamte Leistungsprogramm, zum anderen Produktgruppen bzw. Produkte in Frage. Falls von der Fertigungsstruktur her möglich, können auch Bereiche bzw. Kostenstellen betrachtet werden[542].

Die Darstellung von Differenzergebnissen auf Gesamtprogrammebene erlaubt auch den Einsatz von Prozeßkosten, da keine unzulässige Proportionalisierung der damit berücksichtigten Vollkosten erfolgt. Allerdings sollte immer auch ein Stück-Nettoergebnis ausweisbar sein, wenngleich dieses mit entsprechender Vorsicht zu betrachten ist. Da im Rahmen der

---

[541] Eine solche Sicht setzt voraus, daß Nettoergebnisse der Perioden dargestellt werden können. Dies ist ein weiterer Aspekt, der gegen den Einsatz der Einzelkosten- und Deckungsbeitragsrechnung im Sinne Riebels spricht, da dort Periodengemeinkosten nicht auf Einzelperioden heruntergebrochen werden dürfen.

[542] So findet beispielsweise in den der Fallstudie in Kapitel 6 zugrundeliegenden medizinischen Labors die gesamte Leistungserstellung einer Leistungsart in jeweis einer Kostenstelle statt.

Produktionsplanung Soll-Bezugsgrößenmengen und ggf. Soll-Prozeßmengen (lmi) festgelegt werden, können Soll-Über- bzw. Unterdeckungen der Fixkosten je Bezugsgröße bzw. Haupt- und Teilprozeß prognostiziert werden. Damit kann gleichzeitig eine um die Beschäftigungsabweichung korrigierte Bewertung der Leistung mit Vollkosten stattfinden. Auf diesem Wege können die Vorteile der Vollkostenrechnung (Transparenz der Zweck-Mittel-Beziehung, Darstellung des Kostenpreises usw.) parallel zum Ausweis von Teilkosten und Deckungsbeiträgen genutzt werden.

	Erlös
./.	var. Selbstkosten
=	Deckungsbeitrag (Bruttoergebnis)
./.	fixe Selbstkosten (aus Plan-Stückrechnung, d.h. lt. Planbeschäftigung)
=	Nettoergebnis
+/-	Beschäftigungsabweichung der Kostenstellen (anteilig)
+/-	Plan- / Istkostenabweichung
=	korrigiertes Nettoergebnis

Abbildung 5-10: Kombinierte Brutto- und Nettoergebnis-Darstellung.

Die Zuordnung von Beschäftigungsabweichung bzw. Plan-Istkosten-Abweichung erfolgt proportional zu den Einsatzfaktoren der Faktormatrix. Damit erfolgt eine Nivellierung auf Kostenstellen- bzw. Bezugsgrößenebene. Statt die Kostenträger mit Ist-Zeiten und deren Ist-Kostensätzen zu belasten, werden also Soll-Zeiten (Plan-Stückzeit x Ist-Output) mit der Differenz aus Plankostensätzen bei Plan- und bei Istbeschäftigung (Beschäftigungs-Abweichung) bzw. mit der Differenz aus Plan- und Istkostensatz (bei Istbeschäftigung) bewertet. In Verbindung mit den beschriebenen Mechanismen zur Anpassung der Fixkosten an Entscheidungen über Ressourcen führt dies zu den in Abbildung 5-11 dargestellten Regelkreisen.

Wesentlich dabei ist, daß die aus dem Produktionsprogramm und den geplanten Ablaufparametern ableitbaren Beschäftigungsgrößen herangezogen werden, um einen Kapazitätsabgleich durchzuführen. Über- oder Unterdeckungen können analysiert und die betroffenen Ressourcen transparent gemacht werden. Damit verbunden sind Möglichkeiten für Anpassungsmaßnahmen darzustellen, die wiederum zu Veränderungen hinsichtlich der Ressourcennutzung führen. Erst an dieser Stelle werden Kostenveränderungen dargestellt. Damit wird deutlich, daß Ressourcenmanagement Fixkosten verändert, nicht die Betrachtung der Kosten per se. Diese Logik gilt nicht nur für direkte Fertigungsstellen, sondern analog auch für indirekte Kostenstellen. Problematisch ist hier die Darstellung der Verbindung zwischen Programm bzw. Ablauf und Beschäftigung (Sollmengen der Kostentreiber). Insbesondere hebt die Literatur zur Prozeßkostenrechnung[543] darauf ab, daß die Kostentreiber-Inanspruchnahme teilweise von den Kundenwünschen (Varianten, Termine, etc.) abhängen (Komplexitätskosten). Sind im Rahmen der Programmplanung diese konkreten Kundenwünsche noch nicht bekannt, wird also noch kundenneutral bzw. mit Standard-Leistungen geplant, so ist dabei zu berücksichtigen, daß die komplexitätsbestimmenden Parameter so gewählt werden, daß eine Annäherung an die zu erwartende (durchschnittliche) Ist-Situation erreicht wird.

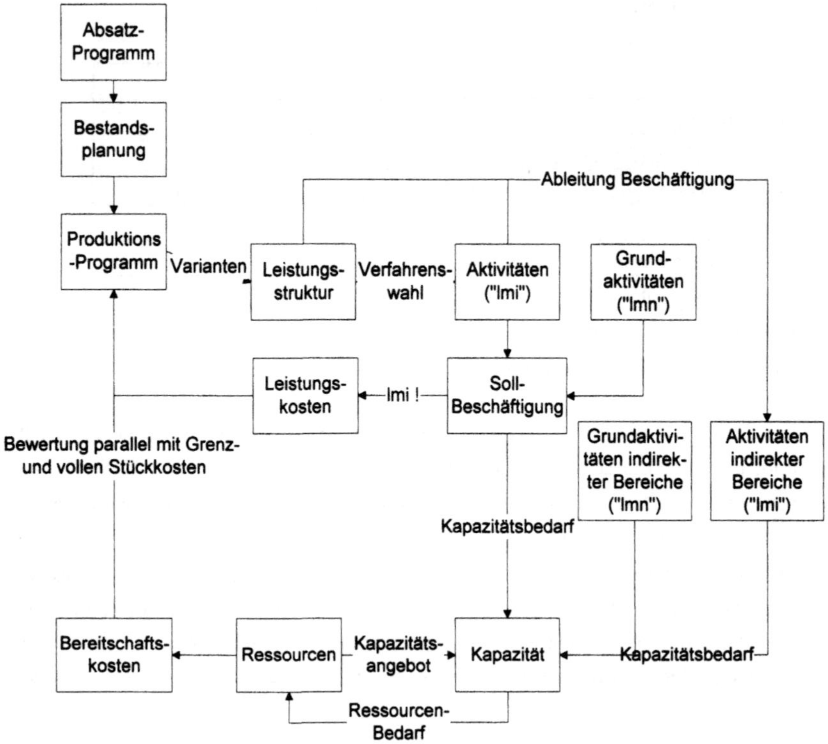

Abbildung 5-11: Regelkreise im Rahmen der integrierten Programm- und Ressourcenplanung.

5.4.4 Freiheitsgrade der Teilmodelle

Die vier Teilmodelle, die im Rahmen dieses Kapitels beschrieben werden sollen, stehen hierarchisch miteinander in Verbindung. Die Zusammenhänge stellt die nachfolgende Abbildung 5-12 dar.

---

543 Vgl. Cooper, R., Kaplan, R. S., Costs (1988), S. 98, Fröhling, O., Prozeßkostenrechnung (1992), S. 98 f., Reckenfelderbäumer, M., Entwicklungsstand (1994), S. 15 f.

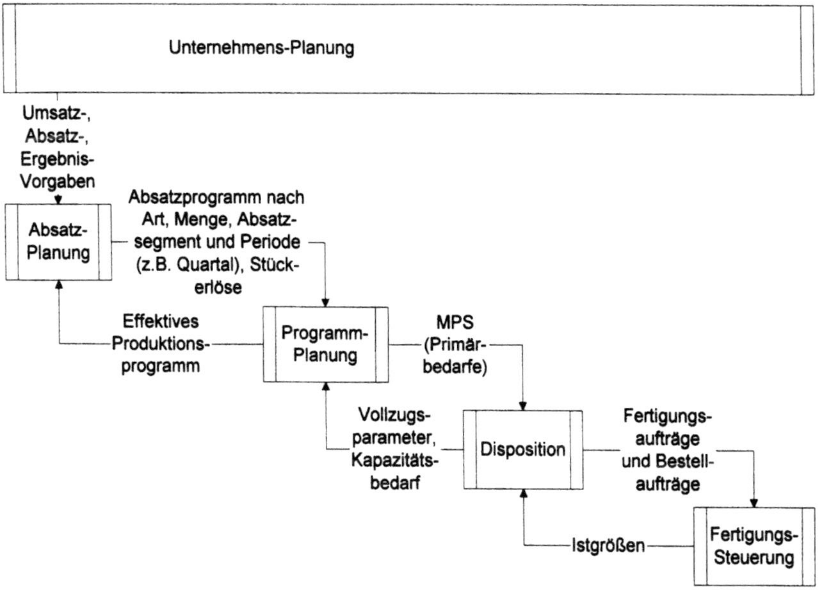

Abbildung 5-12: Teilmodelle im Rahmen des Gesamtmodells.

Beschrieben werden dabei im Grunde Varianten des Simulationsmodells, d.h. Implementierungen des Grundkonzepts für unterschiedliche Entscheidungsebenen. Dazu wird im Folgenden zunächst beschrieben, welche Freiheitsgrade die Teilmodelle aufweisen. Dann werden die Teilmodelle in den folgenden Kapiteln detailliert dargestellt. Es werden jeweils Ziele und Aufgaben des Teilmodells, die relevanten Kosten und die Struktur des Modells erläutert.

Die Freiheitsgrade beziehen sich auf die Abbildung der Realprozesse und mithin vorwiegend auf die Inhalte der Produktionsplanung und -steuerung. Sie stellen Einflußgrößen dar, die (mehr oder weniger großen) Einfluß auf den Faktorverzehr und damit auf die Zielerreichung haben. Diese Freiheitsgrade werden in der folgenden Tabelle systematisiert und nach ihrer Relevanz für die Teilmodelle differenziert beschrieben. Im Anschluß werden sie detailliert erläutert, und es wird (hervorgehoben durch eine Umrahmung) ausgeführt, wie sie sich jeweils in der Faktoreinsatzmatrix aus Kapitel 2 dieser Arbeit widerspiegeln.

	Absatz-planung	Programm-planung	Disposition	Steuerung
Leistungsart	•	○	-	-
Absatzmenge	•	-	-	-
Bestandsveränderung	•	○	-	-
Zeitliche Verlagerung (Emanzipation)	•	○	-	-
Produktionsmenge (Output)	-	•	-	-
Losgröße	-	•	•	○
Verfahren (u.U. damit Arbeitsplatz)	-	•	•	○
Arbeitsplatz	-	•	•	○
Bedienungsrelation	-	•	•	○
geplanter Starttermin	-	-	•	•
geplanter Endtermin	-	-	•	•
Anpassung				
zeitlich (Überstunden)	-	•	•	•
zeitlich (abw. Schichtmodell)	-	•	•	•
quantitativ	-	•	○	○
selektiv	-	•	○	○
Bereitschaftsgrad Arbeitsplatz	-	•	○	-
Auslagerung Arbeitsgänge	-	•	○	-
Eigenfertigung / Fremdbezug	•	•	○	-
Reihenfolge	-	-	•	•
Splitten	-	-	•	•
Überlappen	-	-	•	•

Legende: • relevant
° bedingt relevant
- nicht relevant

Tabelle 5-3: Freiheitsgrade der Teilmodelle.

- **Leistungsart:** Die Festlegung von Leistungsarten (innerhalb des Rahmens, der durch das potentielle Leistungsprogramm vorgegeben ist) stellt eine wesentliche Aufgabe der Absatzplanung dar. Dieser Freiheitsgrad stellt für die folgenden Teilpläne ein Datum und zugleich (gemeinsam mit der Absatzmenge) die wichtigste Kosteneinflußgröße dar. Daher wird der Konstruktion verstärkte Bedeutung zugemessen, da hier Produktideen hinsichtlich Produkt- und Prozeßeigenschaften konkretisiert und dabei bis zu 70 Prozent der Herstellungskosten fixiert werden.

> Die Leistungsarten (im Sinne von Endprodukten) werden im Segment Erzeugnisse dargestellt. Zugleich bilden sie den Primärbedarfsvektor v, der, mit der Faktoreinsatzmatrix multipliziert, den Gesamtbedarf an Einsatzfaktoren abbildet. Das potentielle Leistungsprogramm kann abgebildet werden, indem alle (auch die nicht realisierten) Leistungsarten einschließlich ihrer Baugruppen und Primärfaktoren abgebildet werden. Nicht realisierte Leistungen zeichnen sich dann durch eine 0 im Primärbedarfsvektor aus. Praktisch sinnvoll ist diese Darstellung allerdings nicht, da für alle möglichen Leistungsarten die technologischen Grunddaten abzubilden wären.

- **Absatzmenge:** Gemeinsam mit der Festlegung der Leistungsarten stellt dieser Freiheitsgrad den wesentlichen Kostenbestimmungsfaktor dar. Die Untergrenze bilden vorliegende Aufträge, die Obergrenze die im Planungszeitraum maximal herstellbare Menge zuzüglich der geplanten Bestandsverringerungen.

> Die Leistungsmengen spiegeln sich im Primärbedarfsvektor wider, s.o. unter „Leistungsart".

- **Produktionsmenge:** Geht man, wie hier gegeben, von einer Trennung in Absatz- und Produktionsprogramm aus, so sind die Produktionsmengen in der Produktionsprogrammplanung als Datum zu sehen. Allerdings kann argumentiert werden, daß die Bestandsplanung (als Puffer zwischen Absatz- und Produktionsplanung) von beiden Teilplänen bestimmt wird. Damit stellt die Bestandsplanung das Instrument der Emanzipation[544] dar und schafft entsprechend Beweglichkeit hinsichtlich der Produktionsmengen einer Teilperiode. Längerfristig gesehen allerdings stellen die Mengen der Absatzplanung ein Datum für die Produktionsplanung dar.

> Im Rahmen der Faktoreinsatzmatrix spiegelt sich eine Änderung der Produktionsmenge einer Teilperiode im Primärbedarfsvektor dieser Teilperiode wider.

---

[544] Vgl. Zäpfel, G., Produktionswirtschaft (1982), S. 142.

- **Losgröße:** Im Rahmen der Programmplanung wird die Losgröße als mengenmäßiger Umfang eines Fertigungsauftrags[545] für eine Leistungsart durch mehrere Einflußgrößen bestimmt. In der Literatur wird die Losgrößenbestimmung als Kostenminimierungsproblem betrachtet. In der Praxis finden sich noch technische und organisatorische Faktoren. So kann die Losgröße durch technische Restriktionen[546] beeinflußt werden. Liegt Einzel- bzw. Kundenfertigung vor, oder beinhaltet die Programmplanung bereits konkrete Kundenaufträge (bzw. Abrufe aus Rahmenaufträgen), so ergeben sich u.U. daraus bereits Losgrößen. Liegt Chargenfertigung vor, und sind lückenlose Nachweise der verwandten Baugruppen und der Kaufteile mit Lieferanten und deren Chargen notwendig (Lebensmittelindustrie, sicherheitskritische Bauteile), so kann dies nach Erfahrung des Verfassers ebenfalls die Losgrößenbildung beeinflussen. Im Folgenden wird davon ausgegangen, daß im Rahmen der Programmplanung keine konkreten Kundenaufträge in der Programmplanung explizit ausgewiesen werden (dies erfolgt im sog. Primärbedarf als Ausgangspunkt der nächsten, unten beschriebenen Planungsebene Ablaufplanung) und daß keine Chargenverfolgung über alle Fertigungsstufen vorausgesetzt wird. Damit reduziert sich das Losgrößenproblem hier auf wirtschaftliche Aspekte. Aber auch bei konstanten ablauforganisatorischen Verhältnissen kann je Leistungsart und Verfahren eine optimale Losgröße programmunabhängig *nicht* festgelegt werden, auch wenn keine Engpässe auftreten[547].

  Während die Programmplanung die Losgröße unabhängig von realen Kundenaufträgen berücksichtigt, liegen im Rahmen der Ablaufplanung, die zugleich eine Auftragsabwicklung darstellt, Kunden- bzw. (im Falle einer Lagerfertigung) Lageraufträge vor. Damit unterliegt die Losgrößenplanung zusätzlich zu Fertigungstyp und Chargenverfolgungspolitik differenzierten Zwängen. So führt die Zusammenfassung von Aufträgen (auch im Rahmen untergeordneter Baugruppen, z.B. in der Vorfertigung) zu Losen zu einer zeitlichen Vorverlegung einiger Aufträge, da ein Los spätestens dann fertiggestellt werden muß, wenn der früheste betroffene Folgeauftrag seinen Starttermin hat. Entsprechend kommt es nicht nur zu Lagerkosten (als typisches Pendant zum Degressionseffekt größerer Lose), sondern u.U. auch zu Verfügbarkeitsproblemen von Material oder Kapazität bzw. zur Verdrängung terminlich dringender Aufträge.

  Im Rahmen der Fertigungssteuerung kann durch die Berücksichtigung von Ablaufproblemen oder kurzfristigen Änderungen die Losgröße u.U. noch variiert werden. Werden dabei Auftragsmengen erhöht oder mehrere Aufträge zusammengelegt, so ist die Verfügbarkeit von Kapazitäten und Material zu prüfen.

---

[545] Vgl. Zäpfel, G., Produktionswirtschaft (1982), S. 192.

[546] Vgl. Fandel, G., Francois, P., Gubitz, K.-M., Softwaresysteme (1997), S. 215 ff.

[547] Vgl. Kilger, W., Prozeßparameter (1982), S. 137 f.

Die Losgröße spiegelt sich im Rahmen der Faktoreinsatzmatrix als Einsatzratio von auftragsfixen Koeffizienten wider. Beträgt die Losgröße 100, so wird eine Rüstzeit von einer Stunde als 60/100 dargestellt, da die Matrix eine Stückdarstellung repräsentiert. Wird die Losgröße auf 200 erhöht, so sinken die Stück-Rüstzeiten auf 60/200. Damit ergibt sich ein alternativer Eintrag in der Matrix (neue Spalte für die betroffene Leistungsart, die sich im betroffenen Rüst-Arbeitsgang bzw. der entsprechenden Bezugsgröße unterscheidet).

- **Verfahren:** Ob für eine Leistungsart mehrere technologische oder organisatorische Alternativen der Erstellung vorgesehen sind, ergibt sich aus den PPS-Grunddaten: es müssen dort dann alternative Arbeitspläne bzw. Arbeitsgänge hinterlegt worden sein. Die Wahl zwischen Verfahren kann zum einen automatisch erfolgen, indem als Kriterium z.B. die Losgröße herangezogen wird[548]. Zum anderen kann und sollte auch immer die Entscheidung des Disponenten hinsichtlich der Verfahrenswahl möglich sein. Im Rahmen der Disposition kann es zu von der Planung abweichenden Losgrößen kommen.

Alternative Verfahren für eine Leistungsart oder eine Baugruppe stellen in aller Regel eine Kombination aus alternativ beanspruchten Kostenstellen bzw. Bezugsgrößen (s. unten, alternativer Arbeitsplatz) und alternativen Einsatzkoeffizienten dar. Damit existieren für eine Baugruppe oder Leistungsart mehrere alternative Spalten.

- **Arbeitsplatz:** Prinzipiell gilt hier das zu 'Verfahren' gesagte - wobei ein alternativer Arbeitsplatz wie eine technische Variante gehandhabt wird[549].

Existieren Ausweicharbeitsplätze bzw. alternative Betriebsmittel, so wird dies in der Faktoreinsatzmatrix durch alternative Spalten repräsentiert, die in mindestens einer Spalte Einträge aufweisen.

- **Bedienungsrelation:** Die Variation der Bedienungsrelation, sofern technologisch überhaupt möglich, stellt eine Sonderform der Verfahrensvariation dar. Es läßt sich je Leistungsart die optimale Bedienungsrelation programmunabhängig ermitteln[550]. Eine Veränderung für einzelne Aufträge (im Rahmen der Disposition) bedeutet damit c.p. ein Abgehen vom Kostenminimum.

---

[548] So kann bewirkt werden, daß kleine Auflagen auf weniger stark automatisierten, dafür aber mit geringerem Rüstaufwand verbundenen Arbeitsplätzen gefertigt werden, während größere Serien auf spezialisierten, höher automatisierten Anlagen mit geringeren Stückzeiten, aber höherem Rüstaufwand produziert werden.

[549] Vgl. zur Begründung Kilger, W., Produktionsplanung (1973), S. 164.

[550] Vgl. Kilger, W., Prozeßparameter (1982), S. 136.

Ist nur eine Bedienungsrelation sinnvoll oder technisch bzw. organisatorisch zulässig, so gibt es genau eine Kombination von Kapazitäts- und Personaleinsatz. Ist dies nicht der Fall, so existieren alternative Relationen von Personal- und Betriebsmittelzeit. Dies äußert sich in zusätzlichen alternativen Spalten der Matrix.

- **geplanter Endtermin:** Im Rahmen der Programmplanung wird implizit von einer gleichmäßigen Verteilung von Aufträgen über den Planungszeitraum ausgegangen. Die Ablaufplanung hingegen erhält hinsichtlich der Fertigerzeugnisse (bzw. der im Primärbedarf berücksichtigten Leistungsarten) konkrete Vorgaben zu den Endterminen. Zugleich stellt die Heute-Linie[551] (im Allgemeinen der Zeitpunkt der Disposition zuzüglich einer Reaktionszeit) eine Begrenzung für späteste Starttermine dar.

Eine Veränderung von Endterminen bewirkt bei gegebenen Kapazitäten und Verfügbarkeit fremdbezogener und eigengefertigter eingehender Teile keine Veränderung der Faktoreinsatzmatrix. Wird allerdings das Faktoreinsatzmodell dynamisiert, indem im Zeitablauf differenzierte Matrizen bzw. Matrizensegmente unterschieden werden, so bewirkt eine Terminverschiebung unter Umständen das Wirksamwerden einer strukturellen Änderung (Beispiel: Auslaufteil wird ab Stichtag durch ein anderes Teil ersetzt. Liegt der Starttermin durch die Verschiebung nach diesem Stichtag, so ändert sich die Mengenübersichts-Stückliste des Auftrags und damit u.U. auch die Herstellkosten).

- **geplanter Starttermin:** Im Rahmen der Programmplanung wird implizit von Durchlaufzeiten und damit von Vorlaufverschiebungen abgesehen, oder aber es wird entweder von Durchschnittswerten (aus dem Teilestamm) oder von Planwerten laut Arbeitsplan (ohne Engpässe) ausgegangen. Wenn die genannten Alternativen auch eine zunehmende Realitätsnähe aufweisen, werden sie dennoch nicht mit den im Rahmen der Ablaufplanung ermittelten Durchlaufzeiten und damit auch mit den dafür notwendigen Startterminen (Rückwärtsterminierung sei unterstellt) übereinstimmen. Die Ablaufplanung hingegen ermittelt, ausgehend von spätesten Endterminen, gegebenen Kapazitäten sowie Verfügbarkeit von Material, Vorgaben zu den Startterminen. Eine aktive Veränderung von Startterminen macht daher nur im Zusammenhang mit einer Vorwärtsterminierung Sinn. Es gilt damit das oben zu „geplanter Endtermin" gesagte. Die Spanne zwischen frühest möglichem Starttermin (Heutelinie zuzüglich Reaktionszeit) und spätest möglichem Starttermin (spätester Endtermin abzüglich geplanter Durchlaufzeit) ist im Rahmen der Fertigungssteuerung meist nur noch kurz, und zugleich sind kurz vor der Heute-Linie die

[551] Vgl. Geiger, W., PPS (1991), S. 103.

Kapazitäten am dichtesten belegt und die Reaktionszeiten für Beschaffung bzw. Änderung von Bestellungen oft zu kurz.

> Es gilt analog das oben zu „geplanter Endtermin“ gesagte.

- **Anpassung - Überstunden:** Die Anpassung der Kapazität an den Kapazitätsbedarf erfolgt in der Regel zunächst per zeitlicher Anpassung. Dazu wird bei Überschreiten der (tarif- oder individual-) vertraglich geregelten Regelarbeitszeit auf Überstunden zurückgegriffen. Wird statt Freizeitausgleich eine Vergütung gewählt, so betragen die Zuschläge zur Zeit 25 bzw. 50 Prozent.

> Die Produktionskoeffizienten werden durch zeitliche Anpassung nur verändert, wenn für Überstunden bzw. auch für entsprechende Zulagen (Sonn- und Feiertagsarbeit etc.) eine eigene Bezugsgröße gewählt wird. Dies erscheint aber nicht sinnvoll, da eine Zuordnung zu bestimmten Leistungsarten im Voraus meist nicht möglich sein wird. Regelmäßig ändern sich aber die Faktorpreise. Praktisch entsteht bei einer gegebenen Menge an Überstunden ein Mischpreis.

- **Anpassung - Schichtmodell:** Sind die Möglichkeiten für Überstunden ausgeschöpft bzw. zeichnet sich eine längerfristige Überbeschäftigung ab, so besteht in der Regel die Möglichkeit des Mehrschichtbetriebes. Dies schließt oft eine quantitative Anpassung hinsichtlich der Personalressourcen ein, da aus tarif- und arbeitsrechtlichen Gründen keine beliebige Erhöhung der Arbeitszeiten der vorhandenen Mitarbeiter erfolgen kann. Außer zusätzlichen Schichten kann auch eine Flexibilisierung angestrebt werden, um die Betriebsmittel besser ausnützen zu können (z.B. Samstags- und Sonntagsarbeit, Zeitkonten zum Ausgleich von Kapazitätsbedarfsspitzen etc.).

> Die Produktionskoeffizienten werden durch zeitliche Anpassung nicht verändert, wohl aber die Faktorpreise (vgl. die Ausführungen zu „Anpassung - Überstunden“).

- **Anpassung - quantitativ:** Die quantitative Anpassung wird typischerweise auf Betriebsmittel bezogen. Der Kauf oder die Inbetriebnahme einer weiteren Maschine bzw. die Stilllegung oder der Verkauf verlängern bzw. verkürzen die Liste der Ressourcen. Durch die Erweiterung / Verringerung der Kapazität ändern sich in diesem Fall die Leistungskosten je Outputeinheit nicht, sofern die Einzelressourcen vergleichbare Leistungskostenanteile aufweisen (sollte dies nicht der Fall sein, so wäre ohnehin wegen heterogener Kostenverursachung über eine Trennung in mehrere Bezugsgrößen nachzudenken). Letzterer Fall repräsentiert die nachstehend behandelte selektive Anpassung.

Im Gegensatz zur selektiven Anpassung ändern sich die Stückverbräuche und damit die Produktionskoeffizienten nicht. Erfolgt die Darstellung der Matrix im Fertigungsbereich (Arbeitspläne) auf Basis der Kostenstellen / Bezugsgrößen oder der Arbeitsgänge, so ist keine Änderung nötig. Eine Darstellung in der Matrix auf Ressourcenebene scheint nicht realistisch bzw. wirtschaftlich.

- **Anpassung - selektiv:** Wie bei der quantitativen Anpassung verändert sich die Ressourceninanspruchnahme durch Kauf / Verkauf bzw. Inbetriebnahme / Stillegung. Allerdings entstehen, abhängig von der benutzten Ressource, unterschiedliche Kosten. Betrifft dies auch die (Stück-) Leistungskosten, so ändern sich die variablen Kosten.

Im Gegensatz zur quantitativen Anpassung ändern sich die Stückverbräuche und damit die Produktionskoeffizienten. Da selektive Anpassung das Hinzufügen / Entfernen von Ressourcen aus einem heterogenen Ressourcenfeld ausdrückt, ist davon auszugehen, daß die Einzelressourcen in verschiedenen Kostenstellen oder Kostenplätzen (im Sinne von Bezugsgrößen) dargestellt werden. Damit kommt eine Spalte und Zeile hinzu bzw. wird entfernt. Eine Darstellung der Matrix auf Ressourcenebene scheint nicht realistisch bzw. wirtschaftlich - es müßte dann bei Gruppen gleicher Ressourcen im Voraus eine eindeutige Zuordnung von Kostenträgern zu Einzelressourcen (Mitarbeiter, Maschine etc.) getroffen werden.

- **Bereitschaftsgrad:** Das Kapazitätsangebot ermittelt sich aus der Zahl der Kapazitätseinheiten, ihrer Einzelkapazität, der Laufzeit sowie dem nutzbaren Anteil an dieser Laufzeit. Dieser Anteil wird im Bereitschaftsgrad oder besser Verfügbarkeitsgrad ausgedrückt und liegt zwischen 0 und 100 Prozent. Werte unter 100 Prozent werden durch Stillstände verursacht, die entweder geplant (Wartung) oder ungeplant (Maschinenausfall) sein können. Beide Ursachen können durch geeignete Maßnahmen reduziert werden, wobei zu bedenken ist, daß mit zunehmendem Bereitschaftsgrad überproportional steigende Kosten zu erwarten sind.

Die Veränderung des Bereitschaftsgrades eines Ressourcenkomplexes (typischerweise betriebsmittelorientiert) erfordert entsprechende Maßnahmen zur Instandhaltung und Fehlerbeseitigung. Tendenziell erhöhen sich dadurch die Faktoreinsätze der entsprechenden Kostenstellen hinsichtlich Primärfaktoren, aber ggf. auch hinsichtlich innerbetrieblicher Leistungen. Eine mengenmäßige Abbildung der zugrundeliegenden Beziehungen im Rahmen der Faktoreinsatzmatrix erscheint wirtschaftlich nicht sinnvoll - es müßte dann ein (linearer) Zusammenhang zwischen Output und Instandhaltungsleistung, Ersatzteilen etc. dargestellt werden.

- **zeitliche Verlagerung (Emanzipation):** Die zeitliche Verlagerung von Produktionsmengen (Endprodukte bzw. Ersatzteile) ist in der Programmplanung prinzipiell möglich, da in dieser Planungsphase noch keine konkreten Kundentermine vorliegen. Damit genügt im Grunde eine mittelfristige Abstimmung mit der Absatzplanung. Durch Kundentermine bedingte Kapazitätsprobleme werden erst in der nächsten Teilplanungsphase (Disposition auf Basis der Primärbedarfsplanung) sichtbar.

> Die Verlagerung von Produktionsmengen (im Rahmen der Vorgaben durch die Absatzplanung) entspricht der Verlagerung von Outputmengen des Primärbedarfsvektors von einer Teilperiode in die nächste. Unterscheiden sich die Matrizen der Teilperioden (z.B. auch durch Berücksichtigung von Auslaufteilen), so können sich die Stückkosten dadurch verändern.

- **Auslagerung (Verlängerte Werkbank):** Im Rahmen dieser Maßnahme werden einzelne Aktivitäten (Fertigungsschritte) auf andere Unternehmen übertragen (Make or Buy auf Aktivitätenebene). Gängig ist diese Vorgehensweise bei Logistikaktivitäten, aber auch bei indirekten Tätigkeiten wie z.B. dem sog. Outsourcing der EDV oder von Teilen der Buchhaltung. Seit langem wird diese Maßnahme aber auch in der Fertigung für Veredelungsprozeße wie Verchromen oder Galvanisieren realisiert.

> Diese Maßnahme entspricht im Grunde einer Verfahrenswahl bzw. einem alternativen Arbeitsplatz. Damit gilt das dort gesagte, wobei statt einer weiteren Spalte für eine alternative technische Variante hier zusätzlich eine Pseudo-Kostenstelle für Fremdleistungen vorzusehen ist. In der Primärfaktor-Matrix wird hier die Faktorart Kosten für Fremdleistungen zugeordnet.

- **Eigenfertigung / Fremdbezug:** Besteht die Möglichkeit, eine Baugruppe oder gar ein Endprodukt von außerhalb des Unternehmens zu beziehen, statt sie selbst zu erstellen, so besteht die Möglichkeit einer Entscheidung zwischen Eigenfertigung und Fremdbezug (Make or Buy).

Im Gegensatz zur Auslagerung von Aktivitäten (verlängerte Werkbank) betrifft eine Entscheidung über Eigenfertigung oder Fremdbezug eine vollständige Fertigungsstufe einer Baugruppe bzw. eines Produktes. Damit entfällt bei Entscheidung für Fremdbezug eine Spalte im Arbeitsplan-Segment (im Falle von Beistellungen[552]) bzw. eine komplette Spalte (keine Beistellungen). Betrifft diese Entscheidung die oberste Stufe der Wertschöpfung, dann wird im Grunde aus der Produktion eine Entscheidung zur Handelsware. Wird die Make-or-Buy-Entscheidung nicht grundsätzlich, sondern abhängig von Kapazität oder anderen Faktoren getroffen, so liegen sog. Zwitterteile vor, die teilweise fremdbezogen, teilweise eigengefertigt sind. Aus den gleichen Gründen wie bei Kundenvarianten sollte dies durch unterschiedliche Leistungsarten ausgedrückt werden. Damit entstehen eine neue Zeile und Spalte in der Faktoreinsatzmatrix. Der Primärbedarfsvektor ändert sich nur, falls unterschiedliche Leistungsarten entstehen (Zwitterteile).

- **Splitten:** Droht ein Auftrag den Endtermin zu überschreiten, so werden oft Maßnahmen zur Durchlaufzeitverkürzung ergriffen. Beispielhaft sei hier das Splitten untersucht. Dies setzt mindestens zwei Kapazitätseinheiten bzw. einen alternativen Arbeitsplatz voraus und beruht auf einer Teilung des zu bearbeitenden Loses und der parallelen Bearbeitung auf zwei oder mehr Arbeitsplätzen. Dadurch wird die Bearbeitungszeit um den Faktor n (n sei die Zahl der parallel belegten Arbeitsplätze) reduziert. Die Rüstzeit dagegen fällt an allen Arbeitsplätzen an.

Splitten setzt die Existenz von alternativen Arbeitsplätzen bzw. mehreren Kapazitätseinheiten voraus. Erfolgt die Darstellung der Faktoreinsatzmatrix (Segment II in Kapitel 2, Abbildung 2-4) auf Kostenstellen-/Bezugsgrößenebene, so kann dieser Umstand nicht ohne weiteres dargestellt werden. Vielmehr ist dort die Losgröße um den Faktor n zu reduzieren. Erfolgt die Darstellung dieses Segments der Faktoreinsatzmatrix dagegen auf Arbeitsplatz-/ Arbeitsgangebene, so enthalten mehrere Spalten einen Rüstfaktor, der um den Faktor n reduziert wurde.

[552] Vgl. Specht, O., Ahrens, D., Wolter, B., Fertigungswirtschaft (1994), S. 188 f.

5.5 Modelle für ein Fertigungscontrolling

Die bereits angedeutete Zerlegung in Teilmodelle wird in der folgenden Abbildung 5-13 dargestellt. Die einzelnen Komponenten werden in den folgenden Kapiteln näher detailliert beschrieben.

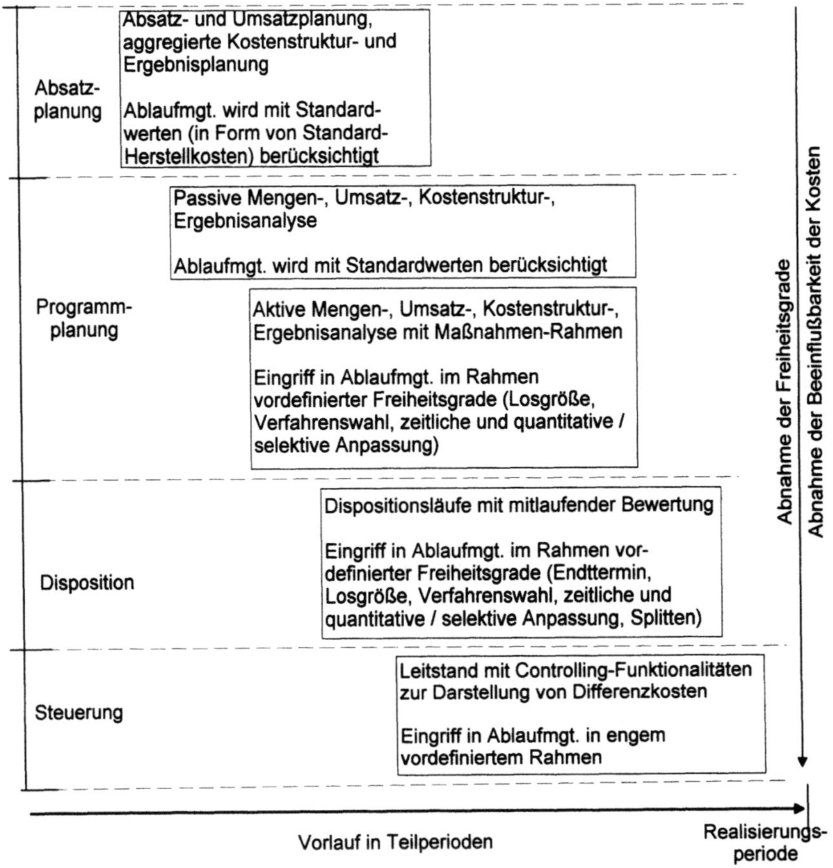

Abbildung 5-13: Teilmodelle nach Stufen des Planungs- und Entscheidungsmodells.

5.5.1 Modell zur integrierten Absatzplanung

Die Durchführung einer Absatzplanung setzt voraus, daß Prognosen hinsichtlich absetzbarer Leistungsarten und -mengen möglich sind. Im Gegensatz zur nachfolgenden Produktionsprogrammplanung wird darüber hinaus zunächst von unbegrenzten Produktions- und

Zuliefererkapazitäten ausgegangen[553]. Glaser[554], der nicht zwischen Absatzplanung und Produktionsprogrammplanung unterscheidet, sieht diese Vereinfachung sogar als in der Praxis typisches Merkmal einer Produktionsprogrammplanung, da diese lediglich als Prognoseinstrument für Absatzzahlen konzipiert sei. Wie aus Abbildung 5-13 ersichtlich, wird die Prognoseaufgabe in die Absatzplanung ausgegliedert. Alternativ besteht auch die Möglichkeit, Absatz- und Programmplanung (s. Kapitel 5.5.2.) zu integrieren. Dies ist insbesondere dann sinnvoll, wenn eine starke Kundenorientierung vorliegt und der Vertrieb zur Beurteilung von Anfragen oder zu erstellenden Angeboten auf die Kapazitätssituation und die Verfügbarkeit von Teilen oder Subunternehmern zurückgreifen muß. Damit entfällt allerdings auch die Bedeutung der Absatzplanung als Prognosewerkzeug. Statt dessen solle in diesem Fall sollte eine rollierende Planung vorgenommen werden, die jeweils am Auftragsbestand orientiert ist. Eine eigenständige Absatzplanung erscheint in diesem Falle weniger sinnvoll.

5.5.1.1 Ziele und Aufgaben

Eine Absatzplanung dient der Prognose des Markterfolges hinsichtlich Mengen- und Wertgrößen. Zielgröße ist in der Regel eine aus der Unternehmensplanung vorgegebene Erfolgsgröße (Umsatz, Marktanteil, Deckungsbeitrag). Zum Zweck der Komplexitätsreduzierung im Rahmen der Planung wird in der Regel auf Vergangenheitswerte zurückgegriffen, die fortgeschrieben und entsprechend der eigenen Erwartungen modifiziert werden (Reduzierung der Prognoseunsicherheit). Des weiteren werden oft nicht alle Einzelartikel geplant, sondern Artikelgruppen bzw. Artikelgruppen-Kundengruppen-Segmente (Reduzierung des Detaillierungsgrads), die anschließend disaggregiert werden. Eine weitere Methode der Komplexitätsreduzierung stellt die ABC-Analyse dar, mit der die (absatzbezogen) wichtigsten Leistungsarten identifiziert werden können (Reduzierung der Objektzahl). Sollen Schwankungen der Nachfrage innerhalb des Planungshorizonts berücksichtigt werden, bzw. soll eine Bestandsplanung geführt werden und sind dabei Veränderungen vorgesehen, so ist eine Absatzplanung mit mehreren Teilperioden zu führen. Basis ist das *potentielle* Produktionsprogramm, das durch die gegebene Ausstattung mit Potentialfaktoren sowie die vorhandenen organisatorischen und räumlichen Strukturen bestimmt wird. Zugleich wirken aber Prognosen und Entscheidungen im Rahmen der Absatzplanung auf die Pläne hinsichtlich technischer und organisatorischer Ausstattung ein[555].

Als Input dienen Umsatz-, Absatz- und Ergebnisvorgaben der Unternehmensplanung bzw. der Geschäftsleitung. Vorausgesetzt wird eine geeignete Betriebsbereitschaft der direkten und indirekten Stellen. Damit sind die wesentlichen strategischen und taktischen Entscheidungen

---

[553] Vgl. Zäpfel, G., Produktionswirtschaft (1982), S. 49. Küpper et. al. beobachten diese vereinfachende Prämisse sogar im Rahmen der Kapazitätsterminierung, vgl. Küpper, H.-U., Helber, S., Ablauforganisation (1995), S. 286.

[554] Vgl. Glaser, H., Geiger, W., Rohde, V., PPS (1992), S. 37.

[555] Vgl. Reichwald, R., Dietel, B., Produktionswirtschaft (1991), S. 462.

hinsichtlich Standort, potentiellem Leistungsprogramm, Technologie und Ausstattung bereits erfolgt. Auf dieser bestehenden Ausgangssituation baut die Absatzplanung auf und ist selbst ggf. wieder Ausgangspunkt für Entscheidungen der strategischen und taktischen Ebene.

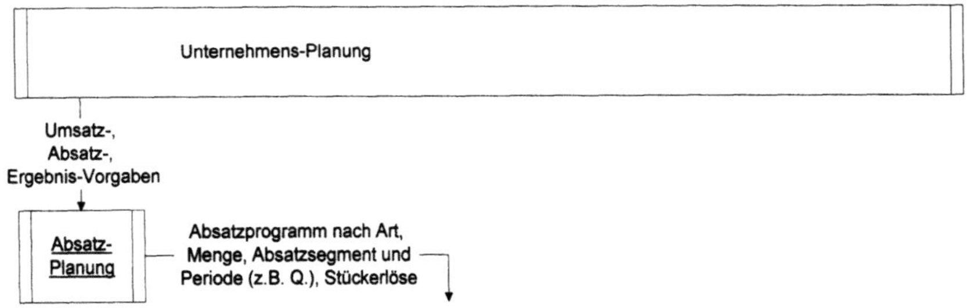

Abbildung 5-14: Absatzplanung als Element einer sequentiellen Planung.

Zentrale Aufgabe der Absatzplanung ist die Verbindung von Vertrieb und Fertigung. Zeithorizont und Differenzierungsgrad dieser Planung hängen unter anderem ab vom Fertigungstyp, der Programmbreite und -tiefe, der Marktdynamik der betreffenden Branche sowie dem Grad der Kundenorientierung.

Planeigenschaften / Faktoren	Langfristig, detailliert	kurzfristiger, eher pauschal
Marktdynamik	reifer, konsolidierter Markt	junger, innovativer Markt
Fertigungstyp	Massenfertiger	Einzelfertiger
Kundenorientierung	anonyme Lagerfertigung	kundenorientierte Fertigung
Programmbreite, -tiefe	geringe Breite, Tiefe	starke Differenzierung

Tabelle 5-4: Gestaltungsfaktoren der Absatzplanung.

Im Falle eines *dynamischen Marktes* bzw. eines Marktes mit kurzen Lebenszyklen ist davon auszugehen, daß eine hohe Zahl an Produktinnovationen, -variationen und -eliminationen stattfindet. Da in diesen Fällen (Innovation und Variation) keine geeigneten Zahlen der Vergangenheit existieren, sind entweder Schätzungen vorzunehmen, oder es sind repräsentative Vergleichsprodukte heranzuziehen. Insbesondere bei Innovationen kann dies zu erheblichen Problemen führen, da hier sowohl die Marktakzeptanz als auch Ressourceninanspruchnahme[556] und Erfolgsgrößen geschätzt bzw. ermittelt werden müssen. Gleichwohl tendieren zahlreiche Branchen zu einer zunehmenden Individualisierung ihrer Leistungen (z.B. in Form

[556] Es sind keine Koeffizienten der Faktoreinsatzmatrix bekannt, vgl. Kapitel 2 dieser Arbeit.

von steigenden Variantenzahlen oder durch Mass Customization und Built-To-Order) und damit zu immer schwerer zu prognostizierenden Absatzprogrammen und -mengen.

Ähnlich wie bei einem dynamischen Markt steht beim *Fertigungstyp Einzelfertiger* bzw. Kundenfertiger die Absatzplanung vor beträchtlichen Prognoseproblemen. Soll auf eine Absatzplanung nicht verzichtet werden, so kann mangels konkreter Kundenaufträge in dieser frühen Planungsphase nur auf die Planung eines „typischen" Absatzprogrammes zurückgegriffen werden, indem (auf der Basis von Vergangenheitswerten und Erwartungen des Vertriebs) Leistungsarten und -mengen definiert werden[557].

Ähnlich verhält es sich im Falle einer *kundenorientierten Fertigung* als Gegenpol zur anonymen Lagerfertigung. Lassen sich die Kundenaufträge nicht auf Standardartikel zurückführen bzw. wird kein Baukastensystem mit hohem Anteil an Wiederholteilen verwandt, so ist eine mengenmäßige Absatzplanung kaum sinnvoll möglich. In diesem Fall können bestenfalls Umsatzschätzungen auf Grund vorliegender Anfragen, Angebote und Aufträge sowie subjektiver Einschätzungen des Vertriebs vorgenommen werden[558].

Ein *breites Programm* stellt, unabhängig von den vorstehenden Dimensionen Fertigungstyp und Marktdynamik, hohe Anforderungen an die Planer, da die für eine bessere Handhabbarkeit nötige Aggregation Fehlerquellen schafft und zudem aufwendig ist. Dies trifft insbesondere zu, wenn zugleich eine hohe Marktdynamik vorliegt und damit neue Leistungen in der Aggregation bzw. Dekomposition zu berücksichtigen sind.

5.5.1.2 Freiheitsgrade

Als oberste betrachtete Planungsebene weist die Absatzplanung die am weitesten gehenden Freiheitsgrade auf - grundsätzlich kann das gesamte Marketing-Instrumentarium (Produkt-, Preispolitik, Distributions- und Kommunikationspolitik) als Bündel von Freiheitsgraden gesehen werden.. Explizit berücksichtigt werden allerdings vor allem die Produkt- und Preispolitik: Als wesentliche Freiheitsgrade können die Leistungen nach Art[559] und Menge (ggf. differenziert nach Kunden bzw. Kundengruppen, z.B. Region, Distributionsweg etc.) sowie die Preise (ggf. ergänzt um Erlösschmälerungen) genannt werden: Ausgangspunkt und Grundmenge ist das potentielle Absatzprogramm. Es wird beschränkt durch technologische und nachfragebedingte Grenzen und wird im Rahmen der Produktplanung bzw. Leistungsartenplanung definiert. Änderungen werden hauptsächlich durch Technologie- und Produktinnovationen oder Veränderungen in der Nachfrage initiiert.

---

[557] Die Koeffizienten der Faktoreinsatzmatrix werden in diesem Fall von generischen Daten abgeleitet.

[558] Vgl. die Voraussetzungen für die Modellbildung in Kapitel 3, insbes. die Forderung nach repetitiven Prozessen und einer gewissen Konstanz bei den Produkten und Teilen.

[559] Innerhalb des potentiellen Absatzprogramms im Rahmen der strategischen und taktischen Planung, vgl. Zäpfel, G., Produktionswirtschaft (1982), S. 46 f.

Die hier getroffenen Entscheidungen können ganz wesentlich Erlöse, Kosten und Ergebnis beeinflussen. Für die folgenden Ebenen sind die Ergebnisse der jeweils vorgeordneten Ebene ein Datum. Im Gegenzug aber herrscht (nicht zuletzt wegen des längsten Planungshorizonts und der größten Abstraktion unter allen betrachteten Planungsebenen) auch die größte Unsicherheit hinsichtlich der Realisierbarkeit und der tatsächlichen Entwicklung sowohl auf dem Markt als auch im Unternehmen.

Liegen zum Zeitpunkt der Absatzplanung für den zu planenden Zeithorizont noch keine Aufträge vor, oder handelt es sich generell um einen kundenanonymen Lagerfertiger, so liegt die je Leistungsart absetzbare Menge zwischen 0 und der Maximalmenge x_p^{max}, andernfalls bildet die vorhandene Auftragsmenge die Absatzmengen-Untergrenze x_p^{min} (Risiko hinsichtlich der Realisierung vorliegender Aufträge kann durch einen Abwertungsfaktor berücksichtigt werden). Die Zielgröße wird in der Praxis noch immer oft im Umsatzvolumen gesehen. Eine Formalzielkonformität[560] kann allerdings nur die Berücksichtigung echter Erfolgsgrößen sicherstellen. Hier wiederum können absolute (Deckungsbeitrag, Nettoergebnis) und relative (Umsatz-, Kapitalrendite) Erfolgsgrößen betrachtet werden[561]. In jedem Fall sind Annahmen hinsichtlich des Ressourceneinsatzes zu treffen, um Stückkosten als negative Erfolgskomponenten abbilden zu können.

5.5.1.3 Relevante Erlöse und Kosten

Die Absatzplanung stellt in einem Käufermarkt[562] die Verbindung zwischen den Gegebenheiten des Absatzmarktes (Käufer- und Konkurrenzverhalten, Marktchancen) und den Möglichkeiten und Maßnahmen des eigenen Vertriebsbereiches her. Entsprechend stehen die Erlöse hier besonders im Vordergrund. Soll außer auf Absatz- und Umsatzgrößen auch auf Erfolgsgrößen abgestellt werden, so sind Kosten mit zu berücksichtigen. Während hinsichtlich der Definition der Erlöse kaum Schwierigkeiten auftreten, ist die Definition der relevanten Kosten für die Absatzplanung problematischer. Wegen der typischerweise längerfristigen Sichtweise der Absatzplanung (Planhorizont oft ein Jahr und länger) erscheint es sinnvoll, die während des Betrachtungszeitraums abbaubaren Kosten den variablen Kosten zuzuschlagen und die sich ergebende Kostenspaltung dem gesamten Planungszeitraum als Mittelwert zugrundezulegen[563]. Dies entspricht weitgehend der Vorgehensweise der Grenzplankostenrechnung[564], der meist ein Planungszeitraum von einem Jahr zugrundeliegt[565].

---

[560] Vgl. hierzu Kapitel 3.2 und 4.2 dieser Arbeit.

[561] Zur Einordnung dieser Größen in ein Kennzahlensystem und zum Vergleich von Ergebnisrechnung und klassischen Kennzahlensystemen vgl. Botta, V., Kennzahlensysteme (1997), S. 30 ff.

[562] Liegt der Engpaß z.B. im Beschaffungsbereich, so stellt der Absatzplan ein Zuteilungssystem dar, das zwischen Beschaffung und Produktion einerseits und dem Markt andererseits vermittelt.

[563] Vgl. zu diesen Ausführungen Kapitel 5.4.3. dieser Arbeit.

[564] Vgl. Kilger, W., Flexible Plankostenrechnung (1993), S. 98.

[565] Vgl. Kilger, W., Flexible Plankostenrechnung (1993), S. 96 ff.

5.5.1.4 Modellbeschreibung

Kernelement der Absatzplanung ist die Prognose der Absatzmengen je Leistungsart. Hierzu können statistische Prognoseverfahren auf Basis von Zahlenreihen der Vergangenheit ebenso herangezogen werden wie die subjektiven Einschätzungen der Vertriebsmitarbeiter. In Verbindung mit dem Stückpreis je Leistungsart ergibt sich der geplante Umsatz aus

$$Umsatz = \sum_{i=1} x_i p_i \,,$$

wobei x_i den Absatz an Leistungsart i repräsentiert, p_i den Nettopreis (nach Abzug von Erlösschmälerungen) für Leistungsart i. Alternativ können die Erlösschmälerungen auch explizit geplant werden, dann ergibt sich

$$Umsatz = \sum_{i=1} x_i (p_i - s_i)$$

mit s_i als Erlösschmälerung je Einheit der Leistungsart i.

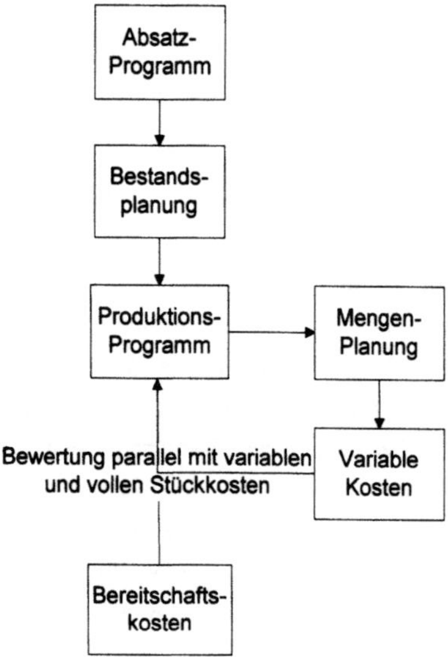

Abbildung 5-15: Zusammenhang zwischen Absatz- und Programmplanung.

Erfolgt eine Differenzierung der Preise und / oder Erlösschmälerungen nach Kunden, Regionen oder Vertriebskanälen, so ist die Absatzplanung entweder entsprechend zu differenzieren, oder es wird mit Durchschnittswerten geplant.

$$Umsatz = \sum_{i=1}^{I} \sum_{k=1}^{K} x_{ik} (p_{ik} - s_{ik})$$

Die vorstehende Darstellung für eine Umsatzplanung nach Kunden (K) und Artikeln zeigt, daß eine derart differenzierte Prognose neben Absatzmengen noch Prognosen für die Kundenartikel-Preise p_{ik} sowie die Kundenartikel-Erlösschmälerungen s_{ik} erfordert.

Wird, wie oben beschrieben, die Planung von Erfolgsgrößen eingeschlossen, so sind zusätzlich zum Umsatz noch Kostenkomponenten zu berücksichtigen. So ermittelt sich der Deckungsbeitrag eines Absatzprogrammes gemäß der folgenden Darstellung:

$$Deckungsbeitrag = \sum_{i=1}^{I} \sum_{k=1}^{K} x_{ik}((p_{ik} - s_{ik}) - k_i)$$

Geht man allerdings davon aus, daß die entscheidungsrelevanten Stückkosten k_i kunden- bzw. kundengruppen-individuell variieren (z.B. länderspezifische Varianten), so ist darüber hinaus die Ermittlung von Artikel-Kunden-Stückkosten notwendig. Da solche Varianten aber oft auch technologische und lagerorganisatorische Konsequenzen haben, sollte hierfür ein eigener Artikel angelegt werden, womit aus der Kunden- bzw. Kundengruppenvariante eine Produktvariante wird.

5.5.2 Modell zur integrierten (Produktions-)Programmplanung

Während für die Absatzplanung die Absatzsphäre in Form des Marktes den wesentlichen Unsicherheitsfaktor bildet, ist der daraus entwickelte Absatzplan (einschließlich des Bestandsplanes) Datum für die nachfolgende Planungsebene, die Produktionsprogrammplanung (im Folgenden vereinfacht als Programmplanung bezeichnet). Freiheitsgrade entstammen damit nur noch den innerbetrieblichen Bereichen[566]. Wie aus Abbildung 5-16 ersichtlich, beschränkt sich die Programmplanung auf die Betrachtung von marktfähigen Leistungsarten. Dies bezieht beispielsweise Ersatzteile mit ein, nicht aber Produkte von Vorstufen, die in Produkte nachfolgender Fertigungsstufen eingehen (Baugruppen). Die Berücksichtigung von fremdbezogenen Endprodukten (sog. Handelsware) ist nach Erfahrung des Verfassers bisher unüblich, erscheint aber dann sinnvoll, wenn bei Überkapazitäten die Möglichkeit besteht, diese Artikel selbst zu fertigen, oder wenn Aktivitäten im Zusammenhang mit Handelsware durchgeführt werden (Aufbringen des eigenen Logos, Kommissionierung, Transport etc.), da dadurch Kapazitäten der indirekten Bereiche in Anspruch genommen und damit Kapazitätsbedarfe ausgelöst werden. Für die vorliegende Fragestellung werden die Ergebnisse der Absatzplanung in vollem Umfang in die Programmplanung übernommen, um die umfassende

---

[566] Simultanmodelle der Programm- bzw. der Programm- und Ablaufplanung dagegen betrachten die Absatzmengen in der Regel als abhängige Variable. Allerdings sind Beschränkungen des Absatzmarktes (Obergrenzen sowie u.U. auch Untergrenzen für bereits vorliegende Aufträge sowie Verbundeffekte unterschiedlichster Art zwischen Leistungsarten und Leistungsartengruppen) dann mit zu berücksichtigen. Daneben gelten natürlich weiterhin die in Kapitel 3 genannten Einwände hinsichtlich der Praktikabilität von Simultanmodellen.

Ergebnisplanung zu vereinfachen und Nebenrechnungen zu vermeiden[567]. Sofern möglich, sollten auch selbsterstellte Anlagen, Werkzeuge etc. im Produktionsprogramm berücksichtigt werden, um ein geschlossenes Bedarfsbild hinsichtlich Kapazitäten und damit benötigter Ressourcen zu erhalten. In diesen Positionen unterscheidet sich die Programmplanung von der Absatzplanung.

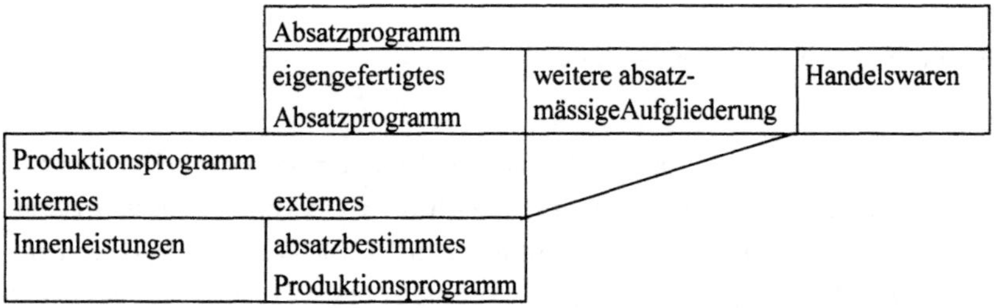

Abbildung 5-16: Abgrenzung zwischen Absatz- und Produktionsprogramm[568].

Neben der vorstehend beschriebenen sachlichen Nichtübereinstimmung kann auch eine zeitliche Diskrepanz zwischen Absatz- und Produktionsprogramm auftreten. Dies setzt allerdings die Lagerfähigkeit der erstellten Leistungen voraus[569]. Generell kann auf schwankende Absatzmengen im Zeitablauf mit dem Einsatz absatzwirtschaftlicher Instrumente, der Anpassung der Produktionsmengen oder der Anpassung der Produktiveinheiten reagiert werden[570]. Während die erste Option in den Bereich der Absatzplanung fällt, repräsentieren die beiden letzten Optionen die Anpassung der Nachfrage bzw. des Angebots an Produktionsressourcen an die Marktanforderungen. Im ersteren Fall (Anpassung der Nachfrage nach Kapazität an das Angebot) spricht man von Emanzipation, d.h. die Produktion folgt nicht der Nachfrage in Form der Absatzplanung, sondern erfolgt gleichmäßig gemäß den gegebenen Ressourcen und erfordert damit Lager. Im zweiten Fall werden die Ressourcen an die Anforderungen des Marktes angepaßt (Synchronisation). Emanzipation und Synchronisation stellen die extremen Ausprägungen der Anpassung dar. Als Kompromiß dient die teilweise Emanzipation, indem die schwankende Nachfrage in Abschnitte mit konstanter Produktionsmenge (auf unterschiedlichem Niveau) aufgeteilt wird. In diesem Fall sowie im Falle der Synchronisation ist eine nach Teilperioden differenzierte Darstellung des Produktionsprogramms erforderlich.

---

[567] Solche Nebenrechnungen wären beispielsweise dann nötig, wenn die Absatzmenge eines Handelsware-Artikels auf Grund von Verbundeffekten bzw. entsprechender Kommissionierung im Vertrieb proportional zu einem selbstgefertigten Artikel erfolgt.

[568] Zäpfel, G., Produktionswirtschaft (1982), S. 50.

[569] Ein extremer Fall von nicht lagerfähigen Leistungen wird in der Fallstudie 2 (Labor) in Kapitel 6 dargestellt.

[570] Vgl. Zäpfel, G., Produktionswirtschaft (1982), S. 140 ff.

5.5.2.1 Ziele und Aufgaben

Der Begriff „Programmplanung" wird für Aufgaben auf verschiedenen Planungsebenen verwandt. So obliegt der „strategischen Programmplanung"[571] die Aufgabe, die relevanten Produktfelder festzugelegen, die das Unternehmen bearbeiten will. Hierbei stehen Marketing- und Technologieaspekte im Vordergrund, Ziel ist die längerfristige Ausrichtung des Unternehmens an Erfolgspotentialen (in Form von Marktchancen und Unternehmensstärken). Die taktische Programmplanung hat die Aufgabe, diese Produktfelder weiter zu konkretisieren und mit Fragestellungen der Ausstattungs- und Verfahrensplanung abzustimmen. Die hier im Mittelpunkt stehende operative Programmplanung basiert auf den Entscheidungen der strategischen und taktischen Programmplanung und setzt damit voraus, daß ein potentielles Leistungsprogramm definiert wurde und die dazu notwendige Infrastruktur[572] vorhanden ist.[573].

In der vorliegenden Arbeit wird davon ausgegangen, daß eine vorgeschaltete Absatzplanung Vorgaben für die zu produzierenden Leistungsarten und -mengen je Periode einbringt. Aufgabe der Programmplanung ist es, diese primär aus Vertriebs-Gesichtspunkten erstellte Rechnung auf Machbarkeit zu prüfen, indem ein Abgleich zwischen Ressourcenbedarf und Ressourcenangebot vorgenommen wird. Des weiteren stellt sie die Auswirkungen auf die Formalziele fest und ermöglicht damit die Zuordnung von Zielerreichungsgraden zu verschiedenen Planungsmaßnahmen. Die bisherigen Ziele (Durchlaufzeit, Kapazitätsauslastung, Bestände und Termineinhaltung) werden zu Nebenzielen, ihre Ausprägungen sind ebenso darzustellen wie die Erfolgswirkung. Wie schon oben[574] dargestellt, kann die Trennung von Absatz- und Programmplanung auch aufgehoben werden, wenn dies aus organisatorischen Gründen vorteilhaft erscheint.

Das Ziel der Programmplanung ist vorrangig die kostenminimale Erstellung der Programmmengen. Können die geplanten Mengen nicht produziert werden, so ist zunächst zu klären, ob die Absatzplanung durch Bestandsveränderungen realisiert werden kann. Ist dies trotz Anpassungsmaßnahmen nicht der Fall, so muß ein feedback zur Absatzplanung erfolgen, um dort die Konsequenzen des Fertigungsengpasses zu zeigen. Kann im Rahmen der Programmplanung auch die Entscheidung fallen, geplante Absatzmengen nicht zu produzieren, weil z.B. keine ausreichenden Kapazitäten vorhanden sind, so ändern sich auch positive Erfolgskomponenten (Erlöse). Diese sind neben den negativen Komponenten (Kosten) zu berücksichtigen, die Programmplanung stellt damit kein reines Minimierungsproblem dar.

---

[571] Zäpfel, G., Produktionswirtschaft (1982), S. 46.

[572] Dies umfaßt die notwendige Ausstattung ebenso wie die ausreichende Beherrschung der benötigten Technologien.

[573] Vgl. Zäpfel, G., Produktionswirtschaft (1982), S. 46 f.

[574] Vgl. Kapitel 5.5.1. dieser Arbeit.

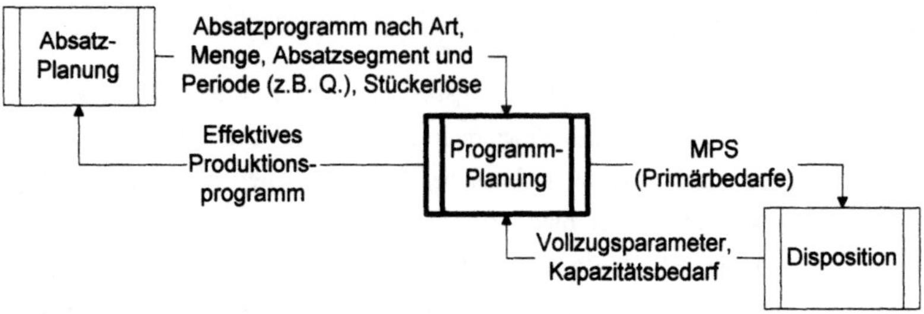

Abbildung 5-17: Programmplanung als Element der Gesamtplanung.

Die Aufgaben der Programmplanung ergeben sich aus den dargestellten Zielsetzungen: Die Parameter des Kapazitätsangebotes und der Durchführung sind so zu gestalten, daß die Vorgaben der Absatzplanung erfüllt werden können und zugleich die Wirtschaftlichkeit gewährleistet wird. Zu beachten ist dabei, daß die beiden Bereiche Kapazität und Produktionsvollzug interdependent verbunden sind. Im Unterschied zur (in Kapitel 5.5.3. beschriebenen) Disposition im Sinne einer differenzierten Ablaufplanung berücksichtigt die Programmplanung keine realen Kundenaufträge und Liefertermine, vielmehr wird von einer gleichmäßigen Nachfrage innerhalb der Teilperioden ausgegangen. Damit können je Teilperiode geplante Vollzugsbedingungen herangezogen werden. Die Ermittlung derjenigen (Plan-) Parameter (im Sinne von Ausprägungen der Freiheitsgrade), die die Ziele der Programmplanung erfüllen, ist die Aufgabe der Programmplanung.

5.5.2.2 Freiheitsgrade

Da im Rahmen einer sequentiellen Planung[575] die Outputs vorgelagerter Teilpläne ein Datum für die nachfolgenden Teilpläne darstellen, liegen die Leistungsarten als Ergebnis der Absatzplanung nach Art und Menge fest. „Das Produktionsprogramm geht vom Absatzprogramm aus und berücksichtigt zusätzlich die Gegebenheiten der Beschaffungsmärkte und die Kapazität des Produktionsbereichs"[576]. Damit wird der Blick nach der überwiegend am Unternehmensumfeld orientierten Absatzplanung nun auf die Ressourcen im Unternehmen gelenkt. Entsprechend konzentrieren sich die Freiheitsgrade der Programmplanung auf das Kapazitäts- und damit letztlich das Ressourcenmanagement. Es wird in diesem Zusammenhang auch von

---

[575] Es handelt sich beim vorgestellten Ansatz nicht (zwangsläufig) um eine Implementierung einer hierarchischen Produktionsplanung, da zu den Kennzeichen einer hierarchischen PPS u.a. auch die Aggregation/Dekomposition und der Einsatz von optimierenden Verfahren gehören. Beides ist im vorliegenden Konzept möglich, aber nicht zwingend.

[576] REFA, Methodenlehre, Teil 3 (1978), S. 24. Vgl. auch Fandel, G., Francois, P., Gubitz, K.-M., Softwaresysteme (1997), S. 128 ff.

einer Kapazitätsgrobplanung[577] gesprochen. Durch die dabei vorhandenen Bezüge zur Produktionsvollzugsplanung ist für die Freiheitsgrade der Vollzugsplanung von Planausprägungen auszugehen. So führt eine Erhöhung der Plan-Losgröße c.p. zu einer Verringerung der Rüstzeiten im Planungszeitraum und damit zu einer Erhöhung des Kapazitätsangebots. Da aber in dieser Planungsphase konkrete Fertigungsaufträge und -termine noch nicht bekannt sind und auch nicht sinnvoll vorausgeplant werden können, kann beispielsweise die Reihenfolge von Aufträgen an einem bestimmten Arbeitsplatz noch nicht festgelegt werden. Da die Rüstzeiten aber von dieser Reihenfolge abhängig sein können, ist eine Veränderung der Losgröße hier nur als globale Maßnahme zur Steuerung der Kapazitätsauslastung sinnvoll, indem die Rüstzeit- / Bearbeitungszeit - Relation verändert wird[578].

5.5.2.3 Relevante Erlöse und Kosten

Der Zeithorizont der Programmplanung liegt nach Erfahrungen des Verfassers meist bei 3 bis 12 Monaten. Allerdings sind kurzfristige Ereignisse wie beispielsweise Zusatzaufträge oder Entscheidungen über Eigenfertigung oder Fremdbezug wegen Kapazitätsengpässen ebenfalls zu betrachten. Die sich daraus ergebende Spannzweite hinsichtlich der Planungshorizonte erfordert ein Kostenrechnungssystem, das für die verschiedenen Entscheidungshorizonte die jeweils relevanten Kosten und Erlöse darstellen kann. Erfolgt eine rollierende Planung mit einer Jahres-Grundplanung, die durch Quartals- oder Monatsplanungen mit jeweils aktuellen Mengenkorrekturen ergänzt wird, so sollte für die Grundplanung mit den variablen Kosten der Jahresplanung gearbeitet werden, für die Quartals-(Monts-)planung hingegen mit den variablen Kosten des Quartals (Monats). Dies bedeutet, daß unterschiedliche Deckungsbeiträge für die gleiche Leistungsart ermittelt werden[579]. Hier stellt Brink[580] die Frage, wie auch in kurzfristigen Entscheidungsfeldern die in der Regel längerfristig orientierten übergeordneten (Formal-)Ziele erreicht werden, wenn die Rangfolge der Vorteilhaftigkeit von Leistungsarten für verschiedene Zeithorizonte unterschiedlich ist. Das hier zu Tage tretende Problem besteht darin, daß ein Kostensatz bzw. seine variablen und fixen Anteile pauschale Aussagen zu Veränderungen bereitschaftsorientierter Ressourcen ermöglichen sollen. Dies ist durch reine Wertgrößen aber nicht möglich, da wegen der Existenz sprungfixer Kosten auch Kapazitätswirkungen der zugrundeliegenden Maßnahmen zu beachten sind. Zur Lösung dieses Problems sind zwei Wege denkbar: Entweder werden für alle relevanten Entscheidungshorizonte (ggf. kombiniert mit alternativen Beschäftigungsgraden) Budgets mit

---

[577] Fandel, G., Francois, P., Gubitz, K.-M., Softwaresysteme (1997), S. 135.

[578] Ein einfaches Zahlenbeispiel für die Zusammenhänge zwischen Losgröße und Engpaßkapazitäten geben Decaluwe, L., Lambrecht, M., JIT (1987), S. 12 ff.

[579] Vgl. Kapitel 4.5.4. dieser Arbeit.

[580] Vgl. Brink, H.-J., Kostenrechnung (1978), S. 576.

variablen und fixen Kosten vorgehalten[581] bzw. bei Bedarf ermittelt[582], oder aber es wird auf die zugrunde liegenden Entscheidungen über Faktoreinsätze abgestellt. Dies bedeutet, daß bei Entscheidungen nicht sofort Kostenveränderungen, sondern zunächst Ressourceneinsatz-Veränderungen untersucht werden. Wird beispielsweise durch einen in Betrachtung gezogenen Zusatzauftrag eine Kapazitätsgrenze überschritten, so kann es zu beträchtlichen Mehrkosten durch auftretende sprungfixe Kosten kommen. Durch diesen Ansatz wird nicht der Deckungsbeitrag einer Leistungsart zu einem Zeitpunkt, sondern Brutto- und Nettoergebnis eines Programmes für einen Zeitraum betrachtet. Damit ist die Zielorientierung unabhängig vom betrachteten Zeitpunkt gewährleistet. Der Ausweis von Stückergebnissen ist als Zusatzinformation zu betrachten, die mit den bekannten und oben beschriebenen Problemen der Kostenverteilung und -zurechnung behaftet ist.

5.5.2.4 Modellbeschreibung

Zentrale Elemente des Modells sind das Produktionsprogramm als Planung der zu erstellenden Leistungen nach Art, Menge und Teilperiode sowie die Ergebnisdarstellung. Wie aus Abbildung 5-11 sowie Abbildung 6-3 (Kapitel 6.1) ersichtlich, stellt das Produktionsprogramm den Anfang und die Ergebnisdarstellung das Ende einer Kette dar - für ein geplantes Produktionsprogramm werden die Erlöse und Kosten ermittelt, dies führt gegebenenfalls zu Änderungen der Entscheider hinsichtlich Art, Menge und Teilperiode der zu erstellenden Leistungen. Solange alle Kapazitäten ausreichend zur Verfügung stehen, gestaltet sich dieser Mechanismus recht einfach - zu berücksichtigen ist lediglich die Auswirkung von Beschäftigungsänderungen auf die Fixkosten und mithin eine geeignete Darstellung der Fixkostenüber- bzw. unterdeckung im Rahmen des Ergebnisses. Während von konstanten Fixkosten ausgegangen wird, bleiben nur die variablen Stückkosten konstant - die gesamten variablen Kosten hingegen entwickeln sich linear proportional zur Beschäftigung. Eine Neukalkulation ist damit solange nicht nötig, wie keine strukturellen Änderungen vorgenommen werden - eine Veränderung von Programm-Mengen fällt nicht in diese Kategorie. Wird für eine bestimmte Leistungsart die geplante Losgröße geändert, so ändern sich die Stückzeiten für den Rüstvorgang. Betrachtet man die Faktoreinsatzmatrix, so ändert sich dort der Koeffizient an der Stelle [a, b], wobei a die leistende Kostenstelle repräsentiert und b die Leistungsart, deren Losgröße geändert wird. Damit ist die betroffene Leistungsart neu zu kalkulieren, und die Stückkosten ändern sich.

Werden Kapazitätsgrenzen überschritten, oder sinkt die Kapazitätsnachfrage so stark unter das Kapazitätsangebot, daß (sofern dies technisch und organisatorisch möglich ist) Teilkapazitäten stillgelegt, umgesetzt oder veräußert werden könnten, so sind Entscheidungen des

---

[581] Dies entspricht dem Ansatz von Scholl, vgl. Scholl, H.-J., Plankostenrechnung (1981), S. 245.

[582] Dieser Ansatz kann mit dem vorliegenden Modell realisiert werden, allerdings sind dazu Angaben über Kapazitätsanpassungen notwendig.

Modellnutzers notwendig[583]. Diese Entscheidungen führen zur Aktivierung / Beschaffung bzw. zur Stillegung / Veräußerung von Ressourcen. Ein solcher Eingriff ändert die Ressourcenbestände, wodurch neue Beschäftigungsniveaus[584] und Plankosten abgeleitet werden. Dies führt zu veränderten Kostensätzen und mithin zur (teilweisen oder vollständigen) Neuermittlung von Stückkosten und Brutto- sowie Nettoergebnis[585].

5.5.3 Modell zur integrierten Ablaufplanung

Die Ablaufplanung als Teil der Produktionsplanung wird in der Praxis oft als Disposition bezeichnet und in Material- und Zeitwirtschaft gegliedert. Zeitwirtschaft repräsentiert dabei das Management der Kapazitäten, Materialwirtschaft das Management der fremdbezogenen und (in Vorstufen) selbstgefertigten Teile.

5.5.3.1 Ziele und Aufgaben

Aufgabe der Ablaufplanung ist die zielorientierte Planung des Fertigungsvollzugs, wobei traditionell[586] als Ziele minimale Durchlaufzeit bei maximaler Kapazitätsauslastung sowie maximale Termintreue bei minimalen Beständen genannt werden[587]. Abgesehen von der Unvereinbarkeit dieser Ersatzziele[588] garantieren sie auch nicht automatisch die Verfolgung der Unternehmensziele, die in aller Regel auf Formalziele[589] abstellen. Daher zielen die in den folgenden Kapiteln (insbesondere Kapitel 5.5.3.4.) dargestellten Überlegungen auf eine direkte Beziehung zwischen Maßnahmen und Erfolgsgrößen ab. Weitere Ziele wie Qualitätsniveau, soziale und Umweltgrößen werden in Anbetracht des Untersuchungsrahmens vernachlässigt[590].

---

[583] Es ist zwar auch denkbar, Reaktionsmuster und entsprechende Schwellenwerte für ihre Aktivierung vorzugeben, allerdings wird bezweifelt, daß solche Ansätze die Entscheidung der Verantwortlichen in größerem Umfang ersetzen können. Vielmehr könnte eine solche Erweiterung des Modells bestenfalls Vorschläge machen.

[584] Zur Ableitung einer Planbeschäftigung aus dem Kapazitätsangebot vgl. Kapitel 4.3.3. dieser Arbeit.

[585] Für die in Kapitel 6 beschriebenen Unternehmen dauert dieser Prozeß beim Überschreiten der Schranken für eine vollständige Neuermittlung einige Minuten. Vgl. zum Thema der Implementierung Kapitel 6.1.

[586] Vgl. Zäpfel, G., Produktionswirtschaft (1982), S. 191 f.

[587] Zum dadurch sich ergebenden Zielkonflikt („Polylemma") s. o.

[588] Zäpfel spricht davon, „ersatzweise" statt Kostenzielen zeitbezogene Ziele heranzuziehen, Zäpfel, G., Produktionswirtschaft (1982), S. 186.

[589] Vgl. Kapitel 3.2 dieser Arbeit.

[590] Vgl. Küpper, H.-U., Helber, S., Ablauforganisation (1995), S. 51 ff.

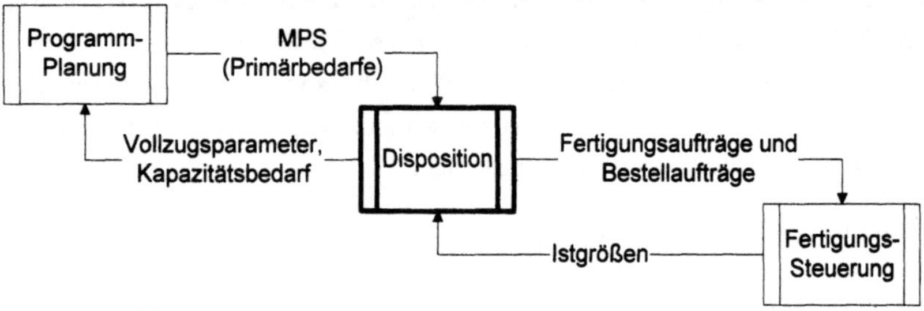

Abbildung 5-18: Disposition als Teilmodell der Gesamtplanung.

5.5.3.2 Freiheitsgrade

Die Produktionsmengen je Teilperiode werden der Ablaufplanung durch die vorgelagerte Programmplanung als Datum vorgegeben. Da die Grobabstimmung mit den Kapazitäten sowie Beständen und Liefermöglichkeiten ebenfalls im Rahmen der Programmplanung erfolgt, besteht die Aufgabe in der Detaillierung sowie Konkretisierung der Fertigungsprozesse im Rahmen von Aufträgen. Zwei Aspekte bestimmen dabei das Aufgabenfeld der Ablaufplanung: die „Emanzipation" der Kundenaufträge von der zugrundeliegenden Programmplanung sowie die Durchlauffreizügigkeit

Während im Rahmen der Programmplanung hinsichtlich der oben[591] beschriebenen Freiheitsgrade mit durchschnittlichen Ausprägungen gearbeitet wird (so gilt typischerweise für eine Leistungsart eine Losgröße für die gesamte Planung), erfolgt im Rahmen der Ablaufplanung eine Differenzierung. Insbesondere können auftragsspezifisch Parameter (als Ausprägungen von Freiheitsgraden) verändert werden, indem z.B. eine andere als die geplante Bezugsgröße oder ein anderes Verfahren gewählt wird. Der „Glättungseffekt" der Durchschnittsbetrachtung im Rahmen der Programmplanung entfällt damit in der Ablaufplanung. Dies bedeutet für die Darstellung als Faktoreinsatzmatrix, daß im Extremfall (jeder Auftrag wird mit mindestens einem von anderen Aufträgen über die gleiche Leistungsart abweichenden, matrixrelevanten Parameter disponiert) je Auftrag eine Ausprägung der Matrix benötigt wird. Zugleich bedeutet dies, daß im Gegensatz zur Planung nicht die Leistungsart im Mittelpunkt der Betrachtungen steht, sondern Teilmengen von Leistungsarten im Rahmen von Aufträgen. Diese Differenzierung führt zum einen zu einer Erhöhung der zugrundeliegenden Datenmengen, zum anderen dazu, daß neue Freiheitsgrade entstehen. Insbesondere können Beginn und Ende eines Auftrages (und damit neben der zeitlichen Lage auch die Dauer) beeinflußt werden.

---

[591] Vgl. Spalte „Programmplanung" in Tabelle 5-3.

5.5.3.3 *Relevante Erlöse und Kosten*

Die Ablaufplanung arbeitet typischerweise mit einem Zeithorizont von Wochen bis maximal ein bis drei Monaten. Damit ist hinsichtlich der relevanten Kosten zu berücksichtigen, daß die Bereitschaftskosten nur noch begrenzt angepaßt werden können. Dies bedeutet, daß z.B. die Auslagerung von Aktivitäten auf Grund von Kapazitätsengpässen nur sinnvoll ist, wenn die dadurch eingesparten zusätzlichen Bereitschaftskosten die zusätzlichen variablen Herstellkosten übersteigen. Umgekehrt ist festzustellen, daß bei Unterbeschäftigung die Leistungskosten, die kurzfristig abbaubaren Bereitschaftskosten sowie die durch den Abbau induzierten einmaligen Kosten die relevanten Kosten für kurzfristige Make or Buy-Entscheidungen darstellen, da durch Auslagerungen nur die zum Output proportionalen Kosten sowie die innerhalb des Entscheidungshorizonts abbaubaren Kosten, nicht aber die nicht oder nur längerfristig abbaubaren Kosten beeinflußt werden. Dient der Abbau von Ressourcen nur einer kurzfristigen Anpassung, so sind darüber hinaus ggf. noch die einmaligen Kosten für den Wiederaufbau der Kapazität, d.h. die Wiederbeschaffung bzw. Reaktivierung der Ressourcen in der benötigten Qualität, mit anzusetzen.

Geänderte Start- bzw. Endtermine haben für die Bewertung keine unmittelbare Konsequenzen, da die betrachtete Gesamtperiode hinsichtlich Kostensätzen nicht weiter differenziert werden soll. Berücksichtigt wird dagegen die Differenz aus End- und Starttermin (gesamte Durchlaufzeit) einschließlich der zeitlichen Struktur der Material- und Leistungszuordnungen sowie die Differenz zwischen Endtermin und Termin laut Primärbedarf (Lagerung der Zwischen- bzw. Endprodukte bis zum Bedarfs- bzw. Liefertermin). Die damit verbundenen Kostenveränderungen beruhen auf veränderten Volumina an Umlaufvermögen und haben regelmäßig kalkulatorischen Charakter, da im Einzelfall keine Möglichkeit besteht, konkrete Finanzierungsstrukturen oder Zinsauszahlungen für in Umlaufvermögen gebundenem Fremdkapital zuzuordnen. Erlöse spielen im Rahmen der Ablaufplanung kaum noch eine Rolle mehr[592], da die Absatz- bzw. Produktionsmengen bereits in vorgelagerten Planungsebenen festgelegt wurden.

5.5.3.4 *Modellbeschreibung*

Im Gegensatz zur Durchlaufzeitminimierung, die ebenfalls implizit auf eine Reduzierung des Umlaufvermögens im Bereich des work in progress abzielt[593], beruht der hier vorgeschlagene Ansatz auf einer expliziten Abbildung des gebundenen Kapitals in Form einer Wertzuwachsfunktion. Im Gegensatz zur Programmplanung stehen im Rahmen der Ablaufplanung (Soll-)

---

[592] Vgl. Geiger, W., PPS (1992), S. 28. Wird allerdings die geplante Menge einer Leistungsart nicht oder nicht rechtzeitig gefertigt, so kann es zu Erlösausfällen oder Konventionalstrafen sowie (nur schwer quantifizierbaren) good will - Verlusten kommen.

[593] Vgl. Adam, D., Produktionsmanagement (1998), S. 549.

Bindungsdauern des Umlaufkapitals für jede Leistungsart fest, da nicht von durchschnittlichen Bedarfen, sondern von diskreten, individuell disponierten Mengen und Terminen ausgegangen wird.

Zeidler schlug bereits 1949 die Abbildung der Bindung an Umlaufvermögen für einen Auftrag in Form einer Wertzuwachsfunktion vor[594]. Insbesondere unterscheidet er Bearbeitungsphasen und Liegezeiten (von ihm als Unterbrechungszeiten bezeichnet). Als gebundenes Kapital ergibt sich dabei die Fläche unter der Wertzuwachskurve. Vereinfachend schlägt Zeidler vor, abschnittsweise oder sogar für die gesamte Auftragsdauer das durchschnittlich gebundene Kapital zu betrachten, d.h. das gebundene Kapital ergibt sich gemäß

$$\frac{w_e + w_a}{2},$$

wobei w_e das gebundene Kapital zu Beginn des betrachteten Abschnitts und w_a das Kapital am Ende des Abschnitts bezeichnet. Aus Gründen der Umsetzbarkeit geht Zeidler von einer Mittelwertbildung über die gesamte Auftragsdurchlaufzeit aus. Die Steigung der Wertzuwachskurve in Abschnitten ohne Wertschöpfung (Liegezeiten) beschränkt sich auf Zins- und Lagerkosten. Da die kumulative Betrachtung die Zins- und Lagerkosten integriert, werden sie von Zeidler als Teil der Herstellkosten betrachtet. Er unterscheidet also nicht zwischen Umlaufvermögen in Bearbeitung und solchem in Lagern.

Während Zeidler damit seine Darstellung implizit auf durchgängige und konvergierende Leistungsstrukturen[595] beschränkt, ergibt sich bei Mehrfachverwendung von Teilen meist das Problem, daß jeder Auftrag individuelle Herstellkosten verursachen kann und anschließend in Zwischenlagern mit den Leistungen anderer Fertigungsaufträge gemeinsam gelagert wird. Dies liegt an den ablauforientierten Freiheitsgraden (z.B. Losgröße, Verfahrenswahl oder Splittung), die Einfluß auf die Auftragskosten haben. Aber auch der Verrechnungspreis von fremdbezogenen Teilen ändert sich im Grunde täglich, da eine Belastung der Teile mit (kalkulatorischen) Zinsen erfolgt gemäß

$$Zinskosten = \frac{wpt}{100},$$

wobei w das (durchschnittlich in t) gebundene Kapital angibt, p den Zinssatz und t die Bindungsdauer[596]. Geht man von einer (fiktiven) täglichen Verrechnung aus, so bedeutet dies, daß eine tägliche Umwertung der Lagerbestände stattfindet.

---

[594] Zeidler, F., Kalkulatorische Zinsen (1949), S. 575 ff. Allerdings ging er noch von Inventuren zur Erhebung des gebundenen Kapitals aus. Auch Helberg untersuchte die Wertzuwachsfunktion für Fragestellungen im Bereich der Wahl von optimaler Bevorratungsebene und Bestimmungszeitpunkt eines Produkts, vgl. Helberg, P., CIM-Baustein (1987), S. 50 ff.

[595] Vgl. Abbildung 3-6 in Kapitel 3 dieser Arbeit.

[596] Vgl. Zeidler, F., Kalkulatorische Zinsen (1949), S. 576.

Damit können drei Bereiche unterschieden werden, die zu betrachten sind:

1. Lagerbestände an Fremdmaterial,
2. Lagerbestände an Halb- und Fertigfabrikaten (HF und FF) sowie
3. Aufträge während ihrer Durchlaufzeit.

Die gesamten Kosten, die für die vorliegende Fragestellung von Interesse sind, ergeben sich aus $K_{ges}=B_{FM}+B_{BG}+HK_{BG}$, wobei B_{FM} die Bestandskosten (Lagerkosten und Kapitalkosten) für Fremdmaterial repräsentiert, B_{BG} die analogen Kosten für selbstgefertige Baugruppen und HK_{BG} die Herstellkosten (einschließlich Kapitalkosten während der Durchlaufzeit) der Baugruppen. Damit wird der Kurvenzug der Wertzuwachsfunktion über den Ansatz von Zeidler hinaus zerlegt in Wertzuwachsfunktionen je (Fertigungs-)Auftrag und je Lager (Fremd-, HF- und FF-Lager). Die Bestandskosten je Lager und Teilperiode t (Tag) ergeben sich dabei aus

$$Z_{lt} = \frac{(w_{et} + w_{at})p}{2 \quad 100 \quad 360} = \frac{w_t p}{36000}$$

mit w_t als durchschnittlichem Wert des Lagerbestandes in Teilperiode (Tag) t. Die Kosten je Auftrag ermitteln sich analog, wobei w hier die durchschnittlichen HK während der Durchlaufzeit wiedergibt - angefangene Tage werden voll gerechnet:

$$HK_{BG} = \frac{wpDLZ}{36000}$$

mit w als durchschnittlich gebundenem Kapital (HK) während der Durchlaufzeit und DLZ als Durchlaufzeit in Tagen.

Der Zusammenhang zwischen Aufträgen und Lagerbeständen wird in der nachfolgenden Abbildung 5-19 skizziert, die zeigt, wie Anfangs- und Endtermine der Aufträge direkt auf die Bestandshöhen der Lager einwirken. Fremdmaterial 1 soll dabei in Baugruppe 1 eingehen, Fremdmaterial 2 in Baugruppe 2, und Baugruppe 1 und 2 in Baugruppe 3, die zugleich ein Erzeugnis darstellt.

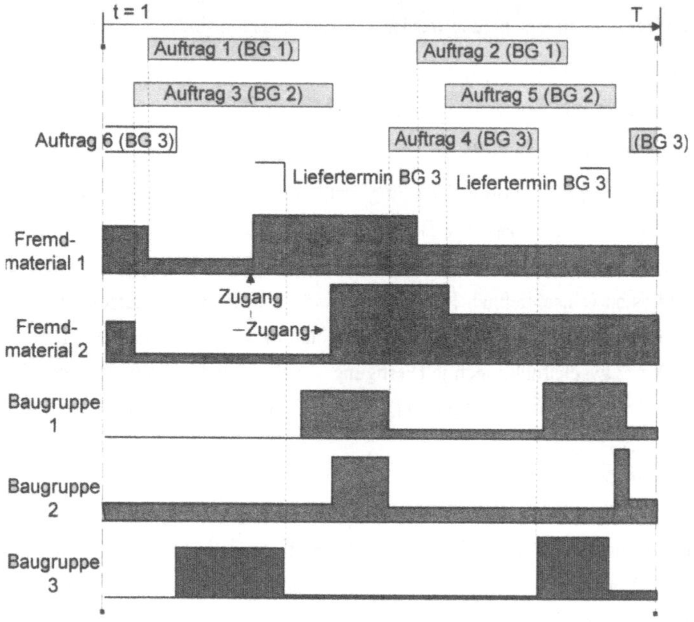

Abbildung 5-19: Auftragsnetz und Lagerbestände.

Es wird dabei davon ausgegangen, daß der Wert w_{et-1} zum Ende der Periode t-1 zugzüglich der Zinskosten gleich dem Wert w_{at} zu Beginn der Periode t ist. Der Wert zum Beginn von t ergibt sich damit gemäß

$$w_{ajt} = \text{Neuer Lagerwert Teil j zu Beginn Periode t} = w_{ejt-1} + \frac{w_{t-1}p}{36000}.$$

Der Stück-Verrechnungspreis q_{t-1} zum Ende von t-1 betrug w_{ejt-1}/EB_{jt-1} mit EB_{jt-1} als Endbestand des Teils j in der Periode t-1, womit der neue Preis $q_{jt} = \frac{w_{ajt}}{AB_{jt}}$ beträgt (mit AB_{jt} als Anfangsbestand des Teils j in der Periode t).

Entnahmen in t erfolgen mit dem Verrechnungspreis q_{jt}, Zugänge führen zu neuen Verrechnungspreisen, indem die hinzukommenden Einstandspreise (fremdbezogen) bzw. Herstellkosten (eigengefertigt) zu w_{jt} addiert und durch die neue Lagermenge dividiert werden. Dabei enthalten im Falle eigenerstellter Leistungen die Herstellkosten auch Zinskosten für die Dauer der Wertschöpfung, indem entweder das durchschnittlich gebundene Kapital über die Zeit von Auftragsbeginn bis Auftragsende berücksichtigt wird, oder aber eine Staffelkalkulation zugrunde gelegt wird, die für beliebige Zeitpunkte die Wertzuwächse darstellen kann. Dieser sehr differenzierte Ansatz erscheint aber nur im Falle langer Durchlaufzeiten und heterogener Wertzuwächse sowie (sofern relevant) für Inventurbewertungen von Halbfertigfabrikaten wirtschaftlich sinnvoll. In jedem Fall findet eine Individualisierung der Auftragsbewertung statt. Damit ist jeder Auftrag zu kalkulieren. Dabei kommt es zu einem Reihenfolgeproblem, da einerseits vorgelagerte Fertigungsstufen zuerst zu kalkulieren sind, andererseits für gleiche Teile verschiedene „Tagespreise" zu berücksichtigen sind. Die Kalkulation muß also ausgehend von fremdbezogenen Teilen, und dort wiederum in chronologischer Reihenfolge der Bedarfe, über die eigengefertigten Baugruppen zu den Fertigerzeugnissen fortschreiten. Es bietet sich aus praktischen Gründen an, für die Reihenfolgebildung die gleichen Mechanismen (z.B. das Gozinto-Verfahren) heranzuziehen, die auch allgemein für die Disposition eingesetzt werden.

Sind die Aufträge im Rahmen einer Disposition kalkuliert, so sind darauf aufsetzende Maßnahmen und ihre Konsequenzen zu berücksichtigen. Wird beispielsweise ein Auftrag zeitlich verschoben, so bedeutet dies, daß die Auswirkungen auf andere Aufträge in terminlicher und u.U. auch struktureller Hinsicht zu prüfen sind. Handelt es sich um einen Auftrag über Fertigerzeugnisse, der direkt aus dem Primärbedarf stammt, und kann das restliche Auftragsnetz konstant gehalten werden (z.B. Verschiebung um einen Tag in Richtung Heute-Linie, es wird aber vom Disponenten unterstellt, daß ausreichend Übergangszeiten bei den direkten Nachfolgern vorhanden sind, um dies zu kompensieren), so ist nur dieser eine Auftrag neu zu kalkulieren. Erfolgt auch die Lieferung an den Kunden einen Tag früher, so werden ceteris paribus die Herstellkosten leicht sinken, da die direkt eingehenden Teile kürzer gelagert werden. Mußten dagegen Arbeitsgänge wegen Engpässen auf andere Maschinen als bisher geplant gelegt werden, so können sich allerdings auch strukturelle Kostenveränderungen ergeben. Beispiele für die Auswirkungen von Reihenfolgeveränderungen gibt Rehwinkel[597].

Wird der Auftrag weiter in Richtung Heute-Linie verschoben, so werden auch Zulieferaufträge beeinflußt werden. Noch einschneidender wirken sich Eingriffe in das Kapazitätsangebot oder Lieferverzögerungen von Material aus. Wichtig ist hierbei, daß beispielsweise der verspätete Zugang von Material oder die Verschiebung oder ungeplante Splittung eines Auftrages über Halbfertigerzeugnisse deren Kosten ändern. Damit müssen alle folgenden Aufträge neu kalkuliert werden. Dazu sind neben den Mengen- und Zeitgerüsten aus der Disposition prozeßbegleitend Kostenstrukturen bis hin zu den Herstellkosten sowie ein geeigneter Bewertungssatz für die Kosten des Umlaufvermögens bereitzustellen. Da der Grundgedanke im Ausweis von Verbesserungs-/ Verschlechterungstendenzen durch Maßnahmen (im Sinne einer Variation der Ausprägungen von Freiheitsgraden) besteht, soll der Einfluß dieser Maßnahmen auf die Grundlage der Verrechnungssatzermittlung vernach-

---

[597] Vgl. Rehwinkel, G., Reihenfolgeplanung (1978), S. 166 ff.

lässigt werden[598]. Lagerung zwischen Fertigungsschritten sowie vor Auslieferung wird, wie oben dargestellt, mit diesem Instrumentarium ebenfalls abgedeckt.

Die Ablaufplanung stellt, im Gegensatz zu den beiden übergeordneten Teilplänen Absatzplanung und Programmplanung, nicht nur einen periodisch wiederkehrenden Planungsschritt dar, in dem die Daten der vorgelagerten Ebene detailliert und disaggregiert werden. Vielmehr repräsentiert sie darüber hinaus einen permanenten Prozeß des Managements von knappen Ressourcen. Anstoß für diesen Prozeß können Ereignisse aus dem Umsystem (neue Aufträge, Stornierungen, Termin- oder Mengenänderungen, aber auch Lieferantenprobleme hinsichtlich Mengen, Terminen oder Qualität) oder Ereignisse im System (Ressourcenausfälle, Qualitätsprobleme) sein. Der Einsatz des Modells zur Ablaufplanung soll parallel zu den operativen Planungs- und Steuerungswerkzeugen erfolgen, indem die jeweils aktuellen Daten in das Modell (als Simulationssystem) übernommen werden. Dort können Maßnahmen „ausprobiert" und auf ihre Ergebniswirkung hin untersucht werden. Anschließend kann die als beste Lösung erachtete Maßnahmenliste in den operativen Systemen durchgeführt werden.

Der Zielbeitrag einer Disposition (als Gesamtheit aller Maßnahmen des Ablaufmanagements im Rahmen gegebener Primärbedarfe) ergibt sich aus der Differenz von Erlösen (Primärbedarfsmengen multipliziert mit den Preisen) und den Kosten aller Aufträge der Disposition zuzüglich der Bestandskosten der Lager. Da in der Regel die Erlöse als nicht mehr beeinflußbar betrachtet werden[599], sind die Kosten zu minimieren bzw. zu verringern, wobei sich das Ergebnis gemäß

$Ergebnis = Erlös - \sum_{i=1}^{I} Herstellkosten_i$ ermittelt (mit I als Zahl der Teile).

Das Modell stellt eine Ergänzung des PPS-typischen Instrumentariums um ein Instrument zur Messung der Effektivität von Maßnahmen. Die dazu notwendigen Modellteile und der Zusammenhang zwischen ihnen sind zusammenfassend in Abbildung 5-20 skizziert. Dabei bedeutet (in Anlehnung an Begriffe aus der Prozeßkostenrechnung) lmi „leistungsmengeninduziert", d.h. direkt von der Leistungsmenge abhängig, während lmn für „leistungsmengenneutral" steht und damit für Prozeßmengen ohne Outputbezug verwandt wird.

---

598 Dies bedeutet, daß z.B. die ungeplante Splittung eines Auftrags nicht den Kostensatz für die Bezugsgröße Rüsten der betroffenen Kostenstelle beeinflussen soll. Für die variablen Kostensätze ist dies (innerhalb der Kapazitätsgrenzen) auch unproblematisch, während eine parallel durchgeführte Vollkostenrechnung Verrechnungsabweichungen in Höhe der Beschäftigungsabweichung aufweist. Da im Rahmen der Programmplanung ein Feedback zur Kostenplanung stattfand, ist die zu erwartende Verrechnungsabweichung eher gering.

599 Denkbar wäre allerdings die Modellierung von „Strafen" für Terminverzug in Form von Erlösverringerungen oder der Wegfall von Umsätzen bei Überschreiten bestimmter Verzugsspannen. Die betroffenen Beträge könnten periodisch tatsächlichen Vertragsstrafen gegenüberstellt werden. Good will - Verluste allerdings können nicht sinnvoll quantifiziert werden und bleiben damit auch bei diesem Ansatz außen vor. Echte Erlösänderungen ergeben sich, wenn die „0-Alternative" gewählt wird und ein Auftrag (aus welchen ablauftechnischen Gründen auch immer) nicht gefertigt wird.

Das Modell der Ablaufplanung weist zahlreiche Parallelen zur Programmplanung auf. Ausgangspunkt ist statt des Absatzprogrammes der Primärbedarf sowie die daraus abgeleiteten Sekundärbedarfe (jeweils in Form von Aufträgen, denen Mengen und Termine zugeordnet sind). Die Erzeugung von Mengen- und Leistungsübersichten basiert im Falle kundenorientierter Fertigung auf auftragsspezifischen Stücklisten und Arbeits- / Prozeßplänen. Die Ermittlung der aus den Primärbedarfen resultierenden Sollbeschäftigung als Summe über die relevanten Arbeitsplätze unterscheidet sich nur unwesentlich von der entsprechenden Vorgehensweise im Rahmen der Programmplanung. Der Kapazitätsabgleich geht im Gegensatz zu der im vorangehenden Kapitel beschriebenen Darstellung allerdings nicht von einer durchschnittlichen Kapazitätsnachfrage aus, vielmehr wird auf einzelne Aufträge Bezug genommen. Die Ressourcenverwaltung und die sich daraus ergebenden Bereitschaftskosten sind ebenfalls differenzierter abzubilden. So ginge beispielsweise die Personalressourcenverwaltung in ein System zur Dienst- bzw. Arbeitszeitplanung (Personaldisposition) über[600].

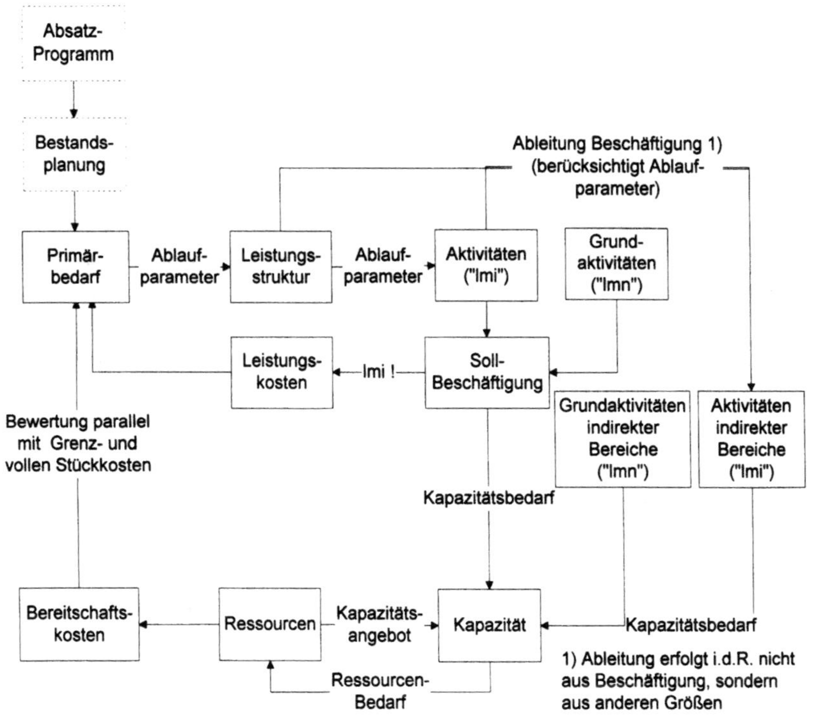

Abbildung 5-20: Modell der Ablaufplanung.

600 Ähnlich finden sich auch erweiterte Aufgabenstellungen für die anderen Ressourcengruppen: Zu nennen sind hier Fuhrparkverwaltungen, asset management Systeme im Bereich EDV-Ausstattung etc.

Soll das vorstehend beschriebene Modell implementiert werden, so ist zu prüfen, ob die Zahl der Aufträge eine permanente Überarbeitung der Auftragskalkulationen zuläßt. Einige mögliche Vereinfachungen sollen nachstehend beschrieben werden.

Wesentliches Problem einer differenzierten Ergebnisdarstellung von Maßnahmen im Bereich des Ablaufmanagement stellen die Abhängigkeiten zwischen Aufträgen dar. Wie oben beschrieben, müßten eigentlich nach jeder Maßnahme alle abgängigen bzw. sogar alle Aufträge, die gemeinsame Teile verwenden und zeitlich nachgelagert sind, neu kalkuliert werden. Dies erscheint für die praktische Anwendung in der Mehrzahl der Fälle als unpraktikabel. Der Ausweis von Verbesserungs-/Verschlechterungsinformationen hinsichtlich des Erfolgs setzt nicht den Ausweis von Erfolgsgrößen je Leistungsart (bzw. je Auftrag) voraus. Im Gegenteil gehen differenzierte Konzepte der Erfolgsermittlung davon aus, daß sich Teile der Kosten nur als Block dem Ergebnis zuordnen lassen, da diese Kostenelemente nicht (oder nicht wirtschaftlich) verursachungsgerecht zugeordnet werden können. Für eine vereinfachende Darstellung der Ablaufplanung soll davon ausgegangen werden, daß die Auswirkungen einer Maßnahme dem direkt betroffenen Auftrag sowie dem Primärbedarf bzw. dem betrachteten Zeitraum zugeordnet werden. Eine Weiterverrechnung der Kostendifferenzen wird nicht vorgenommen. Damit werden alle Aufträge zunächst (im Rahmen der Disposition) mit Plankosten bewerten. Zusätzlich werden Sollkosten im Sinne von Plankosten bei auftragsspezifisch festgelegten Ausprägungen der Freiheitsgrade ermittelt, die mit den Plankosten (d.h. ohne Abweichung der Freiheitsgrade von den Plan-Freiheitsgraden der Programmplanung) verglichen werden können. Weitere Maßnahmen verursachen Abweichungen (z.B. durch die Änderung von Losgröße, Termin etc., vgl. oben). Diese Differenzkosten, ebenso wie die Differenz zwischen Plankosten und Sollkosten, können dem unmittelbar betroffenen Auftrag zugerechnet werden und sollten dort getrennt ausgewiesen werden. Das Betriebsergebnis des betrachteten Zeitraums ermittelt sich dann aus Plankosten zuzüglich der (möglicherweise auch negativen) Differenzkosten (einschließlich Plan-Soll-Differenz). Dieses Vorgehen entspricht dem Ausweis von Verrechnungsabweichungen, wie er im Rahmen der Programmplanung erläutert wurde. Werden auch Preisdifferenzen bei Fremdmaterialien in den Lagerkostenstellen separiert, so können alle Entnahmen und Zugänge mit Planverrechnungspreisen erfolgen. Zusätzlich bauen sich auf Aufträgen und Lagern Differenzpositionen auf, die aber nicht weiterverrechnet werden, sondern pauschal in das Ergebnis einfließen:

$$Ergebnis = Erlös - \left(\sum_{i=1}^{I} \sum_{a=1}^{A} HK_{ia} + Abweichungen_{ia} + \sum_{l=1}^{L} Kapitalkosten_l UV + Abweichungen_l \right)$$

mit L als Zahl der Lager, I als Zahl der Teile und A als Zahl der Aufträge. Es wird ersichtlich, daß die Lagerkosten und ihre Abweichungen nicht den Aufträgen oder Teilen zugeordnet werden, sondern einen zusätzlichen Kostenblock bilden.

Damit kann für einzelne Enderzeugnisse kein „richtiges“ Ergebnis ausgewiesen werden, wohl aber für die Gesamtheit der Erzeugnisse.

Auftrag	Plankosten	Sollkosten	Abweichung Soll	Ist
1	12.500	12.500	0	12.840
2	33.200	34.100	900	34.650
3	8.300	8.300	0	8.200
4	18.300	18.300	0	19.100
Summe	72.300	73.200	900	74.790

Tabelle 5-5: Ausweis von Auftrags-Herstellkosten (Beispiel).

Dieser Ansatz ermöglicht den Ausweis der Plankosten je Auftrag trotz der Berücksichtigung von Maßnahmen des Ablaufmanagements und damit die Darstellung der Planherstellkosten trotz auftretender Verrechnungsabweichungen, die sich durch Wert- oder Mengenänderungen gegenüber der Planung ergeben. Wird beispielsweise Auftrag 2 aus der vorstehenden Tabelle auf einem vom Standard abweichenden Arbeitsplatz eingeplant, so ergeben sich um 900 DM höhere Herstellkosten. Das Ergebnis der im Modell betrachteten Planperiode (z.B. ein Monat) verschlechtert sich damit c.p. um 900. Gehen die in Auftrag 2 gefertigten Teile in Auftrag 1 ein, so ändern sich dessen Herstellkosten nicht. Damit sind bei Festlegung einer Maßnahme (d.h. bei Veränderung der Ausprägung eines Freiheitsgrades) nur die direkt betroffenen Aufträge neu zu kalkulieren, und das Ergebnis (als Summe über die Aufträge) zu aktualisieren.

5.5.4 Modell zur integrierten Fertigungssteuerung

Die Ergebnisse der Disposition stellen die Vorgaben für die Fertigungssteuerung dar. Diese repräsentiert das „Plan-Durchsetzungssystem“ und damit die Nahtstelle zwischen Planung und Realisierung. Die Inanspruchnahme von Freiheitsgraden dient hier weniger der Aktion als der Reaktion[601] auf Termin- oder Kapazitätsänderungen gegenüber der Disposition.

Die Ebene der Fertigungssteuerung wird von vielen PPS-Systemen (trotz des „S“ im Kürzel) nur eingeschränkt oder überhaupt nicht berücksichtigt. Aufgrund der Kurzfristigkeit der Abläufe und des hohen Detaillierungsgrades der Informationen scheitern zentral orientierte, monolithische Ansätze hier. Daher hat sich seit vielen Jahren ein dezentrales Instrumentarium herausgebildet, das zunächst auf Übersichtstafeln basierte, später auf EDV-Basis umgesetzt wurde und inzwischen als elektronischer Leitstand in zahlreichen Unternehmen vertreten ist. Wie unterschiedlich die Fragestellungen in Planung und Steuerung sind, ist auch daran zu erkennen, daß viele Leitstand-Produkte von Softwarehäusern stammen, die kein PPS anbieten, bzw. PPS und Leitstände von unterschiedlichen Herstellern kombiniert werden.

[601] Vgl. Zäpfel, G., Produktionswirtschaft (1982), S. 240 ff.

5.5.4.1 *Ziele und Aufgaben*

Input der Fertigungssteuerung sind die disponierten Aufträge mit ihren planmäßigen Parametern Start- und Endtermin, Arbeitsplatz, Bedienungsrelation etc. aus den vorgelagerten Planungsebenen. Als Output liefert sie die Ist-Ausprägungen der Parameter sowie weitere abrechnungstechnisch und organisatorisch wichtige Daten.

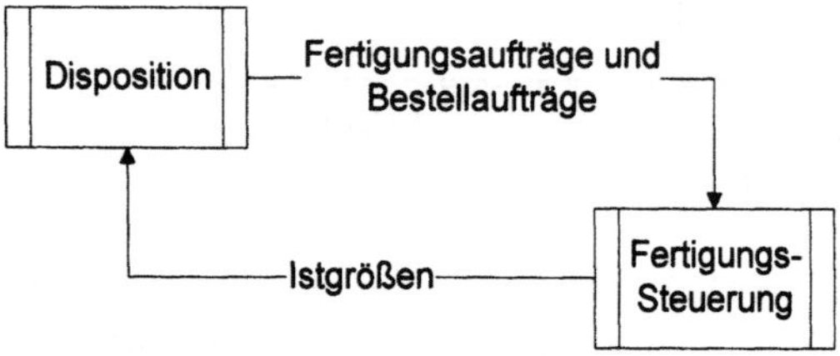

Abbildung 5-21: Fertigungssteuerung als Teil des Gesamtmodells.

Aufgabe der Steuerung ist damit die Plandurchsetzung und die Rückkopplung der damit verbundenen Umstände hinsichtlich Mengen, Zeiten und Qualitätsmerkmalen. Ziel ist es dabei, die betrieblichen Prozesse so zu steuern, daß die übergeordneten Unternehmensziele gefördert werden. Konkret bedeutet dies eine kostenminimale Fertigung bei gegebenem Output.

5.5.4.2 *Freiheitsgrade*

Als Handlungsrahmen liegt der Steuerung im Falle mehrstufiger Fertigung ein Auftragsnetz zugrunde, das die zu erbringenden Leistungen nach Art, Menge und (spätestem) Termin vorgibt. Der kurze Zeithorizont der Fertigungssteuerung beschränkt die Eingriffsmöglichkeiten. Wie aus Tabelle 5-3 ersichtlich, stehen hier Terminverschiebungen, zeitliche Anpassung in Form von Überstunden und (falls so kurzfristig überhaupt möglich) Anpassung des Schichtmodells sowie Reihenfolge- und Maschinenbelegungsalternativen als Freiheitsgrade zur Verfügung.

5.5.4.3 *Relevante Erlöse und Kosten*

Wegen der kurzfristigen Orientierung der Fertigungssteuerung und der begrenzten Freiheitsgrade ist ein Eingriff in die Ressourcenbestände hier nur sehr beschränkt sinnvoll. Selbst im Falle der Existenz kurzfristig auf- bzw. abbaubarer Ressourcen werden die einmaligen Kosten der Ressourcenbestandsänderung eine Entscheidung in diesem Bereich auf längerfristig orientierten Planungsebenen empfehlen. Ist allerdings die Umsetzung von Ressourcen zwischen Bereichen möglich, so können entsprechende Maßnahmen in der Regel auch im

Rahmen der Fertigungssteuerung vorgenommen werden. Das Gesamtergebnis[602] wird dadurch kostenseitig nicht verändert. Damit sind die Freiheitsgrade durch Anpassungsformen weitgehend auf die zeitliche Anpassung sowie die quantitative Anpassung durch Umsetzung beschränkt. Die anderen Freiheitsgrade betreffen die klassischen Einflußgrößen des Ablaufmanagement, nämlich Losgröße (eingeschränkt), Verfahren (eingeschränkt), Überlappen, Termine und Durchlaufzeit. Die Maßnahme „Splitten" stellt in diesem Zusammenhang einen Sonderfall von Losgrößenänderung und Verfahrens- bzw. Arbeitsplatzwahl dar.

Der zu wählende Kostenbegriff muß diesen Umständen Rechnung tragen und die Darstellung kurzfristig relevanter Kosten ermöglichen. Dies sind bei einem Entscheidungshorizont von unter einem Monat im wesentlichen die Leistungskosten im Sinne Riebels, da nahezu alle Kapazitäten feststehen (d.h. nicht im Rahmen des betrachteten Zeithorizonts verändert werden können) und damit nur noch die durch Maßnahmen direkt beeinflußbaren Einsatzfaktoren entscheidungsrelevant sind. Damit ist der Deckungsbeitrag der Leistungsarten im Vergleich zur Programmplanung meist erheblich höher, und kurzfristige Zusatzaufträge werden immer attraktiver, da diese eine Anpassung der Nachfrage an das Kapazitätsangebot darstellen, und letzteres nicht mehr verändert werden kann.

Erlöse können im Rahmen der Fertigungssteuerung nur noch dadurch beeinflußt werden, daß durch Terminüberschreitung Umsatzeinbußen auftreten können (Verlust des Auftrags, Preiskürzungen bzw. Konventionalstrafen). Die Quantifizierung von good will - Verlusten dagegen erweist sich als problematisch.

5.5.4.4 Modellbeschreibung

Die Aufgaben der Fertigungssteuerung unterscheiden sich, wie bereits beschrieben, beträchtlich von denen der übergeordneten Planungsebenen. Da zum einen der Personenkreis der Entscheider in der Praxis oft eher technisch orientiert und betriebswirtschaftlichen Problemstellungen gegebenüber eher skeptisch eingestellt und zum anderen stark mit Routineentscheidungen belastet ist, muß eine Einbindung der KLR-Methoden auf zwei Ebenen erfolgen: Die Verantwortlichen der Fertigungsstellen haben einerseits die Kosten ihrer Bereiche zu vertreten - dies geschieht typischerweise im Rahmen von Budgets und darauf aufsetzenden periodischen Soll-Ist-Vergleichen. Außer der damit möglichen Wirtschaftlichkeitskontrolle (oft die einzige, als negativ empfundene Berührung mit KLR-Funktionen) ergeben sich daraus aber auch Plan- und (im Nachhinein) Istkostensätze. Die Plankostensätze stellen eine wesentliche Grundlage für die Ermittlung entscheidungsrelevanter Kosten dar. Werden diese in einer Weise zur Verfügung gestellt, die der Entscheider innerhalb seines Entscheidungsfeldes

[602] Werden allerdings überqualifizierte Mitarbeiter für bestimmte Aufgaben eingesetzt, und wurde dies nicht im Rahmen der Planung antizipiert, so erhöhen sich hier die Stückkosten. Vgl. zum Thema der kostenstellenbezogenen vs. unternehmensbezogenen Sicht Kapitel 5.4.3. dieser Arbeit sowie Scholl, H.-J., Plankostenrechnung (1981), S. 77 ff.

nutzen kann, so besteht auch die Chance, daß daraus sich ergebende Informationen für die Entscheidung herangezogen werden, ja daß sogar die Motivation für eine kritische Auseinandersetzung mit dem Ressourceneinsatz und den daraus sich ergebenden Kostenstrukturen gefördert wird. Zugleich kann das Wissen der Entscheider für die Modellpflege genutzt werden - nur so kann ein integriertes Fertigungscontrolling wie das im Rahmen dieser Arbeit Vorgestellte sinnvoll und wirtschaftlich betrieben werden. Sicherlich setzt dies Wille und Fähigkeiten zur Kooperation zwischen dem institutionellen Controller und den dezentralen Entscheidern voraus. Wird diese Prämisse vorausgesetzt, so kann das vorgestellte Konzept auch als Instrument eines Self Controlling oder Selbstcontrolling[603] eingesetzt werden: Der dezentral Verantwortliche erhält nicht nur den Output des Controllingsystems in Form von Soll-Ist-Vergleichen oder Abweichungsanalysen, sondern wirkt auch bei der Planung mit. Kann er im Rahmen des Simulationsmodells auch „lokale" Maßnahmen auf ihre Wirkung hin untersuchen, so kann dies zu einer besseren Motivation zum Einbringen von Verbesserungsvorschlägen hinsichtlich Verfahren, Prozessen und effizienter Ressourcennutzung führen. Vor allem aber wird die Bedeutung eigener Maßnahmen hinsichtlich der Zielerreichung transparent. Daher wird hier eine Unternehmenskultur vorausgesetzt, die den kritischen, selbständig denkenden Mitarbeiter fördert. Eine solche Einbindung der Entscheider in den Planungsprozeß kann damit nicht nur die Qualität der Planzahlen verbessern, sondern auch die Akzeptanz von Soll-Ist-Vergleichen und die Bereitschaft, die erarbeiteten Daten in einem System zur Entscheidungsunterstützung zu berücksichtigen. Die Funktionalität, die für eine (auch) formalzielorientierte Maßnahmenbewertung notwendig ist, entspricht im wesentlichen der bereits oben (Kap. 5.5.3) beschriebenen. Die Einbettung kann beispielsweise im Rahmen eines Leitstandes erfolgen, indem an Hand des dort verwalteten Auftragsnetzes Wirkungen von Eingriffen des Entscheiders nicht nur hinsichtlich Kapazitäten, Materialbedarfen und Terminen sichtbar gemacht werden, sondern auch die Kostenkonsequenzen quantifiziert werden. Wie im Rahmen der Ablaufplanung erläutert, stellt der Auftrag auf dieser Ebene das relevante Betrachtungsobjekt dar, womit Wirkungen von Maßnahmen auf dieser Ebene dargestellt werden müssen. Entsprechend treten hier die gleichen Zurechnungs- und Verrechnungsprobleme auf wie oben beschrieben. Wie dort wird im Rahmen der Simulation auf die operativen Daten (Aufträge, Termine, Arbeitsplätze) zurückgegriffen und Maßnahmen (z.B. auch auf Grund von Störungen) hinsichtlich ihrer Wirkung auf den Erfolg dargestellt. Allerdings werden nur die Aufträge betrachtet, die den Verantwortungsbereich des Verantwortlichen am Leitstand betreffen. Dadurch wird (im Falle mehrerer Fertigungsbereiche) einerseits die Problemgröße reduziert, zugleich entsteht das Problem der Abstimmung von Verantwortungsbereichen.

[603] Vgl. Wildemann, H., Produktionscontrolling (1995), S. 41ff.

5.6 *Finanz- und Liquiditätskonsequenzen*

Die vorgestellten Teilmodelle ermöglichen eine Kosten- und Erlösprognose anhand geplanter Mengenstrukturen (insbes. Produkte, Produktstrukturen, Infrastruktur, Ressourcen und ihre Zuordnung zu Kapazitätseinheiten), d.h. durch die Prognose von Faktorverzehren. Auf der Basis dieser Prognosen kann ein Ergebnis dargestellt werden.

Unabhängig vom verwendeten Ansatz zur Ergebnisermittlung kann auf der gleichen Basis auch der Ausweis von Zahlungen anstelle von Erfolgsgrößen von Interesse sein. Dabei sind zwei Probleme zu lösen: die Ableitung von Zahlungen in richtiger Höhe und mit richtiger zeitlicher Zuordnung[604]. Als Beispiel sollen die Abschreibungen dienen:

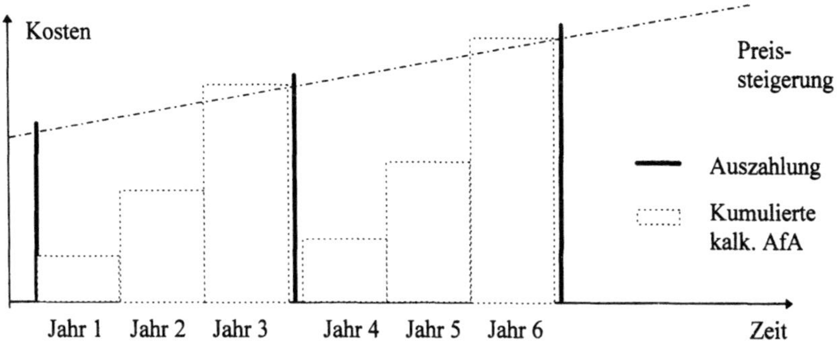

Abbildung 5-22: Auszahlungen und Kosten für Anlagegüter.

Wie aus der Abbildung ersichtlich, fallen Auszahlungen nur am Anfang und zu Ersatzzeitpunkten an. Die (kalkulatorische) Abschreibung glättet diese Größen über die prognostizierte Nutzungsdauer. Allerdings ist zu beachten, daß die kalkulatorische AfA „Rückstellungen“ für die Wiederbeschaffung repräsentiert. Wird beispielsweise beschlossen, daß nach drei Jahren ein gebrauchtes Aggregat für die Hälfte des Preises eines Neugerätes beschafft werden soll, so würde dies die Abschreibung reduzieren. Die Erstauszahlung (zu Beginn von Jahr 1) stellt damit auch für die KLR sunk costs[605] dar (finanziert aus „Rückstellungen“ früherer Perioden) und wird nicht berücksichtigt. Würde die Unternehmung im Jahr 9 liquidiert, so würde (in Kenntnis dieses Umstandes) für die Jahre 7, 8 und 9 keine Abschreibung verrechnet, da keine Ersatzbeschaffung mehr nötig würde (ein Wiederbeschaffungswert von 0 führt zu Abschreibungen von 0). Damit würde die Summe der kumulierten Abschreibungen und der Auszahlungen differieren.

---

604 Mit diesem Thema haben sich insbesondere Langen und Nanz beschäftigt, vgl. daher zu den folgenden Ausführungen Langen, H., Prognose (1964), Langen, H. Zahlungsströme (1965), sowie Nanz, H., Auszahlungsströme (1977).

605 „Sunk costs stehen im Gegensatz zu den relevant costs. Ihre Entstehung ist in der Vergangenheit begründet, daher bleiben sie auf die Alternativen des Entscheidungsproblems ohne Einfluß“, Kosiol, E., Kostenrechnung (1979), S. 24.

Der Anstieg der Zahlungen bzw. der Periodenabschreibung ist auf inflationäre Einflüsse zurückzuführen (bei einigen Wirtschaftsgütern, z.B. EDV-Hardware und Büroausstattung[606], sind sinkende Verläufe zu erwarten). Nicht dargestellt wurden die kalkulatorischen Zinsen. Durch sie kann auch für Erfolgsgrößen eine Zeitpräferenz abgebildet werden, und bei geeigneter Wahl der Zinshöhe sowie einem vollkommenen Kapitalmarkt[607] führen Erfolgsrechnung und dynamische Investitionsrechnung zum gleichen Ergebnis (Lücke-Theorem)[608]. Als problematisch erweist sich die Tatsache, daß kalkulatorische Zinsen meist unter anderen Gesichtspunkten geplant werden, und zudem ein vollständiger Kapitalmarkt als Voraussetzung[609] des Lücke-Theorems in der Praxis nicht gegeben sind. Es erscheint daher auch für Zwecke der Investitionsrechnung sinnvoll, Zahlungen zu ermitteln, um die bekannten dynamischen Verfahren der Investitionsrechnung einsetzen zu können[610]. Daneben können diese Daten auch für Liquiditätsprognosen von Nutzen sein.

Konkret können die Zahlungsprognosen teilweise[611] anhand der Auswertung von Eigenschaften der Ressourcen und ihrer Zuordnung zu Objekten erfolgen.

Die Zahlungen werden sinnvollerweise monatlich, quartals-, halbjahres- oder jahresweise aggregiert dargestellt - Beispiele finden sich in Kapitel 6.2 und 6.3 dieser Arbeit. Diese Zahlen lassen sich in Verfahren der Investitionsrechnung einbringen. Als Beispiel sei der vollständige Finanzplan[612] dargestellt. Dabei werden „in jeder Periode den Einzahlungen die Auszahlungen einer Basisinvestition gegegenübergestellt"[613].

Ein vollständiger Finanzplan setzt sich aus folgenden Zahlungsströmen zusammen[614]:

a) Zahlungen aus Prozessen

b) Zahlungen aus Finanzanlagen

c) Zahlungen aus Kreditgeschäften

d) Zahlungen für Entnahmen

Die Zahlungen im Rahmen von a) können im betrachteten Modell aus den Ressourcen sowie den produkt- bzw. prozeßbezogenen Mengengerüsten abgeleitet werden (siehe Tabelle 5-6).

---

606 Die praktische Umsetzung greift hier sinnvollerweise auf die warengruppenspezifischen Preisindices des statistischen Bundesamtes zurück.

607 Vgl. Adam, D., Investitionscontrolling (1997), S. 64.

608 Vgl. Lücke, W., Investitionsrechnungen (1955), S. 310 ff.

609 Vgl. Adam, D., Investitionscontrolling (1997), S. 64.

610 Zum Einsatz des Modells für Zwecke des Investitionscontrolling vgl. Kapitel 5.7. dieser Arbeit.

611 Dies ist nur für Personal- und Anlagenkosten sowie über Kontrakte fixierte Ausgaben möglich. Große Teile der sonstigen Gemeinkosten (Telefonkosten außer Grundgebühren, Energiekosten ohne Grundgebühren, sonstige Abgaben etc.) weisen aber kein (Plan-)Mengengerüst auf. Die zugehörigen Zahlungen können daher nicht ohne weiteres abgeleitet werden.

612 Vgl. Adam, D., Investitionscontrolling (1997), S. 54 ff.

613 Adam, D., Investitionscontrolling (1997), S. 56.

614 Vgl. Adam, D., Investitionscontrolling (1997), S. 57.

Inflationsbedingt verändern sich Ein- und Auszahlungen im Zeitablauf. Dies kann zu steigenden wie auch zu sinkenden Zahlungen führen, da nicht von einer Durchschnittsbetrachtung über alle Ressourcengruppen (Warenkorb-Betrachtung) ausgegangen werden kann[615], sondern vielmehr Ressourcenkategorien betrachtet werden müssen. So sinken z.B. die Auszahlungen für EDV-Ausstattung laut Preisindex des statistischen Bundesamtes. Erstellt das Unternehmen EDV-Ausstattungen, so bedeutet dies, daß auf der Auszahlungsseite einige Zahlungen sinkende Tendenz aufweisen, vor allem aber die Einzahlungen je Einheit einer Leistungsart tendenziell abnehmen. Die Berücksichtigung von solchen (negativen wie positiven) Preisveränderungstendenzen kann auf verschiedene Art und Weise erfolgen[616].

Ressourcen-Kategorie	Grundlage der Berechnung von Zahlungen
Anlagen	Basis Anschaffungs-/Herstellkosten (AHK), Anschaffungsdatum, Wiederbeschaffungswert (WBW), technische Nutzungsdauer (Verschleiß), Nebenkosten.
Personal	Basis Tarif, Vertragsbeginn, Kontrakt (Zahlungstermine, Typ [befristet/unbefristet]), Tarifsteigerungen (personenunabhängig).
Verträge	Basis Vertragshöhe, Vertragsbeginn, Kontrakt (Zahlungstermine, Typ [befristet/unbefristet]), Kostensteigerungen (global).
Sonstige (manuell geplante) Gemeinkosten:	Basis Planwert (Vollkosten), Kostensteigerungen (global je Kostenart), Kennzeichen für Auszahlungswirkung (global je Kostenart, es wird dabei von gleichmäßigem Zahlungsanfall ausgegangen, d.h. monatliche Beträge bei monatsorientierten Budgets).
Einzelkosten (Mengenübersicht)	Die Zahlungen für Einzelmaterial werden anhand der Mengenübersicht berechnet. Bestände werden im Rahmen der Planung nicht berücksichtigt, vielmehr wird von gleichmäßigen Verbräuchen und entsprechender Wiederbeschaffung ausgegangen. Beispiel: Bedarf für ein Jahr 10.000 Einheiten, Wiederbeschaffungsmenge 2.500 Einheiten, → durchschnittlich werden alle 3 Monate 2.500 Einheiten beschafft und bezahlt. Zahlungsbedingungen werden nicht differenziert betrachtet.
Einzahlungen (Programm)	Einzahlungen können aus der Absatzplanung bzw. näherungsweise aus der Programmplanung abgeleitet werden. Vereinfachend wird eine Gleichsetzung von Leistungserstellung und Mittelzufluß unterstellt, darüberhinaus wird von einem gleichmäßigen Rückfluß während der betrachteten Perioden ausgegangen.

Tabelle 5-6: Ableitung von Zahlungen aus Erfolgsgrößen.

---

[615] Vgl. Adam, D., Investitionscontrolling (1997), S. 175 ff.

[616] Vgl. Adam, D., Investitionscontrolling (1997), S. 176 ff.

Im Folgenden wird davon ausgegangen, daß

- ein gegebener Zeitraum betrachtet werden soll,
- Ein- und Auszahlungen jeweils am Ende der betrachteten Teilperioden erfolgen,
- Ein- und Auszahlungen Inflationseffekte bereits enthalten sind und
- ein vollkommener Kapitalmarkt vorliegt.

Die Prämisse des vollkommenen Kapitalmarktes ist nicht zwingend, stellt allerdings eine Vereinfachung dar, die die folgenden Beispiele überschaubar halten soll. Verzichtet man auf diese Prämisse, so sind neben den Zahlungen aus dem Leistungserstellungsprozeß (Sachinvestition) auch Finanzanlagen und Kreditaufnahmen zu berücksichtigen. Die dabei zu berücksichtigenden Nebenbedingungen wie z.B. der Kreditrahmen würden aber den Rahmen dieser Arbeit sprengen. Zahlungen für Entnahmen werden aus Vereinfachungsgründen ebenfalls vernachlässigt.

Durch den Ausweis von Zahlungsreihen ergeben sich gegenüber einer reinen Ergebnisdarstellung zusätzliche Informationen: Kosten, die keine periodengleichen Auszahlungen widerspiegeln (insbesondere Abschreibungen), werden durch die Zahlungsbetrachtung differenziert berücksichtigt. Sind die Auszahlungen aber nicht planbar, so kann eine solche Differenzierung von Zahlungen gegenüber den Kosten nicht erfolgen. Hinsichtlich kalkulatorischer Nebenkosten (z.B. Lohnfortzahlung) erscheint dies problemlos, da hier eine periodengenaue Planung aus inhaltlichen Gründen unmöglich ist. Im Falle von verrechneten Kosten (insbesondere Weihnachts- und Urlaubsgeld) kommt es zu einer zeitlichen Fehlallokation der ermittelten Auszahlungen, die allerdings in der Regel das gleiche betrachtete Kalenderjahr betreffen. Urlaubsgelder für Urlaubsansprüche aus Vorjahren verzerren die Darstellung, sofern nicht jedes Jahr eine Auszahlung in ähnlicher Höhe auftritt.

Darüber hinaus werden Remanenzen, die allerdings auch im Kostenbereich berücksichtigt werden, dargestellt, indem z.B. nach Abbauentscheidungen „nachlaufende" Zahlungen und bei Aufbauentscheidungen vorausgehende Zahlungen für Anlauf bzw. Einarbeitung einbezogen werden.

Die so ermittelten Zahlungsreihen können als Input für Verfahren der Investitionsrechnung dienen[617]. Da die Zahlungsströme gegeben sind, sind noch ein Verfahren sowie ein Zinssatz zu wählen. Wird beispielsweise die Barwertmethode herangezogen, so kann für eine Erweiterungsinvestition der Barwert für Durchführung und für Unterlassung der Maßnahme ermittelt werden[618].

Damit dient das Modell außer der Abbildung des Unternehmens und der Ergebnisermittlung auch der Ermittlung von Zahlungsgrößen. Geeignet ist es dazu, weil die wesentlichen

---

[617] Vgl. zu den damit verbundenen Möglichkeiten Kapitel 6.1 dieser Arbeit.

[618] In den Fallstudien in Kapitel 6 wird dieser Ansatz dargestellt.

Ressourcen mit ihren Zahlungseigenschaften verwaltet werden[619], und weil bei den damit nicht erfaßten Kosten davon ausgegangen werden kann, daß Kosten und Zahlungen sehr oft in die gleiche Planungsperiode fallen.

Im betrieblichen Zielsystem ist zumindest als Nebenbedingung immer die Gewährleistung der Liquidität enthalten. Daher ist für die Überprüfung einer Entscheidung auf Zielkonformität immer auch die Auswirkung der Entscheidung auf die Liquidität der Unternehmung zu berücksichtigen. Um diesen Wirkungsverbund zwischen erfolgszielorientierten Maßnahmen und der Finanzsphäre zu modellieren, ist eine Analyse dieses Verbundes nötig.

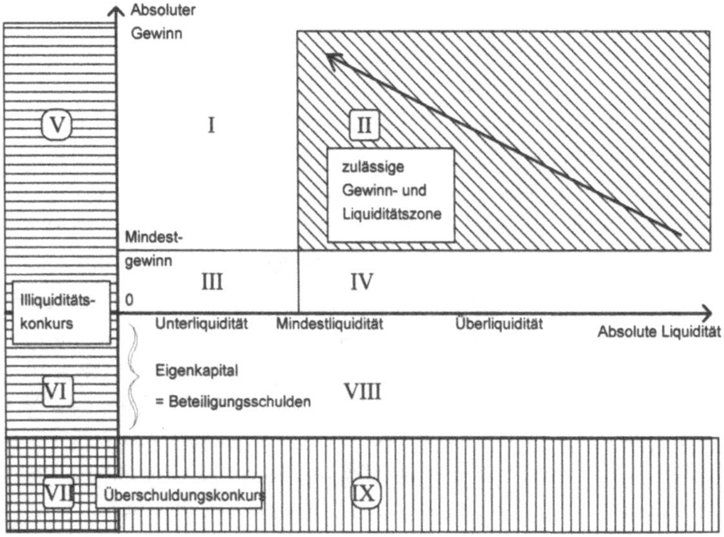

Abbildung 5-23: Zusammenhang zwischen Liquiditäts- und Erfolgsziel[620].

Abbildung 5-23 stellt den Zusammenhang zwischen Erfolgs- und Liquiditätsziel dar. Es entsteht damit ein Zielraum, der durch geeignete Maßnahmen erreicht werden soll. Innerhalb des Zielraumes (in der Abbildung Bereich II) als zulässiger Lösung des Planungs- und Steuerungsproblems werden wiederum Lösungen angestrebt, die, wie durch den Pfeil angedeutet, möglichst weit oben links liegen, weil hier bei geringeren Überliquiditäten höhere Gewinne realisiert werden. Im Falle von Unternehmen mit Sachzieldominanz (z.B. öffentlichen Einrichtungen) stellen sowohl Liquidität als auch Gewinn Nebenziele dar. Hier ist

[619] Entsprechend führt ein hoher Anteil der budgetierten (sonstigen) Gemeinkosten an den Gesamtkosten zu einer Abschwächung der Prognosekraft des Modells hinsichtlich Zahlungswirkungen, da dort mangels weiterer Informationen eine starke Glättung stattfindet.

[620] Chmielewicz, K., Finanzierungsrechnung (1976), S. 88.

grundsätzlich der gesamte positive Quadrant (Bereich I bis IV) zulässig. Unter Berücksichtigung des Risikoaspektes allerdings bleibt auch hier der Bereich II als zulässige Lösung. Im negativen Bereich (Unterliquidität oder sogar Zahlungsunfähigkeit) hat die Nebenbedingung Liquidität situationsbedingt absoluten Vorrang. Im positiven Bereich besteht dagegen Komplementarität bezüglich der beiden Ziele: Abbau von Überliquidität führt zu einer Erfolgsverbesserung durch gewinnbringende Anlagen.

Aus diesen Überlegungen folgt der Bedarf für eine Integration von Erfolgs- und Finanzplan. Verschiedene Integrationsstufen stellt Chmielewicz dar[621]. Er gibt hierbei kritisch zu bedenken, daß der Finanzplan eher kostenartenorientiert sei, der Erfolgsplan dagegen eher Kostenträger (Produkte) in den Mittelpunkt stelle[622] (allerdings wird auch eingeräumt, daß bestimmte Erfolgsgrößen wie z.B. Umsätze durchaus für Zwecke der Ableitung des Finanzplanes geeignet seien, da hier ein zeitlicher Vorlauf von Erfolgs- zu Finanzgrößen vorliege[623]). Um auch die Ausgabenseite in geeigneter Weise abzubilden, ist also eine Betrachtung auf Kostenartenebene in den Mittelpunkt zu stellen. Es wird dabei unterstellt, daß in einer Kostenart Einsatzfaktoren zusammengefaßt werden, die ein ähnliches Auszahlungsverhalten aufweisen, während die Kosten, die einer Kostenstelle oder einem Kostenträger zugerechnet werden, eine heterogene Mischung bezüglich ihres Auszahlungscharakters aufweisen.

Von grundsätzlicher Bedeutung ist hierbei die Tatsache, daß letztlich beide Rechnungen der Abbildung der Realprozesse dienen, um die zielkonforme Planung, Steuerung und Kontrolle zu ermöglichen. Es bietet sich daher an, diese Abbildung in Form eines Modells zu realisieren, das zunächst unabhängig von Erfolgs- oder Finanzplan eine möglichst hohe Prognosekraft bezüglich der Komponenten Leistungserstellung und Faktorverzehr (also Output und Input) bietet. Dazu müssen die Einflußgrößen für Input, Throughput und Output analysiert und abgebildet werden. Eine solche Abbildung wurde bereits in dieser Arbeit geschaffen, indem das Input-Output-Modell der Produktionstheorie in Form von Instrumenten der Informationsversorgung konkretisiert wurde. Insbesondere wurde dabei gezeigt, daß wesentliche Modellteile bereits im Unternehmen in Form von KLR- und PPS-Funktionen existierten.

Die Bereitstellung von Einsatzfaktoren ist in aller Regel mit Auszahlungen verbunden (Ausnahme: Kommissionsware). Die Auszahlung erfolgt dabei zum Zeitpunkt Bereitstellung + Zahlungsziel (eine Ausnahme stellt die Vorauskasse dar, während Barzahlung durch ein Zahlungsziel von 0 Tagen abbildbar ist). Damit sind zwei Faktoren entscheidend für den Zeitpunkt der Zahlungswirksamkeit von Beschaffungen: Der Bedarf (und damit indirekt die Produktionsmenge) und die Dispositionspolitik, insbesondere die Bestellmengen- und Bestelltermin-Politik.

---

621 Vgl. Chmielewicz, K., Finanzierungsrechnung (1976), S. 94ff.

622 Vgl. Chmielewicz, K., Finanzierungsrechnung (1976), S. 98.

623 Vgl. Chmielewicz, K., Finanzierungsrechnung (1976), S. 98.

Faktor	Realwirkung	Erfolgswirkung	Zeitpunkt der Zahlungswirkung
Werkstoffe	Verbrauch	Kosten	Lieferung+Zahlungsziel
Menschliche Arbeit	./.	Kosten	Vertragsabh., z.B. Monatsende
Mechanismennutzung	Verschleiß / Alterung	Kalk. Kostenverteilung	Beschaffung+Zahlungsziel
Energie	Verbrauch	Kosten	Abrechnung+Zahlungsziel
Absatzprodukt	Lagerabgang	Umsatz	Rechnung+Zahlungsziel

Tabelle 5-7: Ableitung von Zahlungen aus Faktorverzehren bzw. Kosten.

Die Prognosekraft der Abbildung der Realprozesse für Zwecke der Finanz- und Liquiditätsplanung hängt wesentlich von der Wahl der Länge der Planungsperiode ab. Insbesondere ist für Zwecke der Sicherung der Zahlungsfähigkeit eine Durchschnittsbetrachtung über lange Perioden von nachrangiger Bedeutung, da bereits eine kurzzeitige Unterschreitung eines positiven Zahlungsmittelbestandes zum Illiquiditätskonkurs führt. Hierfür sind kurze Planungsintervalle anzustreben. Zugleich sinkt mit der Periodenlänge die Prognosesicherheit bezüglich der Ein- und Auszahlungen. Dieses Dilemma kann durch eine Differenzierung des Instrumentariums in die Bereiche Finanzplanung und -kontrolle und in Liquiditätssteuerung gelöst werden. Während letztere sehr kurzfristig agiert und sich auf Vorgänge des externen Rechnungswesens (Mittelbestände auf Sachkonten, Offene Posten der Debitoren- und Kreditorenbuchhaltung) stützt und durch die Beeinflussung von Zahlungsterminen und Zahlungsweisen die Liquidität sicherstellen soll, kann die Finanzplanung und -kontrolle eher mittelfristig orientiert eine Steuerung der Mittelflüsse anstreben. Die minimale Länge von Teilperioden wird im Rahmen des vorliegenden Modells für die Planung durch Monate repräsentiert. Obwohl die Zahlungen für Personalressourcen und Kontrakte (Leasing, Miete etc.) auch tagesgenau terminiert weden können, würde angesichts der Bereiche Anlagevermögen und Budget der sonstigen Gemeinkosten und der monatsorientierten Einzahlungsplanung eine kürzerfristige Betrachtung eine Scheingenauigkeit vorspiegeln.

Eine Einzelfallbetrachtung kommt für Planungszwecke nicht in Betracht, vielmehr wird sich die Unterstützung einer Finanzplanung auf der Kostenartenebene bewegen müssen. Eine Ausnahme stellen Faktoren dar, die im Rahmen der objektorientierten Planung in Gemeinkosten-Budgets berücksichtigt werden. Hier ist ein Rückgriff auf die Vertrags- und insbesondere die Zahlungskonditionen möglich. Dies wird allerdings regelmäßig nur für einen beschränkten Teil der Einsatzfaktoren wirtschaftlich sinnvoll sein. Der Ansatz, der hier vorgeschlagen werden soll, besteht deswegen im kombinierten Einsatz von Instrumenten und beschränkt sich auf mittel- bis langfristige Aspekte der Planung von Zahlungen: Um die Faktorverbräuche für die betrachteten Perioden prognostizieren zu können, ist zunächst eine Terminierung der Faktorverbräuche durchzuführen. Daneben ist eine Darstellung auf Kostenartenebene notwendig[624], da Kostenstellen- und Kostenträgerkosten Konglomerate von Kostenarten und damit von Auszahlungsverhalten darstellen. Des weiteren ist eine Verbindung zwischen Kostenart und Auszahlung (bzw. Erlösart und Einzahlung) herzustellen. Hierzu wird je Kostenart ein „Verteilungsspektrum“[625], d.h. eine Intervallbildung der Zahlungswirkungen, generiert: Dazu wird je Kosten- bzw. Erlösart festgelegt, welcher Anteil der Kosten bzw. Erlöse mit welcher zeitlichen Verzögerung als Zahlung wirksam wird. Faktorarten, die direkt in der Planung und Disposition berücksichtigt werden (insbes. Material), können über ihre Bedarfs- und damit geplanten Verbrauchstermine Hinweise auf korrespondierende Auszahlungen liefern (siehe Abbildung 5-24). Bestandsgesteuerte Dispositionen allerdings liefern hier keine relevanten Informationen.

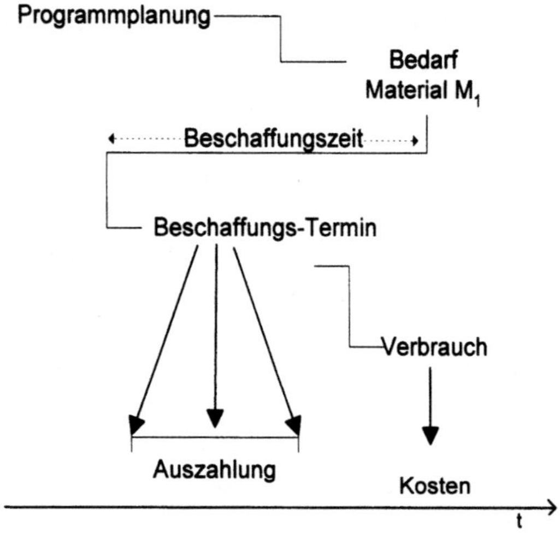

Abbildung 5-24: Die Ableitung von Auszahlungen aus Daten von PPS und KLR (Einzelkosten).

Faktoren, deren Verbrauch nicht vom ökonomischen Output abhängt, sondern von der Leistung von Betriebsmitteln bzw. allgemein von Kostenstellen, stellen die Mengenkomponente der Gemeinkosten dar. Dabei ist zwischen Potentialfaktoren und Repetierfaktoren zu unterscheiden. Während Repetierfaktoren im Leistungserstellungsprozeß physisch-mengenmäßig untergehen, stellen Potentialfaktoren ein Nutzungspotential dar, das auf mehr oder weniger lange Sicht erschöpft wird[626]. Ausgaben für Potentialfaktoren (menschliche Arbeit sei hier ausgeklammert) erfolgen, sofern Eigentumsrechte vorhanden sind, bei der Beschaffung (siehe Abbildung 5-25). Diese hängt aber von Entscheidungen ab, erfolgt also nicht zwangsläufig aus dem Prozeß heraus. Zahlungen können hier gegebenenfalls

[624] Vgl. die Aussage von Chmielewicz oben.

[625] Langen, H., Zahlungsströme (1965), S. 261.

[626] Vgl. Heinen, E., Kostenlehre (1983), S. 215

als Ausgaben für die Wiederbeschaffung auf Basis von kalkulatorischen Nutzungsdauern und Wiederbeschaffungswerten auf Basis der Zeitreihen des statistischen Bundesamtes (beide Komponenten liegen auch der Berechnung der kalkulatorischen Abschreibung zugrunde) ermittelt werden. Repetierfaktoren werden regelmäßig beschafft, ihre Höhe läßt sich der Kostenplanung entnehmen, eine Mengenplanung erscheint weder sinnvoll noch wirtschaftlich.

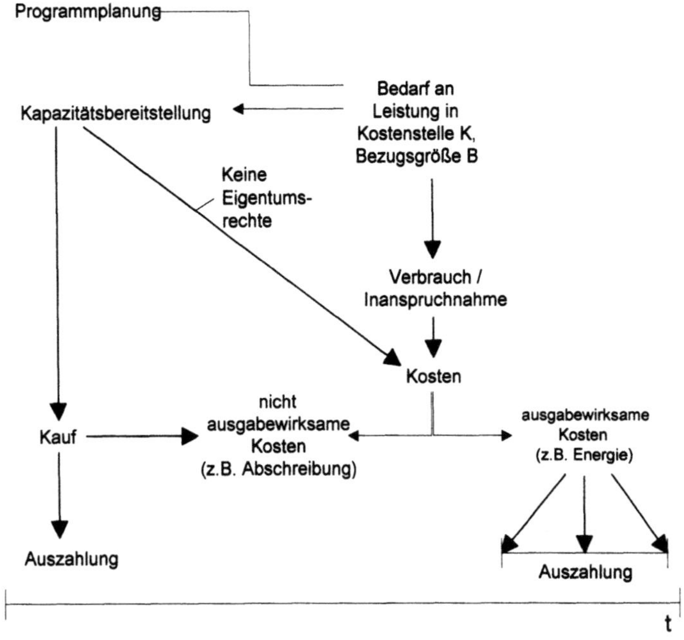

Abbildung 5-25: Die Ableitung von Auszahlungen aus Daten von PPS und KLR (Gemeinkosten).

Beispiele zur Generierung von Zahlungsreihen finden sich in den Fallstudien in Kapitel 6 dieser Arbeit.

5.7 Strategische Kostenrechnung

Während die „kurzfristige oder operative Planung“ nur Freiheitsgrade oder Aktionsparameter beinhaltet, die sich „ohne Kapitalverluste an veränderte Situationen anpassen lassen“, erfordern Entscheidungen der „langfristigen oder strategischen Planung nach herrschender Meinung die Anwendung der auf diskontierten Ein- und Auszahlungen basierenden

Investitionsrechnung“[627]. Anforderungen an ein „strategisches Rechnungssystem“ hat Ossadnik formuliert. Er fordert die

1. „standardisierte Erzeugung entscheidungsrelevanter Informationen“,
2. „Repräsentation der Zielwirkungen in ihrer Zeit- und Unsicherheitsstruktur“ sowie
3. „Schätzung sachlicher Verbundwirkungen“[628],

wobei ein entscheidungsorientiertes „Rechnungssystem im weiteren Sinne“[629] aus einem „Rechnungswesen im eigentlichen Sinne“ als Erzeuger entscheidungsrelevanter Informationen sowie einem (oder mehreren) Entscheidungsmodell(en) zusammengesetzt ist[630].

Statische Investitionskalküle greifen regelmäßig auf Erfolgsgrößen zurück[631]. Als problematisch erweist sich die fehlende Abbildung von Zeitpräferenzen (gleiche Beträge verschiedener Perioden werden als gleichwertig betrachtet). Als problematisch kann sich dies insbesondere hinsichtlich unregelmäßiger Auszahlungen (Anschaffungsauszahlungen, insbesondere im Bereich des Anlagevermögens) erweisen. Im Grunde stellt der gesamte Modellansatz in Kapitel 5 ein statisches Investitionskalkül dar, indem die Differenz zwischen Erlös und Kosten (der Erfolg) einer Maßnahme mit dem Erfolg einer Alternative (andere Maßnahme bzw. Unterlassen von Maßnahmen) verglichen wird.

Grundsätzlich kann für eine **dynamische Investitionsrechnung** auf Periodengewinne (und damit auf Kosten und Erlöse)[632] oder auf Ein- und Auszahlungen zurückgegriffen werden. Es soll im Folgenden gezeigt werden, daß sich im Rahmen des in Kapitel 5 entworfenen Modells auch eine zahlungsorientierte Sicht realisieren läßt, die auf gängige Kalküle der dynamischen Investitionsrechnung zurückgreifen kann.

Dynamische Verfahren der Investitionsrechnung gehen davon aus, daß die Zahlungsströme, die durch alternative Investitionsmaßnahmen (ggf. auch Maßnahme vs. Unterlassen einer Investition) induziert werden, gegenübergestellt und dem Zeithorizont entsprechend diskontiert werden. Wesentliches Problem für den Einsatz von Kalkülen der (dynamischen) Investitionsrechnung ist die Berücksichtigung von gemeinsamen Zahlungen bzw. Verbundeffekten verschiedener Art insbesondere in Unternehmen mit mehrstufiger Fertigung bzw. Mehrzweckmaschinen[633]. Eben dieses Problem zu lösen, ist Ziel der Verfahren der KLR[634].

---

[627] Kilger, W., Produktionsplanung (1973), S. 164. Vgl. auch Kilger, W., Flexible Plankostenrechnung (1993), S. 2, Schweitzer, M., Küpper, H.-U.,Systeme (1998), S. 54.

[628] Ossadnik, W., Maus, S., Strategische Kostenrechnung (1994), S. 5.

[629] Ossadnik, W., Maus, S., Strategische Kostenrechnung (1994), S. 4.

[630] Ossadnik, W., Maus, S., Strategische Kostenrechnung (1994), S. 3f.

[631] Vgl. Kruschwitz, L., Investitionsrechnung (1995), S. 31 ff..

[632] Zur formalen Darstellung einer dynamischen Gewinnmaximierung als Form der Endvermögensmaximierung vgl. Adam, D., Investitionscontrolling (1997), S. 122 ff.

[633] Holzwarth hat dieses Problem eingehend untersucht, vgl. hierzu Holzwarth, J., Kostenrechnung (1993), S. 220; vgl. auch Adam, D., Investitionscontrolling (1997), S. 65 ff.

[634] Vgl. hierzu Kap. 4.3. dieser Arbeit.

Zudem werden solche Investitionen oft neutral hinsichtlich der Erlöse wirken, die Erfolgswirksamkeit soll durch eine Reduzierung der Kosten erreicht werden (Rationalisierungsinvestitionen). Neben schwer quantifizierbaren Größen wie Flexiblilität und Qualität stehen damit vor allem Kostenstrukturen im Vordergrund. Eine Technizitätsanalyse verschiedener Verfahren kann dann beispielsweise bezüglich der wirtschaftlichen Konsequenzen folgende Situation ergeben:

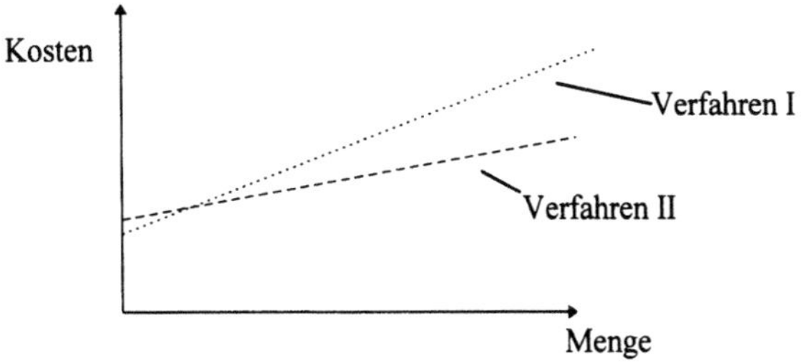

Abbildung 5-26: Verfahrensvergleich.

Neben den Auszahlungen für die Investitionsmaßnahme sind daher vor allem die laufenden Auszahlungen, insbesondere in ihrer Abhängigkeit von der Beschäftigung der betroffenen Kostenstellen, zu untersuchen. Hier ist eine Tendenz zu steigender Automatisierung bei Erhalt der Flexiblilität durch eine Wechselproduktion mit kleineren Losgrößen zu erkennen, die zu einer hohen Fixkostenbelastung führt. Dies ist im obigen graphischen Beispiel mit Verfahren II zu vergleichen. Um eine solche Analyse durchführen zu können, sind die Zahlungen, die mit den alternativen Verfahren verbunden sind, abzubilden. Dies kann sinnvollerweise im Zusammenspiel der Daten aus PPS (Mengengerüste für verschiedene Prozeßbedingungen hinsichtlich Einzelmaterial und Arbeitsgängen) und KLR (Einzelkosten und insbesondere Gemeinkosten je Leistungseinheit und in Form von Bereitschaftskosten) geschehen, indem eine Vergleichskalkulation auf Teilkostenbasis sowie parallel auf Vollkostenebene mit alternativen Beschäftigungsgraden durchgeführt wird[635]. Dazu müssen im Bereich der PPS durch die Arbeitsvorbereitung alternative Arbeitspläne für Verfahrensvarianten erzeugt werden, soweit dies mit den bekannten Informationen möglich ist, und ohne daß die laufenden Planungs- und Dispositionsaufgaben gestört werden. Die KLR muß alternative Planbeschäftigungen und Budgets zulassen, die wiederum zu alternativen Kostensätzen führen. Zu beachten ist dabei, daß diese Betrachtungsweise auch für einen längeren Zeitraum verfolgt werden sollte, indem Budgets der betroffenen Kostenstellen und Bezugsgrößen für Folgejahre erzeugt werden, und indem ggf. im Rahmen der PPS-Daten Mengenentwicklungen (z.B. Lernkurven, Degressionseffekte) im Zeitablauf abgebildet werden. Die Modifikation der Budgets ermöglicht eine differenzierte Abbildung von Inflationseinflüssen. Der Aufwand

[635] Kern stellt fest: „Das Kostenvergleichsverfahren weist starke Ähnlichkeiten ... mit dem kalkulatorischen Verfahrensvergleich auf“, Kern, W. Investitionsrechnung (1974), S. 43.

dafür dürfte kaum höher sein als das individuelle Schätzen von Ausgabenveränderungen durch einzelne Maßnahmen, wie es von Holzwarth[636] vorgeschlagen wurde. Zudem kann der Vergleich dieser Prognosebudgets (im Fall der Realisierung der Maßnahme) mit den tatsächlich auftretenden Istkosten zur Investitionskontrolle verwandt werden. Ebenso sollten die Plandaten der PPS mit den tatsächlich eintretenden Mengengerüsten verglichen werden.

Formal kann eine solche Strukturveränderungsanalyse durch alternative Ausprägungen der Koeffizienten in der Faktoreinsatzmatrix A aus Kapitel 2 dargestellt werden, sofern direkt outputbezogene Einsatzfaktoren verändert werden. Kostenstrukturänderungen im Fertigungsprozeß hingegen werden die Struktur der Einsatzfaktormatrix F ändern, indem die Faktorverzehre zur Erstellung einer Leistungseinheit verändert werden, bzw. neue Leistungsarten generiert werden. Schließlich werden Preisveränderungen z.B. durch Inflationseinflüsse über einen Preisvektor (je Periode, ggf. also eine Preismatrix mit t Spalten für Periode 1 bis Periode t und einer Zeile je Faktorart) abgebildet.

In den letzten fünf Jahren erschien eine Reihe von Arbeiten[637], die den Einsatz der Kosten- und Leistungsrechnung als Instrument der strategischen Planung bzw. eines strategischen Controlling diskutieren. Am Beispiel der Differenzzahlungsmethode von Holzwarth soll gezeigt werden, welche Lösungen gesucht werden, und wie der Ansatz dieser Arbeit einzuordnen ist.

Was strategische Maßnahmen sind, und welche strategische Maßnahmen eine geeignete KLR unterstützen könnte, soll hier nicht im einzelnen untersucht werden. Allgemein werden strategische Aufgaben als längerfristig wirksam und von großer Bedeutung für die Unternehmung betrachtet. Typische Beispiele von strategischen Entscheidungen betreffen das Produkt-Markt-Portfolio (Markteintritts- und -austrittsentscheidungen, Produktinnovation und -elimination). Eine Systematisierung der hierbei zu beachtenden Einflüsse findet sich z.B. bei Porter[638]. Er weist beispielsweise auf das Vorhandensein von Markteintritts- bzw. -austrittsbarrieren hin. Diese stellen meist hohe einmalige Faktorverzehre zur Erschließung eines neuen Marktes bzw. zur Entwicklung oder Produktion neuer Produkte (für bereits bearbeitete oder neue Märkte) dar. Holzwarth legt dar, daß die Erfolgswirkungen solcher Entscheidungen durch die Geldwirkungen der nötigen Faktorverzehr-Veränderungen abgebildet und damit zur Entscheidungsunterstützung herangezogen werden können. Allerdings stellt seine Differenzzahlungsmethode, ähnlich einer Gemeinkostenanalyse, keine

---

636 Holzwarth schlägt sogar die laufende Überprüfung von strategischen Optionen (z.B. Schließen von Unternehmensbereichen) vor. Die dafür nötigen Zahlen (Differenzzahlungen) sind gemäß seinem Modell jeweils neu zu erheben, Holzwarth, J., Kostenrechnung (1993), S. 224 f.

637 Vgl. insbes. Holzwarth, J., Kostenrechnung (1993), Baden, A., Strategische Kostenrechnung (1997), Oecking, G., Fixkostenmanagement (1994), Ossadnik, W., Maus, S., Strategische Kostenrechnung (1994), Shank, J. K., Strategic Cost Management (1993), Fischer, T. M., Erfolgsfaktoren (1993).

638 Vgl. Porter, M. E., Wettbewerbsvorteile (1992), S. 22 ff., Porter, M. E., Competition (1998), S. 86 ff.

laufende Rechnung dar[639], sondern eine problembezogene Sonderrechnung, die alle in Frage kommenden Einsatzfaktoren auf ihre Relevanz für die Fragestellung untersucht. Darüber hinaus schlägt er eine periodische „strategische Überwachung“ von Leistungsgruppen, Geschäftseinheiten oder auch Leistungserstellungsprozessen vor, für die jeweils überprüft wird, ob ihr Wegfall eine Ergebnisverbesserung (negativer Differenzerfolg der untersuchten Einheit) bewirken würde. Allerdings wird hierbei auf den letzten (historischen) Jahresabschluß zurückgegriffen[640] und dieser um die Auswirkungen der betrachteten Maßnahme korrigiert. Eine Fortschreibung in die Zukunft soll in eine Kapitalwertbetrachtung münden.

Eine Analyse der Differenzzahlungen auf der Basis von Daten der Finanzbuchhaltung und Zusatzinformationen über Verbundeffekte in Einkauf, Produktion und Vertrieb, die jeweils zu erheben sind, erscheint nicht geeignet, als Instrument der Informationsversorgung neben Haupt- und Nebenbuchhaltungen sowie der KLR herangezogen zu werden. Darüber hinaus werden kaum Hinweise zur praktischen Umsetzung geliefert - dies betrifft sowohl die Analyse von Verbunden als auch die Ermittlung von zukünftigen Ein- und Auszahlungen.

Das im Rahmen der vorliegenden Arbeit beschriebene Simulationsmodell erlaubt neben der Abbildung einer „Grenzkostenrechnung“ auch eine „Differenzkostenrechnung“, die Holzwarth dadurch charakterisiert, daß die Prämisse einer rein kurzfristigen Rechnung ebenso aufgegeben wird wie die der konstanten Potentialstruktur. Damit sind zwei neue Aspekte zu betrachten: die durch die Maßnahme direkt verursachten Kosten (z.B. durch Abfindungen, Anlaufkosten etc.) sowie die längerfristig veränderten Kostenstrukturen. Die Vorgehensweise, die Holzwarth beispielhaft skizziert, kann im wesentlichen durch das oben beschriebene Modell abgebildet werden[641], wenn man davon ausgeht, daß Verbundeffekte, beispielsweise gemeinsame Führungsstellen, im Grunde Kostenstellen mit reinen Bereitschaftskosten darstellen, die nur im Rahmen von Ressourcendispositionen beeinflußt werden können. Indem die Leistungen einer solchen Stelle im Rahmen der innerbetrieblichen Leistungsverrechnung visualisiert werden, kann im Falle des Wegfalls einer betreuten Geschäftseinheit Handlungsbedarf festgestellt werden. Eine automatische Generierung von Kosten- bzw. Zahlungsveränderungen wird nicht als sinnvoll erachtet.

Wird beispielsweise der Abbau eines Geschäftsbereichs erwogen, so sind nach Holzwarth zunächst dessen Leistungen nach Art und Menge festzuhalten, wobei Verbunde (Sortimente etc.) ggf. aufzulösen sind. Dies entspricht einer Modifikation der Absatz- bzw. Programmplanung. Daraufhin kann auf die „direkt oder indirekt beteiligten Produktionsfaktoren geschlossen werden, die nach Wegfall der Leistungen nicht mehr genutzt werden. Die potentiell

---

639 Aus diesem Grund ordnet Ossadnik diesen Ansatz nicht als strategische Kostenrechnung ein, da er die standardisierte Erzeugung entscheidungsrelevanter Informationen fordert, vgl. Ossadnik, W., Maus, S., Strategische Kostenrechnung (1994), S. 5.

640 Vgl. Holzwarth, J., Kostenrechnung (1993), S. 211.

641 Vgl. Holzwarth, J., Kostenrechnung (1993), S. 221.

abbaubaren Produktionsfaktoren können lückenlos erfaßt werden, indem auch alle internen Leistungserstellungsprozesse, die für die Geschäftseinheit erbracht werden, systematisch untersucht werden - man denke etwa an die Leistungen zentraler Stabsabteilungen"[642]. Keine Hinweise finden sich darauf, woher die Informationen über die Leistungserstellungsprozesse stammen, und wie die wegfallenden Anteile zu ermitteln sind (insbesondere bei indirekten Bereichen wie Stabsstellen). Im Simulationsmodell werden die (direkt oder indirekt betroffenen) Potentialfaktoren mittels Funktionen des PPS-Bereichs (Stücklisten, Arbeits- und Prozeßpläne) und der Kostenrechnung (ILV, Prozesse, SEK) ermittelt. Insbesondere kann festgestellt werden, welche Leistungsverbunde (gemeinsam genutzte Kapazitäten) und Beschaffungsverbunde (gemeinsam beschaffte Fremdteile und -leistungen) vorliegen, und wie sich die Maßnahme auf diese Verbunde auswirkt (Quantifizierung der reduzierten Kapazitätsnutzung, Materialbedarfe und ihre Änderung).

Für die Differenzerfolgsrechnung (als Instrument zur Messung von Periodenerfolgen) greift Holzwarth auf Erträge und Aufwendungen und deren Beeinflussung durch strategische Entscheidungen zurück. Dazu schlägt er eine Trennung in Mengen- und Wertkomponente und die Fortschreibung der Werte zwecks Abbildung der Preissteigerung vor. Dadurch wird nach seiner Argumentation eine Vereinfachung und Aufwandsreduktion möglich. Für eine ad hoc-Rechnung erscheint diese Vorgehensweise problematisch, da die Mengen- und Wertgerüste analytisch ermittelt und vorgehalten werden müssen. Im Rahmen des Simulationsmodells dagegen werden das benötigte Mengengerüst und die Bewertung (entweder wert- oder zahlungsorientiert[643]) zur Verfügung gestellt. Durch entsprechende Prognosen hinsichtlich der Preissteigerung (entweder je Kostenart, Kostenartengruppe oder auf Ressourcen- oder Ressourcengruppenebene) kann eine differenzierte Berücksichtigung von Preissteigerungen erfolgen. Darüber hinaus ist die Berücksichtigung von Einflüssen wie beispielsweise Erfahrungskurveneffekten, Lebenszyklus-Verläufen etc. prinzipiell möglich[644], indem mehrere Perioden mit entsprechend sich entwickelnden Mengengerüsten (z.B. sinkenden Stückzeiten, steigenden Stückzahlen) betrachtet werden.

Als Alternative zu einer nur an Zahlungsgrößen orientierten Betrachtung geht das hier beschriebene Modell von den Ressourcen und ihren Zuordnungen zu Organsisationseinheiten sowie Zahlungsbedingungen aus. Auf dieser Basis wird ein Faktormanagement implementiert, das die Ableitung sowohl von Wert- wie auch von Zahlungsgrößen erlaubt. Durch die Abbildung von Verbunden und Abhängigkeiten (zwischen Leistungsarten, Prozeßschritten, Organisationseinheiten etc.) können Zahlungen vor und nach der Durchführung von Maßnahmen ermittelt werden - die direkte Ermittlung der Wirkung einer Maßnahme (hinsichtlich Wert- oder Zahlungsgrößen) ist nicht vorgesehen und auch nicht sinnvoll, da die

---

642 Holzwarth, J., Kostenrechnung (1993), S. 221.

643 Vgl. die entsprechenden Ausführungen in Kap. 5.6. dieser Arbeit.

644 Vgl. die Ausführungen zu diesem Punkt in Kap. 5.5.1. dieser Arbeit.

Zurechnung nicht immer eindeutig möglich ist. Die ermittelten Zahlungsreihen können als Input für Verfahren der dynamischen Investitionsrechnung dienen und damit die standardisierte Ermittlung von entscheidungsrelevanten Informationen in Form des Modells mit der Investitionsrechnung als Entscheidungsmodell verbinden.

Der vorliegende Ansatz beschränkt sich, wie auch die oben genannten Arbeiten[645], auf quantifizierbare und dem internen Rechnungswesen zugängliche Größen. Gerade für strategische Entscheidungen können die sich daraus ergebenden Erkenntnisse nur einen Teilbeitrag zur Entscheidungsvorbereitung darstellen. So weist Burger[646] auf die zahlreichen Probleme bei der Bewertung alternativer strategischer Aktionen hin, insbesondere auf unsichere Erwartungen, Interdependenzen und sekundäre Erfolgswirkungen, d.h. der „Veränderungen der Innen- und Außenwelt des Unternehmens“[647]. Um diese Aspekte berücksichtigen zu können, sind die Ergebnisse der Kostenrechnung und Investitionsrechnung mit entsprechenden Verfahren der strategischen Planung und Kontrolle zu kombinieren.

5.8 Grenzen einer formalzielorientierten Planung und Disposition

Es wurde im Verlauf dieser Arbeit dargestellt, daß die Planung und Steuerung von Prozessen zur Zeit stark an Effizienzaspekten orientiert ist. Erfolgswirkungen werden nur indirekt (z.B. über Modelle zur Losgrößenoptimierung, die in der Praxis aber wenig Verbreitung erfahren haben) berücksichtigt. Es wurde darüber hinaus gezeigt, daß eine Bewertung von Maßnahmen im Rahmen der Planung und des Ablaufmanagement deren Erfolgswirkung transparent machen kann. Es wurde allerdings auch deutlich, daß die bisher vorrangig im Mittelpunkt stehenden Mengengrößen dadurch als Information nicht obsolet werden. Im Gegenteil entscheidet die Qualität dieser Daten über die Aussagekraft der Rechnungen zur Erfolgsprognose, da letztere nur abgeleitete Rechnungen auf der Basis der Realprozeßmodelle darstellen, die der sachzielorientierten Sphäre entstammen.

Die Grenzen einer wertorientierten (und damit direkt auf Formalzielerreichung ausrichtbaren) Planung und Disposition werden damit durch die Abbildbarkeit der betrachteten Sachverhalte in quantitativen Modellen bestimmt. Darüber hinaus stellen die praktische Verfügbarkeit und die geeignete Qualität der Mengen- und Termindaten und der Aufwand für ihre Verwaltung und Pflege die Grenzen dieses Ansatzes dar. Schließlich ist auch auf die Wirtschaftlichkeit des Ansatzes zu achten: Eine Neuermittlung der Herstellkosten eines Auftragsnetzes wegen einer (meßbaren und auch nachweisbaren) Terminverschiebung um zwei Stunden wird in der Mehrzahl der Fälle zu irrelevanten Ergebnissen führen. Jenseits aller Modellbildungs- und

---

645 Vgl. Holzwarth, J., Kostenrechnung (1993), Baden, A., Strategische Kostenrechnung (1997), Oecking, G., Fixkostenmanagement (1994), Ossadnik, W., Maus, S., Strategische Kostenrechnung (1994), Shank, J. K., Strategic Cost Management (1993)

646 Vgl. Burger, A., Kostenmanagement (1994), S. 111 f.

647 Burger, A., Kostenmanagement (1994), S. 112.

Wirtschaftlichkeitsfragen ist die Akzeptanz des Ansatzes bei den Verantwortlichen sicherzustellen, ohne die eine formalzielorientierte Planung und Steuerung zum Scheitern verurteilt ist. Dies ist umso wichtiger, als insbesondere im Bereich der Ablaufplanung und Steuerung eine erfolgsorientierte Sicht bisher keine wesentliche Rolle spielte und daher zunächst kritisch betrachtet werden wird.

Eine automatisierte Ableitung „optimaler" Maßnahmen sowie die umfassende Bewertung aller möglichen Maßnahmen scheitern an der Komplexität der Aufgabe und den starken Interdependenzen. Die Qualität der Darstellung hängt wesentlich davon ab, wie exakt die Abbildung der Realprozesse gelingt (in Form von Stücklisten, Arbeitsplänen etc.). Erfahrungen des Verfassers aus der Praxis lassen hier auf eine große Bandbreite schließen, die direkte Auswirkungen auf die Aussagekraft von Erfolgsprognosen hat.

Da sich diese Arbeit, wie bereits im vorigen Kapitel dargestellt, im Wesentlichen auf quantifizierbare und dem internen Rechnungswesen zuzuordnende Erfolgsgrößen beschränkt, können die Ergebnisse nur einen Ausschnitt der Planung und Entscheidungsvorbereitung im Unternehmen unterstützen. Sie sind in der Regel um qualitative sowie gegebenenfalls ergänzende quantitative Methoden der Entscheidungsvorbereitung und -unterstützung zu ergänzen. Insbesondere ist für längerfristige Entscheidungen zu beachten, daß in diesem Kontext Erfolgspotentiale, Chancen und Risiken zentrale Größen darstellen, während Erfolgsgrößen nur eingeschränkt verwendbar sind.

6 Fallstudien zum integrierten Fertigungscontrolling

Voraussetzung für die in Kapitel 5 geforderte zielkonforme Steuerung der Leistungsprozesse ist ihre Abbildung in Modellen[648], die die Ursache-Wirkungs-Beziehungen der Teilprozesse und ihres Umfeldes realitätsnah (homomorph) widerspiegeln und als Grundlage von Entscheidungen dienen können. Prinzipiell kann davon ausgegangen werden, daß die zunehmende Differenzierung eines Modells die Aussagekraft, insbesondere die Prognosekraft, des Modells erhöht, da immer mehr Abhängigkeiten beschrieben und berücksichtigt werden können. Gleichzeitig steigt dadurch der Aufwand für Formulierung und Quantifizierung der relevanten Einflußgrößen.

Insbesondere in kleineren Unternehmen wird deshalb auf die explizite Formulierung von komplexeren Modellen verzichtet. Vielmehr reduziert sich hier die Modellformulierung auf Formalzielgrößen, d.h. es wird auf die zielorientierte Modellierung von Realprozessen verzichtet. Realprozeßmodelle werden nur formuliert, soweit sie für die Erreichung der Sachziele notwendig sind. Das insbesondere in kleineren Unternehmen im Mittelpunkt stehende Modell ist die Erfolgsrechnung in Form einer Gewinn- und Verlustrechnung sowie ergänzender Nebenrechnungen[649]. Da die hierin ausgedrückten Wertgrößen nur derivative Größen bezüglich der Leistungserstellungsprozesse darstellen, ist ihre Prognosekraft sehr begrenzt. Der Schwerpunkt liegt hier in der Dokumentation.

Soll ein Fertigungscontrolling im Sinne des Regelkreises Planung, Steuerung und Kontrolle implementiert werden, so ist eine Abbildung der Realprozesse notwendig. Insbesondere ist zu analysieren, welche Einflußgrößen für die Erreichung der Formalziele relevant sind. Es sind mit anderen Worten die Ursache-Wirkungs-Beziehungen innerhalb der Realprozesse, aber auch zwischen Realprozeß-Größen und Formalziel-Größen zu ermitteln und in einen funktionalen Zusammenhang zu stellen. Nachdem in Kapitel 5 Überlegungen zu einem Modell angestellt wurden, das die Verbindung zwischen Daten der Produktion und der Ergebnisrechnung schafft, soll in diesem Kapitel an Hand von zwei Unternehmen gezeigt werden, wie das Modell praktisch eingesetzt und interpretiert werden kann. Die Auswahl dieser Unternehmen erfolgte zum Einen, weil dem Verfasser für sie detaillierte Informationen zur Verfügung standen, und zum Anderen ein „klassischer" Fertigungsbetrieb und ein Dienstleister dargestellt werden sollen.

---

[648] Modelle dienen der „Abbildung [der] Wirklichkeit" zum Zweck der „Erklärung und Gestaltung von Wirklichkeit in möglichst effizienter Weise", Meyer, M., Systemforschung (1990), S. 16. Vgl. zur Modellbildung Kapitel 3.3. dieser Arbeit.

[649] Die Führung von Haupt- und Nebenbuchhaltungen entspringt hier meist gesetzlichen Verpflichtungen. Die Informationsbedürfnisse interner Adressaten werden weniger stark berücksichtigt.

6.1 Aufbau der Fallstudien

Im Folgenden soll für ein Unternehmen der Elektrotechnik und ein Dienstleistungsunternehmen (Medizinisches Labor) die Abbildung der Realprozesse und die daraus entstehende Grundlage der Entscheidungsunterstützung dargestellt werden. Dazu wird die Integration der Komponenten des Informationssystems dargestellt und auftretende Probleme geschildert. Beiden Fällen liegen existierende Unternehmen zugrunde, deren Daten vom Verfasser verfremdet wurden. Das beschriebene Modell wurde vom Verfasser als Prototyp implementiert, ist allerdings noch nicht im Echtbetrieb im Einsatz. Die folgenden Beispiele stellen daher teilweise fiktive Szenarien dar. Die Umsetzung erfolgte als Datenbankanwendung auf Basis von Personal Computern, wobei die Bausteine des Systems als Komponenten (Teilmodelle) implementiert wurden, die über Nachrichten kommunizieren. Besonderer Wert wurde auf die Flexibilität der Implementierung gelegt, indem der Nachrichtenfluß sowie seine Inhalte konfiguriert und erweitert werden können. Auf diesem Wege können die wesentlichen Modellzusammenhänge abgebildet werden. Der Anwender kann alternative Maßnahmen (Änderungen im Absatz-/Produktionsprogramm, in Ressourcenausstattung oder Organisationsstruktur) auf dieses Modell anwenden. Die implementierten Regelkreise führen daraufhin zur Neuermittlung abhängiger Größen und weist auf notwendige Folgeentscheidungen des Anwenders hin[650]. Jede Maßnahme des Anwenders löst eine entsprechende Nachricht aus, die in eine Warteschlange gestellt wird. Ein auf dem gleichen Rechner oder auf anderen Rechnern in einem Netzwerk laufender Programmteil (sog. Dispatcher) erlaubt parallel zur Durchführung von Maßnahmen die Abarbeitung der dadurch entstehenden Nachrichten. Dieser Abarbeitungsprozeß führt seinerseits zur Generierung von Folgenachrichten[651]. Durch entsprechende Algorithmen ist sichergestellt, daß einerseits eine sinnvolle Reihenfolge der Nachrichten berücksichtigt wird (daß also beispielsweise die Neuermittlung von Plankosten erst nach der Abarbeitung von Ressourcenänderungen durchgeführt wird), andererseits aber auch nicht jede kleine Änderung eine teilweise oder vollständige Neuberechnung bewirkt. Dazu werden Schwellenwerte definiert, die beispielsweise die (vergleichsweise aufwendige) Neukalkulation verhindern, wenn sich Kostensätze nur minimal ändern. Statt dessen werden die Differenzwerte im Gesamtergebnis als Position ausgewiesen. Neben dem Betriebsergebnis ist auch der Ausweis der Umsatzrendite[652] vorgesehen. Wird noch die Kapitalstruktur (Höhe Eigen- und Fremdkapital) gespeichert, so können auch Eigen-, Fremd- und Gesamtkapitalrenditen ermittelt werden.

---

[650] So muß nicht jede Maßnahme (z.B. Erhöhung von Outputmengen) zu einer gültigen Lösung kommen, da unter Umständen Kapazitätsgrenzen überschritten werden. Hier muß der Modellbenutzer Ressourcenentscheidungen treffen, die ihrerseits wiederum Folgegrößen (Beschäftigungsgrad, Fixkosten) beeinflussen und zu einer neuen Lösung (im Sinne eines Betriebsergebnisses oder einer abgeleiteten Kennzahl) führen.

[651] Vgl. hierzu die Darstellung in Abbildung 6-3 in diesem Kapitel.

[652] Vgl. die Abbildungen Abbildung 6-5 und Abbildung 6-6 in Kapitel 6.2 sowie Abbildung 6-12 und Abbildung 6-13 in Kapitel 6.3 dieser Arbeit, die Bildschirmausgaben der Softwarelösung darstellen.

Der Aufbau der Fallstudien sieht zunächst eine Kurzbeschreibung von Branche und Unternehmung sowie eine ausführlichere Darstellung von Rechnungswesen und Produktionsplanung in den Unternehmen vor. Im Anschluß daran werden Anwendungsbeispiele des in Kapitel 5 beschriebenen Simulationssystems dargestellt. Zentrale Sicht ist dabei die differenzierte Abbildung des Ergebnisses sowie der Zahlungen. Die Ergebnisdarstellung wird dabei nach jeder Maßnahme aktualisiert und weist anschließend die Differenzkosten aus, während die Zahlungen (bzw. Differenzzahlungen) explizit anzufordern sind. Das Ergebnis stellt dabei das ordentliche Betriebsergebnis (Umsatzkostenverfahren) dar, während die Zahlungen einen vollständigen Finanzplan[653] repräsentieren. Für beide Fallstudien wird jeweils eine Fragestellung herausgegriffen und ihre Lösung an Hand des in Kapitel 5 vorgestellten Modells dargestellt. Dazu wird zunächst die Ausgangssituation (einschließlich Ergebnis) beschrieben, dann die Maßnahmen mit den durch sie unmittelbar bewirkten Änderungen und schließlich das neue Ergebnis. Das Ergebnis setzt sich dabei jeweils aus einer differenzierten Darstellung des Betriebsergebnisses in progressiver (Kalkulation) und retrograder Darstellung (Deckungsbeitragsrechnung) sowie einer Tabelle der Zahlungen zusammen. Zudem werden zentrale Kennzahlen ausgewiesen. Im Rahmen der Ergebnisdarstellung kann die Betrachtungsebene noch variiert werden, indem statt des Gesamtunternehmens einzelne Bereiche oder sogar Leistungsarten dargestellt werden (vgl. die Bildschirmdarstellungen in Abbildung 6-5, Abbildung 6-6, Abbildung 6-12 und Abbildung 6-13).

Die Einordnung der Modellkomponenten in das vorhandene Informationssystem kann wie folgt dargestellt werden (vgl. Abbildung 6-1 und Abbildung 6-2):

Im Falle ELEKTRO sind neben der Buchhaltung (Haupt- und Nebenbuchhaltungen) eine Kostenstellen- und -trägerrechnung sowie ein PPS-System vorhanden. Die Implementierung eines integrierten Fertigungscontrolling erfolgt vorrangig durch eine geeignete Datenintegration zwischen operativen Werkzeugen und Simulationsmodul, indem letzteres die Daten von KLR und PPS lesen und (in beschränktem Umfang) ändern kann (z.B. ein überarbeitetes Produktionsprogramm). Funktionen von KLR und PPS sind in diesem neuen Modul redundant vorhanden.

---

[653] Es gelten die Einschränkungen, die in Kapitel 5.6. genannt wurden. Insbesondere wird von einem vollkommenen Kapitalmarkt ausgegangen, um Finanzierungstransaktionen ausklammern zu können.

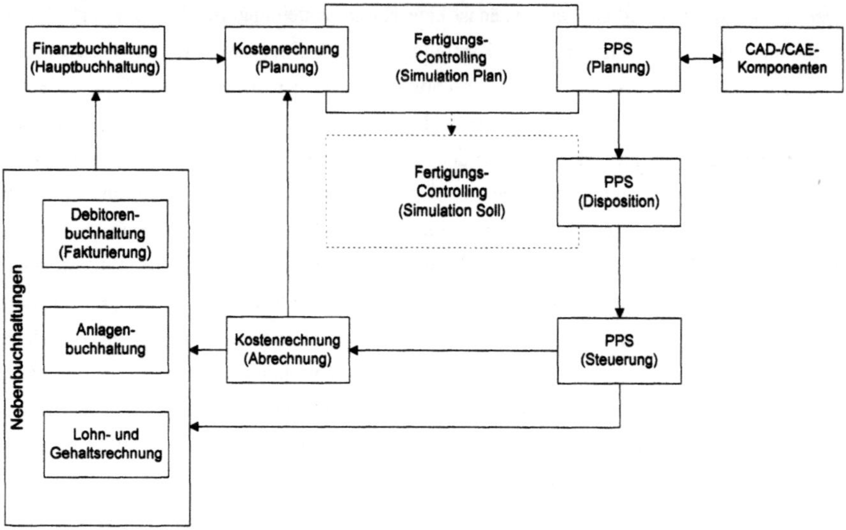

Abbildung 6-1: Einbindung des Simulationsmodells in die vorhandene Systemlandschaft (ELEKTRO).

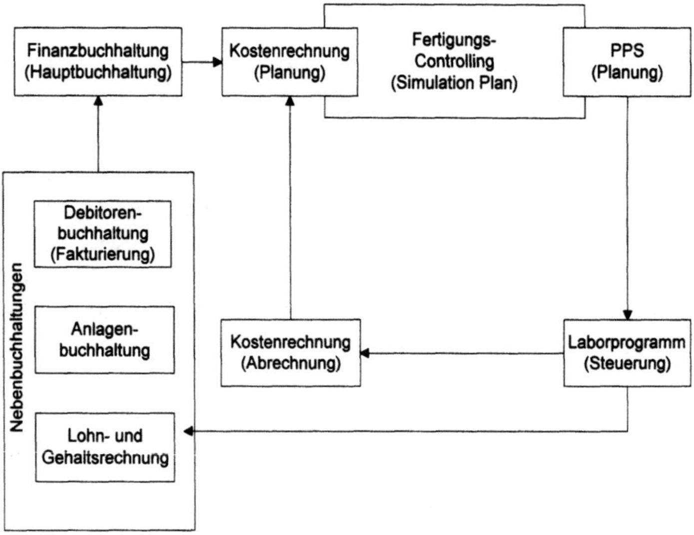

Abbildung 6-2: Einbindung des Simulationsmodells in die vorhandene Systemlandschaft (LABOR).

Dies ermöglicht simulative Planungsprozesse auf Basis der vorhandenen Daten. Um im Rahmen der Simulation mit den operativen Daten arbeiten zu können, wird eine Kopie der relevanten Daten angelegt. Im Falle großer Datenmengen sollten Aggregationsalgorithmen zum Einsatz kommen - dies war in den konkret dargestellten Fällen nicht notwendig. Nach Ende der Simulation können Änderungen optional in den operativen Bereich zurückgeschrieben werden (z.B. das Produktionsprogramm, das im Rahmen der Simulation ermittelt wurde, aber auch Entscheidungen über Ressourcen etc.). Die eigentliche Integration findet damit in dem (zusätzlichen) Modul Fertigungscontrolling statt.

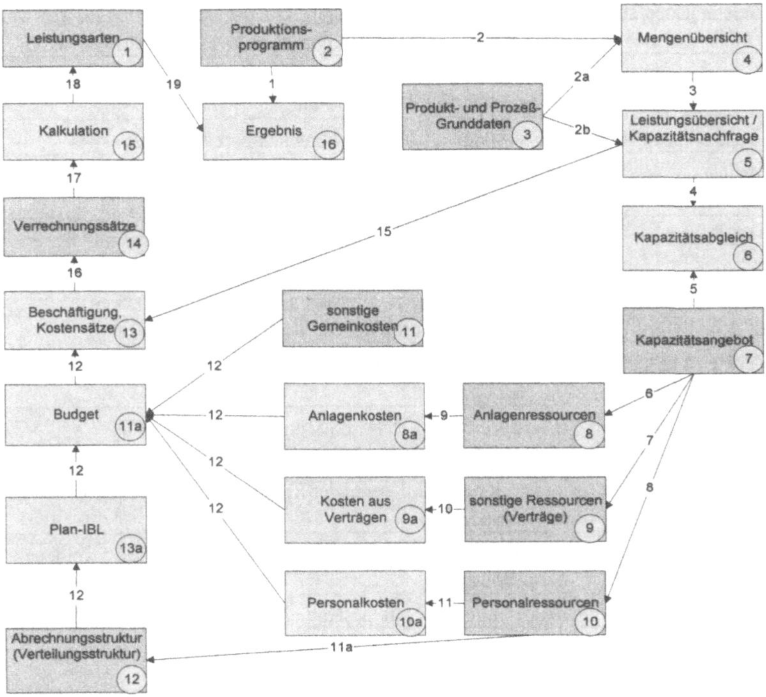

Abbildung 6-3: Komponenten und Nachrichten zur Abbildung der Realprozesse.

In den Kapiteln 5.4 und 5.5 dieser Arbeit wurden das Grundkonzept und Komponenten des Modells eines Fertigungscontrolling dargestellt. Eine mögliche Verknüpfung dieser Komponenten zu einem Gesamtsystem zeigt Abbildung 6-3. Dabei signalisiert eine Schraffur, daß im Rahmen der jeweiligen Komponente interaktive Maßnahmen des Modellnutzers möglich sind - die Liste der möglichen Maßnahmen kann Tabelle 6-1 und Tabelle 6-2 entnommen werden. Abbildung 6-3 enthält auch Verweise auf eine Auswahl von Nachrichten (in Tabelle 6-2: Beispiele für Nachrichten.), die zwischen den Komponenten ausgetauscht werden.

	Komponente	Inhalt
1	Leistungsarten	Teilestamm (mit Losgröße, Kostenstruktur, ...)
2	Programmplanung	Leistungsprogramm nach Art, Menge und Periodenaufteilung
3	Grunddatenverwaltung	Masch.gruppen/Arbeitsplätze, Arbeitsgänge, Arbeitspläne, Stücklisten
4	Mengenübersicht	Mengenübersichts-Stückliste i.S. des Gesamtbedarfs für das Programm
5	Leistungsübersicht	Gesamtbedarf an Leistung (Arbeitsgang-Mengen) für das Programm, zugleich Kapazitätsbedarf (output-induziert)
6	Kapazitätsabgleich	Kapazitätsangebot und -nachfrage je Kapazitätsgruppe einschließlich Visualisierung
7	Kapazitätsangebot	Ausstattung und damit bereitstellbare Kapazität
8	Anlagenressourcen	vorhandene und ggf. geplante Ressourcen im Rahmen des Anlagevermögens
8a	Anlagenkosten	Ermittlung der Kosten der Ressourcen auf Basis von 8, Teilbudget
9	sonstige Ressourcen	durch Verträge zur Verfügung stehende Ressourcen (Mieträume und -flächen, Wartungsleistungen, etc.)
9a	Kosten aus sonst. Ress.	Ermittlung der Kosten der Ressourcen auf Basis von 9, Teilbudget
10	Personalressourcen	zur Verfügung stehende Mitarbeiter (Tarifvertrag, Individualverträge)
10a	Personalkosten	Ermittlung der Kosten der Ressourcen auf Basis von 10, Teilbudget
11	sonstige Gemeinkosten	Gemeinkosten, die nicht durch 8a.-10a. abgedeckt werden, Teilbudget
11a	Budget	virtuelle Sicht auf Gesamtheit der Teilbudgets
12	Leistungsflüsse zwischen Kostenstellen	Strukturen der innerbetrieblichen Leistungsverrechnung
13	Beschäftigung, Kostensätze	Aggregierte Budgetsicht, Beschäftigung, Kostensätze (variabel und fix). Bedient sich der innerbetrieblichen Leistungsverrechnung.
13a	Innerbetriebliche Leistungsverrechnung Plan	Plan-Umlage der Gemeinkosten auf Basis primärer Plankosten (8.-11.) und Verteilungsstruktur (12.)
14	Verrechnungssätze	Verwaltung der Verrechnungssätze für die Kalkulation, variabel und voll, partielle Kostensätze, etc., manuell übersteuerbar
15	Kalkulation	Neuermittlung der Stückkosten einzelner Leistungsarten
16	Ergebnis	Aggregation und Darstellung des Ergebnisses

Tabelle 6-1: Komponenten.

	Nachricht	Inhalt, Bezug zu Faktoreinsatzmatrix
1	Änderung Programm	Änderungen an Ergebnis weitergeben wegen geänderter Erlöse. *Matrix: Primärbedarfsvektor v geändert, A und F konstant.*
2	Änderung Programm	Änderungen Mengenübersicht weitergeben. *Matrix: Primärbedarfsvektor v geändert, A und F konstant.*
2a	Änderung Produkt bzw. Produktstruktur	Änderungen an Mengenübersicht weitergeben. *Matrix: Matrix A geändert, v und F konstant, Neuermittlung Gesamtbedarf für Segment Materialwirtschaft.*
2b	Änderung Prozeß bzw. Prozeßstruktur	Änderungen an Leistungsübersicht weitergeben. *Matrix: Matrix A geändert, v und F konstant, Neuermittlung Gesamtbedarf für Segment Zeitwirtschaft.*
3	Änderung Mengenübersicht	Änderungen an Leistungsübersicht weitergeben. *Matrix: Matrix A geändert, v und F konstant, Neuermittlung Gesamtbedarf für Segment Zeitwirtschaft.*
4	Kapazitätsabgl. Durchführen (Nachfrage)	Änderungen der Nachfrage an Kapazitätsabgleich weitergeben.
5	Kapazitätsabgl. durchführen (Angebot)	Änderungen des Angebots an Kapazitätsabgleich weitergeben.
6	Änderung Ausstattung Anlagenressourcen	Änderung Ausstattung mit Anlagenressourcen. *Matrix: Matrix F geändert. Ohne Technologieänderung bleibt A konstant.*
7	Änderung Ausstattung sonstige Ressourcen	Änderung Ausstattung mit sonstigen Ressourcen. *Matrix: Matrix F geändert. Ohne Technologieänderung bleibt A konstant.*
8	Änderung Ausstattung Personalressourcen	Änderung Ausstattung mit Personalressourcen. *Matrix: Matrix F geändert. Ohne Technologieänderung bleibt A konstant.*
9	Neuermittlung Anlagenkosten	Die Neuermittlung der Kosten bestimmter Anlagegüter wird angefordert. *Matrix: A, F und v konstant.*
10	Neuermittlung Kosten für sonstige Ressourcen	Die Neuermittlung der Kosten bestimmter Ressourcen wird angefordert. *Matrix: A, F und v konstant.*
11	Neuermittlung Personalkosten	Die Neuermittlung der Kosten bestimmter Mitarbeiter wird angefordert. *Matrix: A, F und v konstant.*
11a	Änderung Schlüssel (bei Umlage nach MA)	Änderung der Personalausstattung wird weitergegeben. *Matrix: A wird im Bereich Kostenstellenrechnung geändert.*
12	Änderung Kosten	Änderung von Gemeinkosten weitergeben. Neuermittlung Plankostensätze. *Matrix: keine Änderung.*
15	Änderung Leistung	Änderung der output-induzierten Leistung. *Matrix: Gesamtbedarf an Kostenstellenleistung hat sich geändert.*
16	Änderung Verrechnungssätze	Änderung Plankostensätze weitergeben.
17	Neukalkulation	Neudurchführung der Kalkulation.
18	Änderung Stückkosten	Änderung der Stückkosten nach Kalkulation.
19	Änderung Ergebnis	Änderung des Ergebnisses wegen geänderter Kosten.

Tabelle 6-2: Beispiele für Nachrichten.

Das Abbild (Modell) der Prozesse der Leistungserstellung wird nun zur (deterministischen) Simulation herangezogen[654]. Da von einer sequentiellen Planung ausgegangen wird, handelt es sich im Grunde um mehrere Modelle, die mit abnehmendem Zeithorizont detaillierter werden, wobei zugleich die Freiheitsgrade abnehmen. Prinzipiell können die vier Phasen Absatzplanung, Programmplanung, Prozeßplanung (Ablaufmanagement) und Fertigungssteuerung unterschieden werden, wobei allerdings in den beiden Fallstudien nur die Programmplanung dargestellt wird, auf eine Abbildung der praktischen Umsetzung der anderen Teilmodelle wird wegen der dazu notwendigen umfangreichen Darstellungen verzichtet. Für jede Komponente existieren Freiheitsgrade, die (direkt oder indirekt) Eingriffsmöglichkeiten des Entscheiders ermöglichen. Nachfolgend sind die Freiheitsgrade aufgelistet, die im Prototypen für die Fallstudien berücksichtigt wurden.

Komponente	Freiheitsgrade	Beispiele
Leistungsarten	(Plan-)Losgröße (Standard-)Verfahren Planpreis	Alternative Losgröße Alternatives Verfahren Alternativer Planpreis
Programmplanung / Primärbedarfsplanung	Leistungsartenmix Menge Preis Erlösschmälerungen Zeitliche Verteilung	Elimination, Innovation Mengenänderung Preisänderung Änderung Nettoerlös Emanzipation
Grunddaten Produkte / Prozesse	Stücklistenzusammensetzung (Struktur, Koeffizienten) Arbeitsplan (Struktur, Koeffizienten)	Alternatives Teil (z.B. Fremdteil statt Baugruppe) Alternativer Arbeitsgang (z.B. Fremdvergabe)
Kapazitätsabgleich	Ressourcenzuordnung Bereitschaftsgrad Zeitmodell	Umsetzung Mitarbeiter, Desinvest. Erhöhung durch Wartung Übergang auf 2-Schicht-Modell
Ressourcenverwaltung	Quantität Qualität Preis Zuordnung Weitere Eigenschaften	Einstellen, Desinvestieren Lohngruppe, Nutzungsdauer Tarif, Wiederbeschaffungswert Zuordnung zu einer Kostenst. Kontrakteigenschaften etc.
Bugdet (sonstige Gemeinkosten)	Art und Höhe Kostenspaltung	Telefongebühren, Porto variabler Teil des Portos
Leistungsflüsse zwischen Kostenst.	Verrechnungsart Struktur und Koeffizienten	Umlage oder Prozesse Schlüssel für Meisterstelle
Beschäftigung, Kostensätze	Festlegung Planbeschäftigung Festlegung Effizienzfaktor	Festlegung Fertigungsstunden Umrechnungsfaktor Anwesenheit zu Produktivität
Verrechnungssätze	Abänderung der Kostensätze	Reduzierung bei Bedarfs-maschine (ergibt Verrech.abw.)

Tabelle 6-3: Freiheitsgrade je Komponente (mit Beispielen).

[654] Die Einbindung von stochastischen Elementen ist möglich, wird allerdings in den folgenden Ausführungen nicht berücksichtigt.

6.2 *Beispiel: Fertigungsbetrieb*

Um den vorstehend beschriebenen Ansatz für ein integriertes Fertigungscontrolling für einen Fertigungsbetrieb zu demonstrieren, wird ein Unternehmen der elektrotechnischen Industrie herangezogen, das Elektromotoren in Serienfertigung herstellt. Da die verwendete Technologie seit Jahren bekannt ist und ein Käufermarkt vorherrscht, liegt ein beträchtlicher Kosten- und Liefertermindruck vor. Als Ausweg wird zum einen versucht, durch Produktinnovationen Marktnischen zu besetzen, zum anderen durch Fertigungsautomatisierung und -rationalisierung die Stückkosten zu senken und Durchlaufzeit sowie Bestände zu reduzieren, ohne die Termintreue zu vernachlässigen. Dies ist besonders schwierig zu erreichen, da Kunden häufig Abruftermine und -mengen kurzfristig ändern, und die Fertigungstiefe des Unternehmens vergleichsweise hoch ist.

Als Fertigungstyp liegt Sortenfertigung vor, d.h. es werden verwandte Produkte in Wechselproduktion in mittleren bis großen Stückzahlen gefertigt. Die Produktpalette umfaßt ca. 100 Enderzeugnisse, die technisch mehr oder weniger große Ähnlichkeit aufweisen. Insbesondere werden nahezu alle auf den gleichen Fertigungseinrichtungen produziert. Die Fertigungsstruktur kann der nachfolgenden Abbildung entnommen werden.

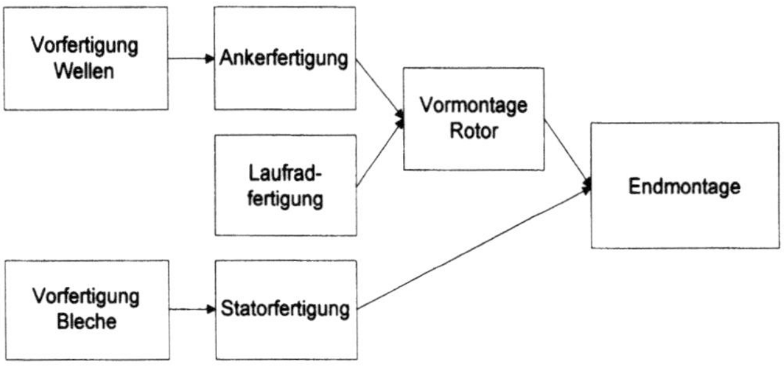

Abbildung 6-4: Fertigungsstruktur bei ELEKTRO.

Die Produktstrukturen werden in Stücklisten abgebildet, die sich aus den Konstruktionsstücklisten ergeben. Zeichnungsteile (als Elemente der Stückliste), die nur im Rahmen der Konstruktionsstückliste relevant sind, nicht aber für die Fertigung und Bestandsführung[655], werden gesondert gekennzeichnet.

Varianten (z.B. Stromspannungs-Varianten für den Export) werden als eigene Produkte geführt, Varianten sind daher nicht explizit abzubilden. Die Prozeßstrukturen liegen in Form

[655] Existieren für mehrere Bearbeitungsschritte im Rahmen einer Fertigungsstufe unterschiedliche Zeichnungen, so existieren damit Konstruktionsteile, die lediglich Anarbeitungsstufen eines Teils darstellen. Damit fallen Konstruktionsstückliste und Fertigungsstückliste auseinander.

von Arbeitsplänen vor. Die Produktstruktur-Elemente sind den Prozeßstruktur-Elementen zugeordnet, d.h. es ist für jede Produktstruktur festgelegt, in welchem Prozeßschritt ihre Elemente in den Fertigungsprozeß einfließen.

6.2.1 PPS im Fertigungsbetrieb

Die Firma ELEKTRO stellt einen recht typischen PPS-Nutzer dar[656]. Einige Firmendaten als Eindruck des zugrundeliegenden Mengengerüsts und die eingesetzten PPS-Funktionen können der folgenden Tabelle entnommen werden:

Stammdaten		
	Artikelstamm	ca. 100 Enderzeugnisse, 400 Baugruppen, 1000 Fremdteile
	Stücklisten	maximal 5 Stufen
	Maschinengruppen	ca. 100 Maschinengruppen bzw. Handarbeitsplätze
	Arbeitsgangstamm	ca. 200 Arbeitsgänge
	Arbeitspläne	ca. 600 Arbeitspläne
	Aufträge	ca. 500 Aufträge (Kunden-, Fertigungs-, Lageraufträge) monatlich
Programmplanung		
	Perioden	Rollierend (Jahr, Halbjahr, Quartal, Monat)
	Aufgaben	Ressourcenplanung, Ableitung Primärbedarfe, langfristige Materialdisposition
Materialbedarfsrechnung		
	Dispositionsart	Programmorientierte (deterministische) Bedarfsrechnung, Planung der Langläufer (bis 3 Monate) aus der Programmplanung heraus
Kapazitätsabgleich		
	Verfahren	Integrierte Material- und Kapazitätsdisposition, Gozinto-Verfahren, keine Dispositionsstufen
Durchführungskontrolle		
	Ist-Leistung	Teilweise BDE, teilweise über Lohnscheine
	Materialverbrauch	Teilweise über Entnahmescheine, teilweise retrograd aus Gutstück und Ausschuß

Tabelle 6-4: PPS-Merkmale für ELEKTRO.

Die Implementierung der PPS-Funktionen entspricht im wesentlichen dem in Kapitel 3 dargestellten Grundkonzept eines MRP II - Systems.

---

656 Vgl. Fandel, G., Francois, P., Gubitz, K.-M.,Softwaresysteme (1997), S. 42 ff., wo Serienfertiger (S. 44) mit Standarderzeugnissen (S. 43) und ca. 100 Mitarbeitern (S. 48) jeweils die größte Gruppe bilden. Die Branche (Elektro) findet sich an fünfter Position unter 31 untersuchten Branchen (S. 20).

6.2.2 KLR im Fertigungsbetrieb

Die folgende Tabelle stellt das Mengengerüst und die eingesetzten Funktionen der Kosten- und Leistungsrechnung dar:

Stammdaten		
	Kostenarten	ca. 200 Kostenarten
	Kostenstellen	ca. 22 Hilfs- und 25 Hauptkostenstellen
	Bezugsgrößen	ca. 50 Bezugsgrößen
	Kostenträger	ca. 1400 zu kalkulierende Teile
Planung		
	Budget	ca. 2000 Zeilen (s. Beschreibung unten)
	Umlagezeilen	ca. 160 Umlagebeziehungen
	Mitarbeiter	ca. 80 Mitarbeiter
	Anlagegüter (AV)	ca. 500 Wirtschaftsgüter
Abrechnung		
	Kostenkontrolle	Soll-Ist-Vergleich
	Ergebniskontrolle	Deckungsbeitragsrechnung

Tabelle 6-5: KLR-Merkmale bei ELEKTRO.

Auch hinsichtlich der Kostenstellen- und -trägerrechnung gilt für die Implementierung im Hause ELEKTRO das in Kapitel 4 gesagte zu Struktur und Funktionen. Im Unternehmen wird eine jährliche Kostenplanung vorgenommen und eine Plankalkulation bis zu Selbstkosten durchgeführt. Monatlich erfolgt ein Soll-Ist-Vergleich, auf eine Nachkalkulation wird verzichtet. Wesentliches Element der Ergebnissteuerung ist eine Deckungsbeitragsrechnung.

6.2.3 Integriertes Fertigungscontrolling im Fertigungsbetrieb

Um die Integration von PPS und KLR im Rahmen eines Simulationsmodells darstellen zu können, sind die entsprechenden Zusammenhänge im Daten- wie im Funktionsbereich abzubilden. Das bedeutet, daß zum einen die Stammdaten von KLR und PPS entsprechend zu erweitern bzw. zu vereinheitlichen sind, und daß zum anderen die in KLR und PPS eingesetzten Funktionen analysiert und im Rahmen der Simulation berücksichtigt werden.

Hinsichtlich der Stammdaten sind seitens der PPS insbesondere die Arbeitsgänge und Arbeitspläne von großer Bedeutung, da sie die Brücke zu den Organisationseinheiten der KLR, Kostenstelle und Bezugsgröße, schlagen. Damit wird auch die Zuordnung von Leistungsmengen zu diesen Organisationseinheiten ermöglicht. Die Abbildung der Ressourcen (Personal, Güter des Anlagevermögens sowie Verträge) teilen sich die beiden Teilsysteme insofern, als die Ressourcen teilweise aus Nebenbuchhaltungen (Anlagenbuchhaltung und Lohn- und Gehaltsbuchhaltung) abgeleitet bzw. für die Kostenplanung vorgehalten werden. PPS-relevant ist allerdings die Zuordnung der Ressourcen zu Kapazitätseinheiten. Diese kann zwar auch im Rahmen der Verwaltung der Ressourcen erfolgen, aber ein Zugriff muß auch ausgehend von den Kapazitätseinheiten möglich sein, um Maßnahmen im Rahmen der Veränderung des Kapazitätsangebots darzustellen. Welche Daten zusätzlich zu verwalten sind, hängt davon ab, welche Ressourcen bereits für Zwecke der Abrechnung und Planungsunterstützung geführt wurden. Im Falle ELEKTRO werden die Güter des Anlagevermögens bereits in einem System geführt, das in die KLR integriert ist (bzw. entsprechende Informationen bereitstellt). Für Zwecke der Leistungslohnabrechnung werden darüber hinaus die Mitarbeiter in einem dem PPS und der KLR zugänglichen Modul verwaltet. In beiden Bereichen sind allerdings zusätzliche Daten zu pflegen. Insbesondere sind für eine aussagekräftige Analyse Kontrakt-Schlüssel zuzuordnen, um Auf- und Abbaubedingungen auswerten zu können sowie, soweit relevant, Kosten der Investition / Desinvestition bzw. des Personalauf- und -abbaus zu hinterlegen. Ressourcen der Kategorie Verträge werden bisher nicht verwaltet. Da aber gerade diese Informationen Nebenzwecken wie Liquiditäts- und Kostenplanung dienen können, erscheint eine entsprechende Auflistung sinnvoll.

Wie einleitend in Kapitel 6 beschrieben, soll die Integration an Hand von Lösungen praktischer Fragestellungen demonstriert werden. Für den Fertigungsbetrieb soll dies die Vorbereitung einer Entscheidung zur Reduzierung der Fertigungstiefe im Bereich der Laufradfertigung sein.

Problemstellung : Änderung der Fertigungstiefe.

Es soll geprüft werden, welche Erfolgskonsequenzen eine Verringerung der Fertigungstiefe im Bereich der Laufradfertigung bewirken würde. Um die Darstellung zu vereinfachen, wird von einem konstanten Absatz- und Produktionsprogramm und damit von konstanten Erlösen[657] ausgegangen.

Folgende Schritte sind durchzuführen:

1. Es sind die Baugruppen bzw. Prozesse festzulegen, die in Zukunft fremdbezogen werden sollen. Eigengefertigte Leistungsarten werden dabei zu fremdbezogenen Leistungsarten. Konkret sind alle benötigten Laufrad-Typen zu identifizieren und die Bedarfe je Typ für die Realisiserung des Produktionsprogrammes zu ermitteln. Der Einkauf holt daraufhin Angebote für diese Typen und Mengen ein. Mit diesen Daten werden die Laufräder als Fremdteile erfaßt. Die bisherigen Laufräder werden in allen betroffenen Stücklisten durch die Fremdteile ersetzt (eine automatische Funktion zur Ersetzung von Teilenummern wurde realisiert). Die beiden Laufradtypen, die direkt verkauft werden, erhalten die entsprechenden Fremdteile als einzige Elemente der Stückliste, der Arbeitsplan wird deaktiviert.

---

[657] Zu beachten ist allerdings, daß zwei Laufradtypen auch verkauft werden und daher auch explizit im Produktionsprogramm erscheinen. Die Preise werden, ebenso wie die Produktionsmengen, auch hier als konstant betrachtet.

2. Im nächsten Schritt ist zu prüfen, welche Kostenstellen durch die Verringerung der Fertigungstiefe betroffen sind. Dies ergibt sich aus den Leistungsarten und Prozessen, die die abzubauende Fertigungsstufe repräsentieren, und den damit verbundenen Arbeitsplätzen bzw. Kostenstellen. Dazu wird ein Kapazitätsabgleich auf Basis der neuen Programm- und Strukturdaten aufgebaut. Existieren in der Leistungsübersicht nach Elimination der in Zukunft fremd zu beziehenden Leistungsarten noch Referenzen auf Prozesse der betrachteten Kostenstelle, und gibt es keine Verfahrensalternativen[658], die dies vermeiden, so kann die Kostenstelle c.p. nicht vollständig abgebaut werden. All diese Faktoren können maschinell abgeprüft werden. Insbesondere kann dargestellt werden, welche Restnachfrage an Kapazität gegebenenfalls noch auf welchen Arbeitsplätzen und Kostenstellen anfällt. Damit können Hinweise auf mögliche Entscheidungen zum Ressourcenabbau gewonnen werden. Diese Entscheidungen wiederum werden vom System in neue Kapazitätsangebote und Plankosten umgesetzt. Zugleich können die mit den Abbauentscheidungen einhergehenden Kosten (Abfindungen, Demontage / Verschrottung etc.) sowie die trotz Abbau weiterlaufenden Kosten (z.B. aus langfristigen Verträgen) dargestellt werden.
3. Wenn in 2. keine vollständige Verlagerung möglich ist, ist der stufenweise Abbau von Ressourcen zu prüfen.
4. Beschäftigung und Plankosten sind neu zu ermitteln. Die Beschäftigung von Kostenstellen verändert sich. Die Verrechnung von Fertigungskosten sowie von Material-, Verwaltungs- und Vertriebsgemeinkosten verändert sich.
5. Eine Neuermittlung von Ergebnis und Zahlungen ist durchzuführen.

Die ursprüngliche Fertigungsstruktur von ELEKTRO ergibt sich aus Abbildung 6-4 in Kapitel 6.2. Durch die geplante Auflösung der Laufradfertigung würde der entsprechende Bereich entfallen.

Um die Wirkung der Maßnahme „Stillegung Laufradfertigung“ transparent zu machen, werden nachfolgend die relevanten Systemkomponenten vor der Änderung dargestellt. Ein Auszug des Teilestammes sieht wie folgt aus (vereinfachte Umsetzung der Bildschirmdarstellung):

Leistungsart	Bezeichnung	Teiltyp	Herstellkosten variabel	Herstellkosten gesamt
...	...	...	...	...
269843	Bypass-Motor 230 V 500 W	Erzeugnise	20,86	27,75
269937	Laufrad KL 108 / 8	Baugruppe	0,47	1,09
...	...	...		...

Tabelle 6-6: ELEKTRO - Teilestamm vor der Stillegung der Laufradfertigung.

[658] Dazu gehören auch Optionen auf alternativen Fremdbezug bzw. ausgelagerte Arbeitsschritte.

Die Herstellkosten ergeben sich dabei aus einer Kalkulation auf Basis der Produkt- und Prozeßdaten (Stücklisten und Arbeitspläne) über alle Fertigungsstufen. Zu beachten ist, daß die Fertigungskosten des Erzeugnisses (hier Bypass-Motor 230 V 500 W) die Summe der Fertigungskosten der aktuellen sowie aller untergeordneten Fertigungsstufen darstellen, da die Kostenstruktur im Rahmen der Kalkulation differenziert weitergewälzt wird. Dies bedeutet, daß die Herstellkosten untergeordneter Stufen nicht als Summe in die übergeordnete Baustufe eingehen, sondern differenziert nach Einzelmaterial, Fertigungskosten variabel / voll etc., siehe Kostenstruktur in Tabelle 6-7.

Einzelmaterial	16,89		
Material-Gemeinkosten variabel	0,22	Material-Gemeinkosten voll	1,14
Fertigung variabel	3,75	Fertigung voll	9,72
SEK Fertigung variabel	0,00	SEK Fertigung voll	0,00
Herstellkosten variabel	20,86	Herstellkosten voll	27,75

Tabelle 6-7: Kostenstruktur Bypass-Motor vor Stillegung der Laufradfertigung.

Für ein gegebenes Produktionsprogramm (das durch die Stillegung der Laufradfertigung nicht beeinflußt wird) ergibt sich im Rahmen des Simulationsprogrammes zunächst folgender Kapazitätsabgleich (in Fertigungsstunden):

Arbeitsplatz	Bezeichnung	Angebot	Nachfrage	Auslastung (%)
...	...	...	...	...
32120021	Hydro-Einständerpresse	3787	3044	80,4
32120059	Schaal Stanzautomat	2254	2714	120,4
38270083	Gebläseradauswuchtanlage ALS	3543	1625	46,9
KS 140 / 4	Personal KST 140, Lohngruppe 4	8360	4010	48,0
...	...	...	...	...

Tabelle 6-8: ELEKTRO - Kapazitätsabgleich vor der Stillegung der Laufradfertigung.

Eine auf Basis des Produktionsprogramms und der gegebenen Ausstattung durchgeführte Beschäftigungs- und Kostenplanung führte zu folgenden Ergebnissen (Monatswerte):

Kostenstelle /BG	Bezeichnung	Kosten variabel	Kosten fix	Leistung	Satz var.	Satz fix
140 / 1	Laufradfertigung	16.136	58.394	21.273	0,76	2,74
240 / 1	Ankerstraße	8.516	25.584	37.417	0,23	0,68
...	...	...	...	...	...	...

Tabelle 6-9: ELEKTRO - Beschäftigung, Plankosten und Kostensätze vor Stillegung der Laufradfertigung.

Um das Beispiel überschaubar zu halten, wird auf die Abbildung einer Prozeßkostenrechnung verzichtet. Statt dessen werden die Materialgemeinkosten und die Verwaltungs- und Vertriebskosten über Zuschläge verrechnet. Sie ergeben sich auf Basis der geplanten Kosten der Bereiche Einkauf/Lager, Verwaltung und Vertrieb sowie der Material- bzw. Herstellkosten, die sich aus der Stücklistenauflösung bzw. der Kalkulation ergeben (es kommt zu leichten Verrechnungsfehlern durch Rundung der Zuschläge).

Zuschlag	Kosten variabel	Kosten fix	Basis	Satz var.	Satz fix
MaterialGMK	147.852	628.776	11.529.148	1,28 %	5,45 %
Verwaltung (auf HK)	30.024	1.880.526	19.997.376	0,15 %	9,40 %
Vertrieb (auf HK)	282.144	788.952	19.997.376	1,41 %	3,95 %

Tabelle 6-10: ELEKTRO - Gemeinkostenzuschläge vor Stillegung der Laufradfertigung.

Die Ausgangssituation wird ermittelt, indem aus den operativen Systemen (KLR und PPS) die Datenbestände (Produktionsprogramm, Teilestamm, Stücklisten, Arbeitspläne, Arbeitsgänge, Plankosten, Planbeschäftigung, Leistungsverflechtung der Kostenstellen, Ressourcen) übernommen werden und der Anstoß zu einem vollständigen Neuaufwurf gegeben wird.

Unternehmensplanung 1998 — Mandant: ELEKTRO

Bearbeiten — Planung: **Budget 1998**

Programm:

---Gesamt
- --- Antrieb
- --- Bypass-Motoren
- --- Gebläseräder
- --- Hochgeschw.Mot.
- --- Heckenscheren
- --- Laufräder

	variabel	voll
Material	11.529.148	11.529.148
+ Prozeßkosten Mat.	0	0
+ MGK	147.572	777.049
= Materialkosten	11.676.720	12.306.197
+ Fertigungskosten	2.882.390	6.986.260
+ Beschäftigungsabw.	14,66 %	705.124
+ SEK der Fertigung	0	0
= Herstellkosten	14.558.904	19.997.376
+ Zus. Verwaltung	29.997	1.909.750
+ Prozeßkosten Verw.	0	0
+ Zus. Vertrieb	281.963	1.071.858
+ Prozeßkosten Vertr.	0	0
+ Zus. V+V		
+ nicht verr. Fixkosten		61.807
+ Änderungsabweichg.	0	0
= Selbstkosten	14.870.864	23.040.791
+ Kalk. Gewinn	743.543	1.152.040
=	15.614.407	24.192.831

Umsatz	23.731.878
- Erlösschmälerungen	0
= Nettoerlös	23.731.878
- var. Selbstkosten	14.870.864
= DB I	8.861.014
- fixe Kosten	8.169.927
= Betriebsergebnis	691.087
Umsatzrendite	2,9 %

Abbildung 6-5: ELEKTRO - Ergebnis vor der Stillegung der Laufradfertigung (Bildschirmausgabe).

Dadurch wird, ausgehend von Produktionsprogramm, Ressourcenbestand und Strukturdaten (Stücklisten und Arbeitspläne) das Betriebsergebnis ermittelt.

Das Ergebnis wird in vorstehender Abbildung dargestellt. Die Position „nicht verrechnete Fixkosten beruht dabei auf früheren Maßnahmen (Abbau Wellenfertigung), die dazu führten, daß Kostenstellen keine produktive Leistung mehr abgeben, aber noch Kosten aufweisen, die erst noch abzubauen sind. „Änderungsabweichung" enthält gegebenenfalls Kostenanteile, die nach einer Änderung aufgrund nicht überschrittener Schwellenwerte nicht auf die Produkte weiterverrechnet wurden und daher nur pauschal im Ergebnis dargestellt werden.

Im Rahmen einer Analyse auf Ebene von Ein- und Auszahlungen ergibt sich folgendes Bild:

Jahr	Personal	Anlage-Vermögen	Verträge, Sonst. Gmk.	Einzelkosten	Erlöse	Zahlungs-saldo
1998	2.583.520	200.569	7.900.176	11.528.940	23.731.884	1.518.679
1999	2.632.002	0	8.134.512	11.874.816	24.443.832	1.802.502
2000	2.680.220	272.920	8.375.892	12.231.060	25.177.152	1.617.060
2001	2.728.654	20.000	8.624.508	12.597.984	25.932.468	1.961.322
2002	2.776.870	29.020	8.880.576	12.975.924	26.710.440	2.048.050

Tabelle 6-11: ELEKTRO - Zahlungsreihe vor der Stillegung der Laufradfertigung.

Eine vorgeschaltete Analyse zeigte, daß 14 Laufrad-Typen gefertigt und verbaut werden. Eine Typenreduzierung erscheint erst längerfristig möglich, daher wird für jedes Laufrad ein Fremdteil angelegt. Dadurch wird der Teilestamm erweitert, wie nachfolgend beispielhaft gezeigt wird. Die geänderten Stückkosten des Motors werden detailliert in Tabelle 6-16 dargestellt.

Leistungs-art	Bezeichnung	Teiltyp	Herstellkosten variabel	Herstellkosten gesamt
...	...	...	...	...
269843	Bypass-Motor 230 V 500 W	Erzeugnise	22,40	29,30
269937	Laufrad KL 108 / 8	Baugruppe	0,47	1,09
LR01	**Laufrad (f. KL 108 / 8)**	**Fremdteil**	**1,00**	**1,00**
...	...	...		...

Tabelle 6-12: ELEKTRO - Teilestamm mit Teilen nach Stillegung der Laufradfertigung (Auszug).

Von einer gleichzeitigen Änderung von Leistungsprogramm, Verkaufspreisen bzw. Erlösschmälerungen wird aus Gründen der Übersichtlichkeit hier abgesehen. Änderungen im Kapazitätsabgleich sind daher eindeutig der Stillegung der Laufradfertigung zuzuordnen.

Arbeitsplatz	Bezeichnung	Angebot	Nachfrage	Auslastung (%)
...	...	...	...	...
32120021	Hydro-Einständerpresse	3787	3044	80,4
32120059	Schaal Stanzautomat	2254	0	0
38270083	Gebläseradauswuchtanlage ALS	3543	0	0
KS 140 / 4	Personal KST 140, Lohngruppe 4	2682	0	0
...	...	...	...	...

Tabelle 6-13: ELEKTRO - Kapazitätsabgleich nach Stillegung der Laufradfertigung (Auszug).

Gleiches gilt für die neuen Plankosten und Kostensätze - auf Grund der Stillegung stellt sich die neue Situation wie folgt dar (Tabelle 6-14, Monatswerte, daher erhöhen sich die nichtverrechneten Fixkosten um 12 mal 2.839 DM, vgl. Abbildung 6-5 und Abbildung 6-6). Die neuen Stückkosten für den Bypass-Motor aus Tabelle 6-7 werden in Tabelle 6-16 dargestellt.

Kostenstelle /BG	Bezeichnung	Kosten variabel	Kosten fix	Leistung	Satz var.	Satz fix
140 / 1	Laufradfertigung	0	2.839	0	0	0
240 / 1	Ankerstraße	9.919	29.757	37.417	0,27	0,80
...	...	...	...	...	...	...

Tabelle 6-14: ELEKTRO - Beschäftigung, Plankosten und Kostensätze nach Stillegung der Laufradfertigung (Auszug).

Es wird (vereinfachend) davon ausgegangen, daß die Kosten in den Bereichen Einkauf/Lager, Verwaltung und Vertrieb durch die Stillegung der Laufradfertigung nicht verändert werden, da einerseits der Kauf von Komponenten für die Laufradfertigung entfällt, andererseits aber neue, höherwertige Teile beschafft und gelagert werden müssen und eine Reduktion von Verwaltungs- und Vertriebsaktivitäten durch die betrachtete Maßnahme nicht zu erwarten ist. Wegen der gestiegenen Basis sinken die Zuschläge leicht, die gesamten verrechneten Kosten bleiben gleich (es kommt zu leichten Verrechnungsfehlern durch Rundung der Zuschläge).

Zuschlag	Kosten variabel	Kosten fix	Basis	Satz var.	Satz fix
MaterialGMK	147.852	628.776	12.666.365	1,17 %	4,96 %
Verwaltung (auf HK)	30.024	1.880.526	20.366.808	0,15 %	9,23 %
Vertrieb (auf HK)	282.144	788.952	20.366.808	1,39 %	3,87 %

Tabelle 6-15: ELEKTRO - Gemeinkostenzuschläge nach Stillegung der Laufradfertigung.

Die durchgeführten Maßnahmen führen zu einem erneuten Durchrechnen des Modells und damit zu dem in Abbildung 6-6 dargestellten neuen Ergebnis.

Unternehmensplanung 1998 Mandant: ELEKTRO

Bearbeiten

Planung: **Budget 1998**

Programm:

---Gesamt
--- Antrieb
--- Bypass-Motoren
--- Gebläseräder
--- Hochgeschw.Mot.
--- Heckenscheren
--- Laufräder

		variabel	voll
	Material	12.666.365	12.666.365
+	Prozeßkosten Mat.	0	0
+	MGK	148.196	776.449
=	Materialkosten	12.814.561	13.442.814
+	Fertigungskosten	2.720.508	6.235.712
+	Beschäftigungsabw.	16,37 %	688.280
+	SEK der Fertigung	0	0
=	Herstellkosten	15.535.073	20.366.808
+	Zus. Verwaltung	30.551	1.910.404
+	Prozeßkosten Verw.	0	0
+	Zus. Vertrieb	283.100	1.071.296
+	Prozeßkosten Vertr.	0	0
+	Zus. V+V		
+	nicht verr. Fixkosten	0	95.876
+	Änderungsabweichg.	0	0
=	Selbstkosten	15.848.724	23.444.384
+	Kalk. Gewinn	792.436	1.172.219
=		16.641.160	24.616.603

	Umsatz	23.731.878
-	Erlösschmälerungen	0
=	Nettoerlös	23.731.878
-	var. Selbstkosten	15.848.724
=	DB I	7.883.154
-	fixe Kosten	7.595.660
=	Betriebsergebnis	287.494

Umsatzrendite 1,2 %

Abbildung 6-6: ELEKTRO - Ergebnis nach der Entscheidung zur Stillegung der Laufradfertigung (Bildschirmausgabe).

Für das Erzeugnis Bypass-Motor ergeben sich folgende Kostenstrukturen (vgl. Tabelle 6-7):

Einzelmaterial	18,42		
Material-Gemeinkosten variabel	0,23	Material-Gemeinkosten voll	1,16
Fertigung variabel	3,75	Fertigung voll	9,72
SEK Fertigung variabel	0,00	SEK Fertigung voll	0,00
Herstellkosten variabel	22,40	Herstellkosten voll	29,30

Tabelle 6-16: Kostenstruktur Bypass-Motor nach Stillegung der Laufradfertigung.

Eine Betrachtung der abgeleiteten Ein- und Auszahlungen ergibt das folgende Bild:

Jahr	Personal	Anlage-Vermögen	Verträge, Sonst. Gmk.	Einzelkosten	Erlöse	Zahlungs-saldo
1998	2.409.990	200.569	7.900.176	12.666.372	23.731.884	554.777
1999	2.455.242	0	8.134.512	13.046.364	24.443.832	807.714
2000	2.500.239	272.920	8.375.892	13.437.744	25.177.152	590.357
2001	2.545.467	20.000	8.624.508	13.840.884	25.932.468	901.609
2002	2.590.437	29.020	8.880.576	14.256.108	26.710.440	954.299

Abbildung 6-7: Ausgaben nach Kategorien (nach Stillegung der Laufradfertigung).

Eine Gegenüberstellung der Barwerte führt zu folgendem Ergebnis:

	Ohne Reduzierung der Fertigungstiefe	Mit Reduzierung der Fertigungstiefe
Umsatz 1998	23.731.878	23.731.878
Umsatzrendite 1998	2,9 %	1,2 %
Ergebnis 1998:	691.087	287.494
Überschüsse 1998-2002	8.947.613	3.808.756
Barwert	6.696.497	2.823.775

Abbildung 6-8: Ergebnisse und Barwerte für Problemstellung „Reduzierung Fertigungstiefe".

Die Ergebnisse sind sowohl hinsichtlich Betriebsergebnis als auch Zahlungsüberschüssen eindeutig und zeigen, daß eine Reduzierung der Fertigungstiefe im Bereich der Laufradfertigung in der vorgesehenen Weise die Zielerreichung verschlechtert, da die abgebauten Fertigungskosten die zusätzlichen Materialkosten nicht kompensieren können. Es wurde vereinfachend von konstanten Materialgemeinkosten, Verwaltungs- und Vertriebskosten ausgegangen - angesichts der recht eindeutigen Ergebnisse scheint eine weitergehende Analyse wirtschaftlich aber nicht sinnvoll. Auch die Differenzierung der Gemeinkostenverrechnung durch eine Prozeßkostenrechnung, auf die bei den Fallstudien generell verzichtet wurde, würde u.E. die Tendenz der Ergebnisse nicht verändern können. Die Position „nicht verrechnete Fixkosten" steigt, da die Kostenstelle 140 (Laufradfertigung) zwar keine produktive Leistung mehr abgibt, aber noch Kosten aufweist, die erst nach und nach vollständig abgebaut werden können.

6.3 Beispiel: Dienstleistungsbetrieb

Die Anwendung von Systemen der Produktionsplanung und -steuerung erfolgt traditionell[659] in Unternehmen des be- und verarbeitenden Gewerbes. Es werden nicht alle Instrumente in einem Dienstleistungsbetrieb sinnvoll einzusetzen sein. Bevor nachfolgend ein Beispiel für den integrierten Einsatz von Instrumenten der Kosten- und Leistungsrechnung und der Produktionsplanung und -steuerung im Dienstleistungsbereich dargestellt wird, soll zunächst auf die Prämissen eingegangen werden, die diesen Einsatz sinnvoll machen und ermöglichen.

Gemäß der Definition in Kapitel 3.1. dieser Arbeit besteht die Aufgabe eines Systems zur Produktionsplanung und -steuerung darin, einen Plan zur mengen- und termingerechten Leistungserstellung bereitzustellen sowie Maßnahmen zur Realisierung dieses Planes zu ergreifen. Ein solcher Plan kann nur sinnvoll erstellt werden, wenn Informationen über Ressourcen, Leistungen und Verfahrensweisen der Leistungserstellung im voraus bekannt und quantifizierbar sind. Es ist daher als Prämisse für den Einsatz von Instrumenten der PPS unabdingbar, daß zumindest in weiten Teilen eines Unternehmens repetitive Tätigkeiten (Verfahren)

[659] Vgl. die empirische Untersuchung in Fandel, G., Francois, P., Gubitz, K.-M.,Softwaresysteme (1997), S. 18 ff.

existieren, und daß mit vorhandenen Ressourcen weitgehend standardisierte Leistungen erbracht werden[660].

Wie zahlreiche Beispiele aus der aktuellen Literatur[661] belegen, ist der Wunsch vieler Dienstleister, nicht zuletzt auch vieler Einrichtungen der öffentlichen Verwaltung, nach einem effizienten Controlling-Instrumentarium durch steigenden Kostendruck bzw. Mittelkürzungen weiter im Steigen begriffen. Dieser Leidensdruck ermöglicht auch Veränderungen hinsichtlich einiger Problemkreise, die bisher Tabu-Charakter hatten. So war bis vor wenigen Jahren in Krankenhäusern eine Kostenträgerrechnung u.a. deshalb nicht relevant, weil Patienten nicht als Kunden im Sinne von Leistungsnachfragern betrachtet wurden - diese Rolle kam den „Kostenträgern“, d.h. den Kassen, zu. Ebenso wird in vielen Dienstleistungsbereichen der „Produkt“-Begriff als nicht adäquat und industriespezifisch abgelehnt, und Prozeßanalysen werden als zu aufwendig bzw. nicht praktikabel bezeichnet. Die Akzeptanz der Prämissen für ein analytisch orientiertes Controlling (nämlich Schaffung von Transparenz hinsichtlich Mengen- und Wertkomponenten statt eines heuristisch bzw. kasuistisch orientierten Schätzens von Größen) ist Voraussetzung für die Implementierung eines solchen Konzeptes.

Als Beispiel für ein integriertes Fertigungscontrolling eines Dienstleistungsbetriebes soll ein medizinisches Labor dienen. Durch die aktuellen Kostensenkungsmaßnahmen im Rahmen der Reform des Gesundheitsstrukturgesetzes entsteht auch bei Dienstleistern, die entsprechende Leistungen bereitstellen, ein zunehmender Preisdruck in Form sinkender Entgelte und damit ein zunehmender Zwang zu einer formalisierten erfolgsorientierten Steuerung von Leistungen und Kosten.

Das Unternehmen, das den folgenden Ausführungen zugrunde liegt, erstellt Leistungen in Form von Analysen (Sachziel). Dazu werden technisches Personal, Geräte, Reagenzien und Infrastruktur (Räume, EDV etc.) benötigt. Formalziele stellen Umsatzrendite und Gewinn dar, die in diesem Bereich übliche Rechtsform als Personengesellschaft (Gemeinschaftspraxis) verbietet das Ansetzen von Gehältern für die Eigner. Die Aufgabe der Unternehmensleitung ist die Erreichung der Formalziele durch eine zielkonforme Steuerung der Leistungserstellungsprozesse (insbesondere auch der indirekten).

Das Unternehmen (im Folgenden LABOR genannt) bietet ein definiertes Leistungsspektrum an, das einen Ausschnitt der in der Gebührenordnung für Ärzte (GOÄ) aufgeführten möglichen Leistungen darstellt. Im konkreten Fall sind dies ca. 1200 verschiedene Analyseverfahren. Dazu beschäftigt das LABOR ca. 90 Medizinisch-Technische Assistentinnen (MTA) und Laborärzte sowie ca. 10 Angestellte in Verwaltung und Technik. Die Aktivitäten umfassen zum einen die eigentlichen Analysen (die wiederum aus verschienen Teilprozessen zusammengesetzt sind, z.B. Ansatz, Befundung, EDV-Erfassung, Qualitätskontrolle), zum

---

[660] Zu den Voraussetzungen für die Anwendung von Verfahren der PPS vgl. Kap. 3.3. dieser Arbeit.

[661] Vgl. z.B. Hauser, Th., Öffentliche Verwaltung (1994), Schellhaas, K.-U., Beinhauer, M., Gestaltung (1994), Schellhaaß, U., Controlling im Krankenhaus (1994), Troßmann, E., Gemeinkosten-Budgetierung (1992).

anderen logistische und organisatorische Prozesse (Transport und Auspacken der Proben, Zuordnen zu Laborbereichen, Abrechnen der Leistungen abhängig vom sog. Kostenträger (Kassen bzw. Träger), Buchhaltung, Personalverwaltung etc.).

Begrifflich wird zwischen den sogenannten Einsendern (in der Regel Ärzte oder Krankenhäuser) und den „Kostenträgern" (Kassen bzw. Privatpatienten) unterschieden. Das eingesandte Untersuchungsgut (Probe) wird einer oder mehreren Analysen unterworfen (Methoden, Parameter). Diese stellen betriebswirtschaftlich gesehen die Kostenträger dar, da je Methode ein Befund (als Output) generiert wird. Auch die Erlösermittlung erfolgt in der Regel auf der Methodenebene, indem festgelegte Punktewerte je Methode abgerechnet werden. Damit entspricht der Einsender dem Kunden, der einen Auftrag an das LABOR erteilt (in Form einer Probe). Diese zieht eine oder mehrere Analysen nach sich (Methoden, d.h. Leistungsarten).

Im betrachteten LABOR wurde anfangs lediglich eine pauschale Gewinnermittlung anhand von Daten aus der Finanzbuchhaltung durchgeführt. Da zudem, wie in vielen Unternehmen dieser Größe, die Buchhaltung in Zusammenarbeit mit einem externen Dienstleiter erfolgte, waren zeitnahe Informationen kaum zu gewinnen, dringend benötigte Größen wie z.B. die Kosten einer Methode wurden im Einzelfall manuell „gerechnet". Daher wurde im ersten Schritt die Buchhaltung im Unternehmen eingerichtet. Damit können Aussagen zu Bilanz und Gewinn- und Verlustrechnung im Haus gewonnen werden, wenn auch mit Einschränkungen durch u.U. fehlende Abgrenzungen und Abschlußbuchungen während des Jahres. Für die Vergangenheit kann damit für das Gesamtunternehmen der Grad der Formalzielerreichung gemessen werden (allerdings ist dazu das durch bilanzpolitische Gesichtspunkte u. U. verzerrte Ergebnis so zu bereinigen, daß ein Ergebnis aus betrieblicher Tätigkeit (Betriebsergebnis) entsteht). Nicht ermittelbar ist aber mit diesem Instrumentarium, welchen Beitrag die einzelnen Methoden und Einsender zum Ergebnis leisten, und ob die Leistungserstellung effizient erfolgt. Damit sind auch fundierte Prognoserechnungen bezüglich der Formalzielerfüllung nicht sinnvoll durchführbar.

In vielerlei Hinsicht unterscheidet sich ein Dienstleistungsunternehmen nur wenig von Produktionsunternehmen. Das LABOR erstellt eine Palette an Leistungsarten (die allerdings in der Regel keinen physischen Output darstellen - vielmehr wird Information in Form eines Befundes erzeugt). Dazu erfolgt eine Faktorkombination in Form von Reagenzien, Gerätekapazität, Personalzeit usw.. Es sind fremdbezogene Einsatzfaktoren zu finden, die zur Erstellung einer Einheit einer Leistungsart bereitzustellen sind (direkter Faktorbedarf), und es ist Kostenstellenleistung bereitzustellen, die ihrerseits einen Vektor von Einsatzfaktoren repräsentiert. Grundsätzlich treffen die Aussagen der Gutenberg-Produktionsfunktion auch hier zu. Dabei sind drei Einflußgrößen besonders zu beachten: Zum einen ist die Losgröße (hier Serienlänge[662] genannt) von Bedeutung, zum zweiten die Rüstzeit und zum dritten die sogenannte Aufwandsrelation. Hierunter wird das Verhältnis der produktiven zur gesamten Leistung einer Leistungsart verstanden: So sind beispielsweise für einhundert CyA[663]-Befunde im Durchschnitt ca. 220 Tests auf CyA durchzuführen, da zum einen befundabhängig eine zweite Analyse nötig sein kann, und zum anderen Standardisierungstests nötig sind.

Geht man von gegebenen mittleren Serienlängen sowie von einer gegebenen Aufwandsrelation aus (Plansituation), so verhalten sich die direkten Faktorverbräuche proportional zur Zahl der durchgeführten Analysen bezüglich einer Leistungsart. Ebenso ist der Zeitbedarf im LABOR als proportional zum Output (Zahl der Analysen einer Leistungsart) anzusehen. Dies entspricht den Überlegungen der Produktionsfunktion vom Typ B bei konstanter Intensität. Damit sind auch die Verfahren der PPS zur Ermittlung von Einsatzfaktor-Bedarfen und Kapazitätsbedarfsrechnungen grundsätzlich anwendbar.

Der Bedarf an fremdbezogenen Einsatzfaktoren (Reagenzien, Verbrauchsmaterial wie Pipetten, Nährböden etc.) wird durch ein Verfahren und eine Seriengröße sowie eine Aufwandsrelation definiert und kann in einer Rezeptur (Baukasten) dargestellt werden. Die Kostenstellenleistung wird in Minuten je Arbeitsschritt ausgedrückt und in Arbeitsplänen abgebildet. Diese Darstellung liegt unter Umständen bereits in ähnlicher Form vor bzw. wird auch anderweitig benötigt, da die Vorschriften beispielsweise für GLP (Good Laboratory Practice) und GMP (Good Manufacturing Practice) sowie die SOP (Standard Operation Practice) eine detaillierte Darstellung des Verfahrensablaufes vorschreiben.

6.3.1 PPS-Funktionen im Dienstleistungsbetrieb

Wie bereits dargestellt, liegen in Dienstleistungsbetrieben die gleichen Grundprobleme der Planung vor wie in Industriebetrieben. Unterschiede ergeben sich allerdings im Bereich der Disposition und Steuerung: Zum einen ist die erbrachte Leistung in der Regel nicht lagerfähig, zum anderen besteht im vorliegenden Fall keine Möglichkeit, Mengen oder Zeiten von Aufträgen (d.h. eingesandten Proben) wesentlich zu beeinflussen, da sie in der Regel am Tag des Eingangs bearbeitet werden müssen, und im Rahmen des Versorgungsauftrages Aufträge nur sehr eingeschränkt abgelehnt werden können.

In der nachfolgenden Tabelle 6-17 werden analog zu Darstellung in Tabelle 6-4 in Kapitel 6.2 die PPS- Merkmale im betrachteten Dienstleistungsunternehmen aufgelistet.

---

[662] Eine Serie steht, wie das Fertigungslos, für gleichzeitig in einem Arbeitsschritt bearbeitbare Leistungen. Liegen z.B. zehn Proben für eine bestimmte Analyse vor, so können sie gemeinsam bearbeitet werden (z.B. Zentrifugieren, Reagenzzusatz, Befundung etc.).

[663] CyA ist ein Kürzel für Cyfra, einen Tumor-Marker für den Nachweis von Lungenkarzinomen.

Stammdaten	
Artikelstamm	ca.3100 Enderzeugnisse (sog. Methoden, u.U. auch Profile, s.u.), ca. 3000 Fremdteile (vorwiegend Reagenzien)
Stücklisten	maximal 4 Stufen (Profil, Methoden, selbsterstellte Reagenzien, fremdbezogene Reagenzien
Arbeitsplätze	ca. 40 Arbeitsplätze
Arbeitsgangstamm	ca. 100 Arbeitsgänge
Arbeitspläne	ca. 3500 Arbeitspläne
Aufträge	über 10.000 Aufträge (Einsendungen) monatlich
Programmplanung	
Perioden	Jahr, Quartal, Istdaten Jahr für Feedback, s.u.
Aufgaben	Ressourcenplanung, langfristige Materialdisposition, Ergebnisplanung
Materialbedarfsrechnung	
Dispositionsart	nichr relevant
Kapazitätsabgleich	
Verfahren	nicht relevant
Durchführungskontrolle	
Ist-Leistung	Retrograd aus Ist-Programm, Abstimmung mit Anwesenheitszeit, s.u.
Materialverbrauch	Teilweise über Entnahmescheine, Abgleich retrograd aus Ist-Programm

Tabelle 6-17: PPS-Merkmale im Dienstleistungsunternehmen LABOR.

Unterschiede in Grunddaten und Funktionen werden nachfolgend skizziert.

- **Grunddatenverwaltung**
  Im LABOR sind folgende PPS-typische Stammdaten zu finden:

Artikelstamm

-- *Erzeugnisse:* Im LABOR wird unterschieden zwischen marktfähigen Leistungen (sog. Kenngrößen, Parameter oder Methoden) und Aggregaten von derartigen Leistungen, die als Paket angeboten werden (sog. ***Profile***, z.B. Blutbild). Ein Profil entspricht damit gewissermaßen einer „Kommisionierungs-Stückliste" oder einem Sammelauftrag in der Industrie. Im Ist-Bereich stellen die Einsendungen bzw. Proben als Methodenverbund im Grunde Profile dar. Allerdings hängt ihre Zusammensetzung von Diagnose und Patientenbedingungen ab.

-- *Baugruppen:* Selbsterstellte Leistungen werden im LABOR als ***Kenngrößen*** oder ***Methoden*** bezeichnet.

-- *Einzelteile:* Das Pendant dazu heißt im LABOR ***Reagenzien (bearbeitet)***, was bereits darauf hinweist, daß die „Fertigungstiefe" auch im LABOR durch Make or Buy-Entscheidungen gestaltet werden kann. So können beispielsweise Nährböden für die Mikrobiologie zugekauft oder selbst erstellt werden.

-- *Fremdteile:* Fremdteile finden sich im LABOR als ***Reagenzien***. Unter dieser Kategorie werden allerdings auch Hilfsmittel wie Pipetten etc. subsumiert, sofern sie als direkt zurechenbare Einzelmaterialien in der Stückliste (hier: Rezeptur oder Baukasten) geführt werden. Für Fremdteile (fremdbezogene Einzelmaterialien) werden auch Einkaufs- und Bestands- bzw. Inventurinformationen verwaltet. Dies betrifft insbesondere den Lieferanten, die Bestellnummer, die Packungsgröße und -einheit, den Preis und den Bestand sowie ggf. das Verfallsdatum.

-- *Fremdleistungen:* wird im LABOR z.Zt. nicht genutzt. Allerdings ist absehbar, daß eine Maßnahme im Rahmen der Prozeßanalyse darin bestehen kann, daß bestimmte Kenngrößen bzw. Analyseschritte an spezialisierte Fremdlabors („verlängerte Werkbank") weitergegeben werden, deren Leistung ggf. als Fremdleistung zu verwalten wäre.

-- *Handelsware:* Verpackungsmaterial (Monovetten, Kanülen) wird den Einsendern vom LABOR zur Verfügung gestellt.

Stücklisten

Die Verknüpfung von selbsterstellten Leistungen (auch Zwischenprodukten) mit den eingehenden Elementen werden im LABOR als ***Baukästen*** oder ***Rezepturen*** bezeichnet. Im Gegensatz zur industriellen Produktion entsteht allerdings kein physisches Produkt, vielmehr wird der Verbrauch an Reagenzien beschrieben, der nötig ist, um eine bestimmte Information zu erhalten (Befund). Im Falle der Verwendung von selbsterstellten Reagenzien oder z.B. selbsterstellten Nährböden und unter Berücksichtigung der sog. Profile (s.o.) ergibt sich damit im LABOR eine maximale Fertigungstiefe von vier Stufen. Da keine zyklischen Strukturen oder Kuppelproduktion zu berücksichtigen sind, können für Auswertungszwecke Mengenübersichten und Verwendungsnachweise ad hoc bereitgestellt werden. Dies erleichtert dispositive Aufgaben wie z.B. die Abschätzung der Konsequenzen, die die Substitution eines Reagenz durch einen Ersatzstoff hat. Es hat sich als sinnvoll erwiesen, wie im industriellen Bereich eine Historisierung der Baukästen vorzusehen, d.h. Versionen von Baukästen über die Zeit abzubilden, um Rezeptur-Veränderungen zu dokumentieren und insbesondere auch zeitspezifische Kalkulationen und Auswertungen zu ermöglichen. Während im Industriebetrieb unvollständige Nutzbarkeit der Einsatzfaktoren der Stücklisten als Verschnitt geführt werden, kann im LABOR als

Pendant die unvollständige Nutzung von Reagenzieneinheiten gesehen werden: Abhängig von der Seriengröße und der Haltbarkeit einer Reagenzie kann es zum Verwerfen von angebrochenen Analyse-Kits oder Reagenzienchargen kommen. Für eine durchschnittliche Serienlänge und Häufigkeit der Anforderung einer Methode kann daher ggf. für eine Reagenzie ein Nutzungsfaktor geschätzt werden, der prinzipiell dem Verschnitt im Industriebetrieb entspricht.

Arbeitsgangstamm

Wie im Industriebetrieb lassen sich repetitive Tätigkeiten an bestimmten Arbeitsplätzen kategorisieren. Die als Arbeitsgänge bezeichneten Einheiten können einer Kostenstelle und Bezugsgröße eindeutig zugeordnet werden. Damit stellen Arbeitsgänge die Verbindung von Tätigkeit an Leistungen und der dafür zu belastenden Kostenstelle dar. Durch die Zuordnung zu Arbeitsgang-Kategorien können weiterführende Analysen über Tätigkeitsstrukturen ermöglicht werden. Arbeitsgänge werden, wie bereits beschrieben, unabhängig von bestimmten Leistungsarten festgelegt. Die Verbindung zu bestimmten Methoden erfolgt erst in den Arbeitsplänen. Die Arbeitsgänge sind entsprechend so zu definieren, daß sie organisatorischen wie abrechnungstechnischen Anforderungen gerecht werden. Die parallele Zuordnung zu Kapazitäten[664] (sofern eindeutig möglich) ist Voraussetzung für eine Kapazitätsplanung.

Arbeitspläne

Arbeitspläne gruppieren Arbeitsgänge (Prozeßschritte) für eine Leistungsart. Damit stellen sie die Verbindung von Arbeitsgang (und damit Kostenstelle sowie ggf. Ressourcenkomplex) und Leistungsart her. Dies geschieht durch die Zuordnung von Produktionskoeffizienten, die die Inanspruchnahme einer Kostenstelle (in Form eines Arbeitsganges) durch eine Leistungsart dokumentieren. Wie oben für Stücklisten beschrieben, kann auch hier durch geeignete Algorithmen ein Verwendungsnachweis durchgeführt werden, um zu untersuchen, für welche Leistungsarten eine bestimmte Tätigkeit nötig ist. Damit können die Auswirkungen von Verfahrensänderungen leichter abgeschätzt werden. Auch die Historisierung, d.h. die Abbildung von Veränderungen über die Zeit, ist eine sinnvolle Funktion für die Verwaltung der Arbeitspläne. Die Verbrauchskoeffizienten je Analyse beruhen auf der Annahme, daß eine solche Analyse zu einem Befund (Outputeinheit) führt. Dies entspräche einer Aufwandsrelation[665] von 1. Tatsächlich erfordern zahlreiche

[664] Mit Kapazitäten sind hier Arbeitsplätze oder „Maschinengruppen" als Organisationseinheit des Kapazitätsangebots gemeint - man könnte sie auch als Ressourcenkomplexe bezeichnen.
[665] Vgl. zum Begriff der Aufwandsrelation die Ausführungen in Kapitel 6.3. dieser Arbeit sowie Vogt, W., Labor (1997), S. 45ff. sowie S. 193.

Methoden Standardisierungsläufe sowie u.U. (abhängig vom Befund) Gegenproben durch eine Wiederholung der Analyse. Daher ist im Durchschnitt pro Befund mehr als eine Analyse durchzuführen. Dies wird durch einen Faktor ausgedrückt, der größer 1 ist. Dadurch wird signalisiert, daß Zeit- und Materialverbräuche um diesen Faktor erhöht eingesetzt werden müssen, um eine Leistungseinheit (Befund) zu erstellen.

Da die Arbeitspläne auch eine zeitliche Reihenfolge von Aktivitäten beinhalten, kann mit ihrer Hilfe der sogenannte „workflow" abgebildet werden, d.h. es können Fragestellungen der Prozeßanalyse und -optimierung unterstützt werden. Insbesondere können durch geeignete Kennzeichnung Tätigkeitsstrukturen untersucht und dargestellt werden. Darüber hinaus können Rezepturen und Arbeitspläne in Bemühungen der LABORs um Qualitätszertifizierungen eingebunden werden, indem sie als Prozeßdokumentationen ausgebaut werden.

- **Programmplanung**

Eine Programmplanung (oder Leistungsarten-Planung) im Sinne der Prognose von Output-Mengen für einen (zukünftigen) Planungszeitraum hat sich im LABOR als geeignetes Instrument der Ressourcen- und Ergebnisplanung erwiesen. Insbesondere können so Erlösschwankungen (durch Punktwertverschiebungen) und Leistungsstrukturveränderungen in ihrer Wirkung auf Erfolg und Ressourcenbedarf antizipiert werden. Da die Preise je Leistungsart stark vom sogenannten Kostenträger (eigentlich: Kundengruppe, d.h. Privatpatient, Ersatzkassen, Primärkassen, Sonderkostenträger) abhängen, müßte die Planung eigentlich je Kundengruppe erfolgen. Da der Aufwand dafür aber beträchtlich wäre, und da Marketingmaßnahmen zur Förderung des Produktmix und der Kundenstruktur nicht erlaubt sind, erscheint es sinnvoll, vom Kundenmix der Vorperioden auszugehen und den dort erreichten durchschnittlichen Preis gegebenenfalls nach oben oder unten zu korrigieren. Diese Vorgehensweise erscheint auch zweckmäßig, da ein aktueller Preis durch das Punktesystem erst ca. drei Monate nach Abrechnung der Istleistungen bekannt ist. Auf Basis des Leistungsprogrammes können Materialbedarfsrechnungen sowie Kapazitätsabgleichsrechnungen durchgeführt werden, wie sie nachfolgend beschrieben werden.

Darüber hinaus können durch die Generierung eines Produktionsprogrammes aus Ist-Fakturierungsdaten Istmengen (Ist-Leistungsmengen je Kunde) sowie durchschnittliche Ist-Preise (Gesamterlös, ggf. vorläufig bewertet durch Punkte-Simulation, dividiert durch diese Leistungsmenge) ermittelt werden. Diese stellen eine Basis für die mitlaufende Ergebnisprognose dar. Außerdem ist der so geschaffene Datenpool auch Ausgangspunkt für die unten beschriebenen retrograden Kontrollrechnungen.

- **Materialbedarfsrechnung**

Ausgehend von Leistungsprogrammen aus der Programmplanung kann der Bedarf an direkten Einsatzfaktoren (Reagenzien, Einzelmaterial etc.) ermittelt werden:

$$Planbedarf\ Faktor\ i = \sum_{l=1}^{L} g_{il}^{Plan} v_l^{Plan}$$

wobei g_{il} den Koeffizient der Gesamtverbrauchsmatrix G darstellt, und v_l den Bedarf an Leistungsart l (Primärbedarf). Die Steuerung der Beschaffung wird allerdings typischerweise nicht direkt durch diese ermittelten Bedarfe gesteuert, da sie nicht terminiert sind. Vielmehr stellen die ermittelten Zeitraumbedarfe lediglich eine Leitlinie für den Einkauf dar. In dieser Funktion können sie Hinweise für Preisverhandlungen, aber auch für das Bestellverhalten liefern. Durch Bewertung mit Preisen (Planpreis, Durchschnittspreis oder letzter Einkaufspreis) kann z.B. das Einkaufsvolumen je Lieferant ermittelt werden, was wiederum als Unterlage für Verhandlungen, aber auch für das Bestellverhalten dienen kann.

- **Kapazitätsabgleich**

Im Rahmen der Unternehmensplanung wird durch die Ressourcenplanung eine Plankapazität je Kostenstelle und gegebenenfalls Bezugsgröße angenommen. Im LABOR ergibt sich durch die Dominanz des Einsatzfaktors Personal die Plankapazität aus der verfügbaren produktiven Zeit:

	Vertragliche Arbeitszeit
./.	Fehlzeiten
=	Anwesenheitszeit
./.	Gemeinkostenzeiten
./.	Verteilzeiten
=	Produktive Zeit (verfügbar, geplant)

Die Planung des Personalbedarfs ist für die Branche von großer Bedeutung und wurde entsprechend frühzeitig untersucht[666]. Bezeichnend für den Stellenwert der Kosten- und Leistungsrechnung im LABOR der achtziger und frühen neunziger Jahre ist dabei die Tatsache, daß die hochdifferenzierte Darstellung einschließlich der Untersuchung von Rüst- und Stückzeiten mit keinem Wort mit Kosten in Verbindung gebracht wird -

[666] Vgl. Fischer, M. et. al., Personalplanung (1982); Haeckel, R., Personalbedarfsplanung (1989); Haeckel, R., Personalbedarf (1992).

Kostendeckung wurde zu dieser Zeit in vielen Labors noch als selbstverständlich angesehen, Ziel war die Personaldisposition.

Die benötigte produktive Zeit (Kapazitätsnachfrage) ergibt sich auf Basis der Gesamtbedarfsmatrix und des Primärbedarfs, der mittels der Programmplanung monatlich, quartalsweise oder auch jährlich prognostiziert werden kann. Da der Leistungsmix nicht exakt voraussehbar ist, können Mix und Menge von Vorjahresquartalen herangezogen und angepaßt werden.

Die benötigte Kapazität in der Kostenstelle i ergibt sich dann aus

$$Kapazitätsbedarf(Plan)\ Kst\ i = \sum_{l=1}^{L} g_{il}^{Plan} v_l^{Plan}$$

wobei g_{il} den Koeffizient der Gesamtverbrauchsmatrix G darstellt, und v_l den Bedarf an Leistungsart l (Primärbedarf). Die Gesamtbedarfsmatrix G kann über Matrizenoperationen ermittelt werden, oder aber über sequentielle Verfahren (z.B. Gozinto-Verfahren)[667]. Da im vorliegenden Beispiel keine zyklischen Strukturen und keine Kuppelproduktion vorliegen, sondern durchgängig von konvergierenden Leistungsstrukturen[668] ausgegangen werden kann, sind beide Ansätze gangbar.

Zu beachten ist, daß durch das Fehlen einer Terminierung nur Durchnittswerte je Teilperiode (i.A. Monate) betrachtet werden. Schwankungen von Tag zu Tag können nicht prognostiziert werden. Hier ist eine Flexibilisierung der Kapazitäten anzustreben, um einen Ausgleich zu erreichen.

Die ermittelte benötigte Kapazität stellt produktive Zeit dar. Diese kann mit der verfügbaren produktiven Zeit verglichen werden. Ergibt sich eine relevante Kapazitätsüber- oder -unterdeckung, so sind geeignete Maßnahmen zu treffen. Sofern dies personelle Entscheidungen betrifft, ist zu beachten, daß die vertraglichen Arbeitszeiten bei Aufbau oder Abbau von Kapazitäten in produktive Zeiten umgerechnet werden müssen. Ergibt sich beispielsweise eine Unterkapazität von 80 Stunden im Monat, und soll dies durch die Einstellung einer Halbtags-kraft behoben werden, so muß davon ausgegangen werden, daß diese Zusatzkapazität nicht ausreichend ist, da eine vertragliche Arbeitszeit von 80 Stunden beispielsweise einer produktiven Zeit von maximal 65 Stunden entspricht. Die Verbindung von Kapazitätsabgleich und Ressourcenabbildung vgl. Abbildung 5-7 in Kapitel 5 dieser Arbeit.

Werden Geräte- und Personalkapazitäten nicht homogen in Anspruch genommen, so sollten sie auch getrennt abgebildet werden. Ist dies der Fall, so können neben Personal- auch Gerätekapazitäten geplant und kontrolliert werden. Auch für Geräte ist in der Regel

---

[667] Vgl. zum Einsatz der Matrizenrechnung und des Gozintoverfahrens die Diskussion zwischen Chmielewicz, K., Mehrperiodenplanung (1970), S. 285 ff. und Müller-Merbach, H., Teilebedarfsermittlung (1970), S. 727 ff.

[668] Vgl. Kapitel 3.4 dieser Arbeit.

ein Abschlag von der nominal möglichen Einsatzzeit (Anwesenheit des Bedienungspersonals) nötig, da sie durch Wartungs- und Ausfallzeiten eingeschränkt werden kann.

- **Durchführungskontrolle**

Die Erfassung von Ist-Daten stellt sich im LABOR als sehr schwierig heraus, da pro Tag ca. eintausend Proben untersucht werden (die mehrere Analysen auslösen können) und aus Gründen der Wirtschaftlichkeit nur die Daten festgehalten werden, die sachzielbedingt sowie rechtlich unumgänglich sind. Dies sind im wesentlichen die Befunddaten und ihre Zuordnung zum Patienten sowie zum sogenannten Kostenträger (d.h. Private Krankenkassen, Primärkassen etc.). Eine Zeitaufnahme oder eine Aufnahme der Istverbräuche an Reagenzien oder Hilfsmitteln erfolgt angesichts der kleinen Mengen und geringen Zeiten nicht. Ist-Serienlängen können näherungsweise dadurch ermittelt werden, daß die Befunde eines Tages herangezogen werden und unterstellt wird, daß nur eine Serie je Tag und Parameter aufgelegt wurde. Wird allerdings auch eine Notfallanalytik angeboten, so sind die entsprechenden Befunde getrennt zu betrachten. Damit besteht die einzige Möglichkeit zur Kontrolle der Plandaten, insbesondere der Planzeiten, in einer retrograden Rechnung (Ermittlung von Sollzeiten): Dazu werden die Rezepturen und Arbeitspläne, die beispielsweise für den abgelaufenen und zu kontrollierenden Monat gültig waren, auf Basis der Ist-Leistungsartenmengen (Outputprogramm) aufgelöst. Damit ergeben sich Sollmengen bezüglich der Faktoren Reagenzien, Hilfsmaterial etc. aus den Rezepturen bzw. Sollzeiten für die Kostenstellen und ihre Arbeitsgänge:

$$Sollkapazität\ Kst\ i = \sum_{l=1}^{L} g_{il}^{Plan} v_l^{Ist}$$

wobei g_{il} den Koeffizient der Gesamtverbrauchsmatrix G darstellt, und v_l den Bedarf an Leistungsart l (Primärbedarf, in diesem Falle der tatsächlich geleistete Ist-Output). Eine Kontrolle kann damit hinsichtlich der Produktivität stattfinden, d.h., es kann ermittelt werden, ob die geplante Relation Arbeitszeit zu produktiver Zeit mit der Ist-Relation (Ist-Arbeitszeit laut Aufzeichnungen zu Soll-Produktivzeit laut retrograder Rechnung) übereinstimmt.

Beispiel Kostenstelle Chemie:

	Plan (Minuten)	Ist (Minuten) lt. Zeiterfassung	Soll (Minuten) lt. retrograder Auflösung
Arbeitszeit	144.000	142.200	
Produktivzeit	126.000		118.000
Relation	1.143	1.205	

Abbildung 6-9: Beschäftigungsplanung bei LABOR.

Damit kann eine Plausibilitätsprüfung zwischen Planung und Ist stattfinden. Eine echte Kontrolle ist aber nicht möglich, da Abweichungsursachen nicht eindeutig zugeordnet werden können.

Analog können die Sollverbrauchsmengen an Material ermittelt werden:

$$Sollverbrauch\ Material\ i = \sum_{l=1}^{L} g_{il}^{\ Plan} v_l^{\ Ist}$$

wobei g_{il} den Koeffizient der Gesamtverbrauchsmatrix G darstellt, und v_l den Bedarf an Leistungsart l (Primärbedarf, in diesem Falle der tatsächlich geleistete Ist-Output.

Es gibt Ansätze, auch Ist-Verbräuche an Material zu erfassen. Dabei wird entweder auf die Zuordnung der Verbräuche zu einer Methode verzichtet, oder aber es wird eine implizite Zuordnung vorgenommen. Letzteres ist dann möglich, wenn ein Reagenz genau für eine und nur eine Methode eingesetzt wird - die Entnahme kann dann automatisch der Methode angelastet werden. Wird ein Reagenz für mehrere Methoden eingesetzt, so besteht noch die Möglichkeit, die Istverbräuche retrograd proportional zu den Gesamtbedarfs-Faktoren zuzuordnen. Damit können nivellierte Abweichungen je Methode dargestellt werden. Sinnvoll ist diese Variante für Plausibilitätsprüfungen und die Kontrolle der Qualität der Plan-Einsatzfaktoren, aber die Aussagekraft der Abweichung ist durch die Nivellierung sehr begrenzt.

Dispositionsaufgaben haben im LABOR im Vergleich zum oben dargestellten Fertigungsbetrieb eine geringere Bedeutung. Insbesondere wird auf eine Terminierung vollständig verzichtet, da die Durchlaufzeit vom Eingang einer Probe bis zur Diagnose nur Stunden bis wenige Tage dauert, und ein Auftragsbestand im klassischen Sinne nicht existiert. Zudem sind Proben in der Regel unverzüglich zu bearbeiten, da vom Befund die Diagnose des einsendenden Arztes und damit die weitere Behandlung abhängt. Damit besteht kein Freiraum für eine Termindisposition.

Die Materialwirtschaft beschränkt sich auf eine (u.U. manuelle) Bestandsüberwachung der RHB (Reagenzien, Zubehör etc.) und Inventuren. Wegen der hohen Bedeutung für die Abrechnung gegenüber den Trägern und der Dokumentationspflicht werden differenzierte Aufzeichnungen über die durchgeführten Analysen erstellt und maschinell gespeichert. Nicht aufgezeichnet werden allerdings die tatsächlich gebrauchten Zeiten und die Serien. Daher müssen zur Erstellung der Arbeitspläne Zeitaufnahmen gemacht werden, wobei außer der Zeit alle Kosteneinflußfaktoren möglichst „normal" sein sollten, d.h., es wird von typischen Seriengrößen und typischen Probenqualitäten ausgegangen. Auf der anderen Seite gibt es keine Ist-Rückmeldung bezüglich der Faktorverbräuche. Daher sind hier nur retrograde Rechnungen möglich.

6.3.2 KLR-Funktionen im Dienstleistungsbetrieb

Als Instrumente der KLR im LABOR finden sich mit der Kostenarten-; Kostenstellen- und Kostenträgerstückrechnung (Kalkulation) sowie der Kostenträgerzeitrechnung (Ergebnisrechnung) die klassischen Rechenkreise, die auch in anderen Sektoren zum Einsatz kommen.

Die folgende Tabelle 6-18 stellt das Mengengerüst und die eingesetzten Funktionen der Kosten- und Leistungsrechnung dar im Dienstleistungsunternehmen LABOR dar.

Stammdaten		
	Kostenarten	ca. 250 Kostenarten
	Kostenstellen	ca. 5 Hilfs- und 25 Hauptkostenstellen
	Bezugsgrößen	ca. 60 Bezugsgrößen
	Kostenträger	ca. 6000 zu kalkulierende Teile
Planung		
	Budget	ca. 2000 Zeilen (s. Beschreibung unten)
	Umlagezeilen	ca. 70 Umlagebeziehungen
	Mitarbeiter	ca. 100
	Anlagegüter (AV)	ca. 500
Abrechnung		
	Kostenkontrolle	Soll-Ist-Vergleich
	Ergebniskontrolle	Deckungsbeitragsrechnung

Tabelle 6-18: KLR-Merkmale bei LABOR.

- **Kostenarten-, Kostenstellenrechnung**

Planung

Zunächst wird je Kostenstelle eine Plan-Beschäftigung je Bezugsgröße festgelegt. Dieser Schritt ist einerseits von besonderer Bedeutung, da das LABOR einen sehr hohen Anteil an fixen Kosten aufweist. Zugleich sind die Möglichkeiten für eine kurzfristige Beschäftigungsvariation als eher gering einzuschätzen. Das bedeutet, daß nur ein geringer Teil der Kosten als mit der Beschäftigung variierend angesehen werden kann - eine reine Teilkostenrechnung kann also nur sehr beschränkte Aussagen zur Entscheidungsunterstützung besteuern. Die zu fordernde Ergänzung durch eine Vollkostenrechnung aber führt bei einer falschen Einschätzung der Beschäftigung zu stark verzerrten Ergebnissen.

Als Bezugsgröße dient die Laborminute, da die Personalzeit die wichtigste Einflußgröße darstellt und der Einfluß unterschiedlicher Mensch-Maschine-Relationen sich in Untersuchungen des Verfassers als eher weniger bedeutend erwiesen hat. Für statistische Zwecke wird noch eine Bezugsgröße für die dem Labor zurechenbaren Materialkosten sowie eine Bezugsgröße für die Fallzahlen geführt.

Über die normalen Leistungsarten hinaus ist in einigen Labors noch Leistung in Form von Forschungs- und Entwicklungsarbeiten zu berücksichtigen. Für diesen Output ist in der Regel keine Leistungsstruktur prognostizierbar. Vielmehr wird Laborleistung „reserviert", die dann nicht mehr für die normalen Marktleistungen zur Verfügung steht.

Bezüglich der Frage, welcher Anteil der Kapazität für derartige Sonderleistungen verwendet wird, bestehen oft konkretere Vorstellungen als bezüglich des normalen Leistungsprogrammes, da letzteres stärker von Nachfrageentwicklungen abhängt, während z.B. F+E oft eine stabile Grundlast darstellt, die über längerfristige Verträge (z.B. mit öffentlichen Auftraggebern) fixiert wurde.

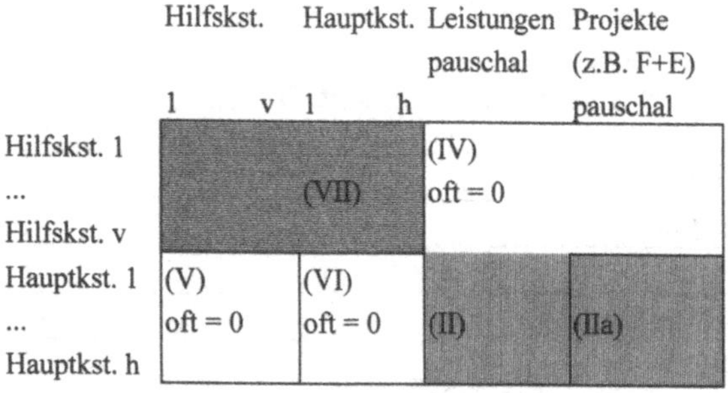

Abbildung 6-10: Faktoreinsatzmatrix für Kostenstellenrechung (erweitert).

(II) Fertigungsleistung von Hauptkostenstellen an Leistungsarten (Direktbedarf Kostenstellenleistung)

(IIa) Fertigungsleistung von Hauptkostenstellen an Projekte (Direktbedarf Kostenstellenleistung)

(IV) Leistung von Hilfskostenstellen an Leistungen

(V) Leistung von Haupt- an Hilfskostenstellen

(VI) Leistung von Haupt- an Hauptkostenstellen

(VII) ´typische´ innerbetriebliche Leistungsverrechnung

Soll bereits ohne Berücksichtigung eines differenzierenden Leistungs- und Ergebniscontrolling eine Ergebnisaussage getroffen werden, so können zur Ermittlung von Selbstkosten die Verwaltungs- und (falls relevant) eventuelle Vertriebskostenstellen anteilig auf die Kostenstellen „Leistungsprogramm" und „F+E" umgelegt werden, und die Einzelmaterialkosten als Primärkosten auf diesen beiden „Ergebniskostenstellen" budgetiert werden. Damit werden die Spalten „Teil", „Baugruppe" und „Erzeugnis" hoch aggregiert dargestellt.

Problematisch ist bei diesem Ansatz zum einen die undifferenzierte Sicht ohne Unterscheidung nach Leistungsarten durch die Beschränkung auf die Abbildung des Erzeugungssystems - Leistungs- und Verfahrensobjekte und -strukturen als Elemente des Erzeugnissystems werden nicht berücksichtigt. Dies ist dann auch auf Dauer zu rechtfertigen, wenn die vorhandenen Freiheitsgrade bei Verfahren und Programm keine relevanten Auswirkungen auf die Faktorverbrauchsstrukturen haben. Für Mehrproduktunternehmen wird dies aber kaum je der Fall sein. Durch die fehlende Abbildung der Leistungsobjekte und ihrer Struktur wird die geplante Beschäftigung für das „Leistungsprogramm" isoliert ermittelt, der Regelkreis-Gedanke wird vernachlässigt. Trotz dieser Probleme kann dieser Ansatz in einer ersten Phase eine erhebliche Verbesserung der Gemeinkostentransparenz bewirken. Insbesondere aber werden auch Dienstleistungsunternehmen in die Lage versetzt, eine differenzierte Gemeinkostenplanung vorzunehmen, und es wird damit statt einer reinen Auswertungsrechnung eine Vorsteuerung ermöglicht.

Kostenkontrolle

Die Kontrolle der Kostenstellenkosten gestaltet sich in weiten Teilen deckungsgleich mit der Vorgehensweise in anderen Sektoren. Problematisch ist allerdings die Erfassung von Ist-Bezugsgrößen. Die reine Anwesenheitszeit enthält zwar keine Fehlzeiten, wohl aber Gemeinkostenzeiten. Wurde als Planbezugsgröße die voraussichtliche produktive Zeit errechnet, um aussagekräftige Kalkulationssätze zu erhalten, so muß analog die produktive Istzeit herangezogen werden, um Soll- und Istkosten vergleichen zu können. Die Ermittlung der produktiven Zeit könnte einerseits durch eine systematische, mit den Kostenstellenverantwortlichen abgestimmte Abwertung der Anwesenheitszeit erfolgen. Zum anderen wäre die Soll-Produktivzeit laut Istleistung (s.o.) eine mögliche Größe.

- **Kostenträgerrechnung (Kostenträgerstückrechnung)**

Plankalkulation

Die Plankalkulation erfolgt je Leistungsart für eine gegebene verfahrenstechnische Situation (ausgedrückt durch Rezeptur und Arbeitsplan). Damit werden Planmengen mit Planpreisen bzw. Plankostensätzen auf die Leistungsarten verrechnet. Indirekte Leistungen (Verwaltung, Einkauf etc.) werden entweder durch Prozeßkostensätze und Zuschläge oder als reine Zuschlagspositionen belastet.

Nachkalkulation

Der im Labor gängige „Fertigungstyp“ entspricht am ehesten der Sortenfertigung. Wie dort erfolgt eine Nachkalkulation einzelner Leistungen in der Regel nicht. Aber auch eine zeitraumbezogene echte Nachkalkulation ist im Falle fehlender Rückmeldedaten (Ist-Verbräuche, Ist-Kostenstellenleistung) nicht vollständig möglich. Einziger Ansatzpunkt für eine „Sollkalkulation“ ist die Bewertung der Mengen mit Istpreisen bzw. Istkostensätzen. Im Falle der Einzelmaterialien muß auch hier auf einen Durchschnittspreis der betrachteten Periode zurückgegriffen werden, da Preisschwankungen über den Abrechnungszeitraum zu glätten sind. Gelingt es, wie oben dargestellt, die Istverbräuche an Material (retrograd proportional, daher besser „Sollverbräuche“) zu ermitteln, so kann ein eingeschränkter Herstellkosten-Soll-Ist-Vergleich generiert werden.[669]

Material

Plan			Soll			Ist		
Plan-preis	Plan-Menge	Plan-kosten	Plan-Preis	Ist-Menge	Soll-Koste n	Ist-Preis	Ist-Menge	Ist-Kosten
1,50	100	150	1,50	110	165	1,60	110	176

Fertigung

Plan			Soll			Ist		
Plan-Satz	Plan-Leistung	Plan-Kosten	Plan-Satz	Ist-Leistung	Soll-Koste n	Ist-Satz	Ist-Leistung	Ist-Kosten
2,10	2000	4200	2,10	2100	4410	2,20	2100	4620

225,00	221,00
Verbrauchsabweichung	Preisabweichung

Abbildung 6-11: LABOR - Herstellkosten-Soll-Ist-Vergleich.

Die oben[670] beschriebene Primärkostenrechnung stößt in der Branche auf großes Interesse, unterscheidet sich in Konzept und Durchführung aber nicht vom Ansatz in Industrieunternehmen. Erwähnt werden soll nur ihr möglicher Einsatz für Betriebsvergleiche, da dieses Thema zur Zeit in den Labors intensiv diskutiert wird.

[669] Ein Ausweis der Beschäftigungsabweichung durch eine Verrechnung von Sollkosten kann durch die Einführung einer weiteren Spalte (Sollkosten 2) erfolgen, indem der Kostensatz „Soll“ den vollen Plankostensatz bei Planbeschäftigung darstellt, und der unter Sollkosten 2 dargestellte den vollen Plankostensatz bei Istbeschäftigung.

[670] Vgl. Kapitel 4.6.2. dieser Arbeit.

6.3.3 Integriertes Fertigungscontrolling im Dienstleistungsbetrieb

Analog zur Darstellung in Kapitel 6.2.3. soll anhand einer praktischen Problemstellung die Funktionsweise des in Kapitel 5 beschriebenen Fertigungscontrolling konkretisiert werden.

Problemstellung: Eröffnung einer Zweigniederlassung.

Zu entscheiden ist über die Eröffnung einer Niederlassung (Filiale E) in einem Ärztehaus. Im Rahmen der gesetzlichen Neuregelung des Partnerschaftsgesetzes ist es einem Labor nun erlaubt, Kooperationen einzugehen. Im konkreten Fall will ein Laborarzt in neuen Räumlichkeiten mit dem LABOR zusammenarbeiten. Planungstechnisch liegt damit im Grunde eine Neugründung vor. Es existieren Schätzungen über die zu erwartenden Leistungsmengen sowie Informationen hinsichtlich Räumlichkeiten und verschiedener Verträge (Mietvertrag etc.).

Untersucht werden soll die Wirkung der geplanten Maßnahme auf das Betriebsergebnis. Darüber hinaus soll der Barwert der beiden Entscheidungsalternativen „Filiale eröffnen" und „Filiale nicht eröffnen" ermittelt und verglichen werden. Um die Ergebnis- und Zahlungskonsequenzen der Alternative „Filiale eröffnen" abbilden zu können, wird eine Simulation der notwendigen Maßnahmen durchgeführt:

Für die Filiale wird eine Kostenstelle eingerichtet, und es werden für die dort zu erstellenden Leistungen eigene Leistungsarten definiert, um einerseits die Transparenz des Beispiels zu verbessern, und andererseits sowohl Rezepturen als auch Arbeitspläne gegenüber den vorhandenen Daten variieren zu können. Da die Leistungsdaten allerdings sehr ähnlich sind, können Rezeptur und Arbeitspläne der Methode im Stammhaus gegebenenfalls kopiert und modifiziert werden. Eine erste Auflösung des Produktionsprogrammes in Mengen- und Kapazitätsbedarfe weist auf die benötigten Ressourcen je Arbeitsplatz hin. Diese sind zu planen (Neueinstellung bzw. Umsetzung von Mitarbeitern und Ausstattung, ggf. auch zeitlich gestaffelt) und den Kapazitätseinheiten zuzuordnen. Dadurch ergibt sich ein Kapazitätsangebot, das wiederum der Nachfrage gegenübergestellt werden kann. Zugleich können Planbeschäftigung[671] und Plankosten[672] ermittelt werden, was wiederum die Darstellung des neuen Ergebnisses sowie der induzierten Zahlungen ermöglicht. Gerade für die betrachtete Problemstellung ist die Darstellung von Zahlungsreihen interessant, da zum einen eine längerfristige Entscheidung zu treffen ist, und zum anderen auch Anfangsinvestitionen anfallen, die durch die Berücksichtigung von Zeitpräferenzen eine differenziertere Betrachtung erlauben.

---

[671] Die Planbeschäftigung ergibt sich dabei aus dem Kapazitätsangebot, da die aufgebauten Personalressourcen (gleichsam die geplante Anwesenheitszeit) die entscheidende Kosteneinflußgröße darstellt, vgl. Kapitel 4.3.3. dieser Arbeit.

[672] Die Plankosten setzen sich zusammen aus Kosten, die von Ressourcen abgeleitet werden können, und zu budgetierenden Gemeinkosten.

Das ursprüngliche Leistungsprogramm enthält 3054 Leistungsarten (Methoden), ein Auszug ist nachstehend dargestellt (vereinfachte Umsetzung der Bildschirmdarstellung):

Leistungsart	Bezeichnung	Planmenge	Planpreis
...	...	...	...
1032	FT4 (Thyroxin)	11.779	16,21
1033	Thyroxinbindendes Globulin	253	26,60
1034	Thyreotropes Hormon (TSH)	10.608	12,10
...	...	...	...

Tabelle 6-19: LABOR - Produktionsprogramm ohne Filiale E (Auszug).

Ein Kapazitätsabgleich (in Laborstunden im Planungszeitraum) ergibt die nachstehend abgebildete Situation:

Arbeitsplatz	Bezeichnung	Angebot	Nachfrage	Auslastung (%)
2000	Chemie-Labor	20.156	13221	65,6
3000	RIA-Labor	10.994	447	70,5
4000	Immunologie	21.988	13.962	63,5
...	...	...	...	...
8000	Mikrobiologie	49.474	33.268	67,2

Tabelle 6-20: LABOR - Kapazitätsübersicht ohne Filiale E.

Die Beschäftigungs- und Kostenplanung wird aus der vorhandenen Planung übernommen und wird nachstehend auszugsweise dargestellt (Monatswerte, Leistung in Minuten):

Kostenstelle /BG	Kosten variabel	Kosten fix	Leistung	Satz var.	Satz fix
2000 / 1	9.540	87.541	100.782	0,09	0,87
...	...	...	...	...	...

Tabelle 6-21: LABOR - Beschäftigung, Plankosten und Kostensätze ohne Filiale E.

Die Verwaltungs- und Vertriebskosten werden über Zuschläge verrechnet. Sie ergeben sich auf Basis der geplanten Kosten in Verwaltung und Vertrieb sowie der Fertigungskosten, die sich aus der Kalkulation ergeben, zuzüglich der geplanten Beschäftigungsabweichung (es kommt zu leichten Verrechnungsfehlern durch Rundung der Zuschläge). Materialgemeinkosten werden nicht berücksichtigt, vielmehr sind die Kosten der Materialbeschaffung und Lagerung in der Verwaltungskosten enthalten.

Zuschlag	Kosten variabel	Kosten fix	Basis	Satz var.	Satz fix
Verwaltung und Vertrieb (auf FK)	156.804	2.774.232	7.160.913	2,19 %	38,74 %

Tabelle 6-22: LABOR - Gemeinkostenzuschläge ohne Filiale E.

Auf Basis der Ausgangssituation (Leistungsprogramm, Ressourcenausstattung, Plankosten etc.) ergeben sich folgende Ein- und Auszahlungsprognosen:

Jahr	Personal	Anlage-Vermögen	Verträge, Sonst. Gmk.	Einzelkosten	Erlöse	Zahlungs-saldo
1998	3.704.976	240.203	5.813.652	3.252.600	15.634.944	2.623.513
1999	3.795.024	157.995	5.988.372	3.350.172	16.103.988	2.812.425
2000	3.884.772	787.371	6.168.252	3.450.672	16.587.108	2.296.041
2001	3.974.796	271.246	6.353.568	3.554.196	17.084.724	2.930.918
2002	4.064.820	194.039	6.544.416	3.660.828	17.597.256	3.133.153

Tabelle 6-23: LABOR - Ein- und Auszahlungen ohne Filiale E.

Das Ergebnis vor der Erweiterung stellt sich wie folgt dar:

Unternehmensplanung 1998 — Mandant: LABOR

Bearbeiten — Planung: **Budget 1998**

Programm:

---Gesamt
--- Chemie
--- Ria
--- Immunologie
--- Zytologie
--- Mikrobiologie
--- Rezeptor
--- Phys.Chem.Labor

		variabel	voll
	Material	3.252.633	3.252.633
+	Prozeßkosten Mat.	0	0
+	MGK		0
=	Materialkosten	3.252.633	3.252.633
+	Fertigungskosten	765.498	4.438.299
+	Beschäftigungsabw.	42,57 %	2.722.758
+	SEK der Fertigung	0	0
=	Herstellkosten	4.018.175	10.413.535
+	Zus. Verwaltung		
+	Prozeßkosten Verw.	0	0
+	Zus. Vertrieb		
+	Prozeßkosten Vertr.	0	0
+	Zus. V+V	156.800	2.931.097
+	nicht verr. Fixkosten		0
+	Änderungsabweichg.	0	0
=	Selbstkosten	4.174.975	13.344.101
+	Kalk. Gewinn	417.497	1.334.410
=		4.592.472	14.678.511

	Umsatz	15.633.921
-	Erlösschmälerungen	0
=	Nettoerlös	15.633.921
-	var. Selbstkosten	4.174.975
=	DB I	11.458.946
-	fixe Kosten	9.169.126
=	Betriebsergebnis	2.289.820
	Umsatzrendite	14,6 %

Abbildung 6-12: LABOR - Ergebnis ohne Filiale E (Bildschirmausgabe).

Durch die (geplante) Eröffnung des Filial-Labors ergeben sich neue Leistungsmengen im Programm. Diese werden zur besseren Transparenz im Beispiel mit einem angefügten „E" (für Filiale E) gekennzeichnet. Praktisch (und wenn Rezeptur und Arbeitspläne übereinstimmen) könnten sie auch zu den vorhandenen Mengen addiert werden.

Das neue Produktionsprogramm ergänzt das vorhergehende um Leistungsarten und -mengen für das Filial-Labor (in Summe 3114 Methoden):

Leistungsart	Bezeichnung	Planmenge	Planpreis
...	...	...	...
1032	FT4 (Thyroxin)	11.779	16,21
1032E	FT4 (Thyroxin), Labor E	6.420	26,60
1033	Thyroxinbindendes Globulin	253	26,60
...	...	...	...

Tabelle 6-24: LABOR - Produktionsprogramm mit Filiale E (Auszug).

Basis der Verrechnung der Verwaltungs- und Vertriebskosten sind die Fertigungskosten unter Berücksichtigung der geplanten Beschäftigungsabweichung:

Zuschlag	Kosten variabel	Kosten fix	Basis	Satz var.	Satz fix
Verwaltung und Vertrieb (auf FK)	156.804	2.774.232	7.955.831	1,97 %	34,87 %

Tabelle 6-25: LABOR - Gemeinkostenzuschläge mit Filiale E.

Ausgehend von den Rezepturen und Arbeitsplänen sowie der geplanten Ausstattung ergibt sich die folgende Kapazitätssituation, wenn die geplanten Leistungsmengen in der Filiale E realisiert werden sollen:

Arbeitsplatz	Bezeichnung	Angebot	Nachfrage	Auslastung (%)
2000	Chemie-Labor	20.156	13221	65,6
3000	RIA-Labor	10.994	447	70,5
4000	Immunologie	21.988	13.962	63,5
...	...	...	...	...
9000	Labor E	7329	7527	102,7

Tabelle 6-26: LABOR - Kapazitätsübersicht mit Filiale E.

Hinsichtlich der Plankosten und Kostensätze stellt sich die neue Situation auszugsweise so dar:

Kostenstelle /BG	Kosten variabel	Kosten fix	Leistung	Satz var.	Satz fix
2000 / 1	14.411	121.247	68.624	0,09	0,87
...	...	...	...	...	...
9000 / 1	11.234	55.092	45.810	0,25	1,20

Tabelle 6-27: LABOR - Beschäftigung, Plankosten und Kostensätze mit Filiale E (Auszug).

Durch die Neuermittlung der Plankostensätze und die Auflösung von Rezepturen und Arbeitsplänen und ihre Berücksichtigung in der Kalkulation kann ein neues Ergebnis ausgewiesen werden:

Unternehmensplanung 1998					Mandant: LABOR
	Bearbeiten		Planung:	**Budget 1998**	
			Programm:		
---Gesamt				variabel	voll
--- Chemie			Material	3.532.563	3.532.563
--- Ria		+	Prozeßkosten Mat.	0	0
--- Immunologie		+	MGK	0	0
--- Zytologie		=	Materialkosten	3.532.563	3.532.563
--- Mikrobiologie		+	Fertigungskosten	900.943	5.115.753
--- Rezeptor		+	Beschäftigungsabw.	40,26 %	2.840.189
--- Phys.Chem.Labor		+	SEK der Fertigung	0	0
--- Labor E		=	Herstellkosten	4.433.557	11.488.360
		+	Zus. Verwaltung	0	0
Umsatz	17.088.069	+	Prozeßkosten Verw.	0	0
- Erlösschmälerungen	0	+	Zus. Vertrieb	0	0
= Nettoerlös	17.088.069	+	Prozeßkosten Vertr.	0	0
- var. Selbstkosten	4.590.272	+	Zus. V+V	156.715	2.930.961
= DB I	12.497.797	+	nicht verr. Fixkosten	0	0
- fixe Kosten	9.830.181	+	Änderungsabweichg.	0	0
= Betriebsergebnis	2.667.616	=	Selbstkosten	4.590.272	14.420.453
		+	Kalk. Gewinn	459.027	1.442.045
Umsatzrendite	15,6 %	=		5.049.299	15.862.499

Abbildung 6-13: LABOR - Ergebnis mit Filiale E (Bildschirmausgabe).

Die zugrundeliegenden Kosten und Leistungen können, wie im Verlauf dieser Arbeit gezeigt, auch näherungsweise als Aus- und Einzahlungen dargestellt werden. Sie sind nachfolgend in der Tabelle 6-28 zusammengefaßt dargestellt.

Jahr	Personal	Anlage-Vermögen	Verträge, Sonst. Gmk.	Einzelkosten	Erlöse	Zahlungs-saldo
1999	4.052.340	159.902	6.350.004	3.638.496	17.601.756	3.401.014
2000	4.148.136	793.018	6.539.160	3.747.648	18.129.816	2.901.854
2001	4.244.208	288.153	6.734.016	3.860.076	18.673.704	3.547.251
2002	4.340.280	206.027	6.934.704	3.975.876	19.233.912	3.777.025

Tabelle 6-28: LABOR - Zahlungsreihe mit Filiale E.

Eine Gegenüberstellung der verschiedenen Erfolgsgrößen und der Barwerte führt zu folgender Übersicht:

	Ohne Filiale	Mit Filiale	Filiale E
Umsatz 1998	15.633.921	17.088.069	1.454.148
Umsatzrendite 1998	14,6 %	15,6 %	5,9 %
Ergebnis 1998:	2.289.820	2.667.616	86.427
Überschüsse 1998-2002	13.796.050	16.639.205	
Barwert	10.381.678	12.497.254	

Tabelle 6-29: LABOR - Ergebnisse und Barwerte für Problemstellung „Filiale E".

Die vorstehenden Ergebnisse stellen eine eindeutige Empfehlung zur Durchführung der geplanten Maßnahme dar. Während die Verbesserung des Ergebnisses im laufenden Jahr nicht sehr deutlich ausfällt, ergibt sich ein deutlich verbesserter Barwert. Dies läßt sich hauptsächlich darauf zurückführen, daß für die Beschaffung neuer Ressourcen (Personal, Räume etc.) einmalige Zahlungen anfallen, die im aktuellen Planungsjahr die Ergebnisverbesserung dämpfen. Für die Folgejahre ist mit besseren Ergebnissen zu rechnen.

Zu bedenken ist bei diesen Darstellungen, daß sowohl die Preise für Einsatzfaktoren als auch die Preise für Leistungsarten mit einer Preissteigerung von 3 Prozent versehen wurden. Angesichts der unsicheren Lage hinsichtlich der Erlösentwicklung im Laborbereich sollten hier noch alternative Szenarien mit konstanten oder sogar sinkenden Preisen für alle oder bestimmte Leistungen durchgespielt werden, um die Empfindlichkeit des Ergebnisses hinsichtlich der Preiskomponente sichtbar zu machen. Darüber hinaus wurde vereinfachend von konstanten Verwaltungs- und Vertriebskosten ausgegangen, um das Beispiel übersichtlich zu halten. Realistischerweise wird hier mit Kostensteigerungen zu rechnen sein.

7 Zusammenfassung

In einer Vielzahl von Betrieben existieren Systeme der Produktionsplanung und -steuerung (PPS) sowie der Kosten- und Leistungsrechnung (KLR). Während sich seit langem zahlreiche Arbeiten mit Ansätzen zur Verbesserung der Effizienz dieser Subsysteme der Informationsversorgung beschäftigen, steht die Integration dieser Rechenkreise bisher eher im Hintergrund. Ziel der vorliegenden Arbeit war es, einen Ansatz für eine Integration von PPS und KLR zu beschreiben und diese sowohl theoretisch, konzeptionell wie auch in Fallstudien darzustellen. Diese Integration sollte insbesondere die Erfolgskonsequenzen von Entscheidungen im PPS- und KLR-System abbilden können und damit die Entscheidungsqualität verbessern helfen, indem die Konzentration auf Effizienzgesichtspunkte zugunsten der Berücksichtigung der Erfolgsziele relativiert wird.

Als Ausgangspunkt wurde in Kapitel 2 auf Basis der Gutenberg-Produktionsfunktion sowie dem Ansatz der Produktionsfunktionen vom Typ D und E ein statisches Input-Output-Modell entwickelt, das ein produktionstheoretisches Erklärungs- und Prognosemodell für die Faktorverzehre im direkten wie auch im indirekten Bereich darstellt. Dies wurde ermöglicht durch die Integration von selbsterstellten Leistungsarten, direkt zurechenbaren Einsatzfaktoren sowie Kostenstellen mit ihren Bezugsgrößen (und auch, wie später in Kapitel 4 beschrieben, Teil- und Hauptprozessen) in einer einheitlichen Faktoreinsatzmatrix, die mit einer Matrix der fremdbezogenen Einsatzfaktoren ohne direkten Outputbezug kombiniert wurde. Es wurde auch gezeigt, daß Teile der Faktorverzehre vom Output bestimmt werden, andere dagegen von Entscheidungen über Ressourcen.

In Kapitel 3 wurde darauf aufbauend dargestellt, daß Daten (z.B. Stücklisten und Arbeitspläne) und Funktionen (z.B. Mengenübersicht, Kapazitätsbedarfsrechnung) des PPS mit Teilmatrizen und Rechenfunktionen des Input-Output-Modells aus Kapitel 2 abgebildet werden können. Es wurde deutlich gemacht, daß diese Funktionalität allerdings nur auf direkte Einsatzfaktoren und Leistungsmengen angewandt werden kann, während die Verbräuche an indirekten Einsatzfaktoren (Gemeinkosten) typischerweise nicht in das Prognosesystem aufgenommen werden.

Analog zu Kapitel 3 wurde in Kapitel 4 herausgearbeitet, daß auch wesentliche Daten und Funktionen der KLR mit Faktormatrix und Rechenfunktionen auf der Input-Output-Matrix abgebildet werden können (bspw. die Kostenarten-, Kostenstellen- und Kostenträgerrechnung einschließlich neuerer Entwicklungen wie Primär- und Prozeßkostenrechnung). Es zeigte sich dabei, daß die KLR auch als ein System zur Planung und Kontrolle von Einsatzfaktoren (bzw. von Verbräuchen an Einsatzfaktoren) im indirekten Bereich betrachtet werden kann (analog zu den Aufgaben der PPS im direkten Bereich). Es wurde auch ausgeführt, daß neuere Entwicklungen der KLR dazu tendieren, die Mengenkomponente der KLR stärker in den Mittelpunkt zu rücken.

Damit konnten Daten und Verfahren von PPS und KLR in einem gemeinsamen produktionstheoretischen Modell abgebildet werden. Dieses Modell eignet sich daher als Prognose- und Erklärungsmodell für die Faktorverbräuche, die in PPS und KLR berücksichtigt werden. Wie in Kapitel 2 gezeigt, werden dabei zwei unabhängige Variablen berücksichtigt: der Output (in Form des Primärbedarfsvektors **v**, im Rahmen der PPS in Form von Programmplanung bzw. Primärbedarfsplanung, im Rahmen der KLR in Form der Planung der Einzelkosten bzw. der variablen Kosten) und der Bereitschaftsgrad (d.h. das Kapazitätsangebot i.w.S., im Rahmen der KLR in Form der Planung der Bereitschaftskosten).

Basierend auf diesen Erkenntnissen wurde in Kapitel 5 die Ausgestaltung des Modells zu einem Entscheidungsunterstützungssystem in Form eines deterministischen Simulationsmodells beschrieben. Insbesondere wurde gezeigt, daß die Faktoreinsatzmatrix **A** aus Kapitel 2 weitgehend unabhängig von Planungsebene und -horizont einsetzbar ist, die Matrix **F** dagegen nicht. Daraus wurde abgeleitet, daß der zu verwendende Kostenbegriff, insbesondere der Ausweis relevanter Kosten, von Planungsebene und -horizont abhängig ist. Da das entwickelte Modell mengen- *und* wertorientiert ausgelegt ist, d.h. die meisten Faktormengen unabhängig von einer konkreten Bewertung abgebildet werden, kann neben alternativen Bewertungen auch die Darstellung unterschiedlicher, von Zeithorizont und Problemstellung abhängiger relevanter Kosten realisiert werden. Daneben können statt wertorientierter Größen auch Zahlungen ausgewiesen werden. Dies ermöglicht den Einsatz des Modells auch für längerfristige Fragestellungen, die die Berücksichtigung von Zeitpräferenzen nahelegen, indem es als Generatorsystem für Zeitreihen eingesetzt wird, das zwischen Entscheidungen (sowohl hinsichtlich Outputniveau als auch Beschäftigungsgraden und Ressourceneinsatz) und den daraus resultierenden Ein- und Auszahlungen vermittelt.

Schwerpunkt im fünften Kapitel war die Konkretisierung des Konzeptes für verschiedene Planungsebenen, wobei zunächst die wesentlichen Freiheitsgrade erarbeitet und auf die Faktoreinsatzmatrix aus Kapitel 2 bezogen wurden. Im nächsten Schritt wurden für die Absatzplanung, Programmplanung, Ablaufplanung und die Steuerung die jeweils relevanten Kosten und die an die Planungsebene angepaßte Gestaltung des Modells dargestellt.

Als Abrundung des Kapitels wurde untersucht, wie der Ansatz für die Implementierung einer zahlungsorientierten Sicht genutzt werden kann und wie Aussagen für eine in der neueren Literatur stark diskutierte „strategische Kostenrechnung“ abgeleitet werden können.

In Kapitel 6 schließlich wurden die Erkenntnisse der vorangegangenen Kapitel in zwei Fallstudien mit konkreten Problemstellungen praktisch umgesetzt und mit Zahlenbeispielen belegt. Dabei wurden zwei Fragestellungen (Verringerung der Fertigungstiefe und Aufbau einer Niederlassung) gewählt, die strategische Fragestellungen betreffen, um zu zeigen, daß auch längerfristige und komplexe Entscheidungen mit dem dargestellten Instrumentarium wirkungsvoll unterstützt werden können. Darüber hinaus wurde für die zweite Fallstudie ein Dienstleistungsunternehmen gewählt, um auch diesbezüglich zu belegen, daß der Ansatz ein weites Spektrum an Anwendungen finden kann. Die praktische Umsetzung des Konzeptes in Form eines PC-gestützten Simulationssystems wurde auf die betrachteten Unternehmen angewandt, und die Ergebnisse wurden tabellarisch und verbal erörtert.

Damit konnte die wesentliche Zielsetzung der Arbeit auch praktisch dargestellt werden: die Integration von mengen- und wertzentrierten Systemen im Unternehmen zur Gewinnung aussagekräftiger Informationen für die Unternehmenssteuerung.

Literaturverzeichnis

Adam, D., Produktions- und Kostentheorie (1977): Produktions- und Kostentheorie, Tübingen 1977.

Adam, D., Produktionsdurchführungsplanung (1986): Produktionsdurchführungsplanung, in: Jacob, H. (Hrsg.), Industriebetriebslehre, 3. Auflage, Wiesbaden 1986, S. 659-834.

Adam, D., PPS-Systeme (1992): Aufbau und Eignung klassischer PPS-Systeme, in: Adam, D., (Hrsg.), Fertigungssteuerung, Wiesbaden 1992.

Adam, D., Investitionscontrolling (1997): Investitionscontrolling, München 1997.

Adam, D., Produktionsmanagement (1998): Produktionsmanagement, 9. Auflage, Wiesbaden 1998.

Baden, A., Strategische Kostenrechnung (1997): Strategische Kostenrechnung, Wiesbaden 1997.

Bamberg, G., Coenenberg, A. G., Entscheidungslehre (1996): Betriebswirtschaftliche Entscheidungslehre, 9. Auflage, München 1996.

Bechte, W., Werkstattfertigung (1980): Steuerung der Durchlaufzeit durch belastungsorientierte Auftragsfreigabe bei Werkstattfertigung, Diss. Hannover 1980.

Becker, J., CIM-Integrationsmodell (1991): CIM-Integrationsmodell, Berlin 1991.

Bohr, K., Wertbegriff (1985): Betriebswirtschaftlicher Wertbegriff und seine Anwendung, in: Stöppler, S. (Hrsg.), Information und Produktion - Beiträge zur Unternehmenstheorie und Unternehmensplanung, Festschrift zum 60. Geburtstag von W. Wittmann, Stuttgart 1985, S. 59-81.

Botta, V., Produktionsfunktionen (1986): Betriebswirtschaftliche Produktionsfunktionen. Ein Überblick, in: WiSt, 15. Jg. (1986), S. 113-119.

Botta, V., Kennzahlensysteme (1997): Kennzahlensysteme als Führungsinstrumente, 5. Aufl., Berlin 1997.

Braun, S., Prozeßkostenrechnung (1994), Ludwigsburg 1994.

Brink, H.-J., Kostenrechnung (1978): Die Kosten- und Leistungsrechnung im System der Unternehmungsrechnung, in: BFuP, 30.Jg.(1978), S. 565-576.

Bungenstock, Ch., Kostenrechnungssysteme (1995): Entscheidungsorientierte Kostenrechnungssysteme, Wiesbaden 1995.

Burger, A., Kostenrechnung (1992): Entscheidungsorientierte Kostenrechnung für die flexibel automatisierte Fertigung, Stuttgart 1992.

Burger, A., Kostenmanagement (1994): Kostenmanagement, München 1994.

Chmielewicz, K., Mehrperiodenplanung (1970): Mehrperiodenplanung von industriellen Erzeugnis- und Teilerzeugnis-Programmen mit Hilfe des Matrizenkalküls, in: ZfbF, 22. Jg. (1970), S. 285-301.

Chmielewicz, K., Teilebedarfsermittlung (1970): Teilebedarfsermittlung mit Hilfe des Gozinto-Graphen. Erwiderung, in: ZfbF, 22. Jg. (1970), S. 734.736.

Chmielewicz, K., Integration (1972): Integrierte Finanz- und Erfolgsplanung, Stuttgart 1972.

Chmielewicz, K., Finanzierungsrechnung (1976): Betriebliche Finanzwirtschaft I: Finanzierungsrechnung, Berlin 1976.

Chmielewicz, K., Entwicklungslinien (1983): Entwicklungslinien der Kosten- und Erlösrechnung, Stuttgart 1983.

Clark, J. M., Economics (1923): The Economics of Overhead Cost, Chicago 1923, zitiert nach Matz, A., Planung und Kontrolle von Kosten und Gewinn, Wiesbaden 1964.

Coenenberg, A. G., Baum, H. G., Strategisches Controlling (1987): Strategisches Controlling, Stuttgart 1987.

Coenenberg, A. G., Fischer, Th. M., Prozeßkostenrechnung (1991): Prozeßkostenrechnung - Strategische Neuorientierung in der Kostenrechnung, in: Die Betriebswirtschaft, 51. Jg. (1991), S. 21-38.

Cooper, R., Kaplan, R. S., Costs (1988): Measure Costs Right: Make the Right Decisions, in: Harvard Business Review, 66. Jg. (1988), S. 96-103.

CW, Simulations-Tool (1998): Computerwoche 25. Jg., Nr. 9 vom 27. Februar, S. 24.

Daube, K., CIM-orientierte Kostenrechnung (1991): CIM-orientierte Kostenrechnung, Berlin 1993.

Decaluwe, L., Lambrecht, M., JIT (1987): JIT and OPT. The issue of bottleneck management, Leuven 1987.

Dellmann, K., Theorie der Kostenrechnung (1979): Zum Stand der betriebswirtschaftlichen Theorie der Kostenrechnung, in: ZfB, 49. Jg. (1979), S. 319-332.

Drury, C., Cost Accounting (1992): Management and Cost Accounting, 3. Auflage, London 1992.

Ebbeken, K., Primärkostenrechnung (1973): Primärkostenrechnung, Berlin 1973.

Eisele, W., Technik (1990): Technik des betrieblichen Rechnungswesens, München 1990.

Ellinger, Th., Ablaufplanung (1959): Ablaufplanung, Stuttgart 1959.

Ellinger, Th., Haupt, R., Produktionstheorie (1996): Produktions- und Kostentheorie, 3. Aufl., Stuttgart 1996.

Engels, W., Bewertungslehre (1962): Betriebswirtschaftliche Bewertungslehre im Licht der Entscheidungstheorie, Köln 1962.

Fandel, G., Produktion (1994): Produktion I, Berlin 1994.

Fandel, G., Francois, P., Gubitz, K.-M., Softwaresysteme (1997): PPS- und integrierte betriebliche Softwaresysteme, 2. Auflage, Berlin 1997.

Fischer, M. et. al., Personalplanung (1982): Fischer, M., Bayer, P. M., Engelhardt, W., Fischer, G., Nitsch, P., Eine Methode zur Erstellung eines Personalplanes im klinischen Laboratorium, in: Österreichische Krankenhauszeitung, 23. Jg. (1982), S. 305-332.

Fischer, Th. M., Erfolgsfaktoren (1993): Kostenmanagement strategischer Erfolgsfaktoren, München 1993.

Frese, E., Grundlagen (1995): Grundlagen der Organisation, 6. Auflage, Wiesbaden 1993.

Friedl, B., Fertigungscontrolling (1993): Fertigungscontrolling, in: Chmielewicz, K., Schweitzer, M., Handwörterbuch des Rechnungswesens, Stuttgart 1993, Sp. 581-587.

Fröhling, O., Prozeßkostenrechnung (1992): Prozeßkostenrechnung - Management von Aktivitäten und Kosten, in: Witt, F.-J. (Hrsg.), Betriebswirtschaft heute, Wiesbaden 1992, S. 95-122.

Geiger, W., PPS (1991): Computergestützte Produktionsplanung und -steuerung im Mittelstand, Wiesbaden 1991.

Glaser, H., PPS-Systeme (1989): Zum betriebswirtschaftlichen Gehalt von PPS-Systemen, in: Scheer, A.-W. (Hrsg.), Rechnungswesen und EDV. 10. Saarbrücker Arbeitstagung, Heidelberg 1989.

Glaser, H., Prozeßkostenrechnung (1991): Möglichkeiten und Grenzen der Prozeßkostenrechnung als Controlling-Instrument, in: Horváth, P. (Hrsg.), Synergien durch Schnittstellencontrolling, Stuttgart 1991.

Glaser, H., Geiger, W., Rohde, V., PPS (1992): PPS - Produktionsplanung und -steuerung, Wiesbaden 1992.

Glaser, H., Prozeßkosten (1993): Prozeßkostenrechnung, in: Chmielewicz, K., Schweitzer, M. (Hrsg.), Handwörterbuch des Rechnungswesens, 3. Auflage, Stuttgart 1993, Sp. 1643-1651.

Grochla, E., Gesamtmodell (1974): Integrierte Gesamtmodelle der Datenverarbeitung. Entwicklung und Anwendung des Kölner Integrationsmodells (KIM), München 1974.

Gruber, H., Feed-Forward-Kopplung (1996): Feed-Forward-Kopplung, in: Controlling, 8. Jg. (1996), S. 156-163.

Grupp, B., Organisation (1989): Stücklisten- und Arbeitsplanorganisation mit Bildschirmeinsatz, Wiesbaden 1989

Gutenberg, E., Grundlagen (1983): Grundlagen der Betriebswirtschaftslehre. Erster Band: Die Produktion. 24. Auflage, Berlin, Heidelberg, New York 1979.

Haberstock, L., Einführung (1987): Kostenrechnung I: Einführung, Hamburg 1987.

Haeckel, R., Personalbedarf (1992): Ermittlung des Personalbedarfs, Berlin 1992.

Haeckel, R., Personalbedarfsplanung (1989): Personalbedarfsplanung und -ermittlung, in: Delbrück, A. (Hrsg.), Planung und Management im klinisch-chemischen Laboratorium, München 1989, S. 74-87.

Hahn, D., PuK (1986): Planungs- und Kontrollrechnung - PuK, Wiesbaden 1986.

Hartmann, N., Teleologisches Denken (1951): Teleologisches Denken, Berlin 1951.

Haupt, R., ABC-Analyse (1979): ABC-Analyse, in: Kern, W. (Hrsg.), Handwörterbuch der Produktion, Stuttgart 1979, Sp. 1-5.

Haupt, R., Ablaufmanagement (1987): Produktionstheorie und Ablaufmanagement, Stuttgart 1987.

Haupt, R., Lean Production (1994): Lean Production: Von der kranken zur schlanken Produktion, Baden-Baden 1994.

Hauser, Th., Öffentliche Verwaltung (1994): Betriebswirtschaftliche Steuerungselemente für die Öffentliche Verwaltung, in: Scheer, A.-W. (Hrsg.), Rechnungswesen und EDV. 15. Saarbrücker Arbeitstagung, Heidelberg 1994, S. 265-281.

Hecker, P., Scholz, H., Nutzung (1970): Die optimale Nutzung kalkulatorischer Möglichkeiten mit Hilfe der ADV, in: Der Betrieb, 4. Jg. (1970), S. 117-126.

Heinen, E., Dietel, B., Kostenrechnung (1991): Kostenrechnung, in: Chmielewicz, K., Schweitzer, M. (Hrsg.), Handwörterbuch des Rechnungswesens (HWR), Stuttgart 1993, Sp. 1234-1242.

Heinen, E., Kostenlehre (1983): Betriebswirtschaftliche Kostenlehre, 6. Aufl., Wiesbaden 1983.

Heinen, E., Zielsystem (1966): Das Zielsystem der Unternehmung, Wiesbaden 1966.

Heinrich, C. E., Planungskonzept (1989): Das MRP II - Planungskonzept (Manufacturing Resource Planning) und dessen Realisierung mit Standardsoftware, dargestellt am System R/2 der SAP AG, in: Zäpfel, G. (Hrsg.), Neuere Konzepte der Produktionsplanung und Steuerung, Linz 1989.

Helberg, P., CIM-Baustein (1987): PPS als CIM-Baustein, Berlin 1987.

Herzog, E., Entwicklungen (1991): Neuere Entwicklungen der Kostenrechnung in den USA, in: Männel, W. (Hrsg.), Handbuch Kostenrechnung, Wiesbaden 1992, S. 338-347.

Hildebrand, R., Mertens, P., PPS-Controlling (1992): PPS-Controlling mit Kennzahlen und Checklisten, Berlin 1992.

Holzwarth, J., Kostenrechnung (1993): Strategische Kostenrechnung ?, Stuttgart 1993.

Horváth, P., Mayer, R., Prozeßkostenrechnung (1989): Prozeßkostenrechnung: Der neue Weg zu mehr Kostentransparenz und wirkungsvolleren Unternehmensstrategien, in: Controlling, 1. Jg. (1989), S. 214-219.

Horváth, P., Controlling (1993): Controlling, in: Chmielewicz, K., Schweitzer, M., Handwörterbuch des Rechnungswesens, Stuttgart 1993, Sp. 322-334.

Horváth, P., Controlling (1996): Controlling, 6. Auflage, München 1996..

Hummel, S., Männel, W., Kostenrechnung 1 (1986): Kostenrechnung 1, 4. Auflage, Wiesbaden 1986.

Johnson, H. T., Kaplan, R. S., Relevance (1987): Relevance Lost - The Rise and Fall of Management Accounting, Boston 1992.

Kaiser, K., Produktion (1991): Kosten- und Leistungsrechnung bei automatisierter Produktion, Wiesbaden 1991.

Kern, W. Investitionsrechnung (1974): Investitionsrechnung, Stuttgart 1974.

Kern, W., Fertigungskapazitäten (1962): Die Messung industrieller Fertigungskapazitäten und ihrer Ausnutzung, Köln 1962.

Kern, W., Produktionswirtschaft (1992): Industrielle Produktionswirtschaft, 5. Auflage, Stuttgart 1992.

Kernler, H., PPS (1995): PPS der 3. Generation, Heidelberg 1995.

Kieser, A, Kubicek, H., Organisation (1992): Organisation, Berlin 1992.

Kilger, W., Grundlage (1958): Die Produktions- und Kostentheorie als theoretische Grundlage der Kostenrechnung, in: ZfhF, Neue Folge, 10. Jg. (1958), S. 553-564.

Kilger, W., Produktionstheorie (1958): Produktions- und Kostentheorie, Wiesbaden 1958

Kilger, W., Produktionsplanung (1973): Optimale Produktions- und Absatzplanung, Opladen 1973.

Kilger, W., Grundlagen (1976): Kostentheoretische Grundlagen der Grenzplankostenrechnung, in: ZfbF, 28. Jg. (1976), S. 679-693.

Kilger, W., Weiterentwicklung (1976): Die Entstehung und Weiterentwicklung der Grenzplankostenrechnung als entscheidungsorientiertes System der Kostenrechnung, in: H. Jacob (Hrsg.), Schriften zur Unternehmensführung, Band 21, Neuere Entwicklungen in der Kostenrechnung, Wiesbaden 1976.

Kilger, W., Prozeßparameter (1982): Die Theorie der industriellen Produktion auf der Grundlage dispositiv variierbarer Prozeßparameter, in: Neuere Entwicklungen in der Unternehmenstheorie, Festschrift zum 85. Geburtstag von Erich Gutenberg, Wiesbaden 1982, S. 99-148.

Kilger, W., Grenzplankostenrechnung (1983): Grenzplankostenrechnung, in: Chmielewicz, K., Entwicklungslinien der Kosten- und Erlösrechnung, Stuttgart 1983, S. 57-86.

Kilger, W., Konzeption (1984):Die Konzeption der Grundrechnung als Grundlage einer datenbankorientierten Kostenrechnung, in: Scheer, A.-W., Kilger, W. (Hrsg.), Rechnungswesen und EDV, Würzburg 1984, S. 411-434.

Kilger, W., Einführung (1987): Einführung in die Kostenrechnung, Wiesbaden 1987.

Kilger, W., Flexible Plankostenrechnung (1993): Flexible Plankostenrechnung und Deckungsbeitragsrechnung, Wiesbaden 1993.

Kistner, K.-P., Produktionstheorie (1981): Produktions- und Kostentheorie, Würzburg 1981.

Kistner, K.-P., Steven, M., Produktionsplanung (1993): Produktionsplanung, Heidelberg 1993.

Kleiner, F., Automatisierung (1991): Kostenrechnung bei flexibler Automatisierung, München 1991.

Kloock, J., Input-Output-Modelle (1969): Betriebswirtschaftliche Input-Output-Modelle, Wiesbaden 1969.

Kloock, J., Sieben, G., Schildbach, Th., Kostenrechnung (1993): Kosten- und Leistungsrechnung, 7. Auflage, Düsseldorf 1993.

Knoop, J., Online-Kostenrechnung (1986): Online-Kostenrechnung für die CIM-Planung, Berlin 1986.

Koch, H., Kostenbegriff (1958): Zur Diskussion über den Kostenbegriff, in: Zeitschrift für handelswissenschaftliche Forschung 10 (1958), S. 355-399.

Koch, H., Unternehmensplanung (1982): Integrierte Unternehmensplanung, Wiesbaden 1982.

Kölbel, H., Schulze, J., Instandhaltung (1965): Wirtschaftlichkeitskontrolle der Instandhaltung in Chemiebetrieben, in: ZfB 35. Jg. (1965), Ergänzungsheft 1, S. 29-52.

Kosiol, E., Aktionszentrum (1972): Die Unternehmung als wirtschaftliches Aktionszentrum, Reinbek 1972.

Kosiol, E., Kostenrechnung (1979): Kosten- und Leistungsrechnung, Berlin 1979.

Kruschwitz, L., Investitionsrechnung (1995): Investitionsrechnung, Berlin 1995.

Küpper, H.-U., Interdependenzen (1980): Interdependenzen zwischen Produktionstheorie und Organisation des Produktionsprozesses, Berlin 1980.

Lackes, R., Kosteninformationssystem (1989): EDV-orientiertes Kosteninformationssystem, Wiesbaden 1989.

Langen, H., Prognose (1964): Die Prognose von Zahlungseingängen, in: ZfB, 34. Jg. (1964), S. 289-326.

Langen, H., Zahlungsströme (1965): Betriebliche Zahlungsströme und ihre Planung in dynamischer Sicht, in: ZfB, 35. Jg. (1965), S. 261-279.

Laßmann, G., Kosten- und Erlösrechnung (1968): Die Kosten- und Erlösrechnung als Instrument der Planung und Kontrolle in Industriebetrieben, Düsseldorf 1968.

Lompa, B., Weiterentwicklung (1994): Weiterentwicklung der Kostenrechnung zu einem CIM-gerechten Controlling-Instrument, Hannover 1994.

Lücke, W., Investitionsrechnungen (1955): Investitionsrechnungen auf der Grundlage von Ausgaben oder Kosten ?, in: ZfbF, 7. Jg. (1955), S. 310-324.

Martin, Th., Variatoreinsatz (1991): Variator und Variatoreinsatz in der Plankostenrechnung, in: krp 5 (1991), S. 277-279.

Matz, A., Planung (1964): Planung und Kontrolle von Kosten und Gewinn, Wiesbaden 1964.

Meckner, H., Tangermann, H.-P., Planungsverfahren (1977): Untersuchungen von Planungsverfahren zur Steuerung von Mengen und Terminen in Materialwirtschaft und Fertigung, Berlin 1977.

Mensch, G., Trilemma (1972): Das Trilemma der Ablaufplanung, in: ZfB 42. Jg. (1972), S. 77-88.

Mertens, P., MRP II (1992): MRP II - Möglichkeiten und Grenzen, in: Mertens, P., Wiendahl, H.-P., Wildemann, H. (Hrsg.), PPS im Wandel, München 1992.

Meyer, M., Systemforschung (1990): Operations Research - Systemforschung, Stuttgart 1990.

Müller-Merbach, H., Input-Output-Modelle (1981): Die Konstruktion von Input-Output-Modellen, in: Bergner, H., (Hrsg.), Planung und Rechnungswesen in der Betriebswirtschaftslehre, Berlin 1981, S. 19-113.

Müller-Merbach, H., Schmidt, W. P., Teilebedarfsermittlung (1970): Teilebedarfsermittlung mit Hilfe des Gozinto-Graphen, in: ZfbF, 22. Jg. (1970), S. 727-733.

Müller-Merbach, H.; Anwendung (1966): Die Anwendung des Gozinto-Graphs zur Berechnung des Roh- und Zwischenproduktbedarfs in chemischen Betrieben, in: Ablauf- und Planungsforschung, 7. Jg. (1966), S. 187-198.

Nanz, H., Auszahlungsströme (1977): Aspekte dynamischer Planung und Kontrolle betrieblicher Auszahlungsströme, Berlin 1977.

Oecking, G., Fixkostenmanagement (1994): Strategisches und operatives Fixkostenmanagement, München 1994.

Ossadnik, W., Maus, S., Strategische Kostenrechnung (1994): Strategische Kostenrechnung, Eichstätt 1994.

Pfohl, H.-Ch., Planung (1993): Planung, in: Chmielewicz, K., Schweitzer, M., Handwörterbuch des Rechnungswesens, Stuttgart 1993, Sp. 1568-1583.

Porter, M. E., Competition (1998): On Competition, Boston 1998.

Porter, M. E., Wettbewerbsvorteile (1992): Wettbewerbsvorteile, 3. Auflage, Frankfurt 1992.

Reckenfelderbäumer, M., Entwicklungsstand (1994): Entwicklungsstand und Perspektiven der Prozeßkostenrechnung, Wiesbaden 1994.

REFA, Methodenlehre, Teil 2 (1992): Methodenlehre des Arbeitsstudiums, Teil 2: Datenermittlung, München 1992.

REFA, Methodenlehre, Teil 3 (1978): Methodenlehre der Planung und Steuerung, Teil 3: Kostenrechnung, Arbeitsgestaltung, München 1978.

Rehwinkel, G., Reihenfolgeplanung (1978): Erfolgsorientierte Reihenfolgeplanung, Wiesbaden 1978.

Reichwald, R., Mrosek, D., Produktionswirtschaft (1985): Produktionswirtschaft, in: Heinen, E., (Hrsg.), Industriebetriebslehre, 8. Auflage, Wiesbaden 1985, S. 365-503.

Reichwald, R., Dietel, B., Produktionswirtschaft (1991): Produktionswirtschaft, in: Heinen, E. (Hrsg.), Industriebetriebslehre, 9. Auflage, Wiesbaden 1991, S. 395-624.

Renner, A., Kostenorientiere Produktionssteuerung (1991): Kostenorientierte Ablaufplanung in der flexiblen Montage, München 1991.

Riebel, P., Deckungsbeitragsrechnungen (1974): Systemimmanente und anwendungsbedingte Gefahren von Differenzkosten- und Deckungsbeitragsrechnungen, in: BFuP, 26. Jg. (1974), S: 493-529.

Riebel, P., Thesen (1983): Thesen zur Einzelkosten- und Deckungsbeitragsrechnung, in: Chmielewicz, K., Entwicklungslinien der Kosten- und Erlösrechnung, Stuttgart 1983, S. 21-56.

Riebel, P., Ansätze (1984): Ansätze und Entwicklungen des Rechnens mit relativen Einzelkosten und Deckungsbeiträgen, in: Kostenrechnungspraxis, 1984, S. 173-178.

Riebel, P., Einzelkostenrechnung (1994): Einzelkosten- und Deckungsbeitragsrechnung, 7. Auflage, Wiesbaden 1994.

Roos, E., Hirt, K., Krings, K., Marktspiegel (1992): Marktspiegel PPS-Systeme auf dem Prüfstand, 4. Auflage, Köln 1992.

Rühli, Edwin, Koordination (1992): Koordination, in: Frese, E. (Hrsg.), Handwörterbuch der Organisation (HWOrg), Sp. 1164-1175, Stuttgart 1992.

Rummel, K., Einheitliche Kostenrechnung (1967): Einheitliche Kostenrechnung auf der Grundlage einer vorausgesetzten Proportionalität der Kosten zu betrieblichen Größen, 3. Aufl., Düsseldorf 1967.

Scheer, A.-W., Datenbank (1976): Produktionsplanung auf der Grundlage einer Datenbank des Fertigungsbereichs, München, Wien 1976.

Scheer, A.-W., Produktionsplanung (1983): Stand und Trends der computergestützten Produktionsplanung und -steuerung (PPS) in der Bundesrepublik Deutschland, in: ZfB 53.Jg., 1983, S. 138-155.

Scheer, A.-W., CIM (1990): CIM (Computer Integrated Manufacturing) - Der computergesteuerte Industriebetrieb, 4. Auflage, Berlin 1990.

Scheer, A.-W., CIM (1994): CIM - computer integrated manufacturing. Towards the factory of the future, 3. Auflage, Berlin 1994.

Scheer, A.-W., Wirtschaftsinformatik (1994): Wirtschaftsinformatik, 5. Auflage, Berlin 1988.

Schellhaas, K.-U., Beinhauer, M., Gestaltung (1994): Gestaltung einer gemeinsamen Datenbasis für kostenrechnerische und organisatorische Zwecke im administrativen Bereich, in: Scheer, A.-W. (Hrsg.), Rechnungswesen und EDV. 15. Saarbrücker Arbeitstagung, Heidelberg 1994, S. 191-215.

Schellhaaß, U., Controlling im Krankenhaus (1994): Leistungsdefinition, Preise, Kostenmanagement und Controlling im Krankenhaus, in: Scheer, A.-W. (Hrsg.), Rechnungswesen und EDV. 15. Saarbrücker Arbeitstagung, Heidelberg 1994, S. 297-311.

Scherrer, G., Kostenrechnung (1991): Kostenrechnung, 2. Auflage, Stuttgart 1991.

Schlüchtermann, J., Planung (1996): Planung in zeitlich offenen Entscheidungsfeldern, Wiesbaden 1996.

Schmalenbach, E., Lenkung (1948): Pretiale Wirtschaftslenkung, Band 2: Pretiale Lenkung des Betriebes, Bremen 1948.

Schmalenbach, E., Preispolitik (1963): Kostenrechnung und Preispolitik, Köln 1963.

Schneider, D., Finanzierung (1990): Investition, Finanzierung und Besteuerung, 6. Auflage, Wiesbaden 1990.

Schnettler, A., Betriebsvergleich (1961): Betriebsvergleich, 3. Aufl., Stuttgart 1961.

Scholl, H. J., Plankostenrechnung (1981): Fixkostenorientierte Plankostenrechnung, Würzburg 1981.

Schotten, M., Vogeler, Ch., PPS (1994): Produktionsplanung und -steuerung 1994, in: FB/IE 43 (1994), S. 52-62.

Schubert, W., Kostenartenrechnung (1965):Kostenträgerstückrechnung als (primäre) Kostenartenrechnung ?, in: BFuP, 17. Jg. (1965), S. 358-371.

Schuhmann, W., Rechenmodell (1969): Integriertes Rechenmodell zur Planung und Analyse des Betriebserfolges, in: Busse v. Colbe, W., Sieben (Hrsg.), Betriebswirtschaftliche Information, Entscheidung und Kontrolle, Festschrift für H. Münstermann, Wiesbaden 1969, S. 31-70.

Schwab, H., Modelltechnologische Grundlagen (1978): Modelltechnologische Grundlagen betrieblicher Anlagenwirtschaft, Zürich 1978.

Schweitzer, M., Produktionsfunktion (1979): Produktionsfunktion, in: Kern, W., (Hrsg.), Handwörterbuch der Produktion (HWProd), Stuttgart 1979, Sp. 1494-1512.

Schweitzer, M., Küpper, H.-U., Systeme (1998): Systeme der Kosten- und Erlösrechnung, 7. Auflage, München 1998.

Seelbach, H., Produktionstheorie (1982): Produktionstheorie und Ablaufplanung, in: Koch, H. (Hrsg.), Neuere Entwicklungen in der Unternehmenstheorie, Wiesbaden 1982, S. 269-290.

Seicht, G., Dynamisierung (1991): Zur Dynamisierung der Kostenrechnung, in: Seicht, G. (Hrsg.), Kostenrechnung und Controlling, Wien 1991.

Seicht, G., Grenzkostenrechnung (1963): Die stufenweise Grenzkostenrechnung, in: ZfB, 33. Jg., 12 (1963), S. 693-709.

Shank, J. K., Govindarajan, V., Strategic Cost Management (1993): Strategic Cost Management - The New Tool for Competitive Advantage, New York 1993.

Siegwart, H., Raas, F., CIM (1991): CIM-orientiertes Rechnungswesen, Düsseldorf 1991.

Singh, V., CIM (1997): The CIM Debacle, Singapore 1997.

Specht, O., Ahrens, D., Wolter, B., Fertigungswirtschaft (1994): Material- und Fertigungswirtschaft, Ludwigshafen 1994.

Stadtler, H., Produktionsplanung (1988): Hierarchische Produktionsplanung bei losweiser Fertigung, Heidelberg 1988.

Starr, M. K., Management Science (1964): Management Science and Marketing Science, in: Management Science, 10. Jg. (1964), S. 557-573.

Stähle, W. H., Management (1994): Management: eine verhaltenswissenschaftliche Perspektive, 7. Auflage, München 1994.

Steinbuch, P. A., Olfert, K., Fertigungswirtschaft (1995): Fertigungswirtschaft, 6. Auflage, Ludwigshafen 1995.

Steinmetz, G., Grunddatenverwaltung (1991): Grunddatenverwaltung, in: Geitner, U. W. (Hrsg.), CIM-Handbuch, Braunschweig 1991.

Steven, M., Hierarchische Produktionsplanung (1994): Hierarchische Produktionsplanung, Heidelberg 1994.

Strebel, H., Forschungsplanung (1975): Forschungsplanung mit Scoring-Modellen, Baden-Baden 1975.

Taylor, F. W., Grundsätze (1919): Die Grundsätze wissenschaftlicher Betriebsführung, München 1919.

Trossmann, E., Grundlagen (1983): Grundlagen einer dynamischen Theorie und Politik der betrieblichen Produktion, Berlin 1983.

Vazsonyi, A., Planungsrechnung (1962): Die Planungsrechnung in Wirtschaft und Industrie, Wien 1962.

Vikas, K., Kostenplanung (1988): Objektorientierte Kostenplanung, in: Scheer, A.-W. (Hrsg.), Rechnungswesen und EDV. 9. Saarbrücker Arbeitstagung, Heidelberg 1988, S. 251-268.

Vogt, W. (Hrsg.), Labor (1997): Das wirtschaftliche Krankenhauslaboratorium, Berlin 1997.

Warnecke, H.-J., Fraktale Fabrik (1992): Die Fraktale Fabrik, Berlin 1992.

Weber, J., Entfeinerung (1992): Entfeinerung der KLR ? in: Scheer, A.-W. (Hrsg.), Rechnungswesen und EDV. 13. Saarbrücker Arbeitstagung 1992, Heidelberg 1992.

Weber, J., Hug, W., Zeitbezug (1980): Zum Zeitbezug der Grundrechnung im entscheidungsorientierten Rechnungswesen, in: krp, 2 (1980), S. 81-92.

Weber, J., Kostenspaltung (1987): Variable und fixe Kosten, in: WiSt 8 (1987), S. 393-398.

Weber, J., Online-Kostenrechnung (1989): Rezension zu Knoop, J., Online-Kostenrechnung für die CIM-Planung (1986), in: zfbf 41. Jg. (1989), S. 75-78.

Weidner, D., Fertigungssteuerung (1992): Engpaßorientierte Fertigungssteuerung, Frankfurt 1992.

Wenke, L., Kostenanalysen (1956): Kostenanalysen mit Matrizen, in: ZfB 26 (1956), S. 558-576.

Wiendahl, H.-P., Fertigungssteuerung (1987: Belastungsorientierte Fertigungssteuerung, München 1987.

Wildemann, H., Produktionscontrolling (1995): Produktionscontrolling: Systemorientiertes Controlling schlanker Produktionsstrukturen, München 1995.

Wildemann, H., Modulare Fabrik (1994): Die modulare Fabrik, 4. Auflage, München 1994.

Womack, J. P, Jones, D. T., Roos, D., Revolution (1994): Die zweite Revolution in der Automobilindustrie, 8. Auflage, Frankfurt 1994.

Zangemeister, C., Nutzwertanalyse (1976): Nutzwertanalyse in der Systemtechnik, München 1976.

Zäpfel, G., Produkionswirtschaft (1982): Operatives Produktionsmanagement, Berlin 1982.

Zeidler, F., Kalkulatorische Zinsen (1949): Betrachtungen über eine Kostenart: Kalkulatorische Zinsen, in: ZfhF, 1. Jg. (1949), S. 572-581.

GPSR Compliance

The European Union's (EU) General Product Safety Regulation (GPSR) is a set of rules that requires consumer products to be safe and our obligations to ensure this.

If you have any concerns about our products, you can contact us on ProductSafety@springernature.com

In case Publisher is established outside the EU, the EU authorized representative is:

Springer Nature Customer Service Center GmbH
Europaplatz 3
69115 Heidelberg, Germany

Batch number: 10815964

Printed by Printforce, the Netherlands